2022 개정 교육과정에 맞춰
백점 수학은 이렇게 바뀌었어요.

2022 교육과정 주요 변화

자기주도학습 강조

학생 스스로 공부 계획을 세워 실천하고 평가할 수 있도록 자기주도성을 키웁니다.

기초 소양 교육 강화

미래 변화에 대응하기 위해 필요한 역량으로 언어 소양, 수리 소양, 디지털 소양 교육을 강화합니다.

언어 소양

텍스트의 맥락을 이해하여 글쓰기 등으로 표현하고 소통하는 능력

수리 소양

다양한 상황에서 수학적 정보를 이해하고 해석하며 활용하는 능력

디지털 소양

디지털 도구를 사용하여 정보를 수집하고 분석하여 문제를 해결하는 능력

평가 방식 다양화

학생들의 학습 성취도에 따라 개인별 맞춤형 평가 및 서술형 평가를 확대합니다.

백점 수학

하루 4쪽 학습 구성

하루 4쪽 학습으로 학생 스스로 계획을 세우고 학습을 관리할 수 있습니다.

어휘와 문해력 학습 제공

과목별 교과 어휘 학습과 디지털 문해력 학습으로 언어 소양과 디지털 소양 역량을 키웁니다.

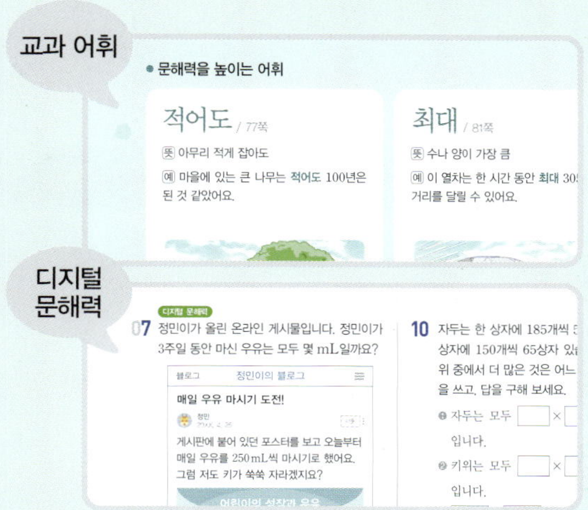

수행 평가 및 수준별 단원 평가 제공

다양한 서술형 유형 및 수행 평가 비중을 확대하였습니다.

맞춤형 평가에 대비하여 수준별 단원 평가를 단원별 A단계, B단계 2회 제공합니다.

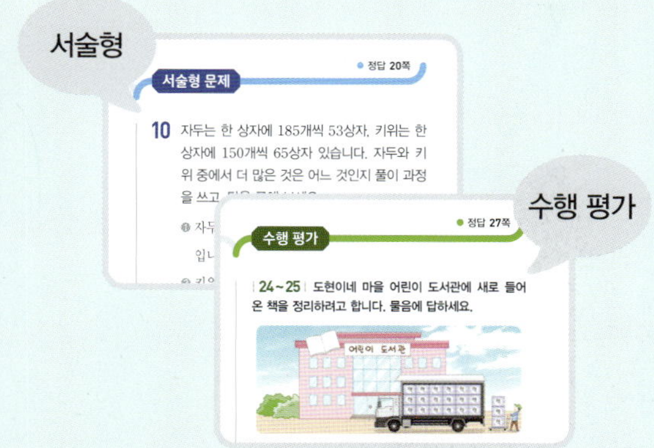

1회
개념＋문제 학습
월 일

2회
개념＋문제 학습
월 일

3회
개념＋문제 학습
월 일

4회
개념＋문제 학습
월 일

1회
개념＋문제 학습
월 일

평가북
단원 평가
월 일

7회
마무리 평가
월 일

6회
응용 학습
월 일

5회
개념＋문제 학습
월 일

4회
응용 학습
월 일

5회
마무리 평가
월 일

평가북
단원 평가
월 일

1회
개념＋문제 학습
월 일

2회
개념＋문제 학습
월 일

평가북
단원 평가
월 일

6회
마무리 평가
월 일

5회
응용 학습
월 일

4회
개념＋문제 학습
월 일

3회
개념＋문제 학습
월 일

2회
개념＋문제 학습
월 일

3회
개념＋문제 학습
월 일

4회
응용 학습
월 일

5회
마무리 평가
월 일

평가북
단원 평가
월 일

백점 수학 3·2

학습 진도표

이용 방법
• 계획한 날짜를 쓰기
• 학습을 끝낸 후 색칠하기

6회
응용 학습
월 일

5회
개념＋문제 학습
월 일

4회
개념＋문제 학습
월 일

3회
개념＋문제 학습
월 일

2회
개념＋문제 학습
월 일

3. 원

7회
마무리 평가
월 일

평가북
단원 평가
월 일

1회
개념＋문제 학습
월 일

2회
개념＋문제 학습
월 일

3회
개념＋문제 학습
월 일

5. 들이와 무게

5회
개념＋문제 학습
월 일

4회
개념＋문제 학습
월 일

3회
개념＋문제 학습
월 일

2회
개념＋문제 학습
월 일

1회
개념＋문제 학습
월 일

6. 그림그래프

6회
개념＋문제 학습
월 일

7회
응용 학습
월 일

8회
마무리 평가
월 일

평가북
단원 평가
월 일

1회
개념＋문제 학습
월 일

백점

수학 3·2

개념북

구성과 특징

개념북 자기주도학습을 위한 "하루 4쪽" 구성

(개념 학습 + 문제 학습) (응용 학습)

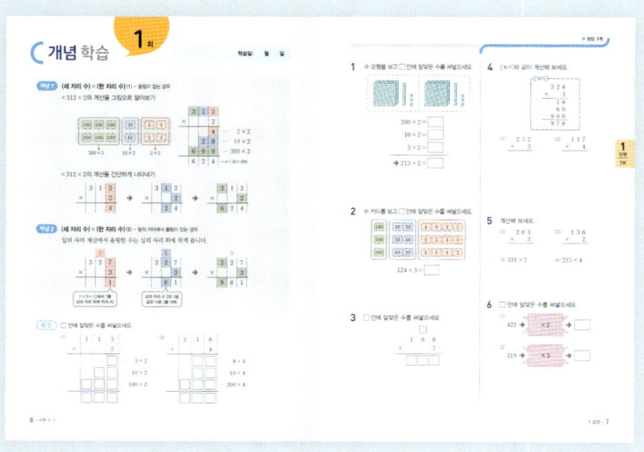

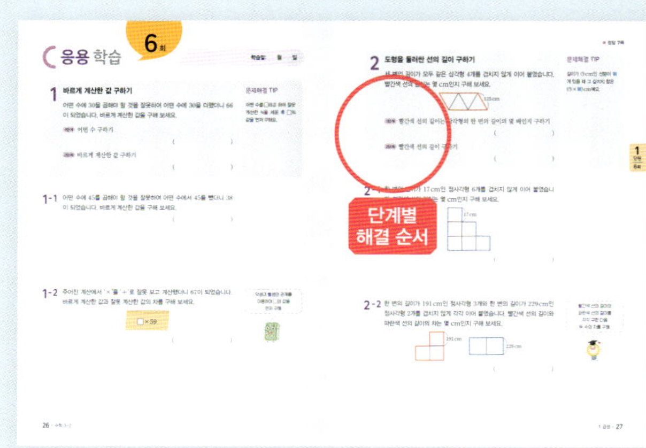

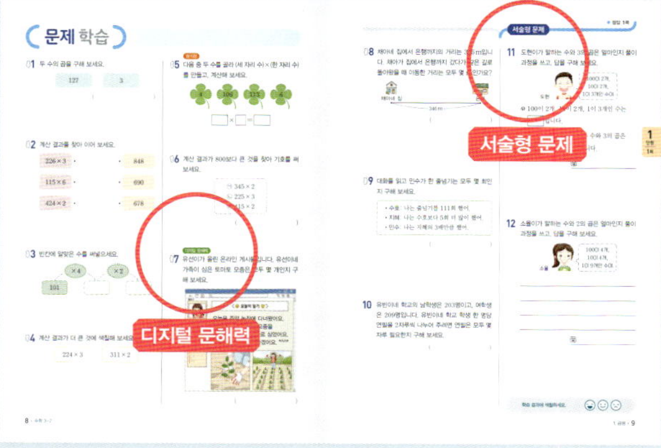

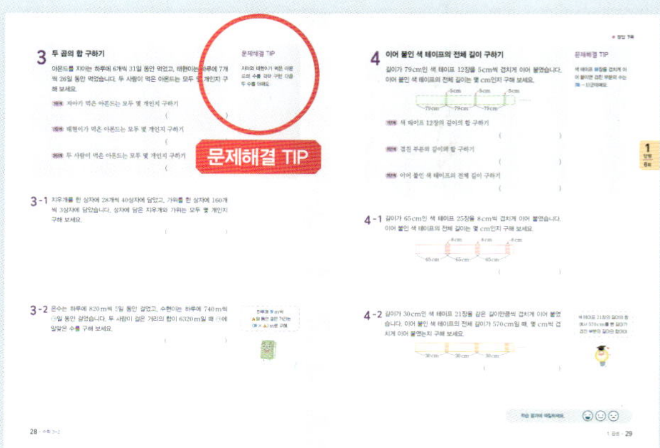

| **개념 학습** | 핵심 개념과 개념 확인 예제로 개념을 쉽게 이해할 수 있습니다.

| **문제 학습** | 핵심 유형 문제와 서술형 연습 문제로 실력을 쌓을 수 있습니다.

디지털 문해력: 디지털 매체 소재에 대한 문제

응용 유형의 문제를 **단계별 해결 순서**와 **문제해결 TIP**을 이용하여 응용력을 높일 수 있습니다.

1 곱셈

● **이번에 배울 내용**

모종 / 8쪽

뜻 옮겨 심으려고 가꾼 벼 이외의 온갖 어린 식물

예 할아버지는 매년 봄이 되면 텃밭에 상추, 토마토, 깻잎 **모종**을 심으셨어요.

기부 / 16쪽

뜻 돈, 물건, 자신의 재능 등 자신이 가진 것을 다른 사람을 돕기 위하여 내놓는 것

예 지민이는 작아진 옷과 여러 종류의 인형을 아동 복지 센터에 **기부**했어요.

량 / 21쪽

뜻 전철이나 열차의 차량을 세는 단위

예 오늘 아침에 4**량**짜리 지하철을 탔더니 매우 붐볐어요.

전교생 / 33쪽

뜻 한 학교의 전체 학생

예 우리 학교는 **전교생**이 20명인 아주 작은 학교예요.

개념 1 **(세 자리 수)×(한 자리 수)** (1) – 올림이 없는 경우

○ 312×2의 계산을 그림으로 알아보기

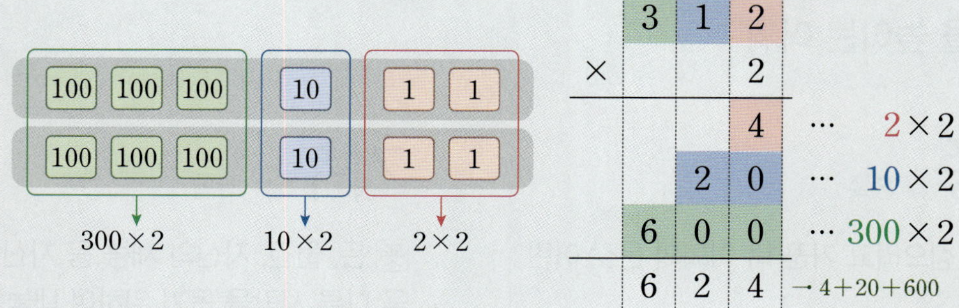

○ 312×2의 계산을 간단하게 나타내기

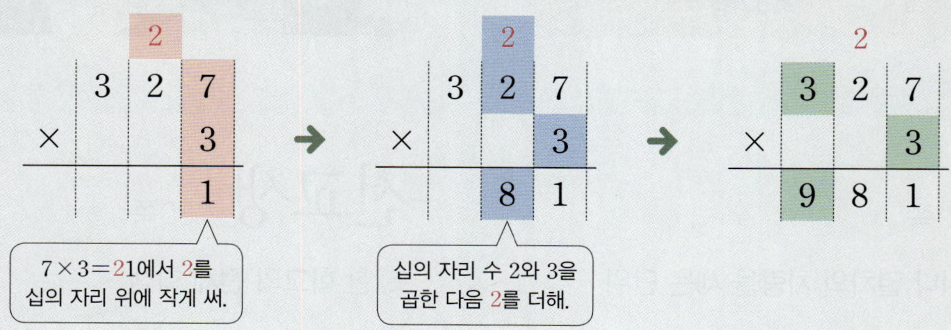

개념 2 **(세 자리 수)×(한 자리 수)** (2) – 일의 자리에서 올림이 있는 경우

일의 자리 계산에서 올림한 수는 십의 자리 위에 작게 씁니다.

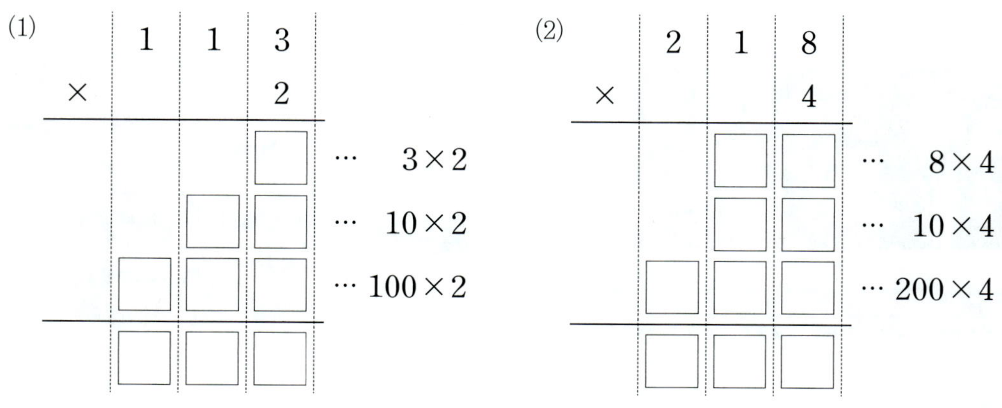

확 인 □ 안에 알맞은 수를 써넣으세요.

(1)

	1	1	3
×			2

□ … 3×2
□ □ … 10×2
□ □ □ … 100×2

(2)

	2	1	8
×			4

□ □ … 8×4
□ □ … 10×4
□ □ □ … 200×4

1 수 모형을 보고 □ 안에 알맞은 수를 써넣으세요.

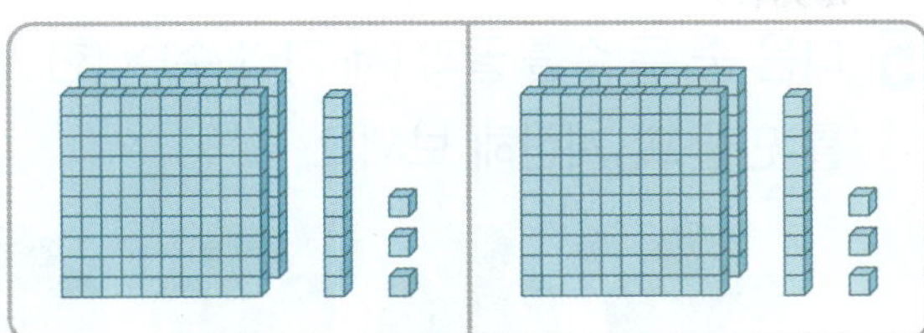

$$200 \times 2 = \boxed{}$$

$$10 \times 2 = \boxed{}$$

$$3 \times 2 = \boxed{}$$

➜ $213 \times 2 = \boxed{}$

2 수 카드를 보고 □ 안에 알맞은 수를 써넣으세요.

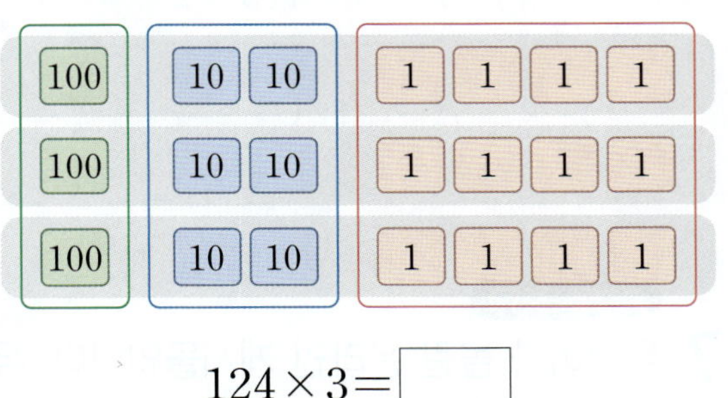

$$124 \times 3 = \boxed{}$$

3 □ 안에 알맞은 수를 써넣으세요.

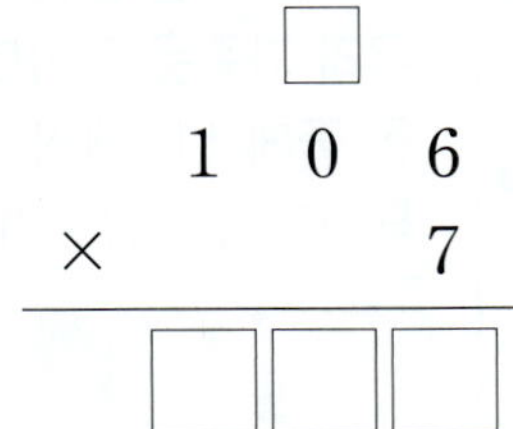

4 (보기)와 같이 계산해 보세요.

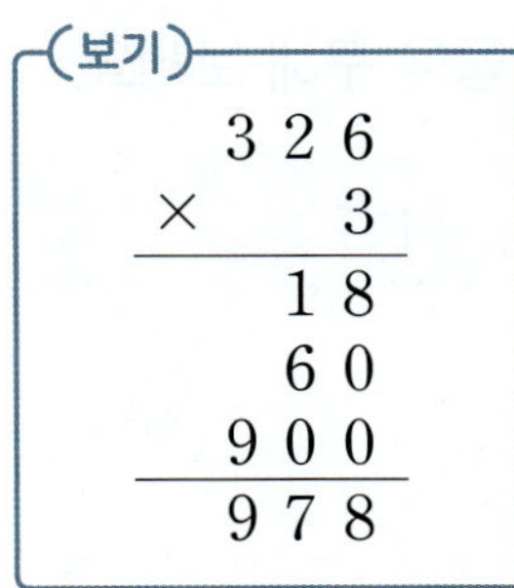

(1)
$$\begin{array}{r} 2\ 3\ 2 \\ \times \quad\ 3 \\ \hline \end{array}$$

(2)
$$\begin{array}{r} 1\ 1\ 7 \\ \times \quad\ 4 \\ \hline \end{array}$$

5 계산해 보세요.

(1)
$$\begin{array}{r} 2\ 0\ 3 \\ \times \quad\ 3 \\ \hline \end{array}$$

(2)
$$\begin{array}{r} 1\ 3\ 6 \\ \times \quad\ 2 \\ \hline \end{array}$$

(3) 331×2

(4) 215×4

6 □ 안에 알맞은 수를 써넣으세요.

(1)
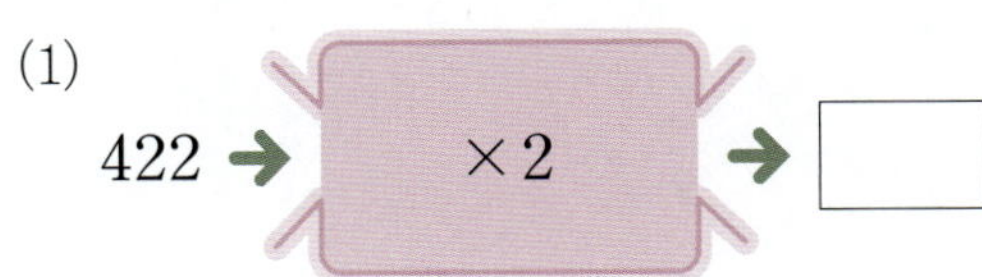

(2)
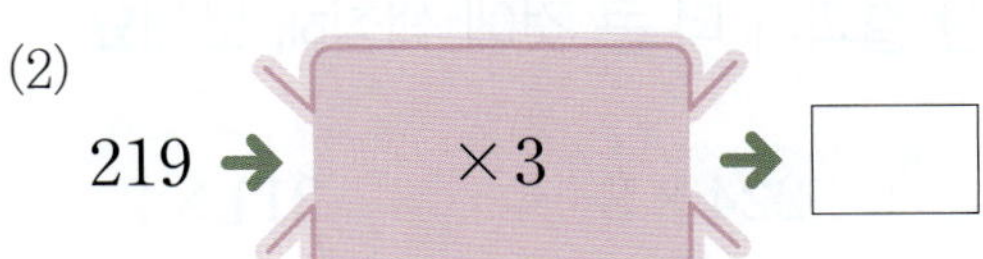

01 두 수의 곱을 구해 보세요.

127	3

(   )

02 계산 결과를 찾아 이어 보세요.

226 × 3 •   • 848

115 × 6 •   • 690

424 × 2 •   • 678

03 빈칸에 알맞은 수를 써넣으세요.

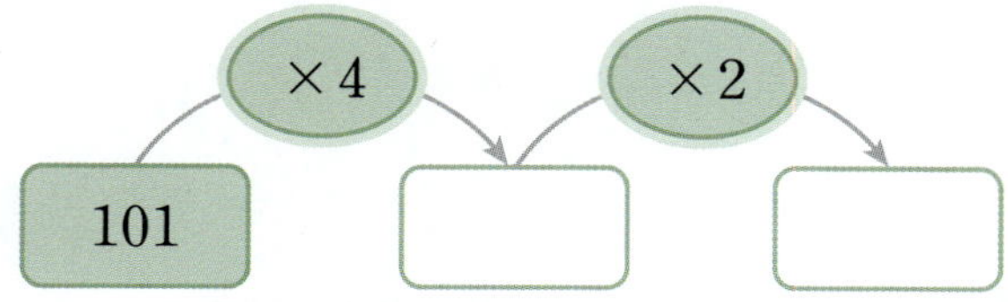

04 계산 결과가 더 큰 것에 색칠해 보세요.

224 × 3	311 × 2

05 다음 중 두 수를 골라 (세 자리 수) × (한 자리 수)를 만들고, 계산해 보세요.

□ × □ = □

06 계산 결과가 800보다 큰 것을 찾아 기호를 써 보세요.

> ㉠ 345 × 2
> ㉡ 225 × 3
> ㉢ 415 × 2

(   )

07 유선이가 올린 온라인 게시물입니다. 유선이네 가족이 심은 토마토 모종은 모두 몇 개인지 구해 보세요.

(   )

08 채아네 집에서 은행까지의 거리는 346 m입니다. 채아가 집에서 은행까지 갔다가 같은 길로 돌아왔을 때 이동한 거리는 모두 몇 m인가요?

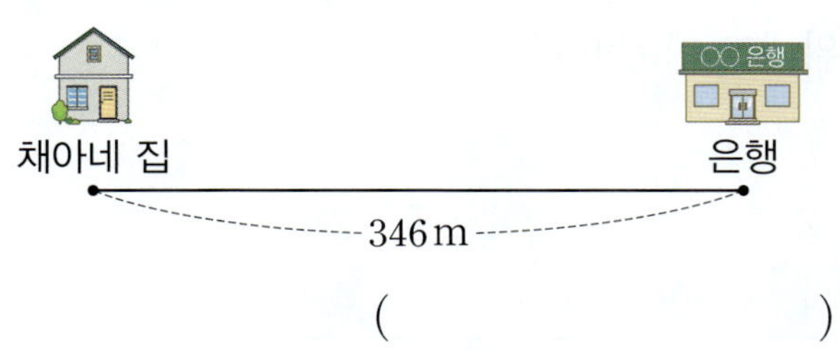

( )

09 대화를 읽고 민수가 한 줄넘기는 모두 몇 회인지 구해 보세요.

- 수호: 나는 줄넘기를 111회 했어.
- 지혜: 나는 수호보다 5회 더 많이 했어.
- 민수: 나는 지혜의 3배만큼 했어.

( )

10 유빈이네 학교의 남학생은 203명이고, 여학생은 209명입니다. 유빈이네 학교 학생 한 명당 연필을 2자루씩 나누어 주려면 연필은 모두 몇 자루 필요한지 구해 보세요.

( )

11 도현이가 말하는 수와 3의 곱은 얼마인지 풀이 과정을 쓰고, 답을 구해 보세요.

❶ 100이 2개, 10이 2개, 1이 3개인 수는 ☐ 입니다.

❷ 따라서 도현이가 말하는 수와 3의 곱은 ☐ × 3 = ☐ 입니다.

답

12 소율이가 말하는 수와 2의 곱은 얼마인지 풀이 과정을 쓰고, 답을 구해 보세요.

답

학습 결과에 색칠하세요.

개념 1 **(세 자리 수)×(한 자리 수)** (3) – 십의 자리에서 올림이 있는 경우

십의 자리 계산에서 올림한 수는 백의 자리 위에 작게 씁니다.

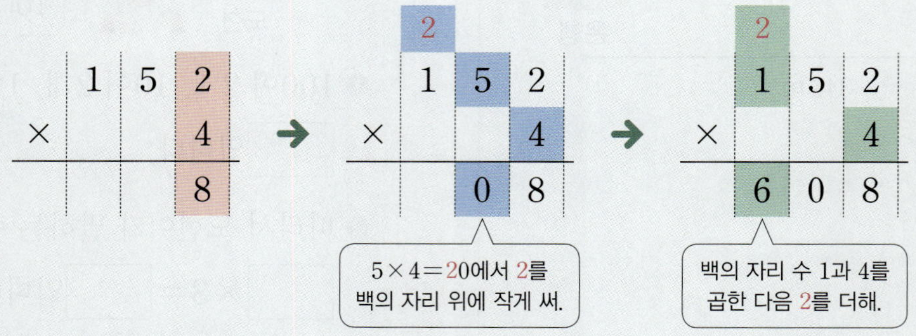

참고 십의 자리 계산에서 올림한 수 2가 실제로 나타내는 수는 200입니다.

개념 2 **(세 자리 수)×(한 자리 수)** (4) – 올림이 여러 번 있는 경우

십의 자리 계산에서 올림한 수는 백의 자리 위에 작게 쓰고, 백의 자리 계산에서
올림한 수는 천의 자리에 씁니다.

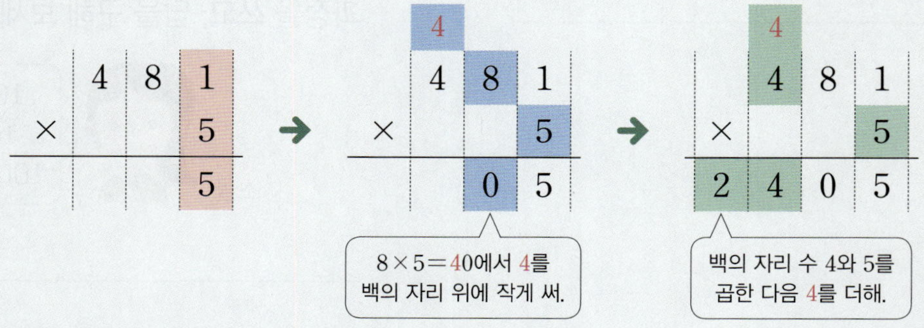

주의 백의 자리 계산에서 올림한 수는 올림으로 작게 쓰지 않고 천의 자리에 바로 씁니다.

확인 □ 안에 알맞은 수를 써넣으세요.

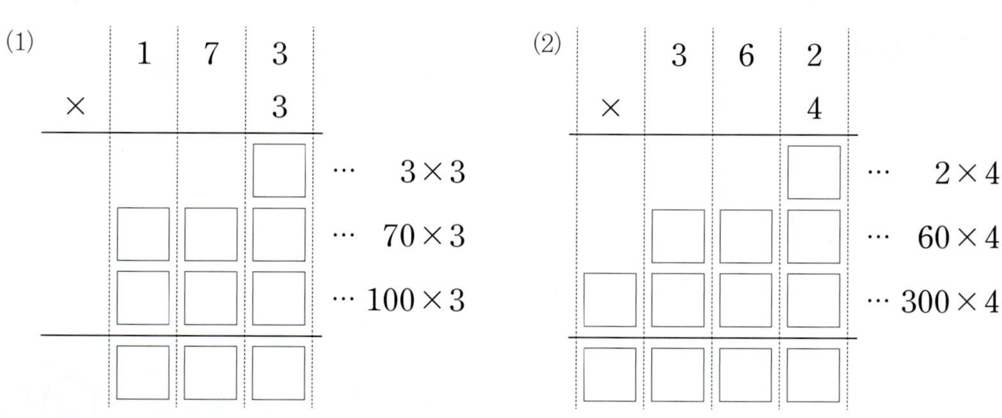

1 수 카드를 보고 □ 안에 알맞은 수를 써넣으세요.

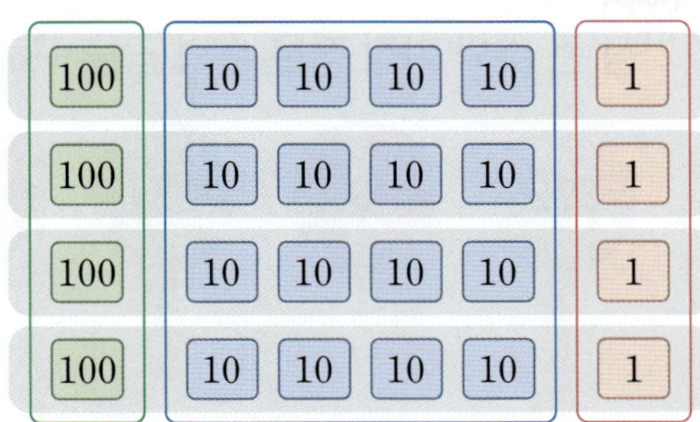

$$100 \times 4 = \boxed{}$$

$$40 \times 4 = \boxed{}$$

$$1 \times 4 = \boxed{}$$

➜ $141 \times 4 = \boxed{}$

2 □ 안에 알맞은 수를 써넣으세요.

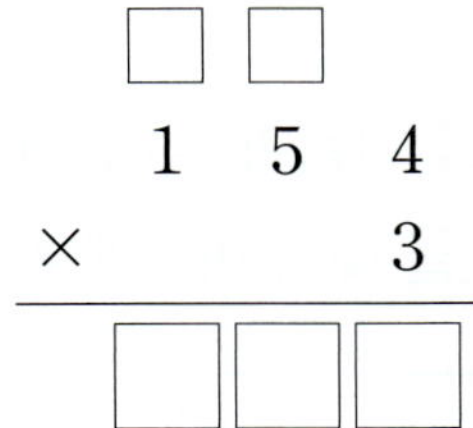

3 곱셈식에서 ②가 실제로 나타내는 수는 얼마인지 써 보세요.

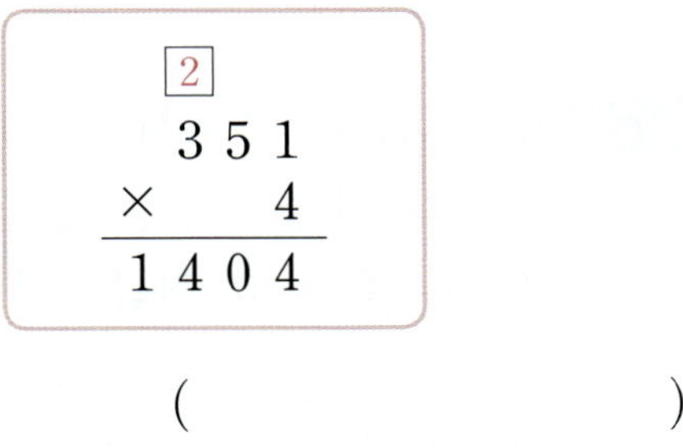

(   )

4 (보기)와 같이 계산해 보세요.

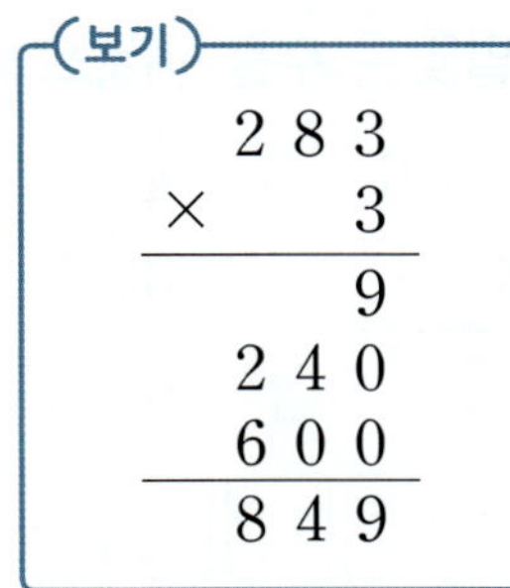

(1)
$$\begin{array}{r} 1\,8\,2 \\ \times \quad 4 \\ \hline \end{array}$$

(2)
$$\begin{array}{r} 2\,7\,9 \\ \times \quad 6 \\ \hline \end{array}$$

5 계산해 보세요.

(1)
$$\begin{array}{r} 1\,9\,7 \\ \times \quad 3 \\ \hline \end{array}$$

(2)
$$\begin{array}{r} 5\,6\,2 \\ \times \quad 2 \\ \hline \end{array}$$

(3) 271×3

(4) 450×4

6 계산을 바르게 한 사람에 ◯표 하세요.

(   )   (   )

01 □ 안에 알맞은 수를 써넣으세요.

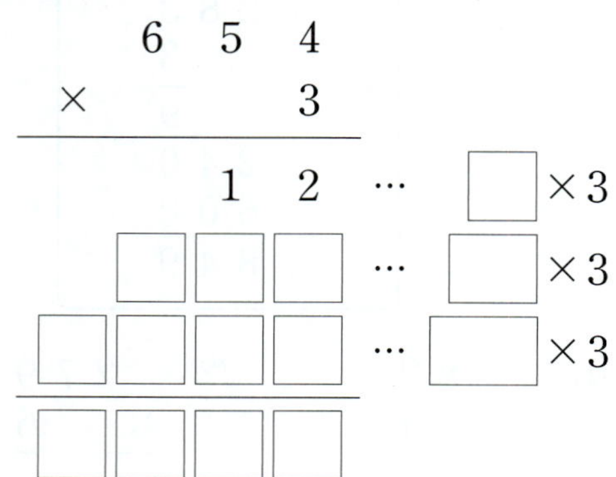

02 덧셈식을 곱셈식으로 나타내려고 합니다. □ 안에 알맞은 수를 써넣으세요.

$$156+156+156+156$$

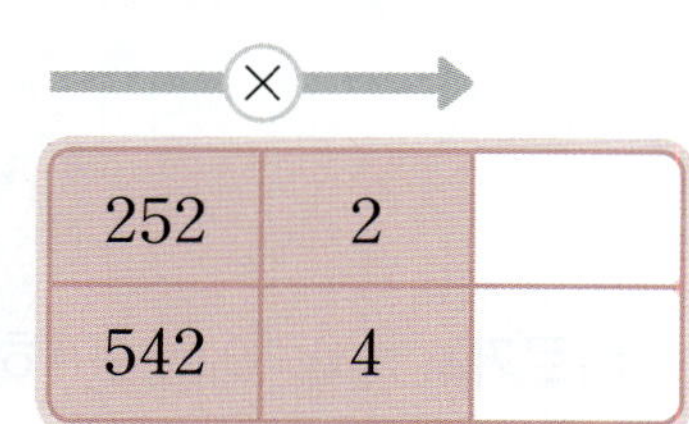

03 빈칸에 알맞은 수를 써넣으세요.

×	
252	2
542	4

04 계산 결과의 크기를 비교하여 ○ 안에 >, =, <를 알맞게 써넣으세요.

$$212 \times 8 \bigcirc 326 \times 5$$

05 가장 큰 수와 가장 작은 수의 곱을 구해 보세요.

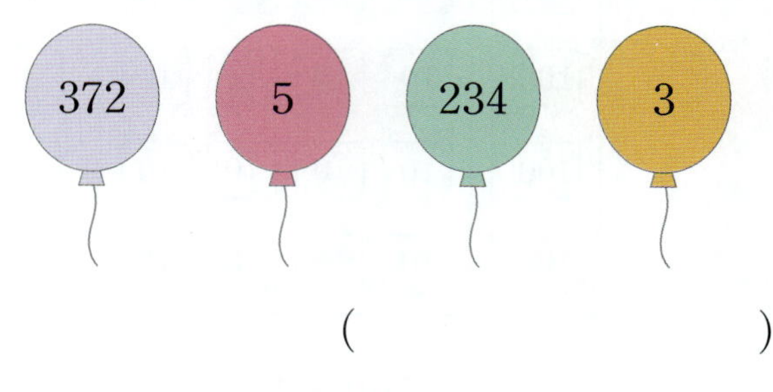

(   )

06 ㉠과 ㉡의 합을 구해 보세요.

(   )

07 531×4를 다음과 같이 계산하였습니다. 잘못 계산한 곳을 찾아 바르게 계산해 보세요.

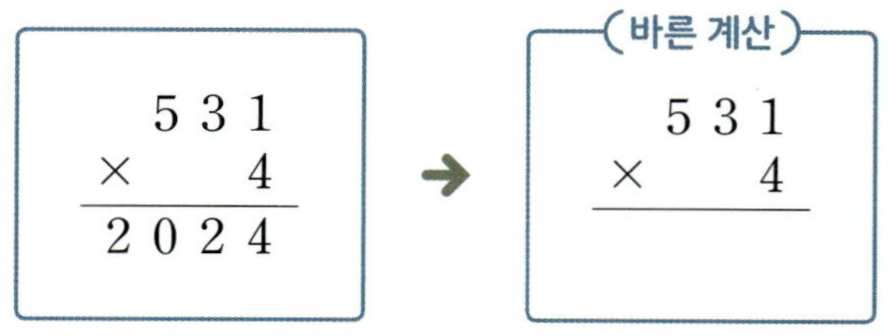

08 방울토마토가 한 상자에 172개씩 들어 있습니다. 3상자에 들어 있는 방울토마토는 모두 몇 개인지 식을 쓰고, 답을 구해 보세요.

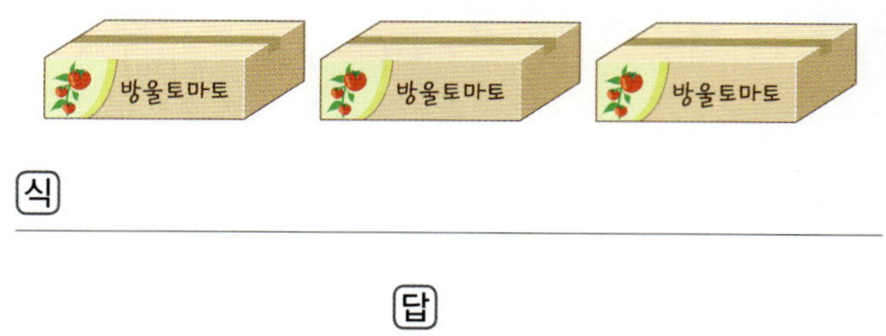

식

답

서술형 문제

09 계산 결과가 작은 것부터 차례로 기호를 써 보세요.

> ㉠ 330×5
> ㉡ 752×2
> ㉢ 628×3

( )

10 물건을 한 가지 골라 친구 8명에게 한 개씩 줄 수 있게 사려고 합니다. 살 물건을 골라 ○표 하고, 고른 물건을 사기 위해 필요한 돈은 모두 얼마인지 구해 보세요.

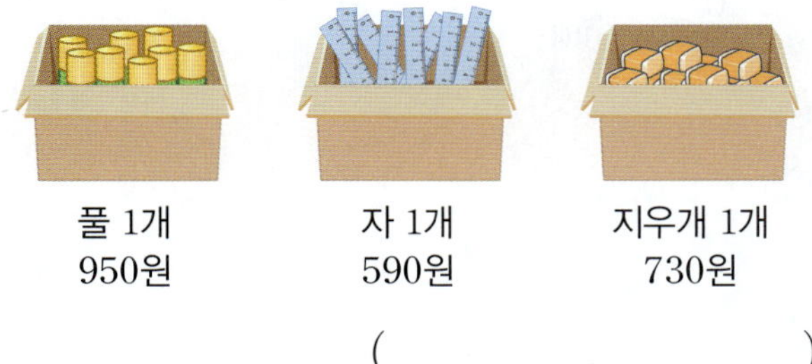

( )

11 □ 안에 알맞은 수를 써넣으세요.

```
    4  5  8
  ×       □
 ─────────────
  3  2  0  6
```

12 어느 농장에 닭이 291마리, 돼지가 150마리 있습니다. 닭과 돼지 중에서 전체 다리 수가 더 적은 것을 써 보세요.

( )

13 3장의 수 카드를 한 번씩만 사용하여 곱이 가장 작은 (세 자리 수)×(한 자리 수)를 만들려고 합니다. 만든 곱셈식의 곱은 얼마인지 풀이 과정을 쓰고, 답을 구해 보세요.

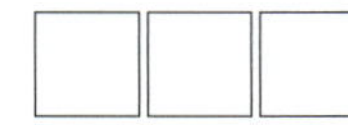

❶ 곱이 가장 작은 곱셈식을 만들려면 곱해지는 수를 가장 작게 만들어야 합니다.

➡ 만들 수 있는 가장 작은 세 자리 수:

□□□

❷ 따라서 만든 곱셈식의 곱은

□ ×2= □ 입니다.

답 ______________

14 3장의 수 카드를 한 번씩만 사용하여 곱이 가장 큰 (세 자리 수)×(한 자리 수)를 만들려고 합니다. 만든 곱셈식의 곱은 얼마인지 풀이 과정을 쓰고, 답을 구해 보세요.

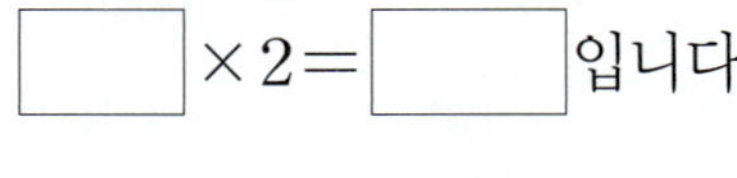

____

____

____

답 ______________

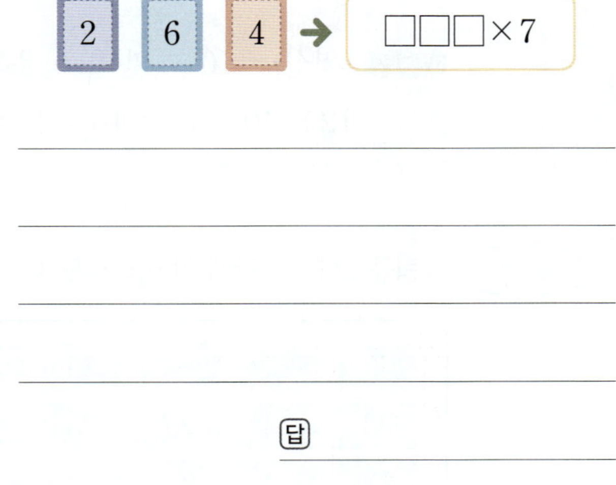

개념 1 **(몇십) × (몇십)**

○ 60 × 20의 계산을 그림으로 알아보기

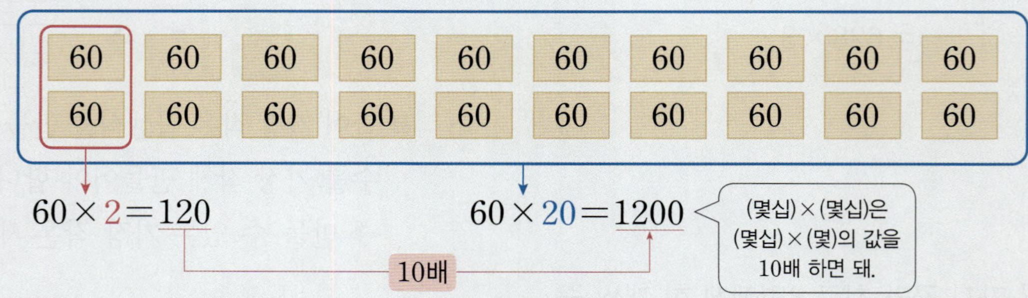

$60 \times 2 = 120$ $60 \times 20 = 1200$

10배

(몇십) × (몇십)은
(몇십) × (몇)의 값을
10배 하면 돼.

○ 60 × 20의 계산 방법 알아보기

$$60 \times 2 = 120$$

10배   10배

$$60 \times 20 = 1200$$

$$\begin{array}{r} 6\ 0 \\ \times\quad 2 \\ \hline 1\ 2\ 0 \end{array}$$ 10배 → $$\begin{array}{r} 6\ 0 \\ \times\ 2\ 0 \\ \hline 1\ 2\ 0\ 0 \end{array}$$

10배

참고 (몇십) × (몇십)은 (몇) × (몇)의 100배입니다.

㉔ $7 \times 3 = 21$ ➜ $70 \times 30 = 2100$

개념 2 **(몇십몇) × (몇십)**

방법 1 (몇십) = (몇) × 10을 이용하여 계산합니다.

$$12 \times 40 = 12 \times 4 \times 10 = 48 \times 10 = 480$$

12와 4를 먼저 곱한 후
10을 곱했어.

방법 2 (몇십) = 10 × (몇)을 이용하여 계산합니다.

$$12 \times 40 = 12 \times 10 \times 4 = 120 \times 4 = 480$$

12와 10을 먼저 곱한 후
4를 곱했어.

확 인 그림을 보고 ☐ 안에 알맞은 수를 써넣으세요.

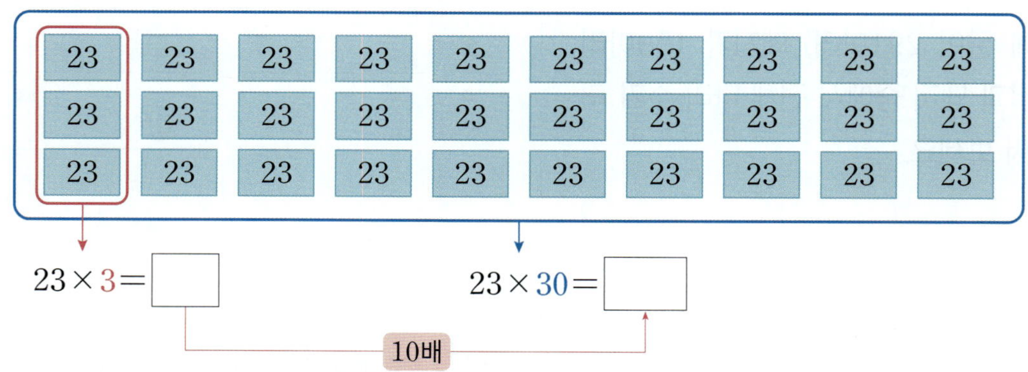

$23 \times 3 = \boxed{}$ $23 \times 30 = \boxed{}$

10배

1 □ 안에 알맞은 수를 써넣으세요.

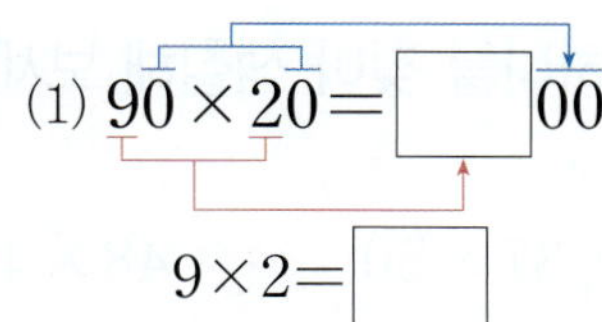

(1) $90 \times 20 =$ ☐00

$9 \times 2 =$ ☐

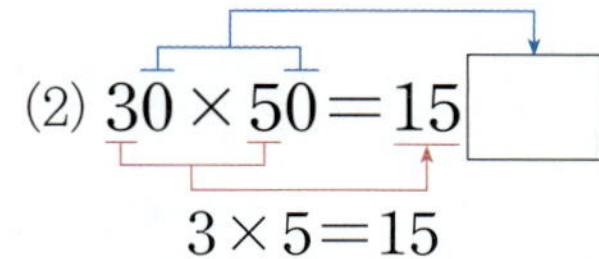

(2) $30 \times 50 = 15$ ☐

$3 \times 5 = 15$

2 □ 안에 알맞은 수를 써넣으세요.

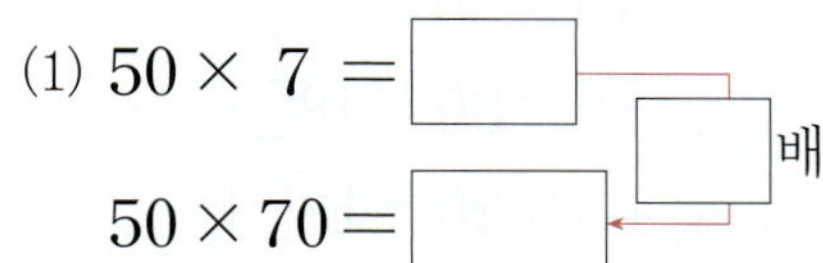

(1) $50 \times 7 =$ ☐

$50 \times 70 =$ ☐ ☐배

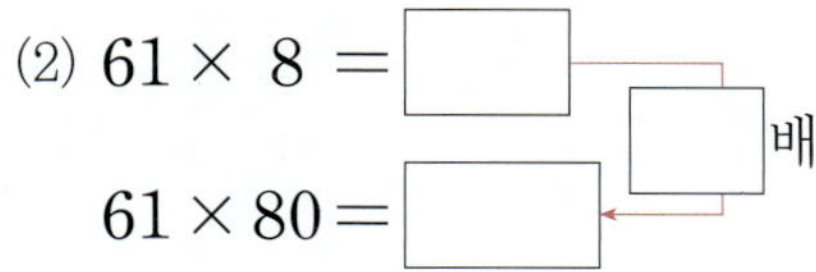

(2) $61 \times 8 =$ ☐

$61 \times 80 =$ ☐ ☐배

3 47×20을 두 가지 방법으로 계산하려고 합니다. □ 안에 알맞은 수를 써넣으세요.

(1) $47 \times 20 = 47 \times 2 \times 10$

$= $ ☐ $\times 10$

$= $ ☐

(2) $47 \times 20 = 47 \times 10 \times 2$

$= $ ☐ $\times 2$

$= $ ☐

4 □ 안에 알맞은 수를 써넣으세요.

(1) $21 \times 4 =$ ☐

⬇

$21 \times 40 =$ ☐

(2) $46 \times 3 =$ ☐

⬇

$46 \times 30 =$ ☐

5 계산해 보세요.

(1)
$$\begin{array}{r} 3\,0 \\ \times\ 3\,0 \\ \hline \end{array}$$

(2)
$$\begin{array}{r} 4\,2 \\ \times\ 2\,0 \\ \hline \end{array}$$

(3) 50×40

(4) 34×20

6 계산 결과를 찾아 색칠해 보세요.

80×50

| 400 | 4000 | 4800 |

01 □ 안에 알맞은 수를 써넣으세요.

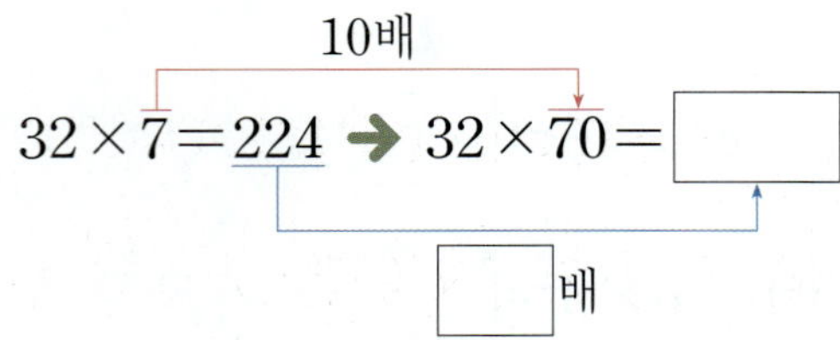

$$32 \times 7 = \underline{224} \;\rightarrow\; 32 \times 70 = \boxed{}$$

10배 / □배

02 $6 \times 5 = 30$임을 이용하여 60×50을 계산하려고 합니다. 숫자 3을 써야 할 곳을 찾아 기호를 써 보세요.

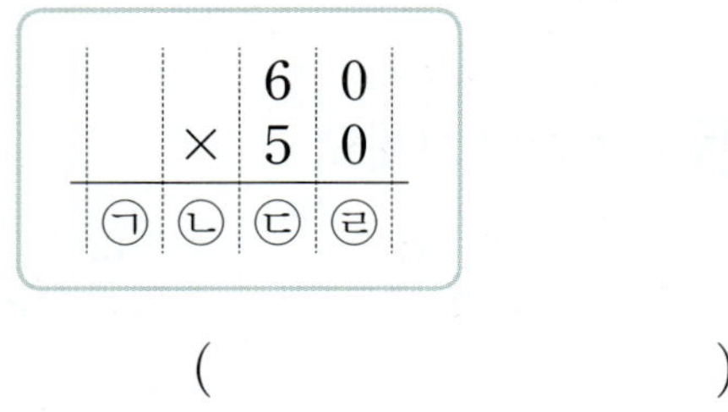

$$\begin{array}{r} 6\,0 \\ \times\; 5\,0 \\ \hline \end{array}$$
㉠ ㉡ ㉢ ㉣

( )

03 다음이 나타내는 수를 구해 보세요.

58의 90배

( )

04 빈칸에 알맞은 수를 써넣으세요.

×	30	60	90
50			

05 계산 결과가 다른 하나를 찾아 색칠해 보세요.

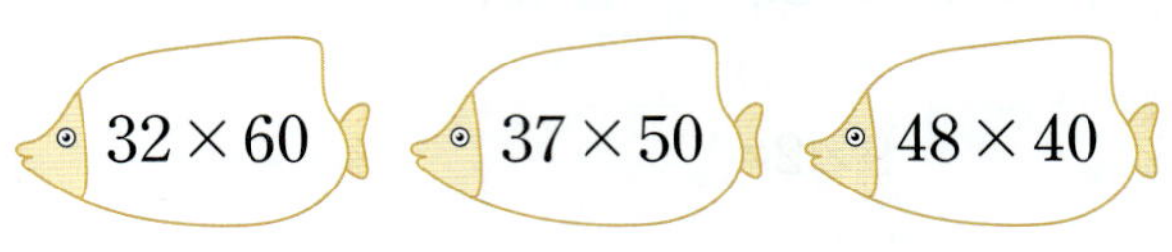

06 □ 안에 들어갈 0의 개수가 다른 하나를 찾아 기호를 써 보세요.

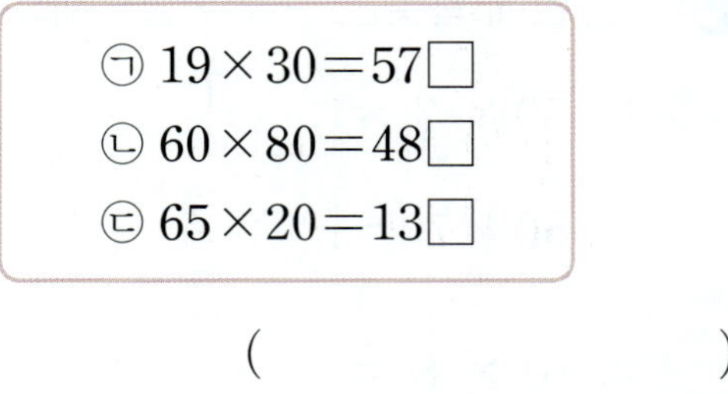

㉠ $19 \times 30 = 57\square$
㉡ $60 \times 80 = 48\square$
㉢ $65 \times 20 = 13\square$

( )

07 인터넷 신문 기사를 읽고, 나동아 씨가 올해 기부한 사과는 모두 몇 개인지 구해 보세요.

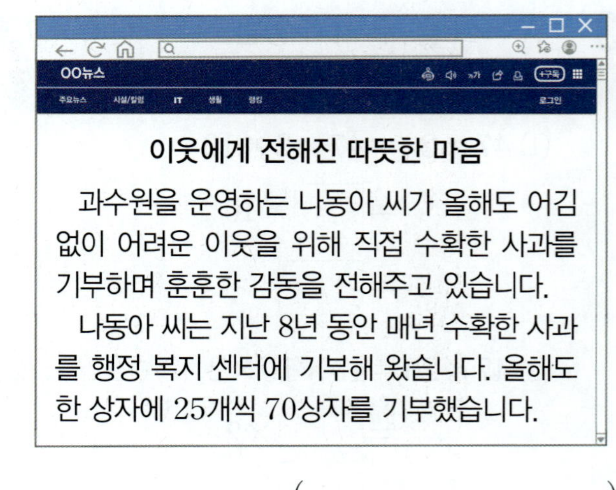

이웃에게 전해진 따뜻한 마음

과수원을 운영하는 나동아 씨가 올해도 어김없이 어려운 이웃을 위해 직접 수확한 사과를 기부하며 훈훈한 감동을 전해주고 있습니다.

나동아 씨는 지난 8년 동안 매년 수확한 사과를 행정 복지 센터에 기부해 왔습니다. 올해도 한 상자에 25개씩 70상자를 기부했습니다.

( )

창의형

08 28 × 50에 알맞은 문제를 만든 다음 식을 쓰고, 답을 구해 보세요.

[문제]

____

____

[식]

[답]

09 1시간은 60분이고, 1분은 60초입니다. 1시간은 몇 초인가요?

(   )

10 호두를 한 봉지에 20개씩 담았더니 30봉지가 되었고, 땅콩을 한 봉지에 27개씩 담았더니 20봉지가 되었습니다. 호두와 땅콩 중에서 어느 것이 몇 개 더 많은지 구해 보세요.

(   ), (   )

11 1부터 9까지의 수 중에서 □ 안에 들어갈 수 있는 가장 큰 수를 구해 보세요.

$$70 \times \square 0 < 3000$$

(   )

12 참외를 한 상자에 40개씩 담았더니 70상자가 되고, 참외 15개가 남았습니다. 처음에 있던 참외는 모두 몇 개인지 풀이 과정을 쓰고, 답을 구해 보세요.

❶ 70상자에 담은 참외는 모두

□ × 70 = □ (개)입니다.

❷ 상자에 담고 참외 □ 개가 남았으므로

처음에 있던 참외는 모두

□ + □ = □ (개)입니다.

[답]

13 옥수수를 한 상자에 50개씩 담았더니 40상자가 되고, 옥수수 20개가 남았습니다. 처음에 있던 옥수수는 모두 몇 개인지 풀이 과정을 쓰고, 답을 구해 보세요.

____

____

____

____

[답]

학습 결과에 색칠하세요.   

개념 1 **(한 자리 수)×(두 자리 수)**

○ 7×13의 계산을 그림으로 알아보기

■ 모눈은 7칸씩 10줄이 있고, ■ 모눈은 7칸씩 3줄이 있습니다.

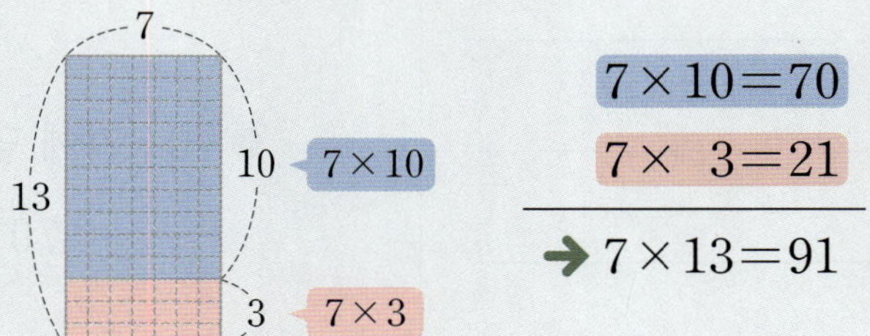

○ 7×13의 계산을 간단하게 나타내기

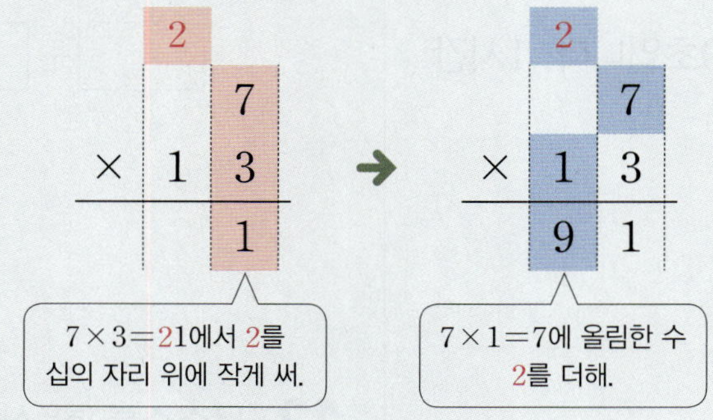

개념 2 **(두 자리 수)×(두 자리 수)** (1) – 올림이 한 번 있는 경우

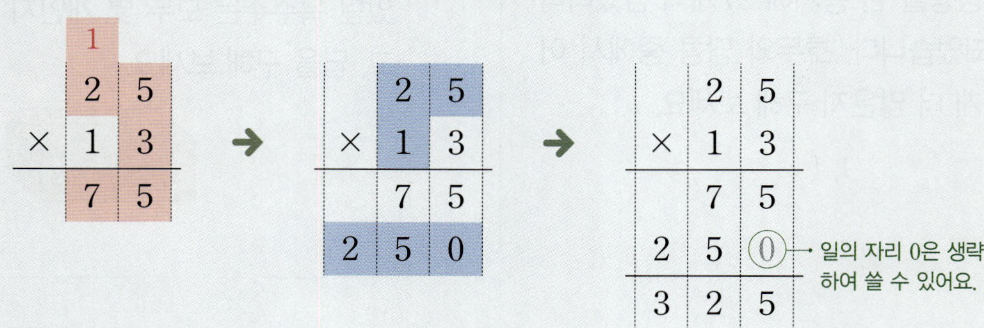

확 인　□ 안에 알맞은 수를 써넣으세요.

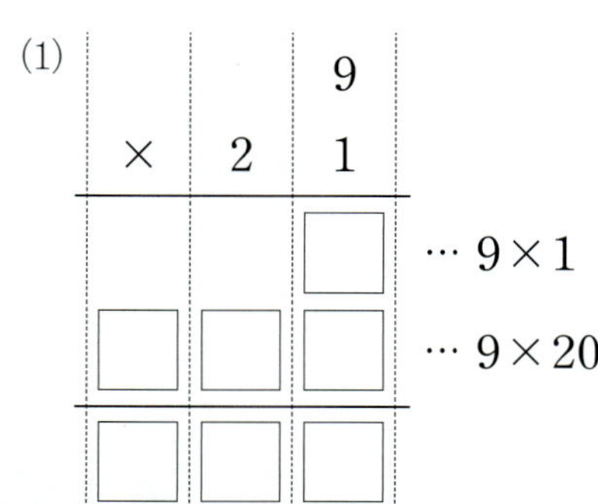

1 8×12를 모눈종이를 이용하여 알아보려고 합니다. □ 안에 알맞은 수를 써넣으세요.

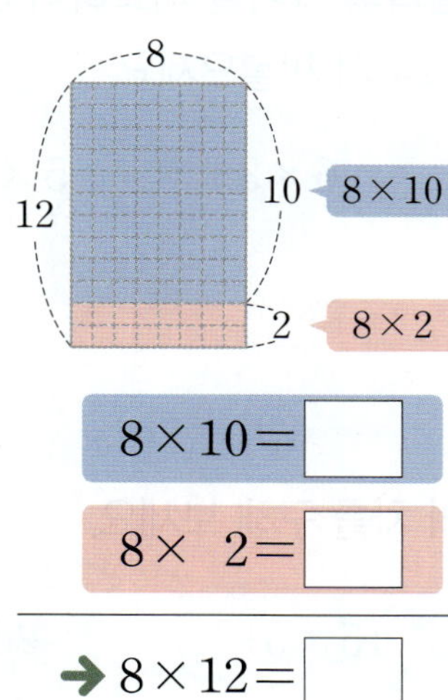

$8 \times 10 =$ □

$8 \times 2 =$ □

➜ $8 \times 12 =$ □

2 □ 안에 알맞은 수를 써넣으세요.

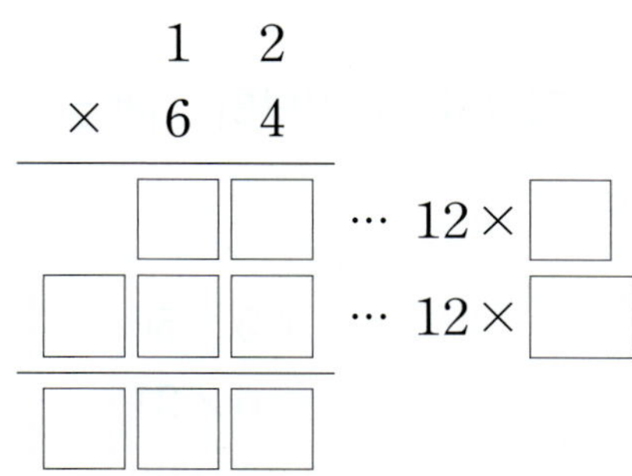

3 4×14를 두 가지 방법으로 계산하려고 합니다. □ 안에 알맞은 수를 써넣으세요.

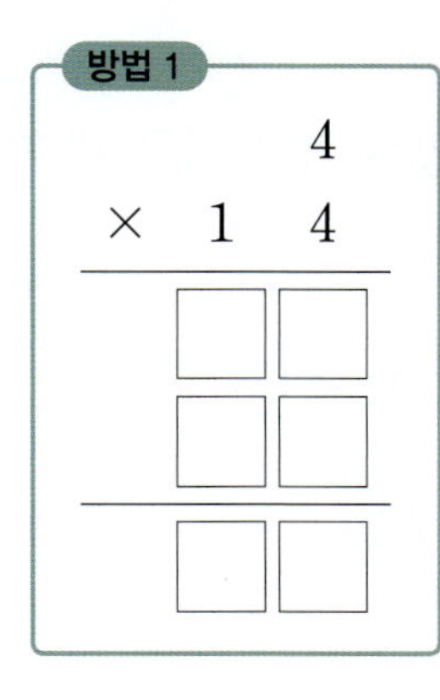

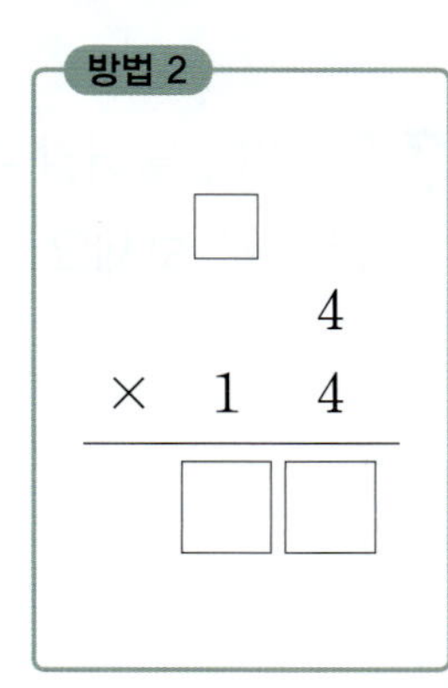

4 (보기)와 같이 계산해 보세요.

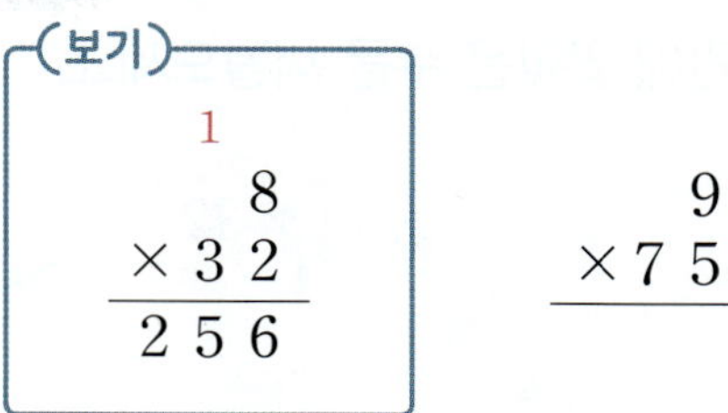

$$\begin{array}{r} 9 \\ \times\ 7\ 5 \\ \hline \end{array}$$

5 계산해 보세요.

(1) $\begin{array}{r} 3 \\ \times\ 3\ 9 \\ \hline \end{array}$

(2) $\begin{array}{r} 3\ 5 \\ \times\ 1\ 2 \\ \hline \end{array}$

(3) 7×54

(4) 42×23

6 바르게 계산한 것에 ○표 하세요.

$$\begin{array}{r} 1\ 4 \\ \times\ 6\ 2 \\ \hline 2\ 8 \\ 8\ 4 \\ \hline 1\ 1\ 2 \end{array}$$

$$\begin{array}{r} 1\ 9 \\ \times\ 1\ 7 \\ \hline 1\ 3\ 3 \\ 1\ 9\ 0 \\ \hline 3\ 2\ 3 \end{array}$$

(   )   (   )

문제 학습

01 빈칸에 알맞은 수를 써넣으세요.

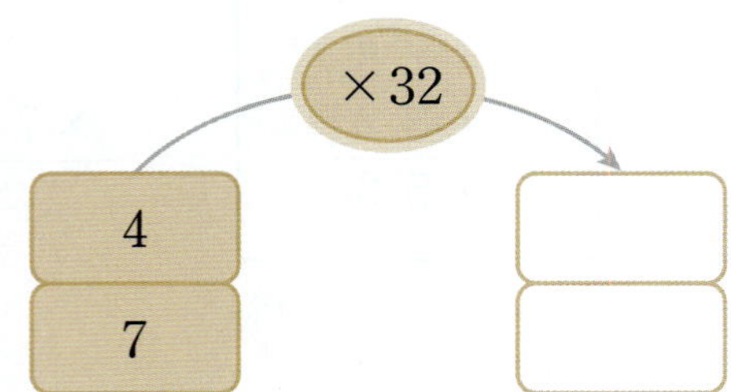

02 계산 결과를 찾아 이어 보세요.

37×21 ·

31×24 ·

· 744

· 626

· 777

03 4×29를 다음과 같이 계산하였습니다. 잘못 계산한 곳을 찾아 바르게 계산해 보세요.

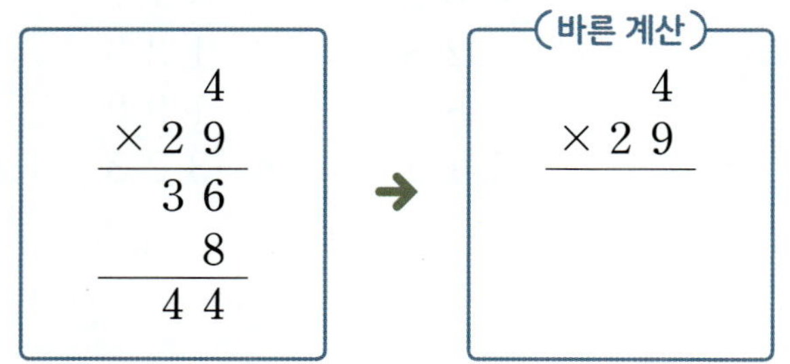

04 계산 결과의 크기를 비교하여 ○ 안에 >, =, <를 알맞게 써넣으세요.

$$6 \times 38 \bigcirc 5 \times 44$$

05 두 곱의 차를 구해 보세요.

15×31 26×13

(   )

06 계산 결과가 큰 것부터 차례로 기호를 써 보세요.

㉠ 5×56
㉡ 6×31
㉢ 8×29

(   )

07 □ 안에 들어갈 수 있는 가장 작은 세 자리 수를 구해 보세요.

$18 \times 15 < □$

(   )

창의형

08 빨간색, 파란색, 초록색 색종이 묶음이 있습니다. 한 가지 색의 색종이를 고르고, 고른 색종이 12묶음은 모두 몇 장인지 구해 보세요.

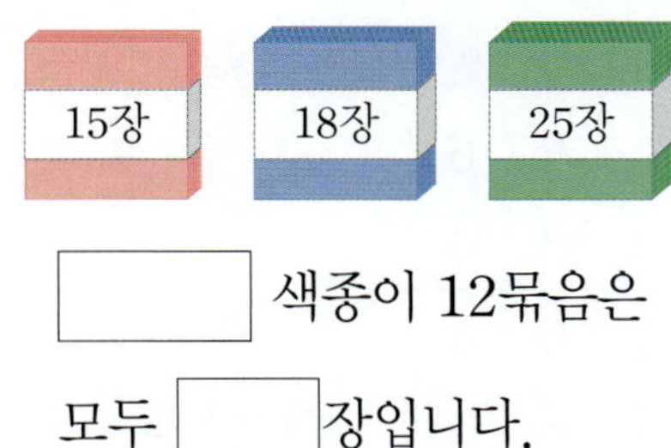

[   ] 색종이가 12묶음은

모두 [   ] 장입니다.

09 ㉠과 ㉡에 알맞은 수를 각각 구해 보세요.

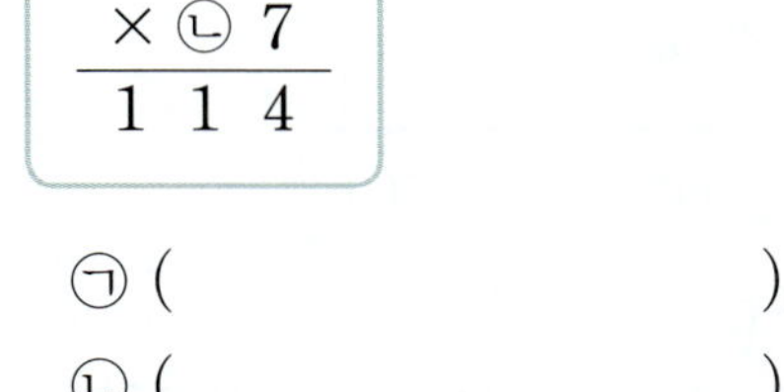

㉠ 에 해당 — ㉠ 위치

㉠ (   )
㉡ (   )

10 기차 한 량의 객실 좌석 배치도가 다음과 같습니다. 기차의 객실이 12량이라면 좌석은 모두 몇 개인지 구해 보세요. (단, 객실마다 좌석 배치도는 모두 같습니다.)

| 1A | 2A | 3A | 4A | 5A | 6A | 7A | 8A | 9A | 10A | 11A | 12A |
| 1B | 2B | 3B | 4B | 5B | 6B | 7B | 8B | 9B | 10B | 11B | 12B |

통로

| 1C | 2C | 3C | 4C | 5C | 6C | 7C | 8C | 9C | 10C | 11C | 12C |

(   )

11 ㉠과 ㉡이 나타내는 두 수의 곱을 구하려고 합니다. 풀이 과정을 쓰고, 답을 구해 보세요.

> ㉠ 10이 5개, 1이 1개인 수
> ㉡ 10이 1개, 1이 2개인 수

❶ ㉠ 10이 5개, 1이 1개인 수는 [   ] 이고,

㉡ 10이 1개, 1이 2개인 수는 [   ] 입니다.

❷ 따라서 ㉠과 ㉡이 나타내는 두 수의 곱은

[   ] × [   ] = [   ] 입니다.

답 [   ]

12 ㉠과 ㉡이 나타내는 두 수의 곱을 구하려고 합니다. 풀이 과정을 쓰고, 답을 구해 보세요.

> ㉠ 10이 2개, 1이 8개인 수
> ㉡ 10이 2개, 1이 1개인 수

____

____

____

____

답 [   ]

학습 결과에 색칠하세요.   

개념 1 **(두 자리 수)×(두 자리 수)** (2) – 올림이 여러 번 있는 경우

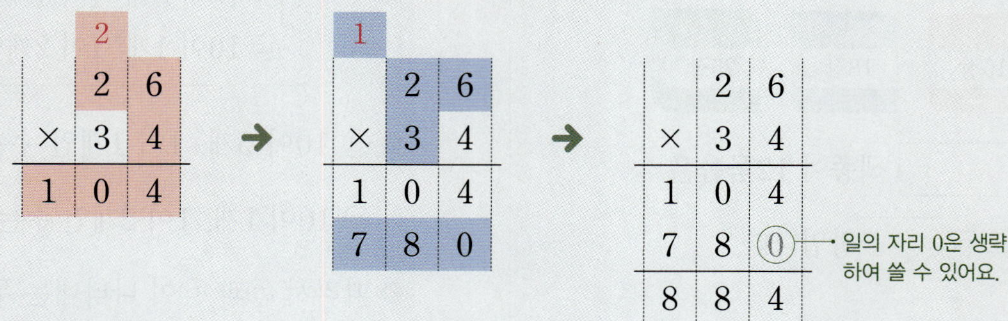

개념 2 **곱셈의 어림셈**

○ 396×6은 약 얼마인지 어림셈으로 구하기

세 자리 수를 가장 가까운 몇백으로 어림하여 곱셈을 합니다.

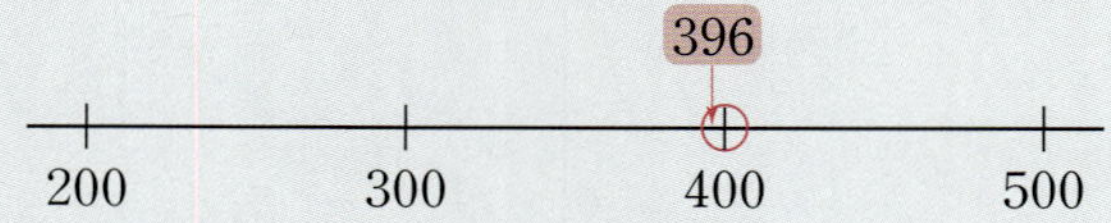

→ 396을 몇백으로 어림하면 약 400입니다.

396×6을 어림셈으로 구하면 400×6＝2400이므로 약 2400입니다.

○ 41×69는 약 얼마인지 어림셈으로 구하기

두 자리 수를 가장 가까운 몇십으로 어림하여 곱셈을 합니다.

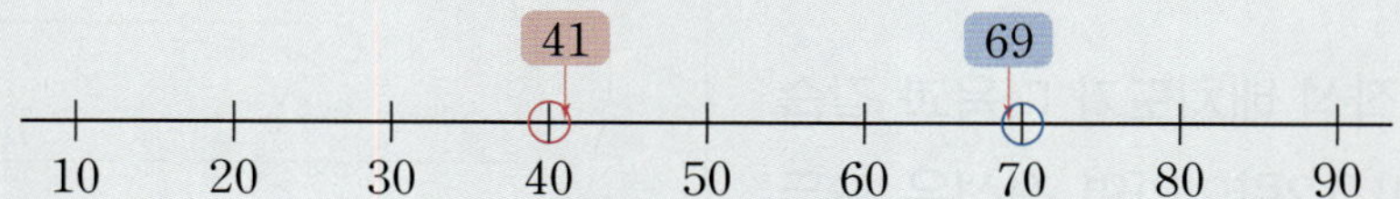

→ 41을 몇십으로 어림하면 약 40, 69를 몇십으로 어림하면 약 70입니다.

41×69를 어림셈으로 구하면 40×70＝2800이므로 약 2800입니다.

확 인 □ 안에 알맞은 수를 써넣으세요.

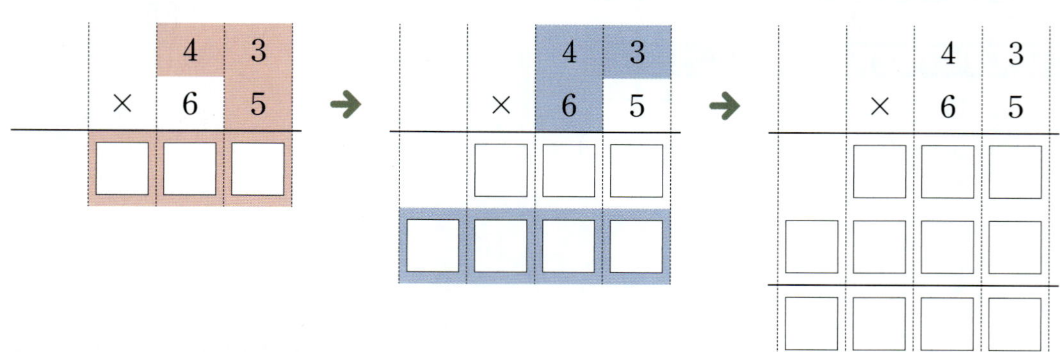

1 35×23을 모눈종이를 이용하여 알아보려고
합니다. □ 안에 알맞은 수를 써넣으세요.

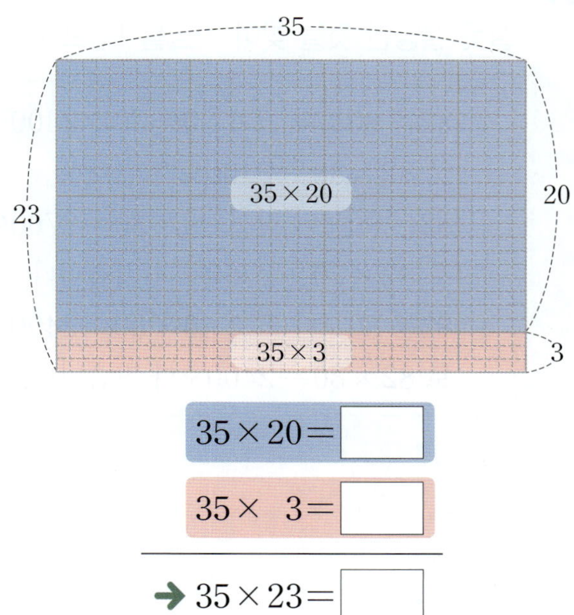

35×20=
35× 3=
➔ 35×23=

2 □ 안에 알맞은 수를 써넣으세요.

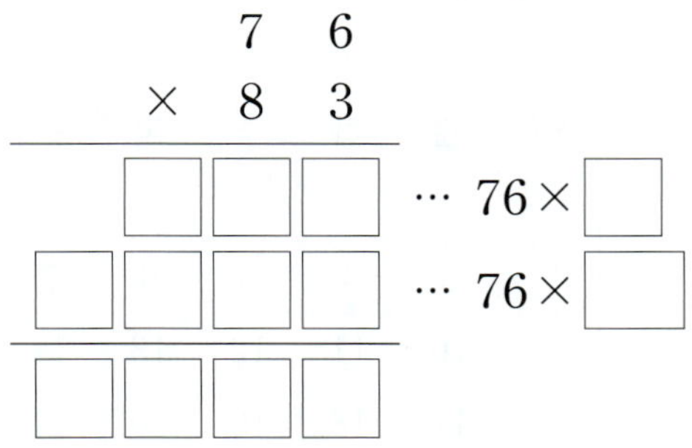

3 계산해 보세요.

(1) 　5 3
　× 3 6

(2) 　6 5
　× 2 7

(3) 39×52

(4) 72×34

|4~5| 695×7**은 약 얼마인지 어림셈으로 구하려고**
합니다. 물음에 답하세요.

4 695를 몇백으로 어림하여 그림에 ○표 하세요.

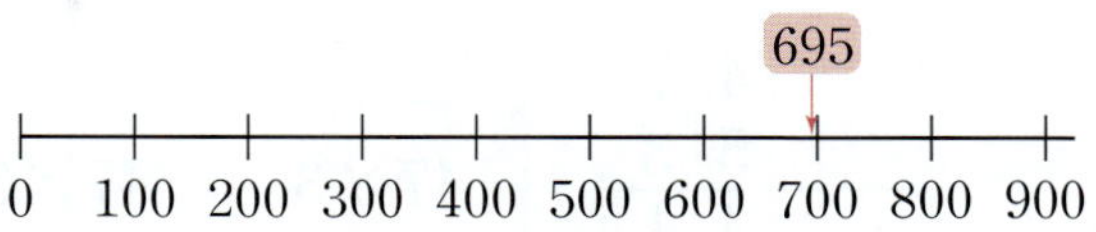

5 □ 안에 알맞은 수를 써넣으세요.

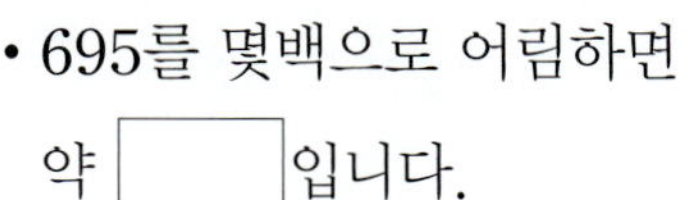

• 695를 몇백으로 어림하면
약 ☐ 입니다.
• 695×7을 어림셈으로 구하면
약 ☐ 입니다.

6 계산 결과를 어림셈으로 구하려고 합니다. 어림
셈으로 구한 값을 찾아 ○표 하세요.

38×21

300　　500　　800

7 □ 안에 알맞은 수를 써넣으세요.

01 47×53의 계산에서 색칠된 부분은 실제 어떤 수의 곱인지 찾아 ○표 하세요.

$$\begin{array}{r} 4\;7 \\ \times\;5\;3 \\ \hline 1\;4\;1 \\ 2\;3\;5\;0 \\ \hline 2\;4\;9\;1 \end{array}$$

| 47×3 | 47×5 |
| 47×50 | 47×53 |

02 어림셈으로 구한 값을 찾아 이어 보세요.

58×81 ·	· 4800
92×39 ·	· 3000
51×58 ·	· 3600

03 빈칸에 두 수의 곱을 써넣으세요.

| 14 | 63 |
| | |

04 계산 결과가 1600보다 큰 것에 ○표 하세요.

| 63×26 | 29×43 |
| ( ) | ( ) |

05 82×30의 값을 어림셈으로 구하려고 합니다. 잘못 설명한 것을 찾아 기호를 써 보세요.

> ㉠ 82는 80보다 크고 $80 \times 30 = 2400$이므로 82×30은 2400보다 큽니다.
> ㉡ 82는 90보다 작고 $90 \times 30 = 2700$이므로 82×30은 2700보다 작습니다.
> ㉢ 82는 80보다 크고 $80 \times 30 = 2400$이므로 82×30은 2400보다 작습니다.

( )

06 하윤이는 2월 한 달 동안 매일 책을 56쪽씩 읽었습니다. 하윤이가 2월에 읽은 책은 모두 몇 쪽인지 구해 보세요.

2월

일	월	화	수	목	금	토
						1
2	3	4	5	6	7	8
9	10	11	12	13	14	15
16	17	18	19	20	21	22
23	24	25	26	27	28	

( )

창의형

07 수 카드 3장 중에서 2장을 골라 두 수의 곱을 구해 보세요.

| 52 | 37 | 68 |

$$\boxed{} \times \boxed{} = \boxed{}$$

서술형 문제

08 고구마가 한 바구니에 28개씩 31바구니 있습니다. 고구마는 약 몇 개인지 어림셈으로 구해 보세요.

( )

09 □ 안에 알맞은 수를 써넣으세요.

```
        2 □
   ×   □ 7
  ─────────
        2 0 3
    1 7 4 0
  ─────────
  □ □ □ □
```

10 수 카드 4 , 6 , 7 , 9 를 한 번씩만 사용하여 곱이 가장 큰 (두 자리 수) × (두 자리 수)를 만들려고 합니다. □ 안에 알맞은 수를 써넣고, 계산해 보세요.

□ □ × □ □

( )

11 하연이는 종이학을 하루에 27개씩 25일 동안 접었습니다. 종이학을 800개 접으려면 앞으로 더 접어야 하는 종이학은 몇 개인지 풀이 과정을 쓰고, 답을 구해 보세요.

❶ 하연이가 25일 동안 접은 종이학은 모두
   $27 \times$ □ $=$ □ (개)입니다.

❷ 따라서 앞으로 더 접어야 하는 종이학은
   □ $-$ □ $=$ □ (개)입니다.

답 ________________

12 은우는 종이배를 하루에 16개씩 28일 동안 접었습니다. 종이배를 500개 접으려면 앞으로 더 접어야 하는 종이배는 몇 개인지 풀이 과정을 쓰고, 답을 구해 보세요.

____

____

____

____

답 ________________

학습 결과에 색칠하세요.   

1 바르게 계산한 값 구하기

어떤 수에 30을 곱해야 할 것을 잘못하여 어떤 수에 30을 더했더니 66이 되었습니다. 바르게 계산한 값을 구해 보세요.

1단계 어떤 수 구하기

(　　　　　　　　　　)

2단계 바르게 계산한 값 구하기

(　　　　　　　　　　)

문제해결 TIP

어떤 수를 □라고 하여 잘못 계산한 식을 세운 후 □의 값을 먼저 구해요.

1-1 어떤 수에 45를 곱해야 할 것을 잘못하여 어떤 수에서 45를 뺐더니 38이 되었습니다. 바르게 계산한 값을 구해 보세요.

(　　　　　　　　　　)

1-2 주어진 계산에서 '×'를 '+'로 잘못 보고 계산했더니 67이 되었습니다. 바르게 계산한 값과 잘못 계산한 값의 차를 구해 보세요.

□ × 59

(　　　　　　　　　　)

2 도형을 둘러싼 선의 길이 구하기

세 변의 길이가 모두 같은 삼각형 4개를 겹치지 않게 이어 붙였습니다.
빨간색 선의 길이는 몇 cm인지 구해 보세요.

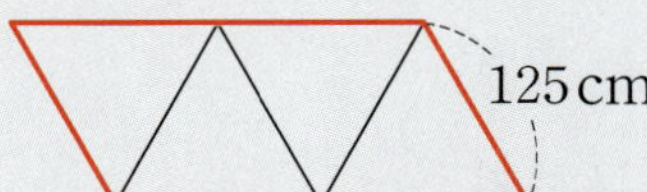

1단계 빨간색 선의 길이는 삼각형의 한 변의 길이의 몇 배인지 구하기

(   )

2단계 빨간색 선의 길이 구하기

(   )

문제해결 TIP

길이가 ㉠ cm인 선분이 ■ 개 있을 때 그 길이의 합은 (㉠ × ■) cm예요.

1
단원
6회

2-1 한 변의 길이가 17 cm인 정사각형 6개를 겹치지 않게 이어 붙였습니다. 파란색 선의 길이는 몇 cm인지 구해 보세요.

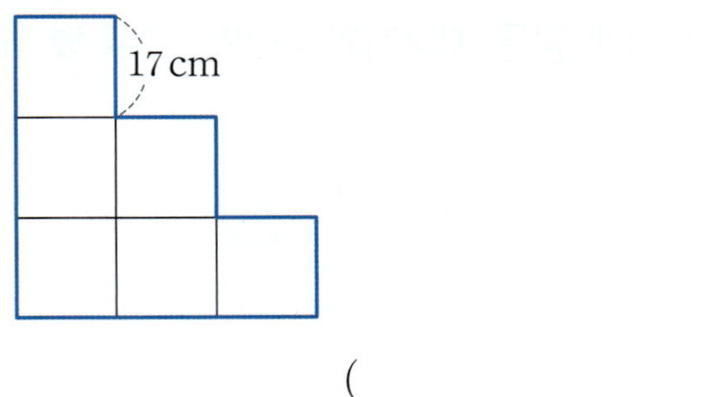

(   )

2-2 한 변의 길이가 191 cm인 정사각형 3개와 한 변의 길이가 229 cm인 정사각형 2개를 겹치지 않게 각각 이어 붙였습니다. 빨간색 선의 길이와 파란색 선의 길이의 차는 몇 cm인지 구해 보세요.

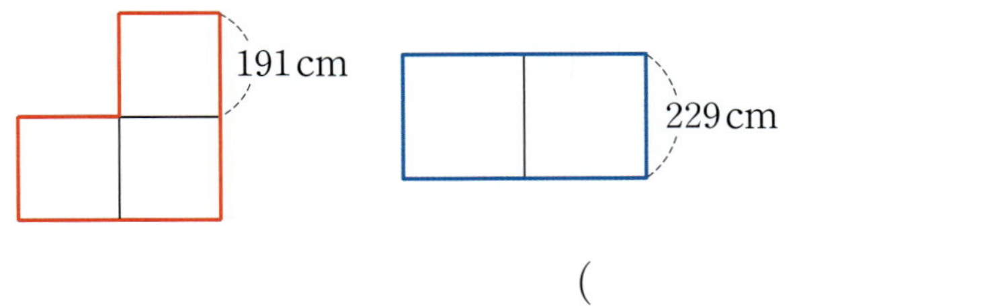

빨간색 선의 길이와 파란색 선의 길이를 각각 구한 다음 두 수의 차를 구해.

(   )

3 두 곱의 합 구하기

아몬드를 지아는 하루에 6개씩 31일 동안 먹었고, 태현이는 하루에 7개씩 26일 동안 먹었습니다. 두 사람이 먹은 아몬드는 모두 몇 개인지 구해 보세요.

1단계 지아가 먹은 아몬드는 모두 몇 개인지 구하기

(   )

2단계 태현이가 먹은 아몬드는 모두 몇 개인지 구하기

(   )

3단계 두 사람이 먹은 아몬드는 모두 몇 개인지 구하기

(   )

3-1 지우개를 한 상자에 28개씩 40상자에 담았고, 가위를 한 상자에 160개씩 3상자에 담았습니다. 상자에 담은 지우개와 가위는 모두 몇 개인지 구해 보세요.

(   )

3-2 은수는 하루에 820 m씩 5일 동안 걸었고, 수현이는 하루에 740 m씩 ㉠일 동안 걸었습니다. 두 사람이 걸은 거리의 합이 6320 m일 때 ㉠에 알맞은 수를 구해 보세요.

(   )

4 이어 붙인 색 테이프의 전체 길이 구하기

길이가 79 cm인 색 테이프 12장을 5 cm씩 겹치게 이어 붙였습니다.
이어 붙인 색 테이프의 전체 길이는 몇 cm인지 구해 보세요.

문제해결 TIP

색 테이프 ■장을 겹치게 이어 붙이면 겹친 부분의 수는 (■−1)군데예요.

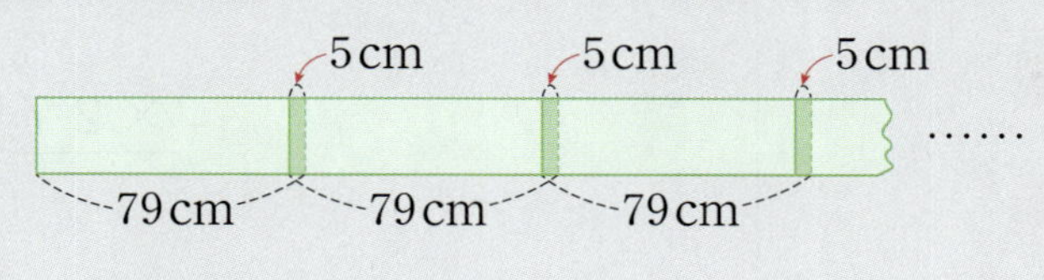

1단계 색 테이프 12장의 길이의 합 구하기

( )

2단계 겹친 부분의 길이의 합 구하기

( )

3단계 이어 붙인 색 테이프의 전체 길이 구하기

( )

4-1 길이가 65 cm인 색 테이프 25장을 8 cm씩 겹치게 이어 붙였습니다.
이어 붙인 색 테이프의 전체 길이는 몇 cm인지 구해 보세요.

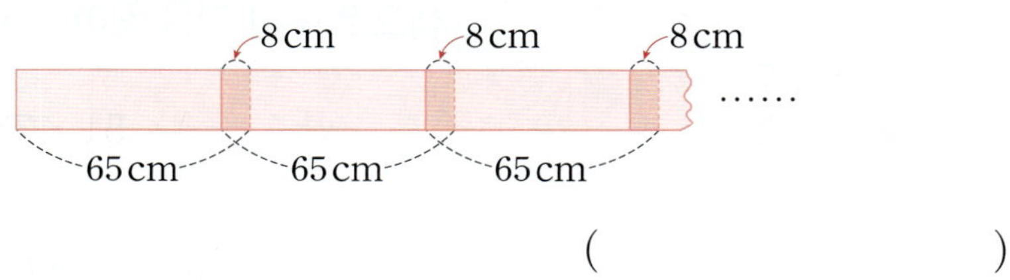

( )

4-2 길이가 30 cm인 색 테이프 21장을 같은 길이만큼씩 겹치게 이어 붙였습니다. 이어 붙인 색 테이프의 전체 길이가 570 cm일 때, 몇 cm씩 겹치게 이어 붙였는지 구해 보세요.

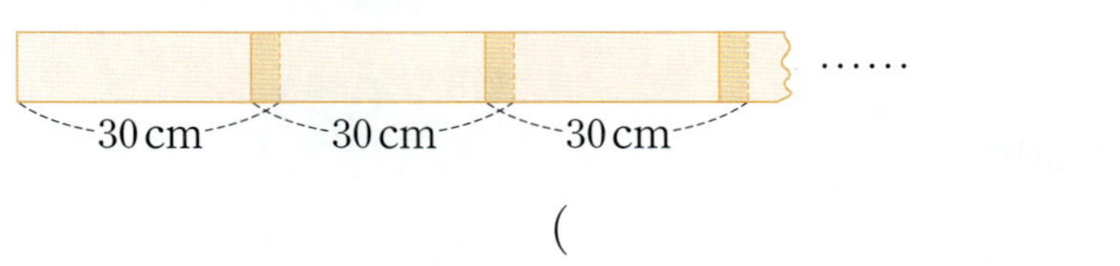

( )

학습 결과에 색칠하세요.  

01 수 카드를 보고 □ 안에 알맞은 수를 써넣으세요.

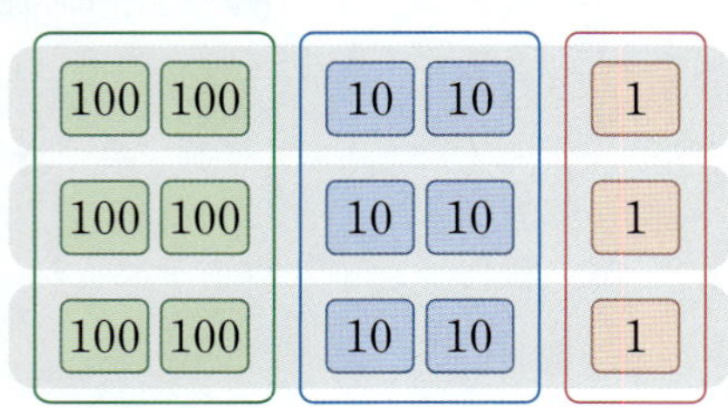

$$200 \times 3 = \boxed{}$$

$$20 \times 3 = \boxed{}$$

$$1 \times 3 = \boxed{}$$

$$\rightarrow 221 \times 3 = \boxed{}$$

02 (보기)와 같이 계산해 보세요.

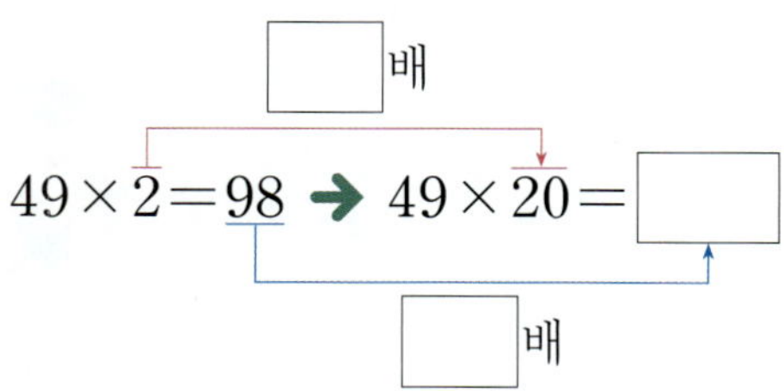

$$\begin{array}{r} 2\ 2\ 7 \\ \times \qquad 3 \\ \hline \end{array}$$

03 □ 안에 알맞은 수를 써넣으세요.

$$49 \times 2 = 98 \;\rightarrow\; 49 \times 20 = \boxed{}$$

□배

□배

04 계산해 보세요.

$$\begin{array}{r} 6 \\ \times\ 2\ 7 \\ \hline \end{array}$$

05 빈칸에 알맞은 수를 써넣으세요.

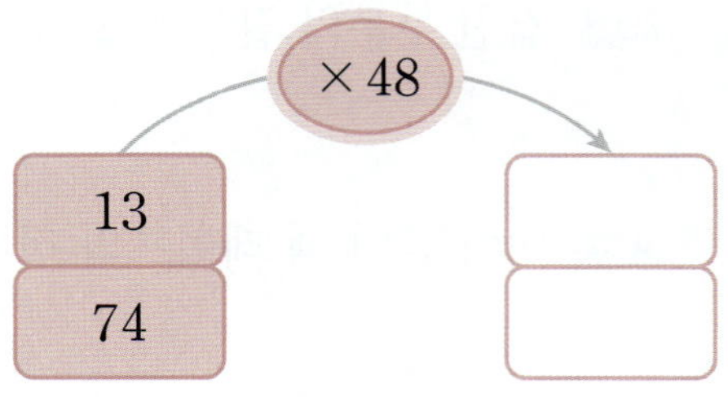

06 계산 결과를 어림셈으로 구하려고 합니다. 어림셈으로 구한 값을 찾아 ◯표 하세요.

$$51 \times 78$$

3000　　4000　　5000

07 계산 결과를 찾아 이어 보세요.

3×48 ・　　　・ 135

5×27 ・　　　・ 144

8×16 ・　　　・ 128

08 $7 \times 9 = 63$임을 이용하여 70×90을 계산하려고 합니다. 숫자 6을 써야 할 곳을 찾아 기호를 써 보세요.

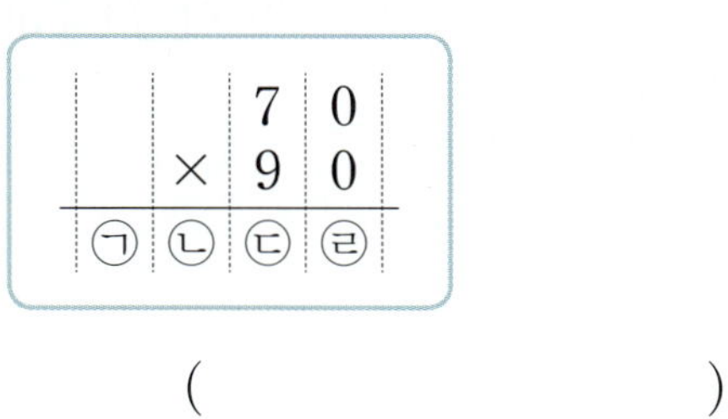

(   )

09 곱이 더 큰 것에 ◯표 하세요.

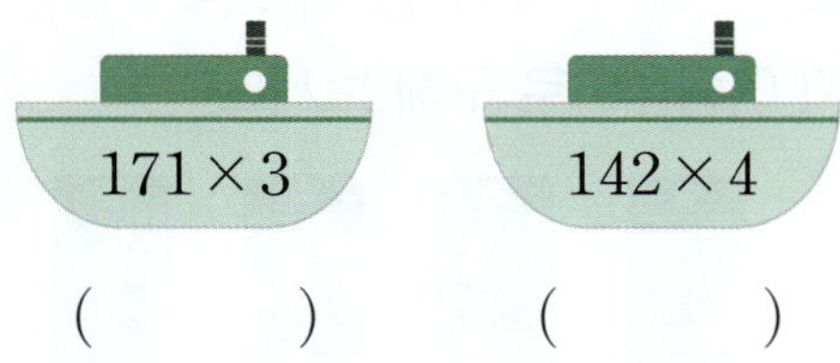

(   )   (   )

10 86×34를 다음과 같이 계산하였습니다. 잘못 계산한 곳을 찾아 바르게 계산해 보세요.

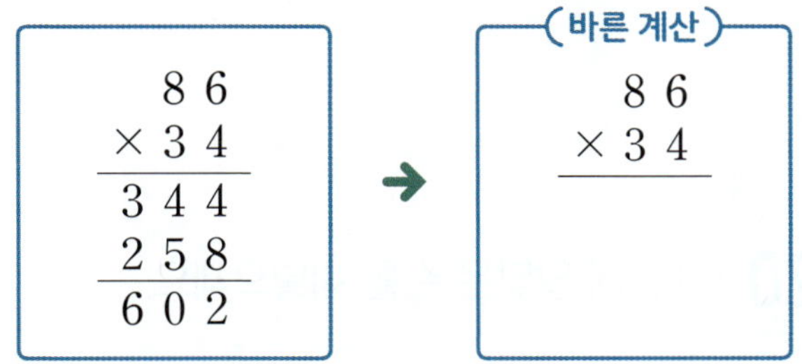

11 가장 큰 수와 두 번째로 작은 수의 곱을 구해 보세요.

| 6 | 194 | 3 | 213 |

(   )

---

12 계산 결과가 다른 하나를 찾아 기호를 쓰려고 합니다. 풀이 과정을 쓰고, 답을 구해 보세요.

| ㉠ 12×60 | ㉡ 24×30 |
| ㉢ 18×40 | ㉣ 80×90 |

____

____

____

____

답 ____________________

13 1년을 365일이라고 할 때 8년은 며칠인지 구해 보세요.

(   )

14 두 곱의 차를 구해 보세요.

| 192×4 | 154×2 |

(   )

15 두 수의 곱은 얼마인지 구해 보세요.

> • 1이 6개인 수
> • 10이 3개, 1이 9개인 수

( )

16 계산 결과가 1500보다 작은 것을 찾아 기호를 써 보세요.

> ㉠ 36×47 ㉡ 41×40
> ㉢ 65×22 ㉣ 37×43

( )

17 소민이는 가게에서 550원짜리 머리끈 9개를 사고 10000원을 냈습니다. 소민이가 받아야 할 거스름돈은 얼마인지 구해 보세요.

( )

18 1부터 9까지의 수 중에서 □ 안에 들어갈 수 있는 가장 큰 수를 구해 보세요.

> $90 \times \square 0 < 5000$

( )

19 우주는 문구점에서 680원짜리 샤프심 5개를 샀습니다. 우주가 산 샤프심의 값은 약 얼마인지 어림셈으로 구해 보세요.

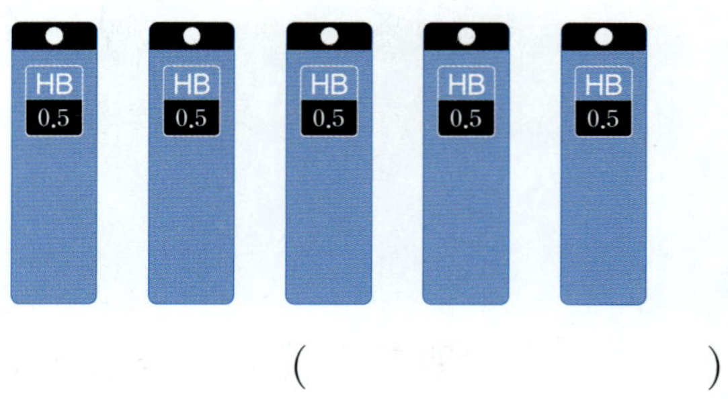

( )

20 □ 안에 알맞은 수를 써넣으세요.

```
    3 □ 6
  ×     4
  ─────────
  1 3 0 4
```

서술형

21 준영이네 학교에서 전교생에게 수첩을 한 권씩 나누어 주려고 합니다. 각 학년의 학급 수는 다음과 같습니다. 각 반의 학생 수가 23명씩이라면 준비해야 할 수첩은 모두 몇 권인지 풀이 과정을 쓰고, 답을 구해 보세요.

학년	1학년	2학년	3학년	4학년	5학년	6학년
학급 수 (반)	6	6	5	4	5	4

____

____

____

____

답 ______________________

22 어떤 수에 16을 곱해야 할 것을 잘못하여 더했더니 30이 되었습니다. 바르게 계산한 값을 구해 보세요.

(   )

23 수 카드 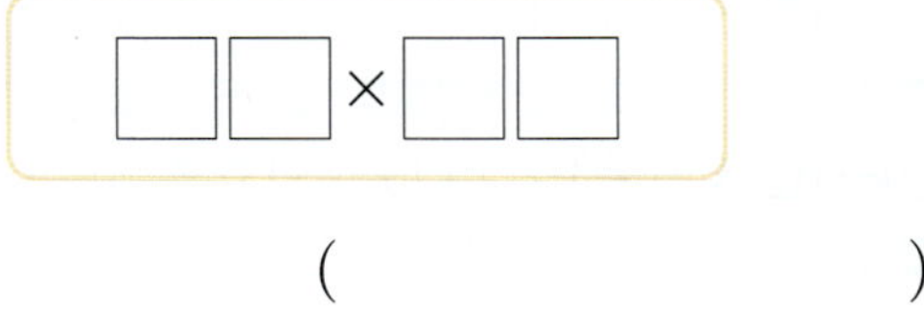 3, 4, 6, 7 을 한 번씩만 사용하여 곱이 가장 큰 (두 자리 수)×(두 자리 수)를 만들려고 합니다. ☐ 안에 알맞은 수를 써넣고, 계산해 보세요.

☐☐ × ☐☐

(   )

|**24~25**| **수호가 다음과 같이 운동 계획을 세웠습니다. 물음에 답하세요.**

24 수호는 팔 굽혀 펴기를 하루에 12회씩 했습니다. 수호가 15일 동안 한 팔 굽혀 펴기는 모두 몇 회인가요?

(   )

25 수호는 매일 30분씩 축구 연습을 했습니다. 수호가 4월 한 달 동안 축구 연습을 한 시간은 모두 몇 분인지 풀이 과정을 쓰고, 답을 구해 보세요.

답 ______________________

학습 결과에 색칠하세요.   

2 나눗셈

● 이번에 배울 내용

회차	쪽수	학습 내용	학습 주제
1회	36~39쪽	개념+문제 학습	내림이 없는 (몇십)÷(몇) / 내림이 없는 (몇십몇)÷(몇)
2회	40~43쪽	개념+문제 학습	(두 자리 수)÷(한 자리 수)(1), (2)
3회	44~47쪽	개념+문제 학습	(두 자리 수)÷(한 자리 수)(3) / 나눗셈의 계산이 맞는지 확인하기
4회	48~51쪽	개념+문제 학습	(세 자리 수)÷(한 자리 수)(1)
5회	52~55쪽	개념+문제 학습	(세 자리 수)÷(한 자리 수)(2) / 나눗셈의 어림셈
6회	56~59쪽	응용 학습	
7회	60~63쪽	마무리 평가	

특가 / 42쪽

뜻 특별히 싸게 매긴 상품 가격

예 마트에서는 과일, 고기, 야채 등 다양한 품목을 **특가**로 판매하고 있었어요.

생태 / 50쪽

뜻 생물이 살아가는 모양이나 상태

예 공원에서 여러 동물과 식물의 **생태**를 관찰했어요.

산책로 / 51쪽

뜻 산책할 수 있게 만든 길

예 많은 사람들이 벚꽃이 활짝 핀 **산책로**를 걷고 있어요.

상품권 / 55쪽

뜻 종이에 적힌 가격과 같은 가격으로 상품을 교환할 수 있는 표

예 편의점에서 **상품권**으로 간식을 여러 개 사고, 남은 금액은 동전으로 돌려 받았어요.

개념 1 **내림이 없는 (몇십)÷(몇)**

● 60÷2의 계산을 그림으로 알아보기

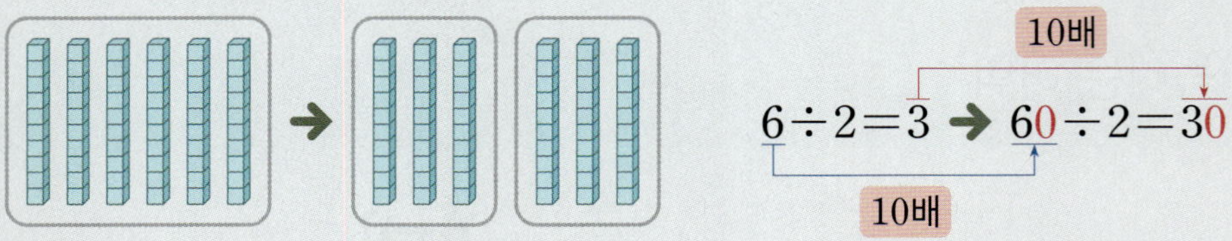

$$6 \div 2 = 3 \ \rightarrow \ 60 \div 2 = 30$$

10배

10배

● 나눗셈식을 세로로 쓰는 방법

$$60 \div 2 = 30 \ \rightarrow \ 2 \overline{)60}$$

몫 → 3 0

나누는 수

나누어지는 수

개념 2 **내림이 없는 (몇십몇)÷(몇)**

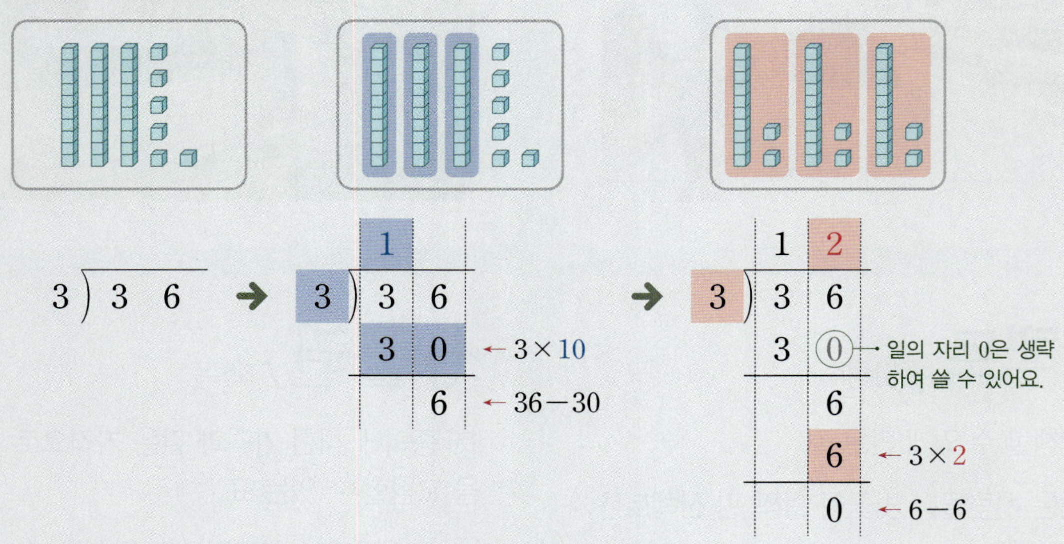

$$3 \overline{)36} \ \rightarrow \ 3 \overline{)36}$$

1
3 0 ← 3×10
6 ← 36−30

$$\rightarrow \ 3 \overline{)36}$$

1 2
3 ⓪ → 일의 자리 0은 생략하여 쓸 수 있어요.
6
6 ← 3×2
0 ← 6−6

확인 수 모형을 보고 80÷4를 계산하려고 합니다. ☐ 안에 알맞은 수를 써넣으세요.

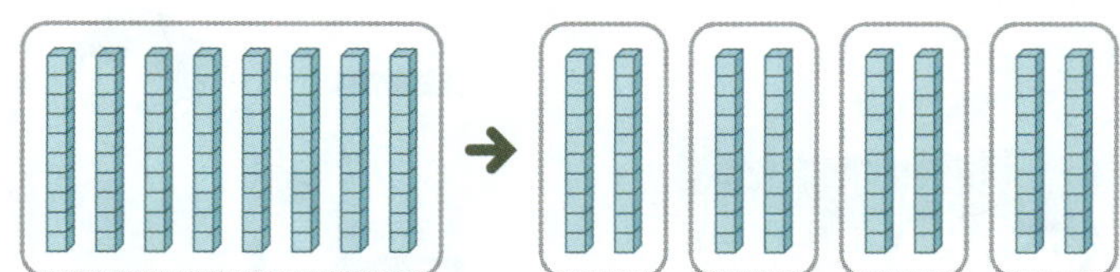

(1) 똑같이 4묶음으로 나누면 한 묶음에 십 모형이 ☐개씩 있습니다.

(2) 80÷4의 몫은 ☐입니다.

1 수 모형을 보고 □ 안에 알맞은 수를 써넣으세요.

(1)
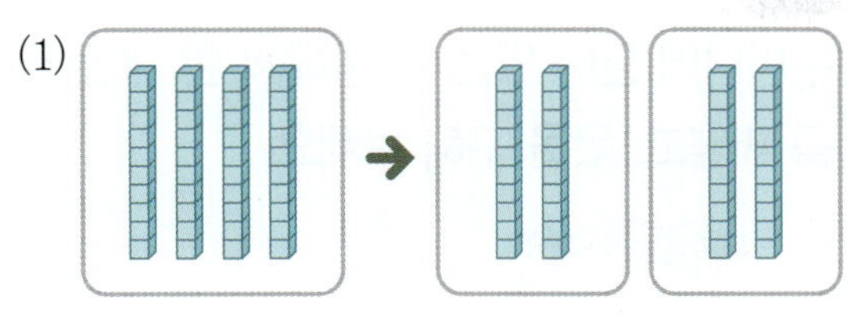

$$40 \div 2 = \boxed{}$$

(2)
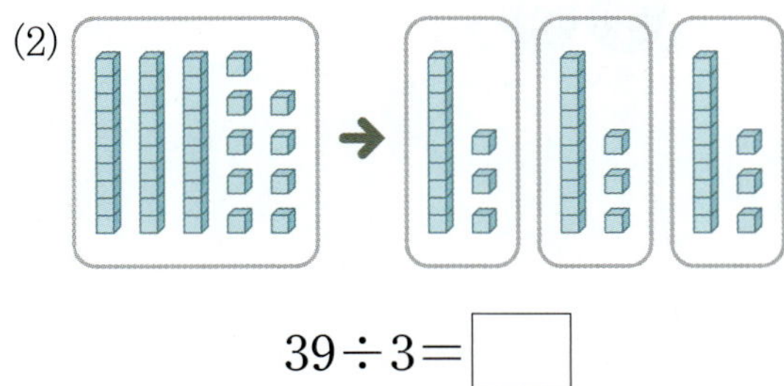

$$39 \div 3 = \boxed{}$$

2 □ 안에 알맞은 수를 써넣으세요.

(1) $5 \div 5 = \boxed{}$ ➜ $50 \div 5 = \boxed{}$

(2) $6 \div 3 = \boxed{}$ ➜ $60 \div 3 = \boxed{}$

3 나눗셈식을 세로로 나타내 보세요.

(1)
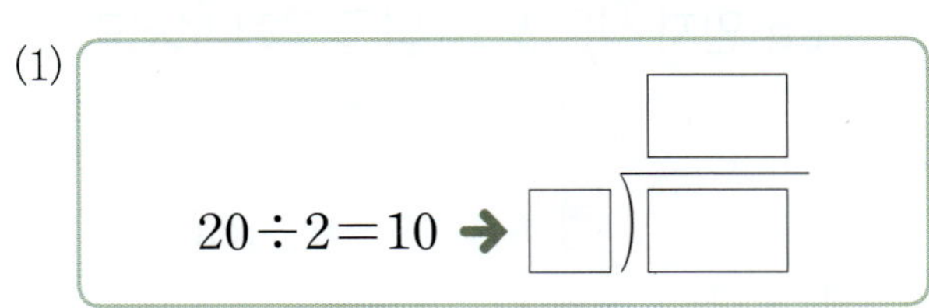

$$20 \div 2 = 10 \;➜\; \boxed{}\,)\,\overline{\boxed{}}$$

(2)
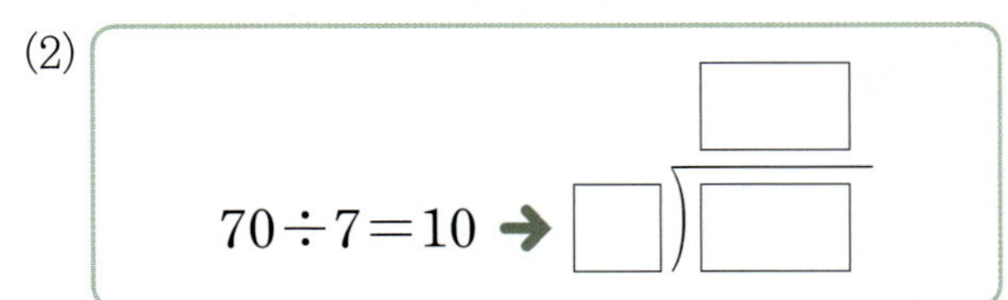

$$70 \div 7 = 10 \;➜\; \boxed{}\,)\,\overline{\boxed{}}$$

4 □ 안에 알맞은 수를 써넣으세요.

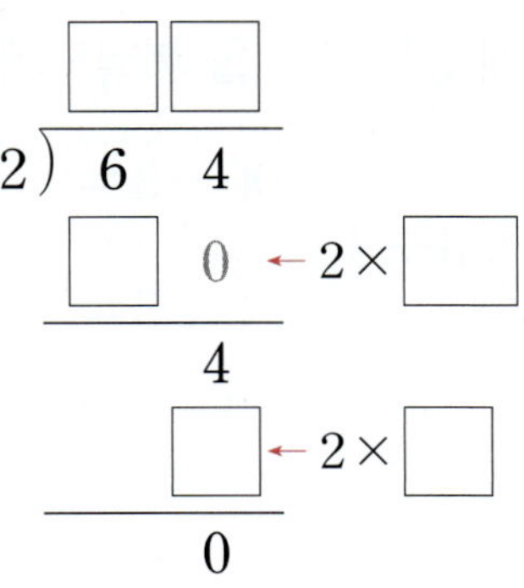

5 계산해 보세요.

(1)
$$4\,)\,\overline{4\;8}$$

(2)
$$2\,)\,\overline{8\;2}$$

(3) $24 \div 2$

(4) $63 \div 3$

6 빈칸에 알맞은 수를 써넣으세요.

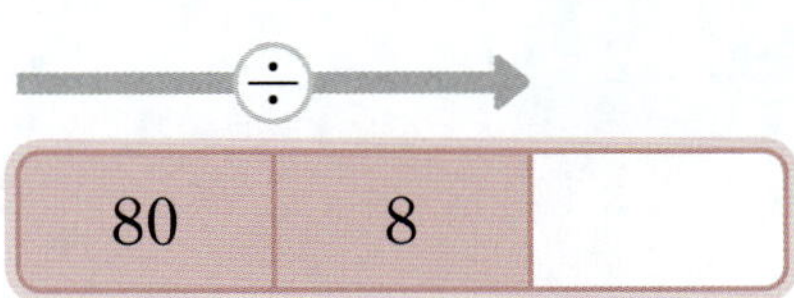

7 $42 \div 2$의 몫을 찾아 색칠해 보세요.

| 12 | 20 | 21 |

01 □ 안에 알맞은 수를 써넣으세요.

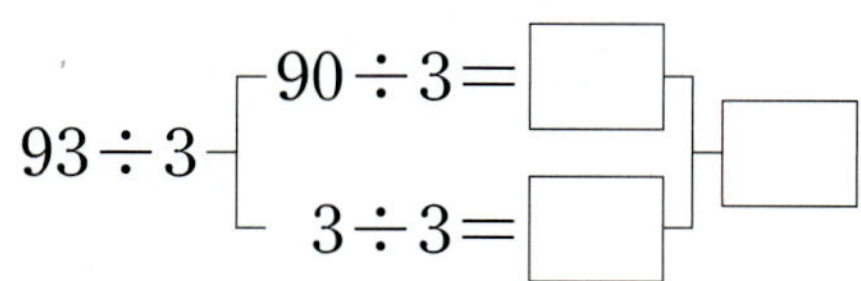

$$93 \div 3 \begin{cases} 90 \div 3 = \boxed{} \\ 3 \div 3 = \boxed{} \end{cases} \boxed{}$$

02 큰 수를 작은 수로 나눈 몫을 구해 보세요.

68	2

03 몫을 찾아 이어 보세요.

$90 \div 3$ •　　　• 10

$40 \div 4$ •　　　• 30

$80 \div 2$ •　　　• 40

04 몫이 다른 하나를 찾아 ○표 하세요.

$46 \div 2$	$55 \div 5$	$69 \div 3$
(　　)	(　　)	(　　)

05 주머니에 들어 있는 공 중에서 한 개를 골라 수를 써넣고, 몫을 구해 보세요.

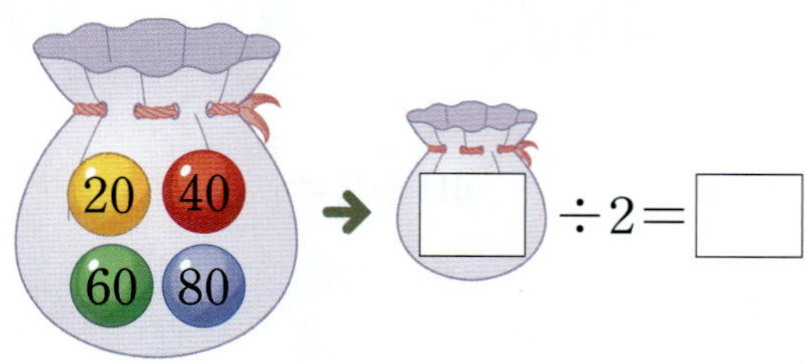

$$\boxed{} \div 2 = \boxed{}$$

06 몫이 가장 큰 것을 찾아 기호를 써 보세요.

ㄱ $88 \div 4$

ㄴ $33 \div 3$

ㄷ $62 \div 2$

(　　　　　　　　)

07 네 변의 길이의 합이 84 cm인 정사각형이 있습니다. 이 정사각형의 한 변의 길이는 몇 cm인지 식을 쓰고, 답을 구해 보세요.

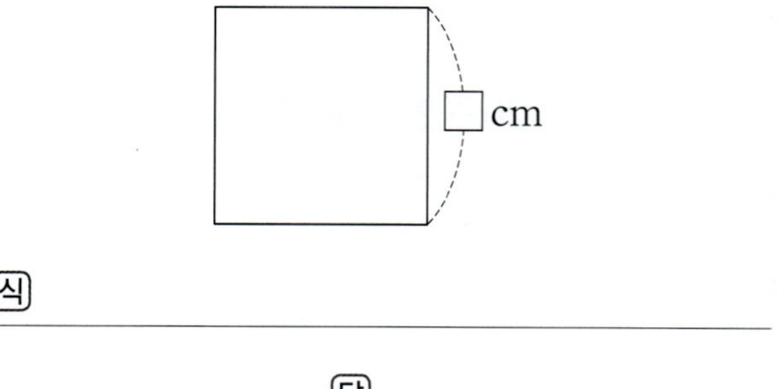

식

답

서술형 문제

08 운동장에 남학생 50명과 여학생 46명이 있습니다. 학생들이 한 줄에 3명씩 선다면 모두 몇 줄이 되는지 구해 보세요.

( )

09 책이 한 묶음에 12권씩 5묶음 있습니다. 이 책을 책꽂이 6칸에 똑같이 나누어 꽂으려고 합니다. 책꽂이 한 칸에 꽂게 되는 책은 몇 권인지 구해 보세요.

( )

10 바구니 한 개에 땅콩을 더 많이 담은 사람의 이름을 쓰고, 몇 개 더 많이 담았는지 구해 보세요.

( ), ( )

11 두 나눗셈식에서 ■는 같은 수를 나타냅니다. ▲에 알맞은 수는 얼마인지 풀이 과정을 쓰고, 답을 구해 보세요.

$$88 \div 2 = ■ \qquad ■ \div 4 = ▲$$

❶ $88 \div 2 = \boxed{}$ 이므로 ■에 알맞은 수는 $\boxed{}$ 입니다.

❷ $■ \div 4 = \boxed{} \div 4 = \boxed{}$ 이므로 ▲에 알맞은 수는 $\boxed{}$ 입니다.

답 _______________

2 단원 **1**회

12 두 나눗셈식에서 ●는 같은 수를 나타냅니다. ★에 알맞은 수는 얼마인지 풀이 과정을 쓰고, 답을 구해 보세요.

$$66 \div 3 = ● \qquad ● \div 2 = ★$$

____

____

____

답 _______________

학습 결과에 색칠하세요. 

개념 1 **(두 자리 수)÷(한 자리 수)** (1) – 내림이 있는 경우

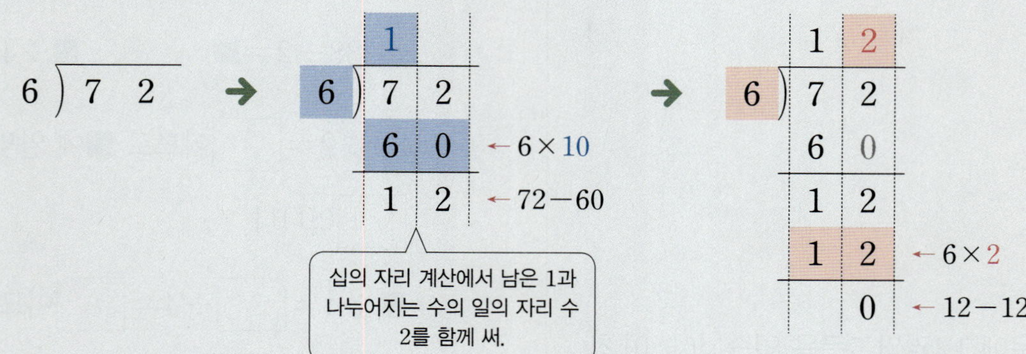

개념 2 **(두 자리 수)÷(한 자리 수)** (2) – 내림이 없고, 나머지가 있는 경우

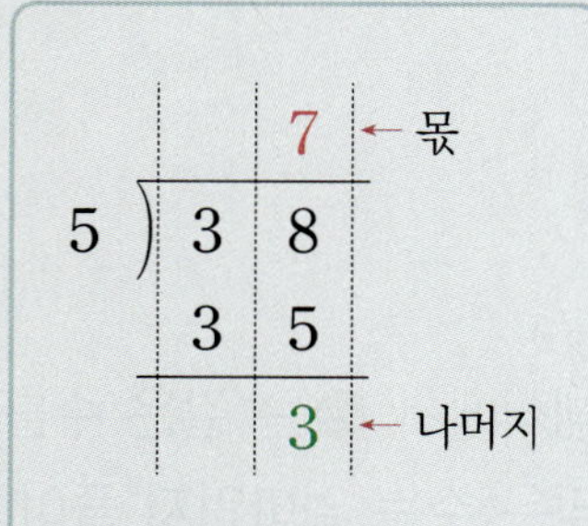

- 38을 5로 나누면 **몫**은 7이고, 3이 남습니다. 이때 3을 38÷5의 **나머지**라고 합니다.

  → $38÷5=7\cdots3$

  몫   나머지

- 나머지가 없으면 나머지가 0이라고 할 수 있습니다.
- 나머지가 0일 때, **나누어떨어진다**고 합니다.

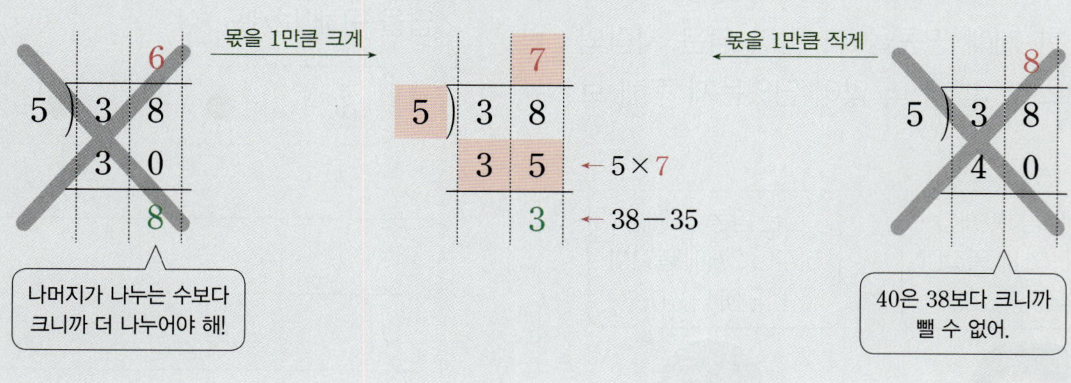

확인 수 모형을 보고 48÷3을 계산하려고 합니다. □ 안에 알맞은 수를 써넣으세요.

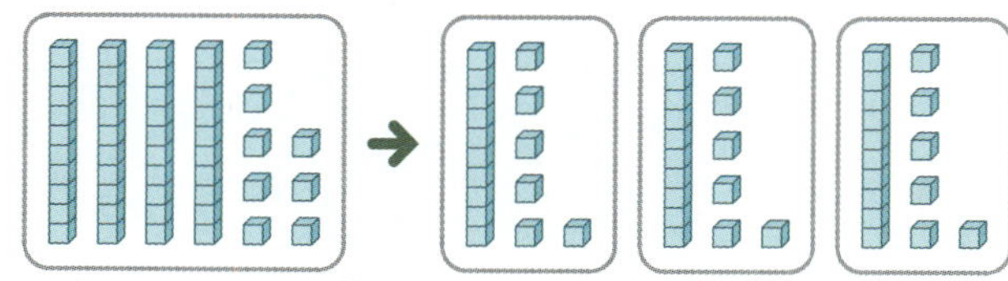

(1) 똑같이 3묶음으로 나누면 한 묶음에 십 모형이 ☐개, 일 모형이 ☐개씩 있습니다.

(2) 48÷3의 몫은 ☐입니다.

1 수 모형을 보고 □ 안에 알맞은 수를 써넣으세요.

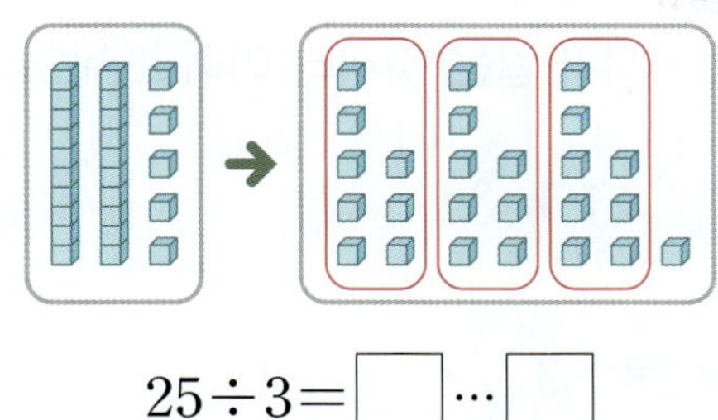

$$25 \div 3 = \boxed{} \cdots \boxed{}$$

2 나눗셈식을 보고 몫과 나머지를 각각 써 보세요.

(1)
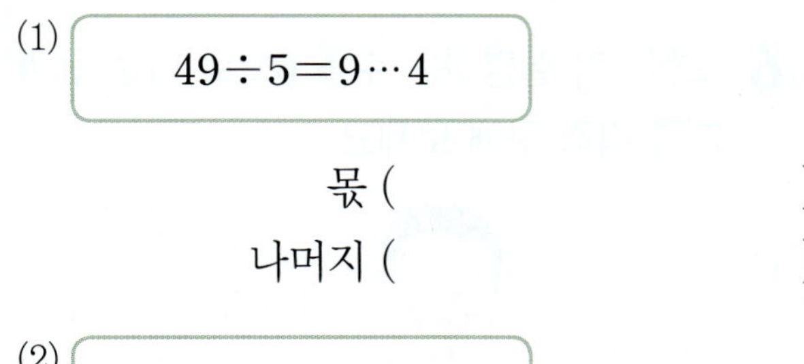

몫 (   )

나머지 (   )

(2)
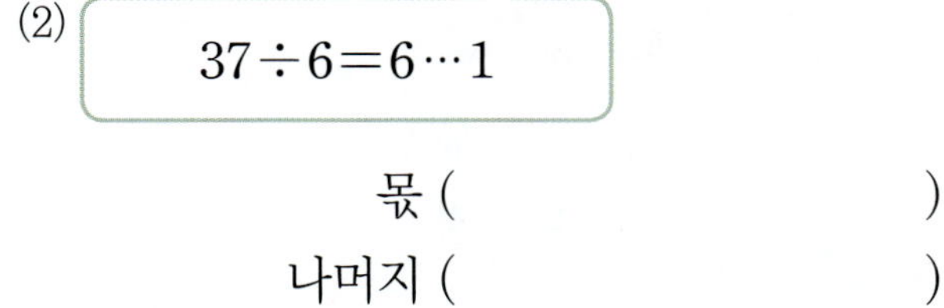

몫 (   )

나머지 (   )

3 □ 안에 알맞은 수를 써넣으세요.

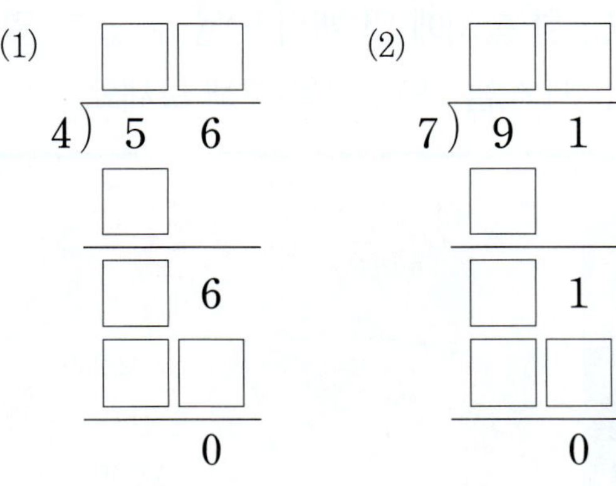

4 □ 안에 알맞은 수를 써넣으세요.

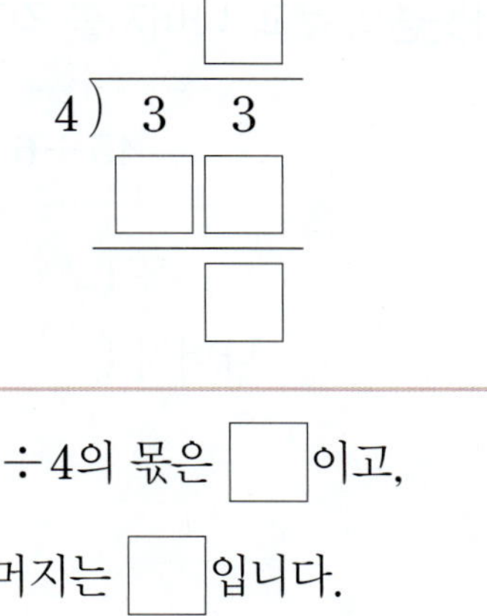

33÷4의 몫은 □이고,

나머지는 □입니다.

5 계산해 보세요.

(1) 3)7 2   (2) 7)4 7

(3) $65 \div 5$ (4) $79 \div 8$

6 몫이 17인 나눗셈을 찾아 기호를 써 보세요.

(   )

01 나눗셈의 몫과 나머지를 각각 구해 보세요.

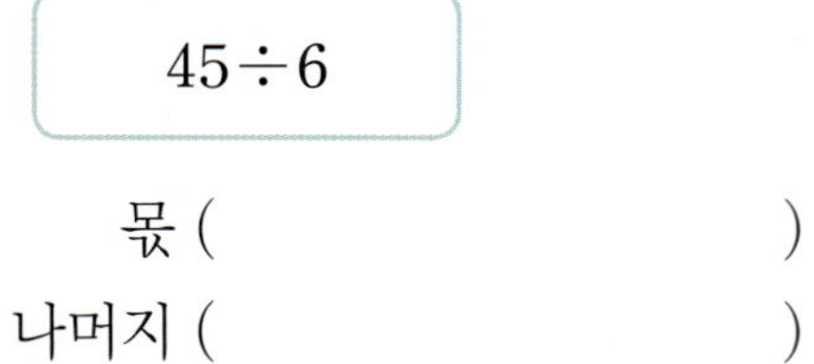

$$45 \div 6$$

몫 (   )

나머지 (   )

02 빈칸에 알맞은 수를 써넣으세요.

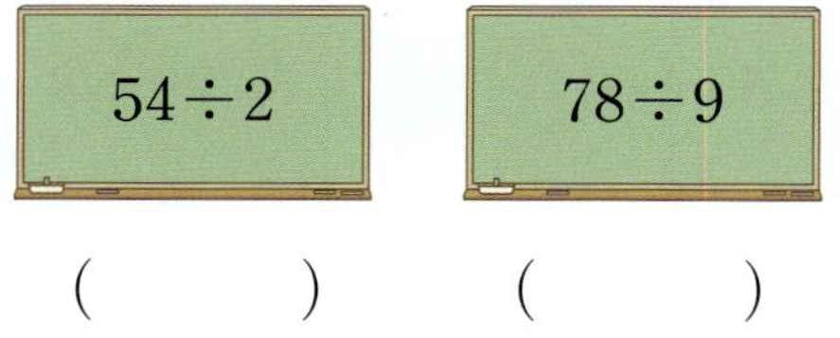

$\div$

96	2	
45	3	

03 나누어떨어지는 나눗셈을 찾아 ○표 하세요.

$54 \div 2$	$78 \div 9$
( )	( )

04 몫이 같은 풍선을 찾아 색칠해 보세요.

05 나머지가 같은 것끼리 이어 보세요.

$22 \div 4$	·	·	$58 \div 9$
$28 \div 3$	·	·	$49 \div 6$
$60 \div 7$	·	·	$47 \div 5$

06 도현이가 설명하는 수를 6으로 나눈 몫과 나머지를 각각 구해 보세요.

몫 (   )

나머지 (   )

07 광고 화면에 나오는 오렌지를 한 상자 샀습니다. 이 오렌지를 5봉지에 똑같이 나누어 담는다면 한 봉지에 몇 개씩 담을 수 있고, 몇 개가 남는지 식을 쓰고, 답을 구해 보세요.

식

답 ☐ 개씩 담을 수 있고, ☐ 개가 남습니다.

서술형 문제

08 창의형
$98 \div 7$에 알맞은 문제를 만들고, 답을 구해 보세요.

〔문제〕

〔답〕

09 나눗셈식에 대해 바르게 설명한 사람을 찾아 이름을 써 보세요.

$$26 \div 7 = \bigcirc \cdots \bigcirc$$

- 현성: ㉠에 알맞은 수는 3보다 작아.
- 지호: 26은 7로 나누어떨어져.
- 수연: ㉡에 알맞은 수는 4보다 커.

(   )

10 초콜릿 42개와 젤리 51개가 있습니다. 이 초콜릿과 젤리를 상자 3개에 각각 똑같이 나누어 담으려고 합니다. 한 상자에 담을 수 있는 초콜릿과 젤리는 각각 몇 개인지 구해 보세요.

초콜릿 (   )

젤리 (   )

11 □ 안에 들어갈 수 있는 수를 모두 찾아 ○표 하세요.

$$90 \div 6 > \square$$

(13 , 14 , 15 , 16 , 17)

12 지오는 76쪽짜리 위인전을 하루에 8쪽씩 읽으려고 합니다. 이 위인전을 모두 읽으려면 적어도 며칠이 걸리는지 풀이 과정을 쓰고, 답을 구해 보세요.

❶ $76 \div 8 = \square \cdots \square$ 이므로 하루에 8쪽씩 □ 일을 읽으면 □ 쪽이 남습니다.

❷ 남은 □ 쪽도 읽어야 하므로 이 위인전을 모두 읽으려면 적어도 □ + 1 = □ (일)이 걸립니다.

〔답〕

13 선아는 54쪽짜리 동화책을 하루에 7쪽씩 읽으려고 합니다. 이 동화책을 모두 읽으려면 적어도 며칠이 걸리는지 풀이 과정을 쓰고, 답을 구해 보세요.

〔답〕

학습 결과에 색칠하세요.   

개념 1 **(두 자리 수)÷(한 자리 수)** (3) – 내림이 있고, 나머지가 있는 경우

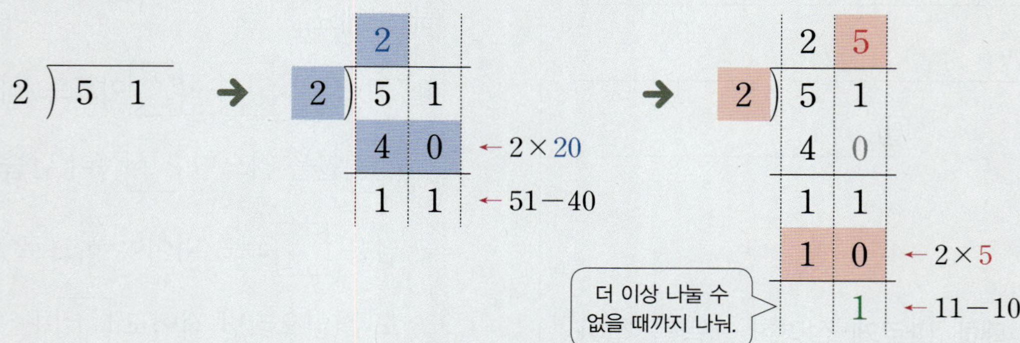

개념 2 **나눗셈의 계산이 맞는지 확인하기**

○ $41÷3$의 계산이 맞는지 그림으로 확인하기

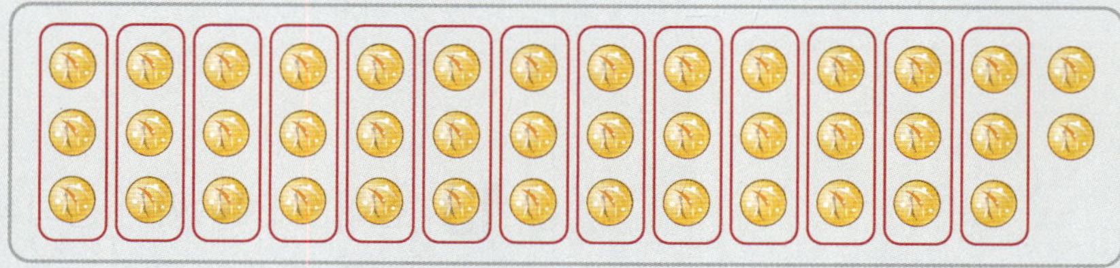

3개씩 13묶음이므로 $3×13=39$(개)이고, 2개가 남습니다.

➜ $39+2=41$(개)이므로 계산이 맞습니다.

○ 나눗셈의 계산이 맞는지 확인하는 방법

$$41÷3=13\cdots2$$

확인 $3×13=39,\ 39+2=41$

확 인 □ 안에 알맞은 수를 써넣으세요.

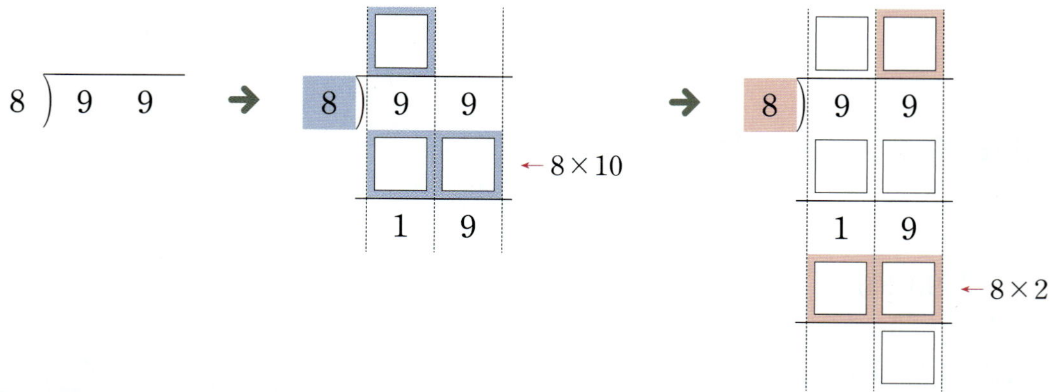

1 수 모형을 보고 □ 안에 알맞은 수를 써넣으세요.

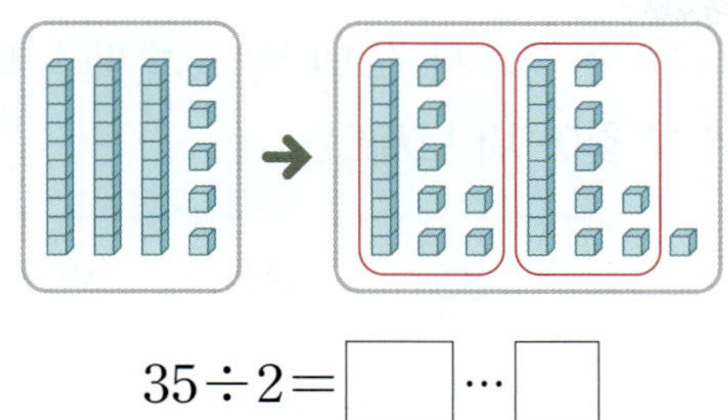

$$35 \div 2 = \boxed{} \cdots \boxed{}$$

2 나눗셈식을 보고 계산 결과가 맞는지 확인하려고 합니다. □ 안에 알맞은 수를 써넣으세요.

(1)
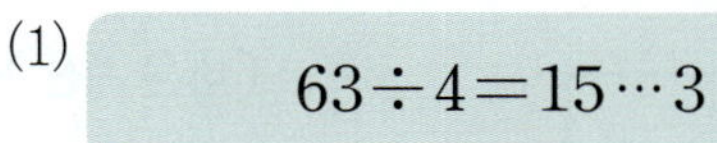
$$63 \div 4 = 15 \cdots 3$$

확인 $4 \times \boxed{} = \boxed{}$,

$\boxed{} + 3 = \boxed{}$

(2)
$$88 \div 7 = 12 \cdots 4$$

확인 $7 \times \boxed{} = \boxed{}$,

$\boxed{} + 4 = \boxed{}$

3 □ 안에 알맞은 수를 써넣으세요.

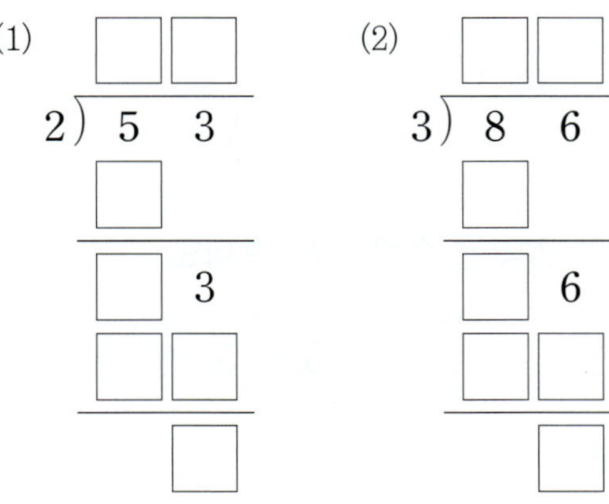

4 계산을 하고, 계산 결과가 맞는지 확인해 보세요.

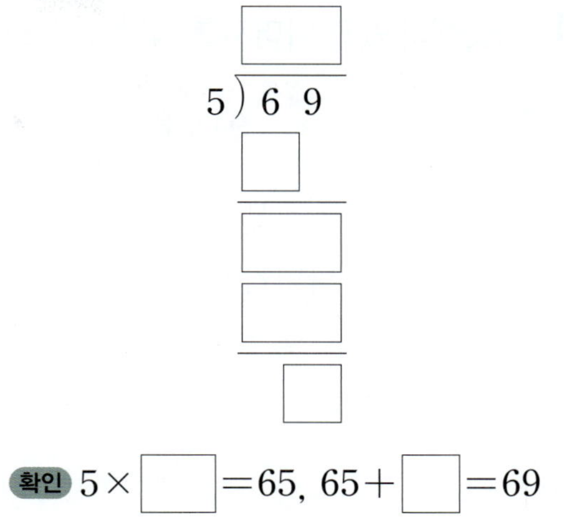

확인 $5 \times \boxed{} = 65,\ 65 + \boxed{} = 69$

5 계산해 보세요.

(1) $3 \overline{)\,7\,9}$ (2) $8 \overline{)\,9\,2}$

(3) $57 \div 4$ (4) $70 \div 6$

6 $43 \div 3$의 몫과 나머지를 바르게 구한 사람은 누구인가요?

$($ $)$

01 나눗셈의 몫과 나머지를 각각 구해 보세요.

$$94 \div 8$$

몫 (   )

나머지 (   )

02 ▢ 안에 몫을 쓰고, ◯ 안에 나머지를 써넣으세요.

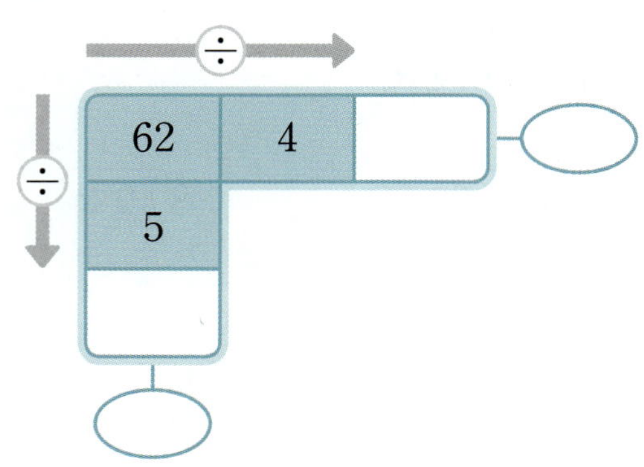

03 나눗셈을 바르게 한 사람에 ◯표 하세요.

(   )   (   )

04 다음 수 중에서 7로 나누었을 때 나머지가 4인 수를 찾아 써 보세요.

85	81	96

(   )

05 91÷2를 다음과 같이 계산했습니다. 잘못 계산한 곳을 찾아 바르게 계산해 보세요.

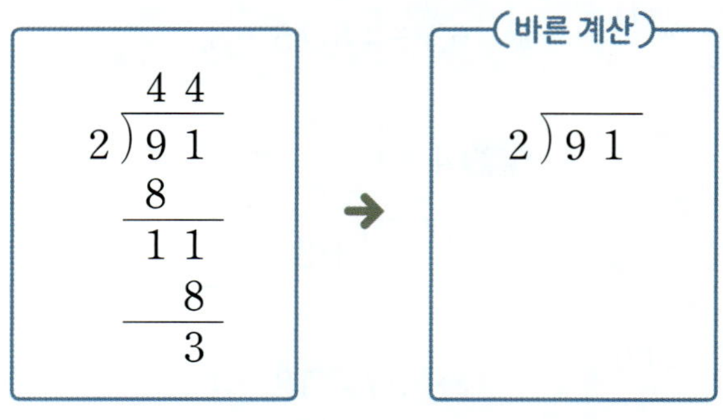

06 나머지가 큰 것부터 차례로 기호를 써 보세요.

㉠ 83÷7	㉡ 76÷6
㉢ 59÷2	㉣ 78÷5

(   )

07 ㉠에 알맞은 수를 구해 보세요.

$$㉠ \div 3 = 15 \cdots 2$$

(   )

서술형 문제

08 공책 75권을 한 명에게 4권씩 나누어 주려고 합니다. 공책을 모두 몇 명에게 나누어 줄 수 있고, 몇 권이 남는지 구해 보세요.

(   ), (   )

09 (보기)는 어떤 나눗셈을 계산하고, 계산 결과가 맞는지 확인한 것입니다. 계산한 나눗셈식을 쓰고, 몫과 나머지를 각각 구해 보세요.

> ─(보기)─
> $9 \times 5 = 45,\ 45 + 6 = 51$

식

몫 (   )

나머지 (   )

창의형
10 3장의 수 카드 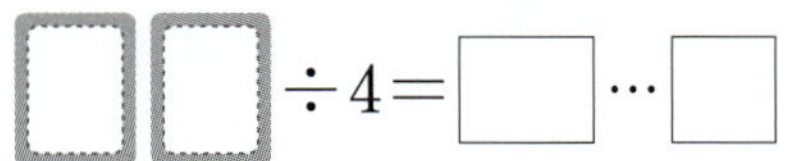 중에서 2장을 골라 한 번씩만 사용하여 두 자리 수를 만들고, 만든 수를 4로 나누어 보세요.

$$\boxed{}\,\boxed{} \div 4 = \boxed{} \cdots \boxed{}$$

11 큰 수를 작은 수로 나눈 몫과 나머지를 각각 구해 보세요.

> • 1이 5개인 수
> • 10이 8개, 1이 12개인 수

몫 (   )

나머지 (   )

12 어떤 수를 8로 나누었더니 몫이 11이고, 나머지가 5였습니다. 어떤 수를 7로 나누었을 때의 몫과 나머지는 각각 얼마인지 풀이 과정을 쓰고, 답을 구해 보세요.

❶ 어떤 수를 ■라고 하면 ■÷8＝11…5입니다.

$8 \times 11 = \boxed{},\ \boxed{} + 5 = \boxed{}$ 이므로 어떤 수는 $\boxed{}$ 입니다.

❷ 어떤 수를 7로 나누면

$\boxed{} \div 7 = \boxed{} \cdots \boxed{}$ 이므로 몫은 $\boxed{}$, 나머지는 $\boxed{}$ 입니다.

답 몫: , 나머지:

13 어떤 수를 9로 나누었더니 몫이 8이고, 나머지가 2였습니다. 어떤 수를 5로 나누었을 때의 몫과 나머지는 각각 얼마인지 풀이 과정을 쓰고, 답을 구해 보세요.

____

____

____

____

답 몫: , 나머지:

2 단원 **3**회

학습 결과에 색칠하세요.   

개념 1 **(세 자리 수)÷(한 자리 수)** (1) – 나머지가 없는 경우

○ 백의 자리에서 나눌 수 있는 경우

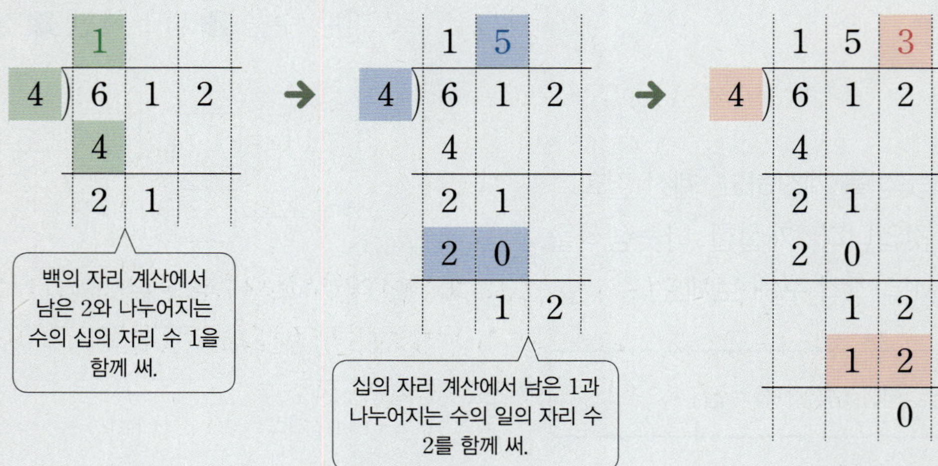

○ 백의 자리에서 나눌 수 없는 경우

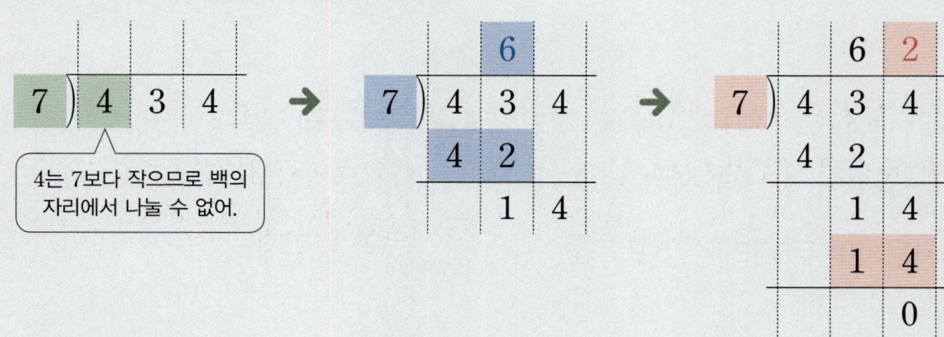

확 인 □ 안에 알맞은 수를 써넣으세요.

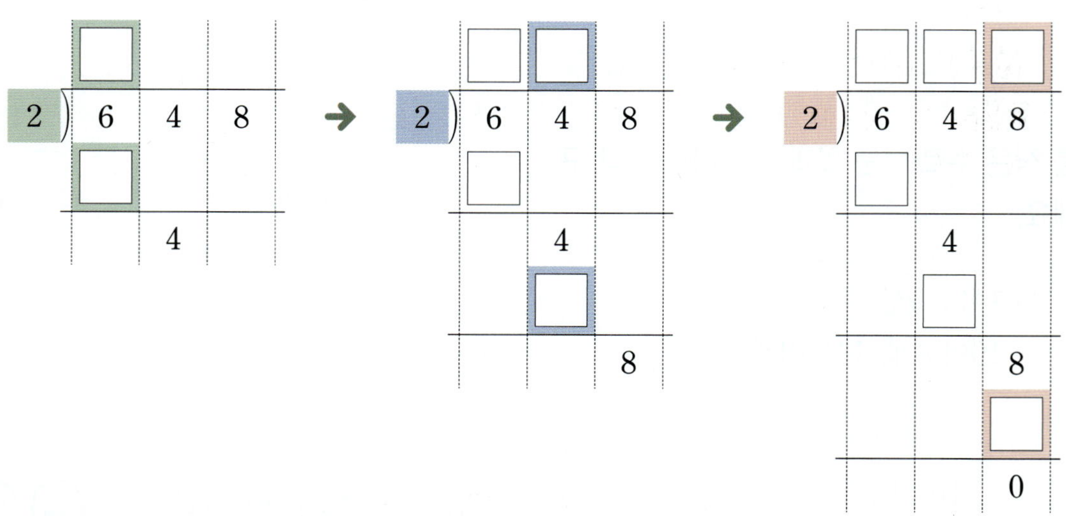

1 □ 안에 알맞은 수를 써넣으세요.

(1)
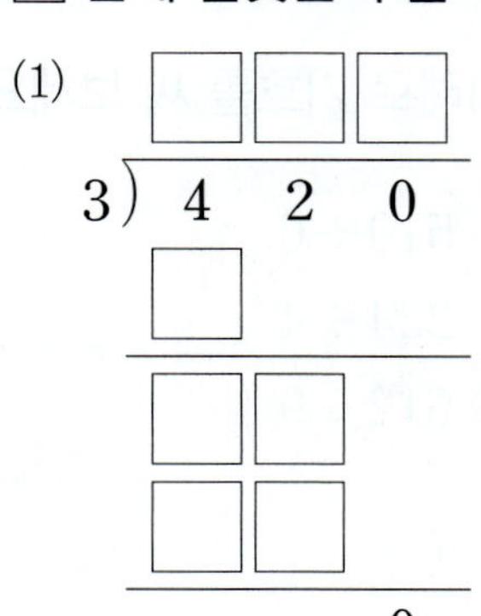

(2)
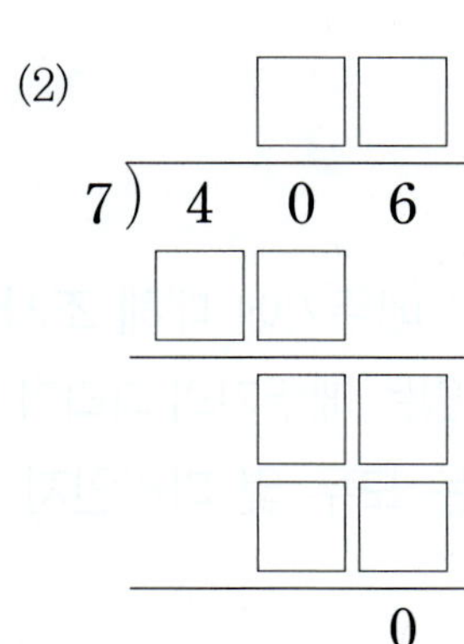

2 나눗셈식을 보고 계산 결과가 맞는지 확인하려고 합니다. □ 안에 알맞은 수를 써넣으세요.

(1)
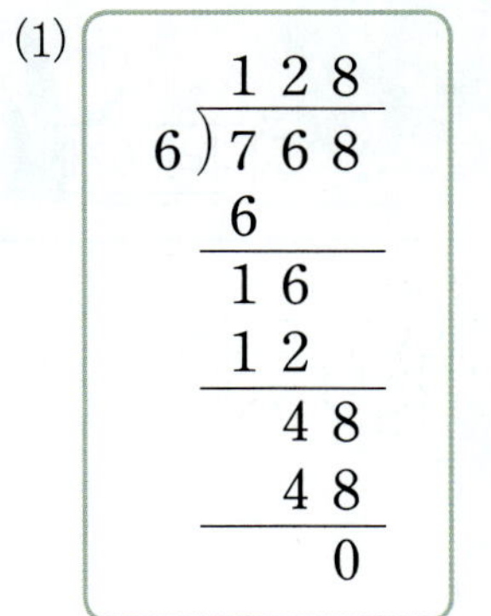

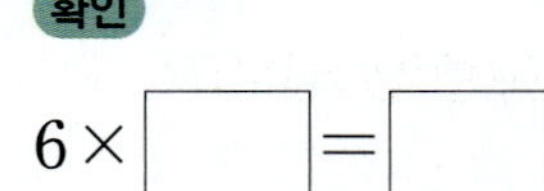
확인

$6 \times \boxed{} = \boxed{}$

(2)
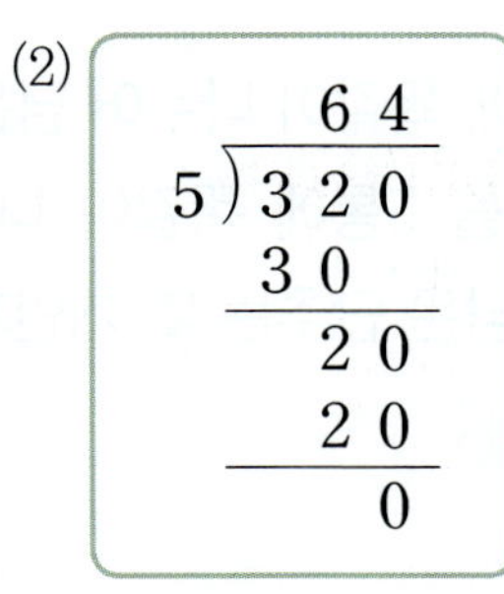
확인

$5 \times \boxed{} = \boxed{}$

3 계산해 보세요.

(1)
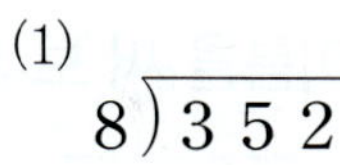
$8 \overline{)3\,5\,2}$

(2)
$4 \overline{)6\,8\,0}$

(3) $600 \div 2$

(4) $938 \div 7$

4 □ 안에 알맞은 수를 써넣으세요.

(1)
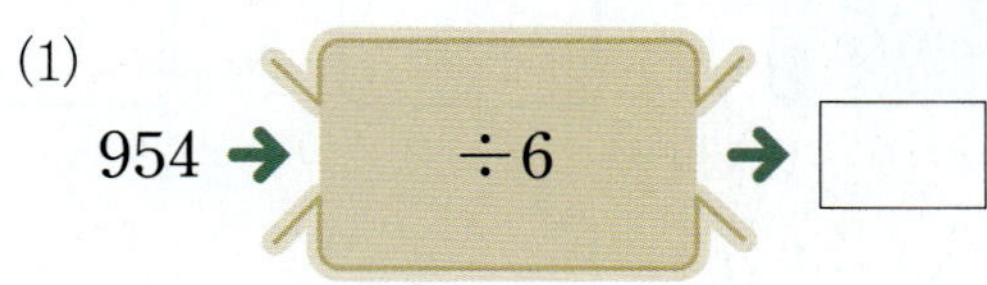
$954 \rightarrow \div 6 \rightarrow \boxed{}$

(2)
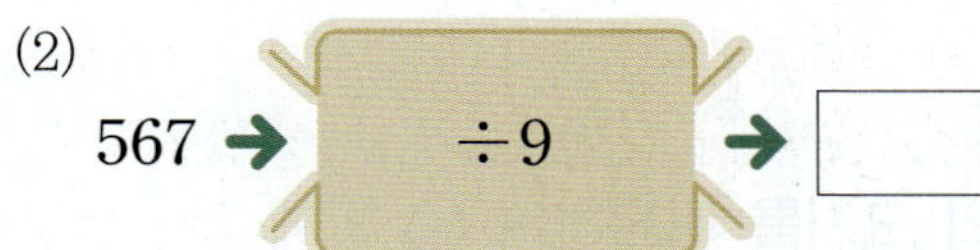
$567 \rightarrow \div 9 \rightarrow \boxed{}$

5 $748 \div 4$의 몫을 찾아 ○표 하세요.

178	187	197
( )	( )	( )

2 단원

4회

01 나눗셈을 바르게 한 사람의 이름을 써 보세요.

> • 재현: 188÷4의 몫은 42야.
> • 소영: 343÷7의 몫은 49야.

(   )

02 빈칸에 알맞은 수를 써넣으세요.

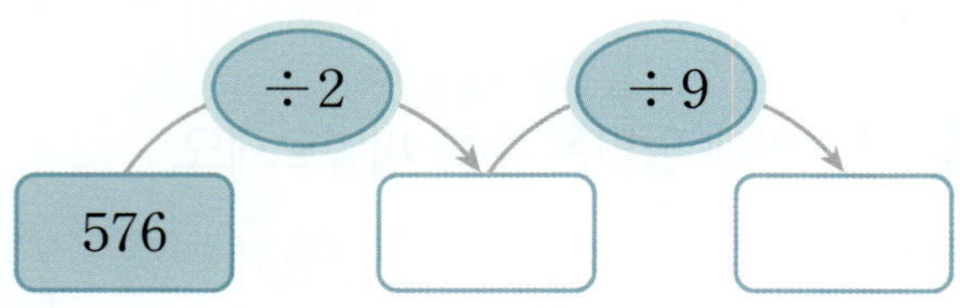

03 몫의 크기를 비교하여 ○ 안에 >, =, <를 알맞게 써넣으세요.

426÷6 ◯ 585÷9

04 가장 큰 수를 가장 작은 수로 나눈 몫을 구해 보세요.

310	5	480	8

(   )

05 몫이 작은 것부터 차례로 기호를 써 보세요.

> ㉠ 510÷6
> ㉡ 224÷4
> ㉢ 612÷9

(   )

06 온라인 백과사전에서 메뚜기에 대해 조사했습니다. 곤충 생태관에 있는 메뚜기의 다리가 모두 162개일 때 메뚜기는 모두 몇 마리인지 구해 보세요.

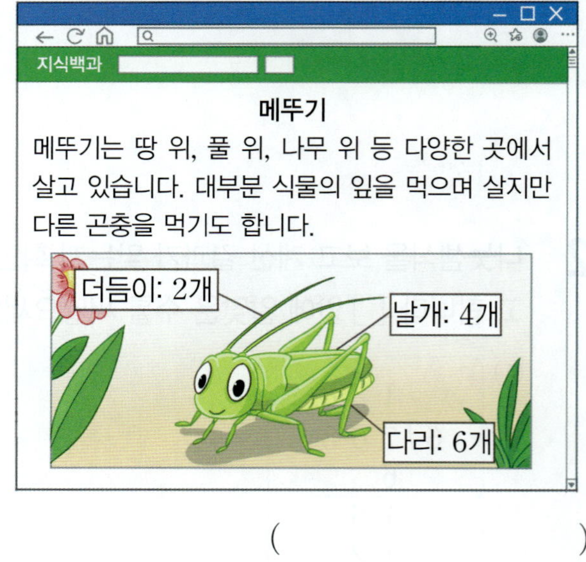

(   )

07 단추 680개를 8상자에 똑같이 나누어 담은 후 한 상자에 담은 단추를 5통에 똑같이 나누어 담았습니다. 한 통에 담은 단추는 몇 개인지 구해 보세요.

(   )

창의형

08 (보기)의 수 중에서 하나를 골라 □ 안에 써넣어 문제를 완성하고, 답을 구해 보세요.

(보기)
| 2 | 5 | 7 |

[문제] 딱지 140장을 한 명에게 □장씩 나누어 주면 딱지를 모두 몇 명에게 나누어 줄 수 있을까요?

답 __________

09 길이가 264 m인 산책로의 한쪽에 처음부터 끝까지 4 m 간격으로 나무를 심었습니다. 산책로에 심은 나무는 모두 몇 그루인지 구해 보세요. (단, 나무의 두께는 생각하지 않습니다.)

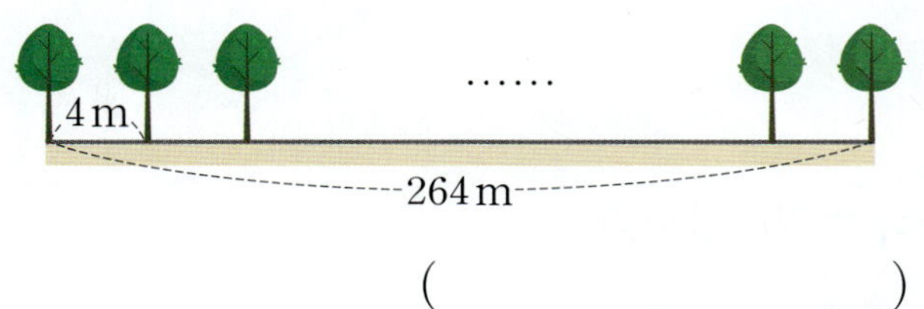

(   )

10 다음은 나누어떨어지는 나눗셈입니다. 0부터 9까지의 수 중에서 □ 안에 들어갈 수 있는 수를 모두 구해 보세요.

$$6\,)\,4\,3\,\square$$

(   )

11 다은이의 말을 읽고 다은이네 집 강아지는 태어난 지 몇 주가 되었는지 풀이 과정을 쓰고, 답을 구해 보세요.

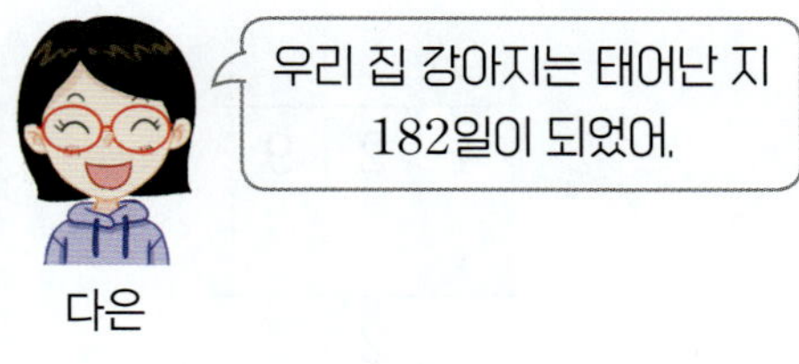

다은

❶ 일주일은 □일입니다.

❷ 182÷□＝□이므로 다은이네 집 강아지는 태어난 지 □주가 되었습니다.

답 __________

12 시우의 말을 읽고 시우네 집 고양이는 태어난 지 몇 주가 되었는지 풀이 과정을 쓰고, 답을 구해 보세요.

시우

____

____

____

____

답 __________

학습 결과에 색칠하세요.   

개념 1 **(세 자리 수)÷(한 자리 수)** (2) – 나머지가 있는 경우

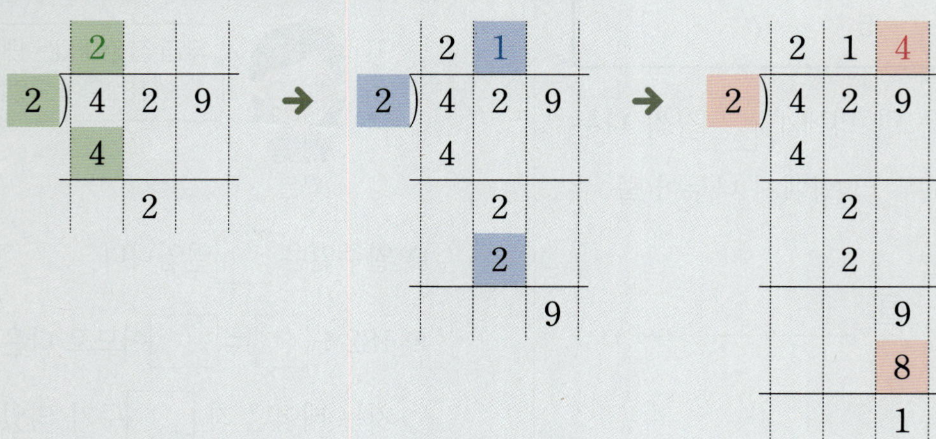

참고 백의 자리에서 나눌 수 없는 경우 십의 자리에서 나눕니다.

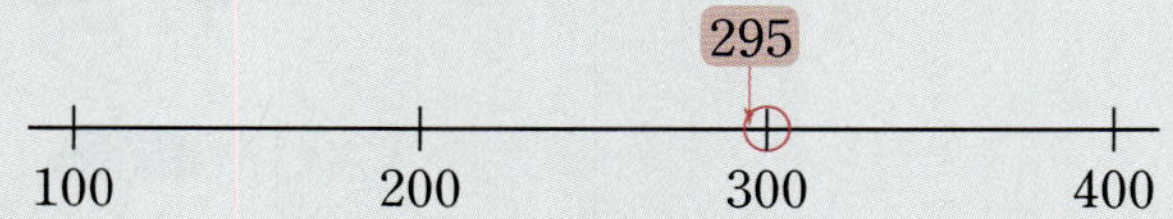

개념 2 **나눗셈의 어림셈**

$295 \div 6$의 몫은 약 얼마인지 어림셈을 이용하여 알아봅니다.

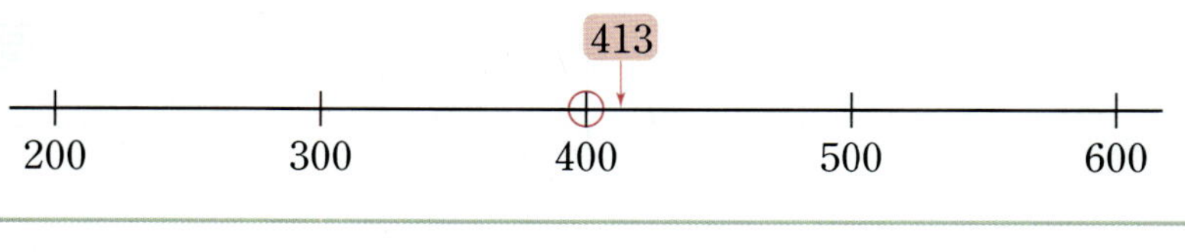

→ 295는 300에 가까우므로 몇백으로 어림하면 약 300입니다.

   $295 \div 6$의 몫을 어림셈으로 구하면 $300 \div 6 = 50$이므로 약 50입니다.

참고 295는 300보다 작으므로 $295 \div 6$의 실제 몫은 어림셈으로 구한 몫 50보다 작습니다.

   → $295 \div 6 = 49 \cdots 1$

확 인 $413 \div 5$의 몫은 약 얼마인지 어림셈으로 구하려고 합니다. □ 안에 알맞은 수를 써넣으세요.

413을 몇백으로 어림하면 약 400입니다.

→ $413 \div 5$의 몫을 어림셈으로 구하면 □ ÷ 5 = □ 이므로 약 □ 입니다.

1 □ 안에 알맞은 수를 써넣으세요.

(1)
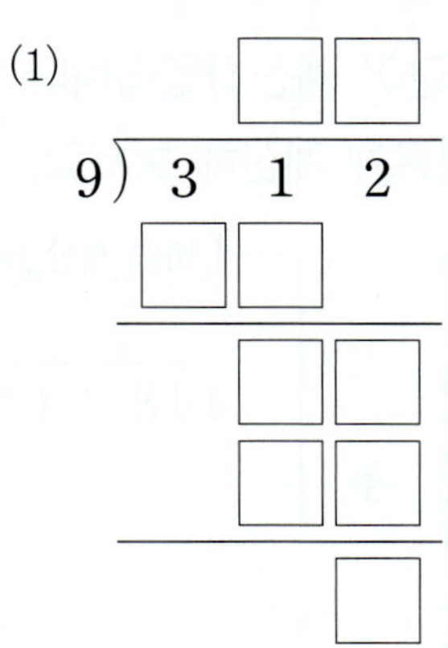

(2)
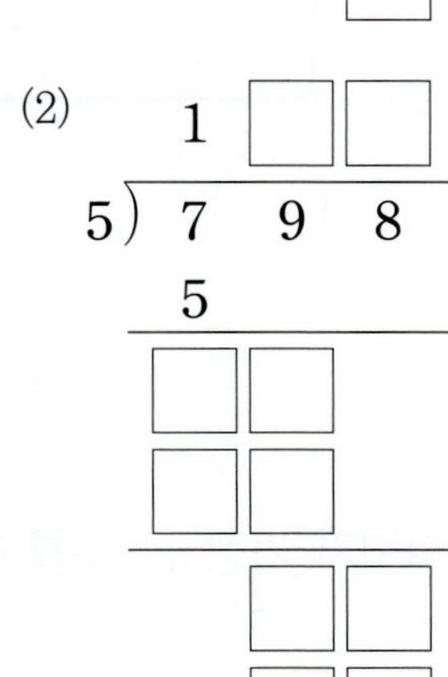

2 나눗셈식을 보고 계산 결과가 맞는지 확인하려고 합니다. □ 안에 알맞은 수를 써넣으세요.

(1)
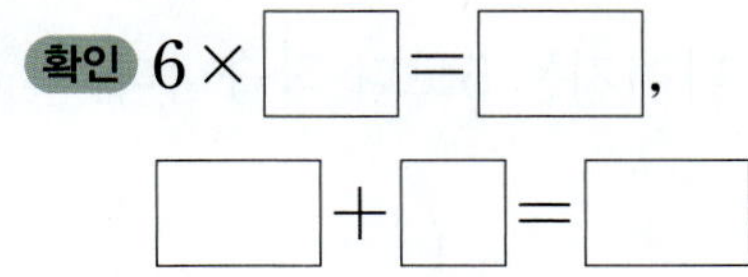

$$501 \div 6 = 83 \cdots 3$$

확인 $6 \times \boxed{} = \boxed{},$

$\boxed{} + \boxed{} = \boxed{}$

(2)
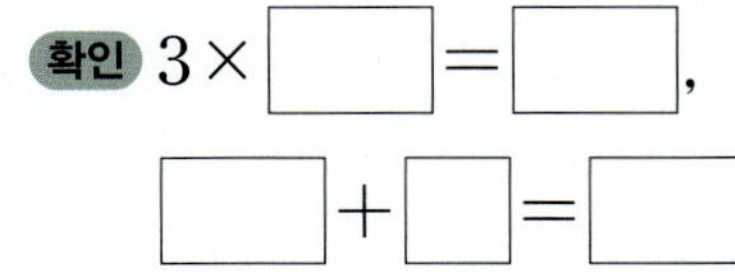

$$647 \div 3 = 215 \cdots 2$$

확인 $3 \times \boxed{} = \boxed{},$

$\boxed{} + \boxed{} = \boxed{}$

3 계산해 보세요.

(1) $8 \overline{)2\ 3\ 5}$　　(2) $4 \overline{)6\ 1\ 4}$

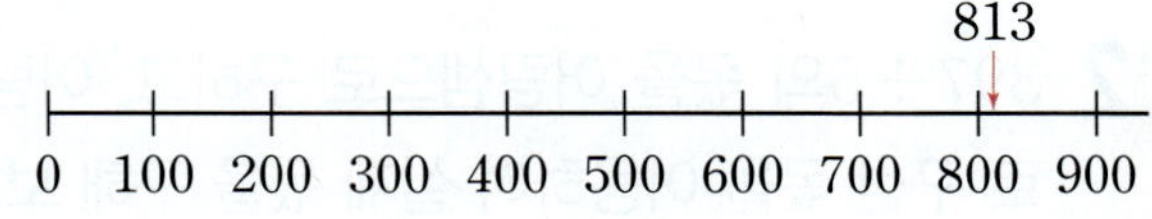

|4~5| 813÷4의 몫은 약 얼마인지 어림셈으로 구하려고 합니다. 물음에 답하세요.

4 813을 몇백으로 어림하여 그림에 ○표 하세요.

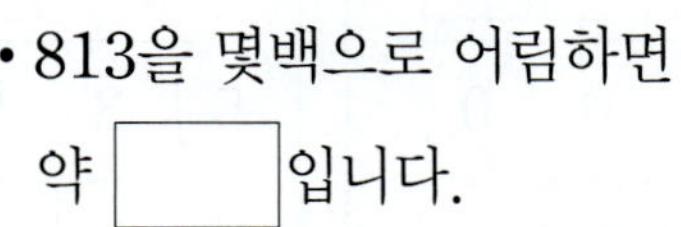

813

0 100 200 300 400 500 600 700 800 900

5 □ 안에 알맞은 수를 써넣으세요.

- 813을 몇백으로 어림하면

  약 $\boxed{}$ 입니다.

- 813÷4의 몫을 어림셈으로 구하면

  약 $\boxed{}$ 입니다.

6 나눗셈의 몫을 어림셈으로 구하려고 합니다. 어림셈으로 구한 몫을 찾아 ○표 하세요.

$$497 \div 5$$

| 5 | 10 | 50 | 100 |

01 큰 수를 작은 수로 나눈 몫과 나머지를 각각 구해 보세요.

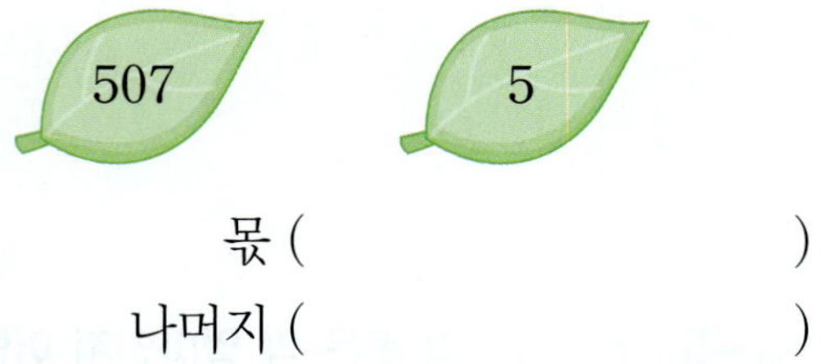

몫 (　　　　　　　　)

나머지 (　　　　　　　　)

02 397÷5의 몫을 어림셈으로 구하고, 어림셈으로 구한 몫을 이용하여 실제 몫을 구해 보세요.

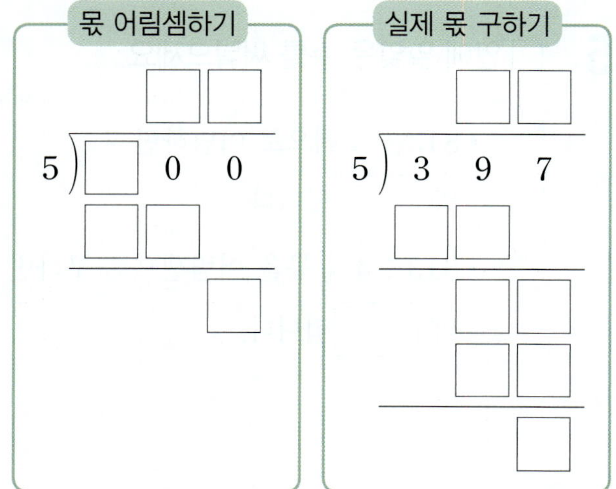

03 계산을 하고, 계산 결과가 맞는지 확인하려고 합니다. □ 안에 알맞은 수를 써넣으세요.

$$110 \div 6 = \boxed{} \cdots \boxed{}$$

확인 $6 \times \boxed{} = \boxed{}$,

$$\boxed{} + \boxed{} = \boxed{}$$

04 834÷4를 다음과 같이 계산하였습니다. <u>잘못</u> 계산한 곳을 찾아 바르게 계산해 보세요.

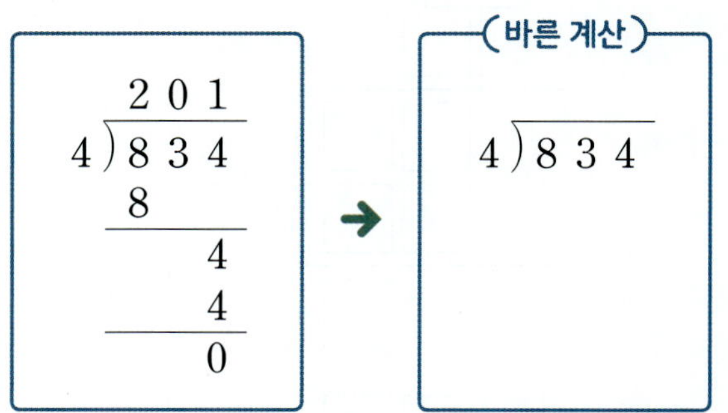

05 7로 나누었을 때 나머지가 가장 큰 수를 찾아 ○표 하세요.

367	534	440	523

06 294÷9에 대해 바르게 설명한 것을 찾아 기호를 써 보세요.

> ㉠ 몫은 30보다 큽니다.
> ㉡ 나누어떨어지는 나눗셈입니다.
> ㉢ 나머지는 5보다 작습니다.

(　　　　　　　　)

07 상품권 193장을 봉투 한 개에 8장씩 넣으려고 합니다. 봉투 30개는 상품권을 모두 넣는 데 충분한지 어림셈으로 구하고, 알맞은 말에 ◯표 하세요.

어림셈 $\boxed{} \div 8 = \boxed{}$

봉투 30개는 상품권을 모두 넣는 데
(충분합니다 , 충분하지 않습니다).

창의형

08 나머지가 있는 (세 자리 수)÷(한 자리 수)의 나눗셈식입니다. ☐ 안에 들어갈 수 있는 수를 1개 써넣고, ♥에 알맞은 수를 구해 보세요.

$$♥ \div 4 = 86 \cdots \boxed{}$$

(   )

09 색 테이프를 한 도막이 6 cm가 되도록 자르면 34도막이 되고 3 cm가 남습니다. 이 색 테이프를 한 도막이 5 cm가 되도록 자르면 몇 도막이 되고, 몇 cm가 남는지 구해 보세요.

(   ), (   )

10 4장의 수 카드 중에서 3장을 골라 한 번씩만 사용하여 가장 작은 세 자리 수를 만들었습니다. 만든 세 자리 수를 남은 수 카드의 수로 나누었을 때의 몫과 나머지는 각각 얼마인지 풀이 과정을 쓰고, 답을 구해 보세요.

| 7 | 3 | 9 | 4 |

❶ $3 < \boxed{} < \boxed{} < \boxed{}$ 이므로 만들 수 있는 가장 작은 세 자리 수는 $\boxed{}$ 입니다.

❷ $\boxed{} \div \boxed{} = \boxed{} \cdots \boxed{}$ 이므로 몫은 $\boxed{}$, 나머지는 $\boxed{}$ 입니다.

답 몫: , 나머지:

11 4장의 수 카드 중에서 3장을 골라 한 번씩만 사용하여 가장 큰 세 자리 수를 만들었습니다. 만든 세 자리 수를 남은 수 카드의 수로 나누었을 때의 몫과 나머지는 각각 얼마인지 풀이 과정을 쓰고, 답을 구해 보세요.

| 8 | 6 | 3 | 5 |

답 몫: , 나머지:

2 단원 5회

학습 결과에 색칠하세요.   

1 나머지가 될 수 있는 수 찾기

다음 수 중에서 어떤 수를 8로 나누었을 때 나머지가 될 수 있는 수는 모두 몇 개인지 구해 보세요.

| 10 | 2 | 5 | 6 | 11 | 8 | 3 |

1단계 나머지가 될 수 있는 수의 조건 알아보기

> 어떤 수를 8로 나누었을 때 나머지는 ☐ 보다 작아야 합니다.

2단계 나머지가 될 수 있는 수는 모두 몇 개인지 구하기

(　　　　　　　)

문제해결 TIP

나머지는 항상 나누는 수보다 작아야 해요.

1-1 다음 수 중에서 어떤 수를 6으로 나누었을 때 나머지가 될 수 <u>없는</u> 수는 모두 몇 개인지 구해 보세요.

| 8 | 3 | 5 | 6 | 1 | 12 | 4 |

(　　　　　　　)

1-2 나머지가 3이 될 수 <u>없는</u> 나눗셈을 찾아 기호를 써 보세요.

> ㉠ ☐÷5　　㉡ ☐÷9
> ㉢ ☐÷2　　㉣ ☐÷7

(　　　　　　　)

2 더 필요한 물건의 수 구하기

수첩 58권을 6명에게 남김없이 똑같이 나누어 주려고 합니다. 수첩은
적어도 몇 권 더 필요한지 구해 보세요.

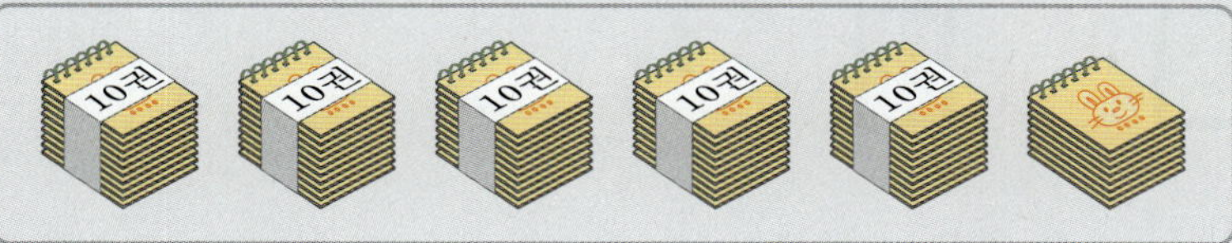

1단계 수첩 58권을 6명에게 똑같이 나누어 주면 남는 수첩의 수 구하기

(   )

2단계 수첩은 적어도 몇 권 더 필요한지 구하기

(   )

2단원 6회

2-1 지후는 과수원에서 사과 184개를 땄습니다. 이 사과를 7상자에 남김없
이 똑같이 나누어 담으려고 합니다. 사과를 적어도 몇 개 더 따야 하는지
구해 보세요.

(   )

2-2 한 상자에 15개씩 들어 있는 지우개가 15상자 있습니다. 이 지우개를
8명에게 남김없이 똑같이 나누어 주려고 합니다. 지우개는 적어도 몇 개
더 필요한지 구해 보세요.

(   )

3 수 카드로 몫이 가장 큰(작은) 나눗셈식 만들기

3장의 수 카드를 한 번씩만 사용하여 몫이 가장 작은 (몇십몇)÷(몇)을 만들었습니다. 만든 나눗셈식의 몫과 나머지를 각각 구해 보세요.

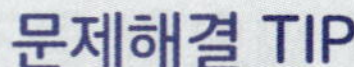

1단계 알맞은 말에 ○표 하기

> 몫이 가장 작으려면 나누어지는 수를 가장 (크게 , 작게) 만들고, 나누는 수를 가장 (크게 , 작게) 만들어야 합니다.

2단계 몫이 가장 작은 (몇십몇)÷(몇) 만들기

☐☐ ÷ ☐

3단계 만든 나눗셈식의 몫과 나머지 각각 구하기

몫 (   ), 나머지 (   )

3-1 3장의 수 카드를 한 번씩만 사용하여 몫이 가장 큰 (몇십몇)÷(몇)을 만들고, 계산해 보세요.

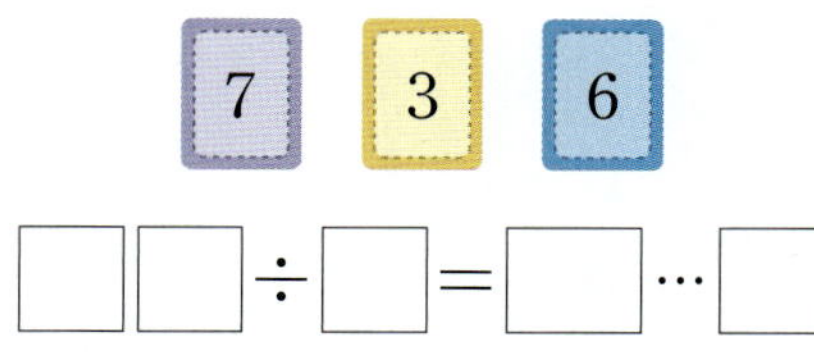

☐☐ ÷ ☐ = ☐ … ☐

3-2 5장의 수 카드 중에서 4장을 골라 한 번씩만 사용하여 몫이 가장 작은 (세 자리 수)÷(한 자리 수)를 만들었습니다. 만든 나눗셈식의 몫과 나머지의 합을 구해 보세요.

(   )

4 나누어지는 수 구하기

□ 안에 들어갈 수 있는 두 자리 수 중에서 가장 작은 수를 구해 보세요.
(단, ♣는 0이 아닙니다.)

$$□ ÷ 4 = 21 \cdots ♣$$

1단계 ♣가 될 수 있는 수 모두 구하기

( )

2단계 □ 안의 수가 가장 작은 두 자리 수가 되기 위해 ♣에 알맞은 수 구하기

( )

3단계 □ 안에 들어갈 수 있는 두 자리 수 중에서 가장 작은 수 구하기

( )

문제해결 TIP

나머지가 있는 나눗셈식에서 나머지가 작을수록 나누어지는 수도 작아요.

2 단원
6회

4-1 □ 안에 들어갈 수 있는 세 자리 수 중에서 가장 큰 수를 구해 보세요.
(단, ●는 0이 아닙니다.)

$$□ ÷ 6 = 48 \cdots ●$$

( )

4-2 ㉠이 될 수 있는 모든 두 자리 수의 합을 구해 보세요.
(단, ㉡은 0이 아닙니다.)

$$㉠ ÷ 3 = 24 \cdots ㉡$$

( )

학습 결과에 색칠하세요.   

01 수 모형을 보고 ☐ 안에 알맞은 수를 써넣으세요.

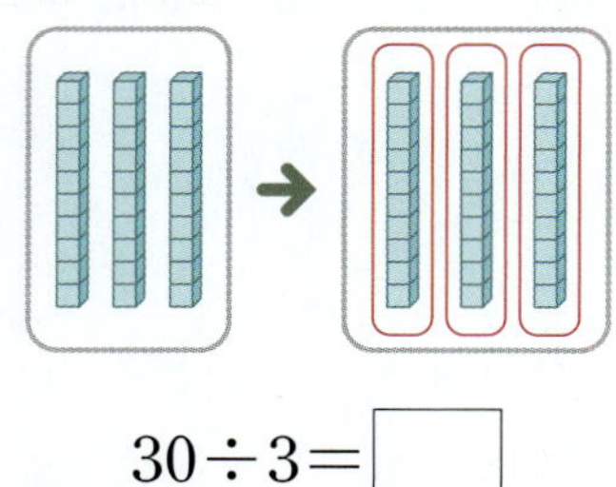

$$30 \div 3 = \boxed{}$$

02 ☐ 안에 알맞은 수를 써넣으세요.

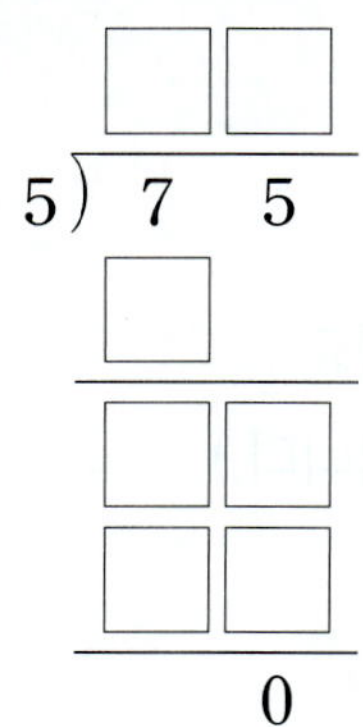

03 나눗셈식을 보고 계산 결과가 맞는지 확인하려고 합니다. ☐ 안에 알맞은 수를 써넣으세요.

$$\begin{array}{r} 6 \\ 8\,)\,5\ 1 \\ \underline{4\ 8} \\ 3 \end{array}$$

확인 ☐ $\times 6 = $ ☐ ,　☐ $+3=$ ☐

04 $485 \div 4$의 나머지를 찾아 색칠해 보세요.

05 나눗셈의 몫을 어림셈으로 구하려고 합니다. 어림셈으로 구한 몫을 찾아 ◯표 하세요.

$$199 \div 8$$

10	15	25	30

06 ☐ 안에 몫을 쓰고, ◯ 안에 나머지를 써넣으세요.

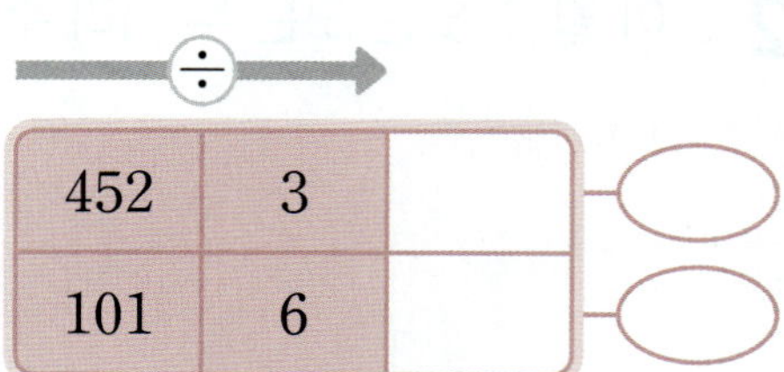

07 나눗셈을 <u>잘못</u> 계산한 것의 기호를 써 보세요.

$$\bigcirc\ 38\div3=12\cdots2$$
$$\bigcirc\ 57\div5=10\cdots3$$

(   )

08 몫이 다른 하나를 찾아 ◯표 하세요.

| $90\div3$ | $80\div4$ | $60\div2$ |

(   )   (   )   (   )

09 나머지의 크기를 비교하여 ◯ 안에 $>$, $=$, $<$를 알맞게 써넣으세요.

$$931\div3\ \bigcirc\ 842\div4$$

10 감자 48개를 2봉지에 똑같이 나누어 담으려고 합니다. 한 봉지에 담아야 하는 감자는 몇 개인지 식을 쓰고, 답을 구해 보세요.

식

답

11 몫이 같은 것끼리 이어 보세요.

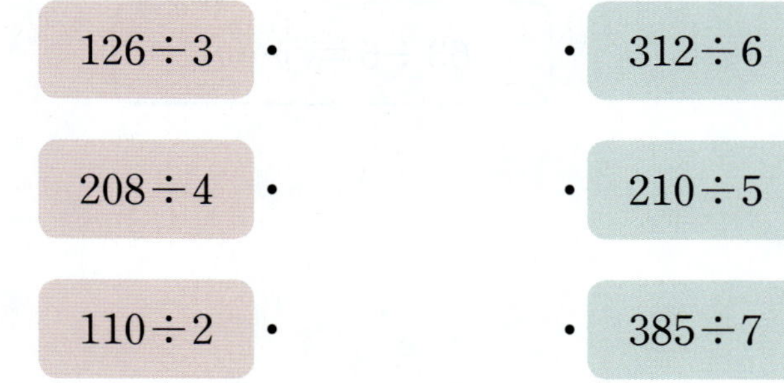

12 가장 큰 수를 두 번째로 작은 수로 나눈 몫을 구해 보세요.

| 7 | 308 | 4 | 560 |

(   )

서술형

13 1부터 9까지의 수 중에서 ☐÷6의 나머지가 될 수 있는 수는 모두 몇 개인지 풀이 과정을 쓰고, 답을 구해 보세요.

답

14 ㉠과 ㉡에 알맞은 수의 차를 구해 보세요.

$$63 \div 6 = ㉠ \cdots ㉡$$

( )

15 몫이 큰 것부터 차례로 기호를 써 보세요.

㉠ $456 \div 3$
㉡ $910 \div 7$
㉢ $332 \div 2$

( )

16 유준이와 소율이가 각각 나눗셈의 몫을 어림하였습니다. 잘못 설명한 사람은 누구인가요?

( )

17 (보기)는 어떤 나눗셈을 계산하고, 계산 결과가 맞는지 확인한 것입니다. 계산한 나눗셈식을 쓰고, 몫과 나머지를 각각 구해 보세요.

(보기)
$$9 \times 3 = 27, \ 27 + 5 = 32$$

[식]

몫 ( )
나머지 ( )

18 현우는 연필 79자루를 친구 9명에게 똑같이 나누어 주고, 남은 연필은 동생에게 주었습니다. 동생에게 준 연필은 몇 자루인지 구해 보세요. (단, 동생에게 준 연필은 9자루보다 적습니다.)

( )

19 어떤 수를 4로 나누었더니 몫이 13이고, 나머지가 1이었습니다. 어떤 수를 구해 보세요.

( )

20 감이 한 묶음에 5개씩 12묶음 있습니다. 이 감을 4명이 남김없이 똑같이 나누어 가지려면 한 명이 몇 개씩 가져야 하는지 구해 보세요.

( )

21 ◆와 ▲에 알맞은 수의 합을 구해 보세요.

- $141 \div ◆ = 47$
- $▲ \div 9 = 25 \cdots 5$

(   )

서술형

22 □ 안에 들어갈 수 있는 세 자리 수 중에서 가장 큰 수를 구하려고 합니다. 풀이 과정을 쓰고, 답을 구해 보세요. (단, ★은 0이 아닙니다.)

$□ \div 5 = 56 \cdots ★$

답

23 (조건)을 모두 만족하는 수는 몇 개인지 구해 보세요.

(조건)
- 50보다 크고 60보다 작습니다.
- 4로 나누었을 때 나머지가 2입니다.

(   )

| 24~25 | 은지와 민국이는 도서관에서 책을 빌렸습니다. 대화를 읽고 물음에 답하세요.

24 은지가 도서관에서 빌린 책을 모두 읽으려면 하루에 몇 쪽씩 읽어야 할까요?

(   )

2 단원 **7**회

25 민국이가 도서관에서 빌린 책을 모두 읽으려면 적어도 며칠이 걸리는지 풀이 과정을 쓰고, 답을 구해 보세요.

답

학습 결과에 색칠하세요.   

3 원

원

뜻 한 점에서 일정한 거리에 있는 점들이 만든 도형

예 운동장에서 친구들과 함께 다양한 방법으로 **원**을 그렸어요.

누름 못

뜻 물건을 고정하는 데 사용하는 윗부분이 납작하고 뾰족한 끝이 있는 못

예 우리 반 학생들의 그림을 교실 게시판에 **누름 못**으로 고정했어요.

컴퍼스

뜻 원을 그릴 때 사용하는 도구로 한쪽은 뾰족한 침, 다른 한쪽은 연필 등을 끼울 수 있음

예 수학 시간에 **컴퍼스**를 이용하여 원을 그렸어요.

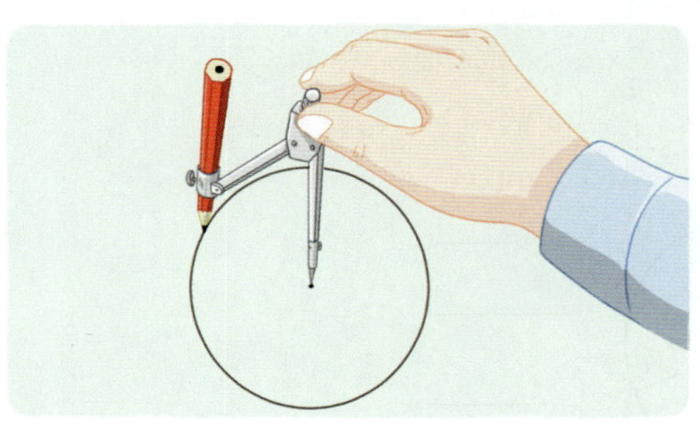

삼원색 / 77쪽

뜻 여러 가지 색깔을 만들어낼 수 있는 기본이 되는 세 가지 색

예 빛의 **삼원색**을 모두 섞으면 흰색이 되고, 색의 **삼원색**을 모두 섞으면 검은색이 돼요.

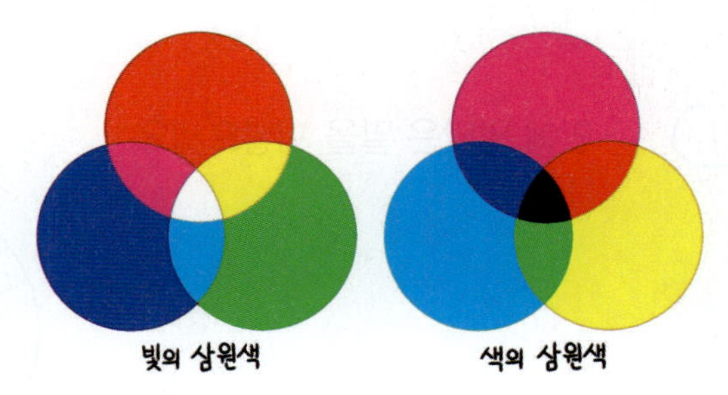

개념 1 원 그리기

○ 자로 점을 찍어 원 그리기

빨간색 점에서 5 cm 떨어진 곳에 점을 여러 개 찍어 원을 그릴 수 있습니다.

점을 많이 찍을수록 원 모양에 가까워집니다.

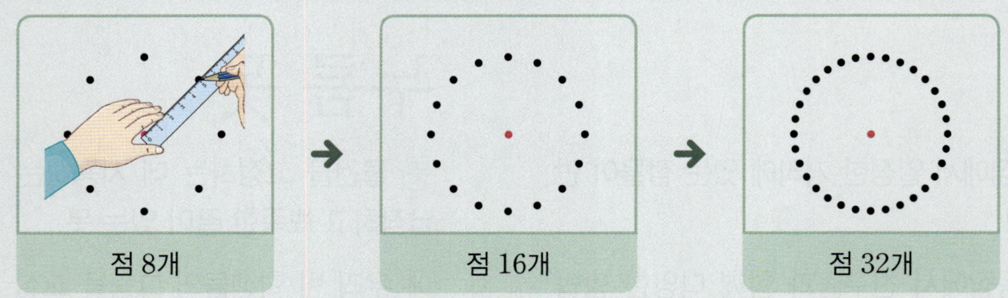

○ 누름 못과 띠 종이를 이용하여 원 그리기

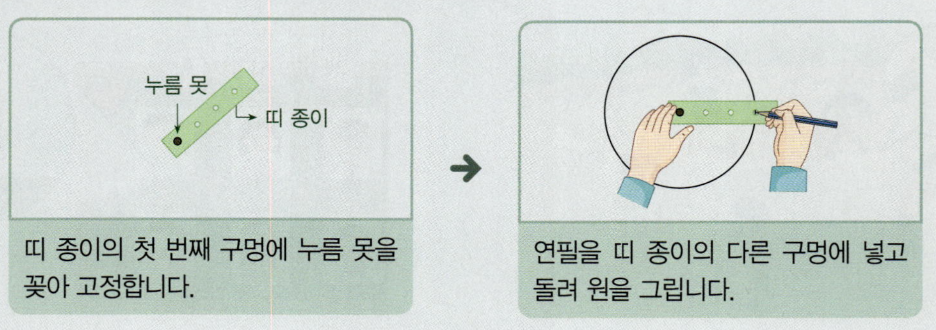

띠 종이의 첫 번째 구멍에 누름 못을 꽂아 고정합니다.

연필을 띠 종이의 다른 구멍에 넣고 돌려 원을 그립니다.

개념 2 원의 중심, 반지름, 지름

• **원의 중심**: 원을 그릴 때 누름 못이 꽂혔던 점 ➡ 점 ㅇ

• 원의 **반지름**: 원의 중심과 원 위의 한 점을 이은 선분

  ➡ 선분 ㅇㄱ, 선분 ㅇㄴ

• 원의 **지름**: 원 위의 두 점을 이은 선분 중 원의 중심을

  지나는 선분 ➡ 선분 ㄱㄴ

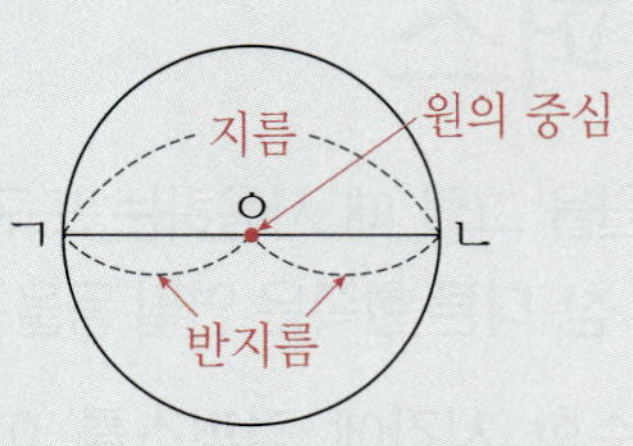

참고 한 원에서 원의 중심은 1개이고, 반지름과 지름은 셀 수 없이 많습니다.

확인 □ 안에 알맞은 말을 써넣으세요.

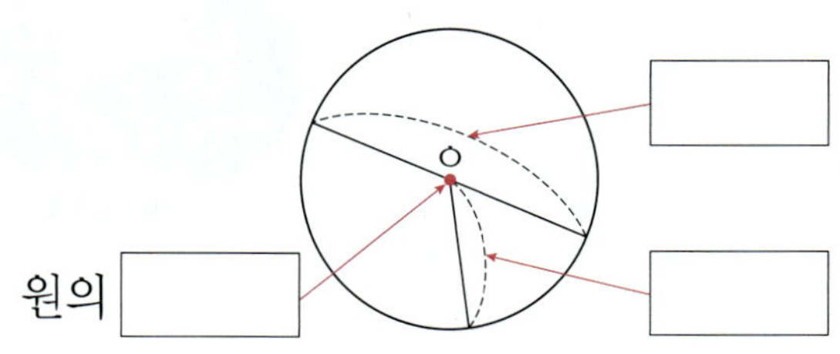

원의

1 누름 못과 띠 종이를 이용하여 원을 그렸습니다. 알맞은 말에 ◯표 하세요.

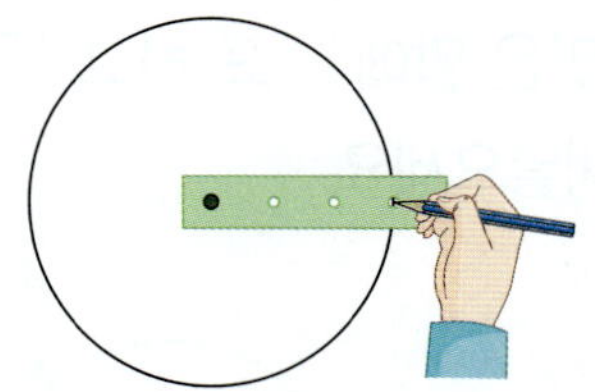

(1) 원을 그릴 때 누름 못이 꽂혔던 점은 원의 (중심 , 반지름)입니다.

(2) 누름 못이 꽂혔던 점과 원 위의 한 점을 이은 선분은 원의 (반지름 , 지름)입니다.

2 빨간색으로 표시한 것을 (보기)에서 찾아 □ 안에 알맞게 써넣으세요.

(1)

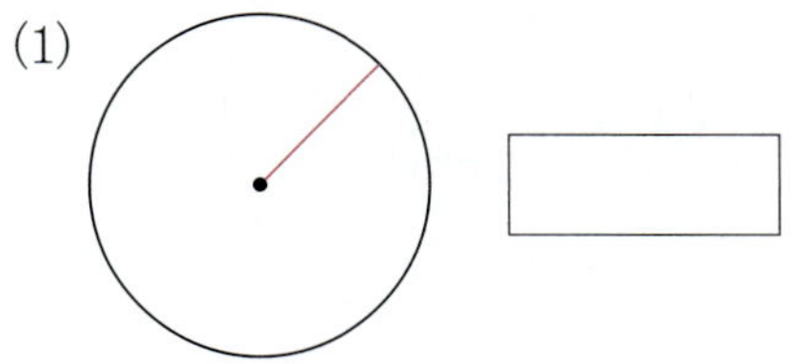

(2)

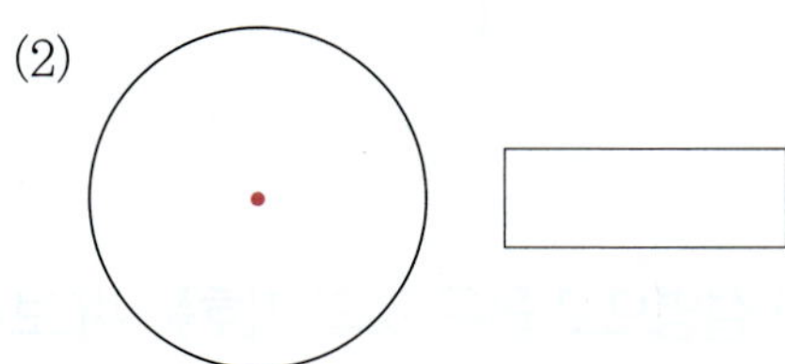

(3)

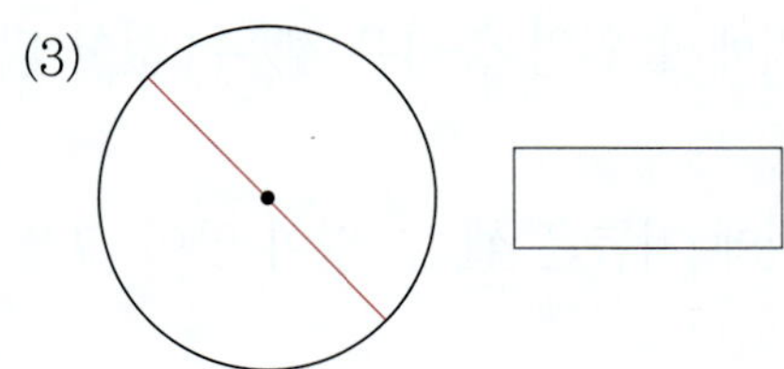

3 원의 중심을 찾아 써 보세요.

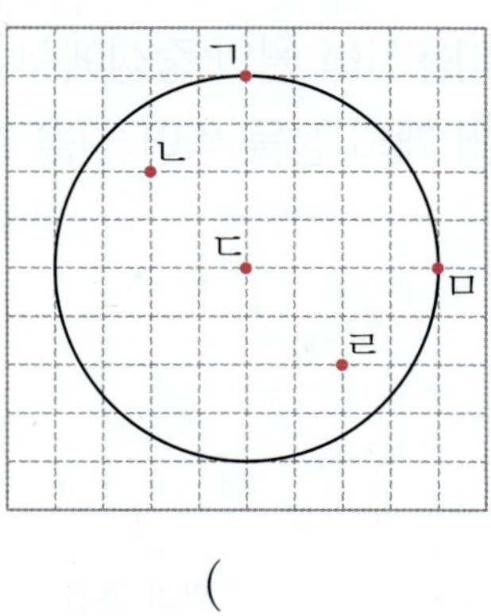

(   )

4 점 ㅇ이 원의 중심일 때 원의 지름을 나타내는 선분을 찾아 써 보세요.

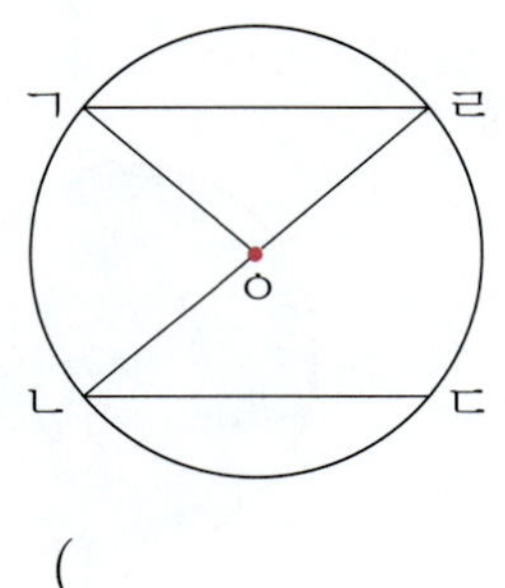

(   )

5 원의 반지름을 3개 그어 보세요.

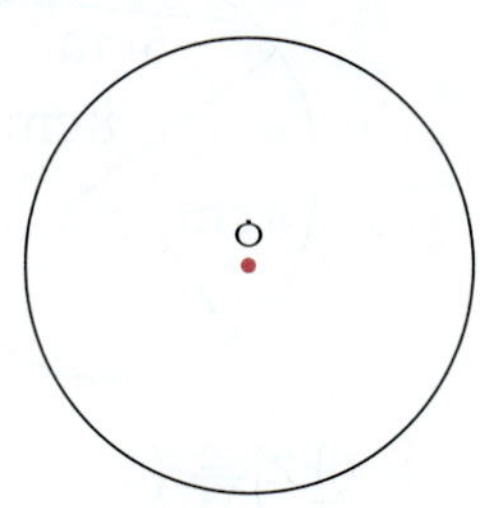

01 자를 이용하여 원의 중심에서 2 cm 떨어진 곳에 여러 개의 점을 찍어 원을 그려 보세요.

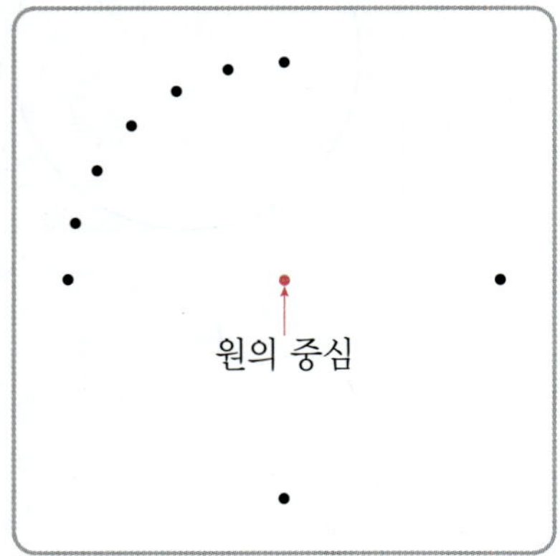

02 원의 중심, 반지름, 지름을 그림 위에 표시해 보세요.

03 원의 반지름과 지름은 각각 몇 cm인지 구해 보세요.

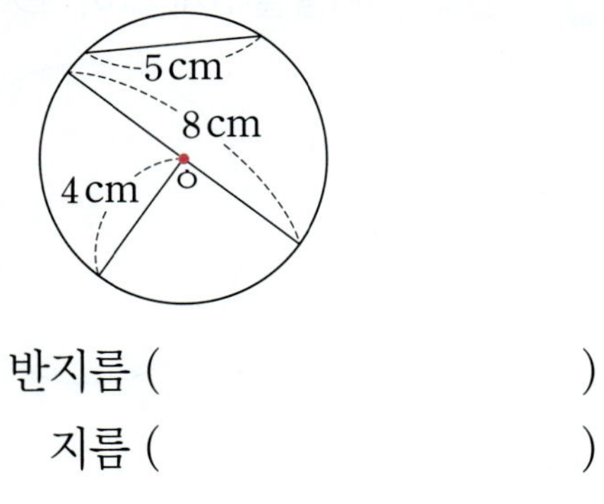

반지름 (   )

지름 (   )

04 누름 못과 띠 종이를 이용하여 원을 그렸습니다. 알맞은 말에 ○표 하고, □ 안에 알맞은 기호를 써넣으세요.

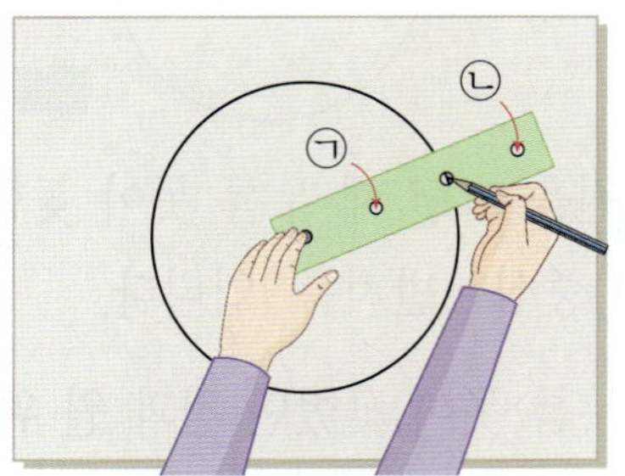

그린 원보다 더 (큰 , 작은) 원을 그리려면 구멍 [ ]에 연필을 꽂아야 합니다.

05 원에서 선분 ㄷㄹ의 길이는 몇 cm인지 구해 보세요.

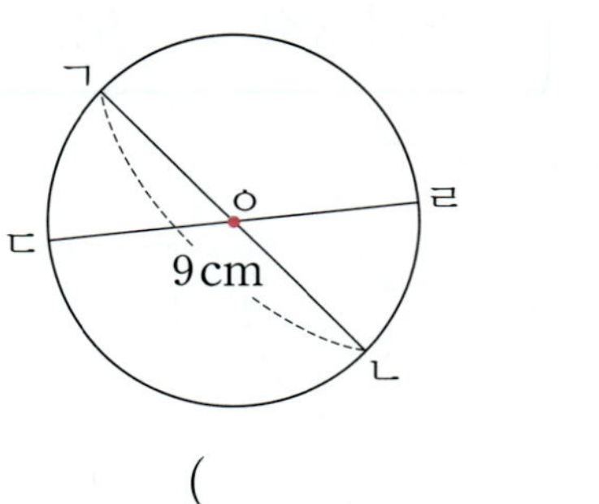

(   )

06 원에 대한 설명으로 옳은 것의 기호를 써 보세요.

㉠ 한 원에서 원의 중심은 셀 수 없이 많습니다.
㉡ 한 원에 지름은 셀 수 없이 많이 그을 수 있습니다.

(   )

서술형 문제

| 07~08 | 원을 보고 물음에 답하세요.

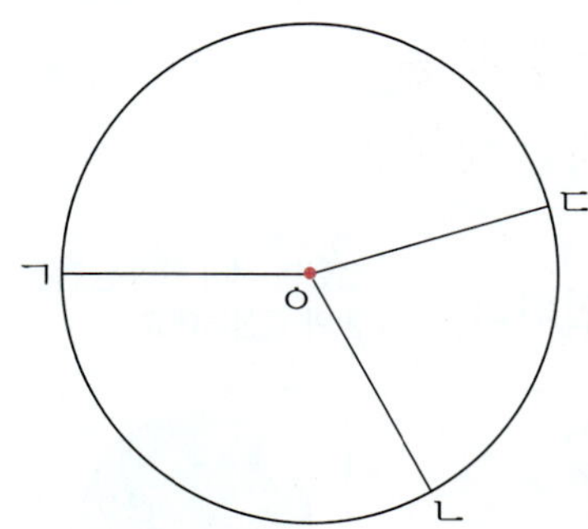

07 반지름을 나타내는 선분을 모두 찾아 쓰고, 그 길이를 각각 재어 보세요.

반지름	선분 ㅇㄱ		
길이(cm)	2		

08 07에서 반지름의 길이를 재어 보고 알 수 있는 점을 쓰려고 합니다. □ 안에 알맞은 말을 써넣어 문장을 완성해 보세요.

> 한 원에서 반지름의 길이는 모두 □ .

09 두 원 가와 나의 지름의 합은 몇 cm인지 구해 보세요.

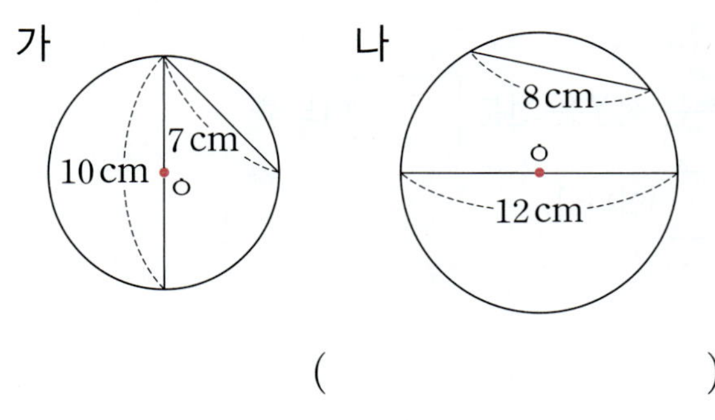

( )

10 원의 지름을 <u>잘못</u> 나타낸 사람의 이름을 쓰고, 그 이유를 써 보세요.

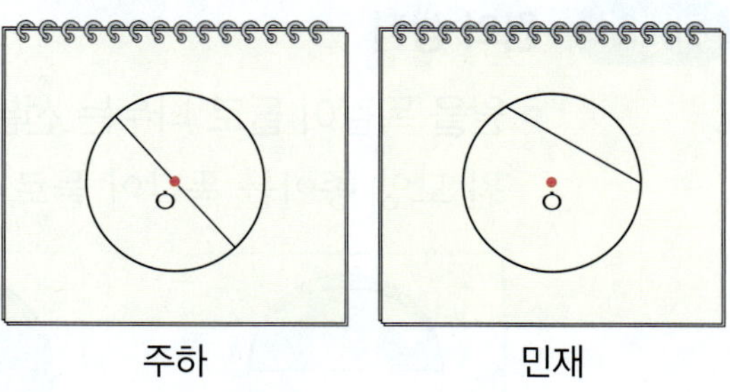

[이름] ❶ ☐

[이유] ❷ 원의 지름은 원 위의 두 점을 이은 선분 중 원의 ☐ 을 지나는 선분입니다.

(주하 , 민재)가 그린 선분은 원의 중심을 지나지 않으므로 잘못 나타냈습니다.

11 원의 반지름을 <u>잘못</u> 나타낸 사람의 이름을 쓰고, 그 이유를 써 보세요.

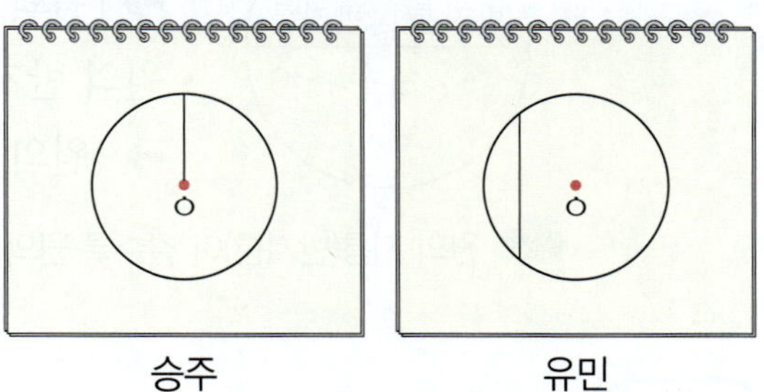

[이름]

[이유]

학습 결과에 색칠하세요.   

개념 1 **원의 성질**

○ **원을 똑같이 둘로 나누는 선분 알기**

원 모양 종이를 똑같이 둘로 나누는 선분은 원의 지름입니다.

접혔던 선이 만나는 점은 원의 중심이에요.

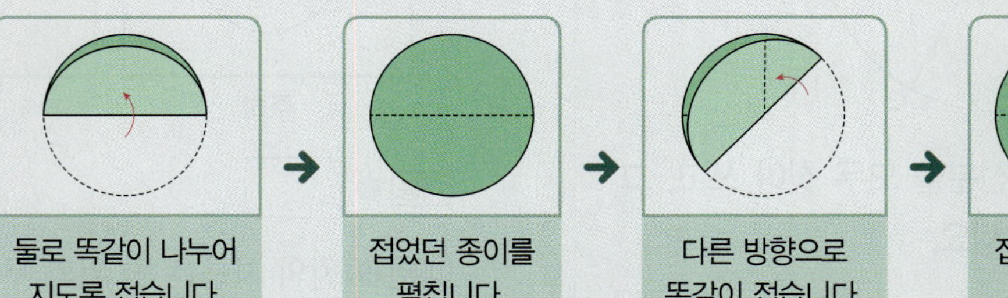

○ **지름의 성질 알기**

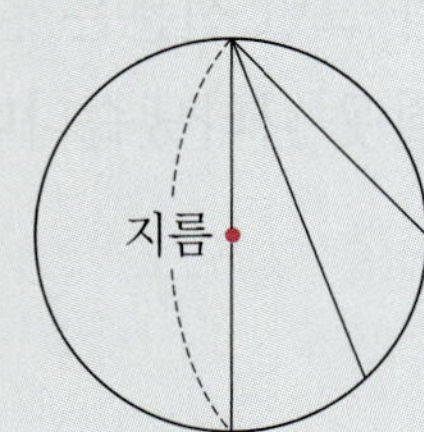

한 점에서 원 위의 여러 점을 잇는 선분을 그어 보면
원의 중심을 지나는 선분이 가장 깁니다.

→ 원의 지름은 원 안에 그을 수 있는 가장 긴 선분입니다.

○ **원의 지름과 반지름 사이의 관계**

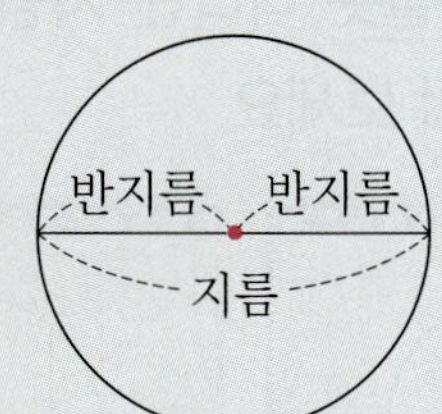

• 원의 지름은 반지름의 2배입니다.

→ (원의 지름)＝(원의 반지름)×2

• 원의 반지름은 지름의 반입니다.

→ (원의 반지름)＝(원의 지름)÷2

참고 원의 지름(반지름)이 길수록 원의 크기는 커집니다.

확 인 그림을 보고 □ 안에 알맞게 써넣으세요.

(1) 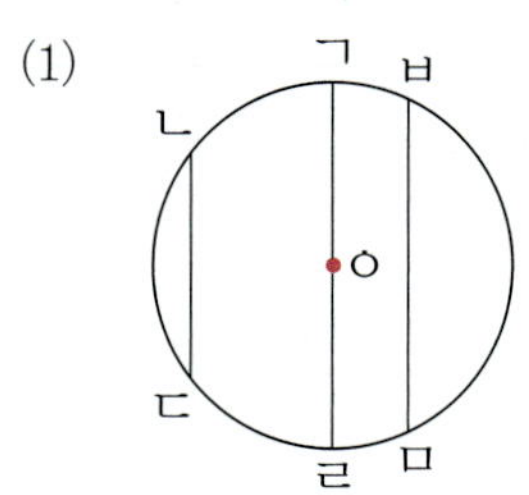

원을 똑같이 둘로 나누는 선분은 선분 □ 이므로

원의 지름은 선분 □ 입니다.

(2) 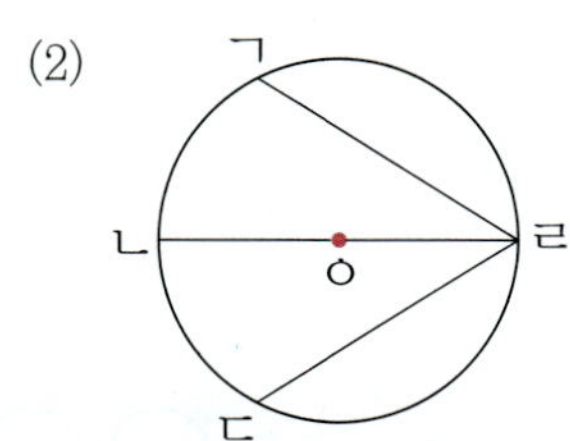

원 위의 두 점을 이은 선분 중 가장 긴 선분은 선분 □ 이므로 원의 지름은 선분 □ 입니다.

1 원을 보고 물음에 답하세요.

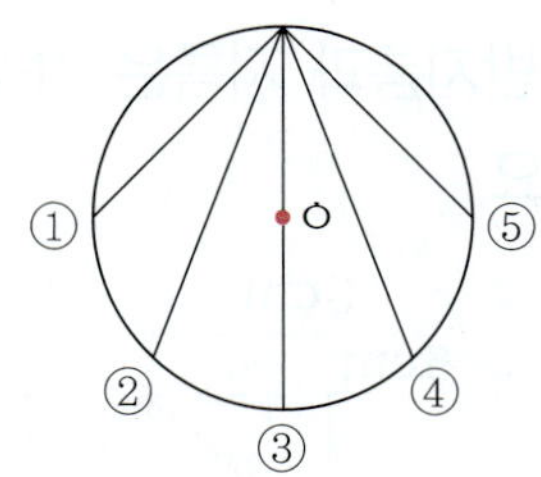

(1) 길이가 가장 긴 선분은 어느 것일까요?

(　　　　　　　　)

(2) 원의 지름을 나타내는 선분은 어느 것일까요?

(　　　　　　　　)

2 그림을 보고 □ 안에 알맞은 수를 써넣으세요.

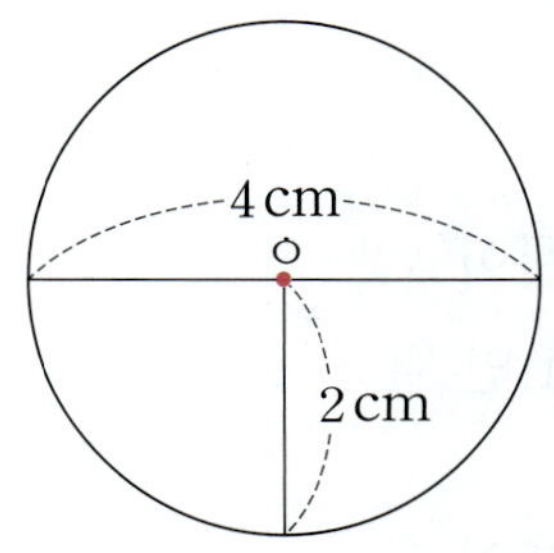

(1) 원의 지름은 □ cm입니다.

(2) 원의 반지름은 □ cm입니다.

(3) 원의 지름은 반지름의 □ 배입니다.

3 □ 안에 알맞은 수를 써넣으세요.

(1)

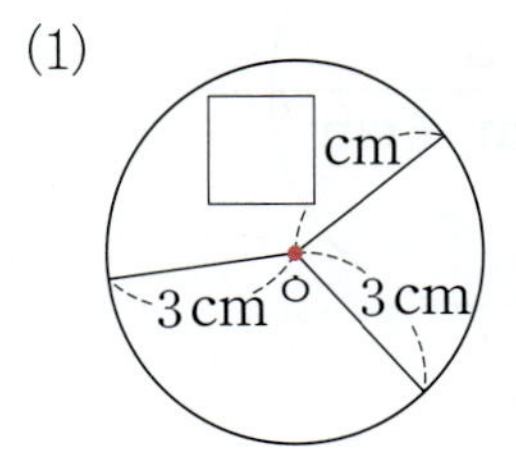

(2)

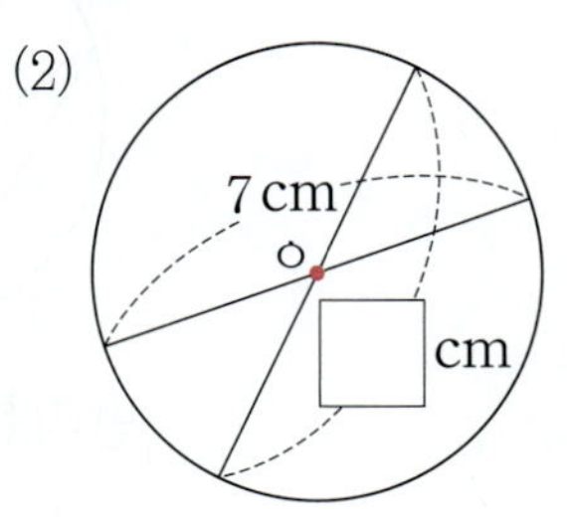

4 □ 안에 알맞은 수를 써넣으세요.

(1)

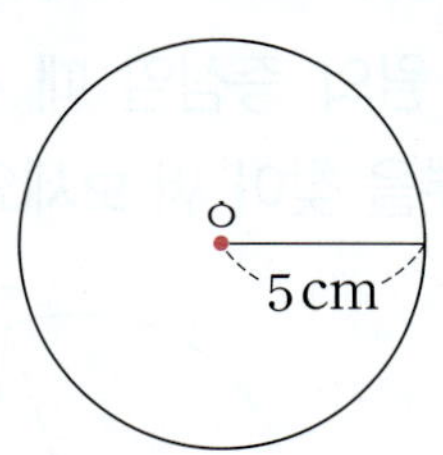

(원의 지름)

= (원의 반지름) × □

= □ × □ = □ (cm)

(2)

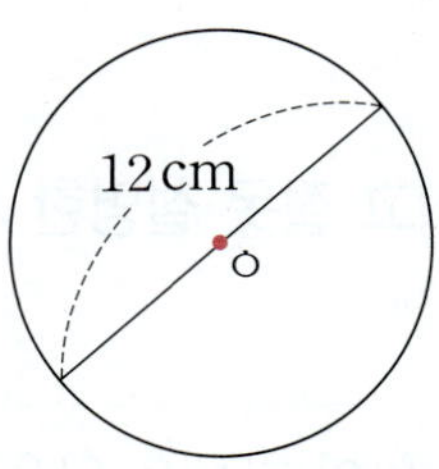

(원의 반지름)

= (원의 지름) ÷ □

= □ ÷ □ = □ (cm)

5 원 안에 그을 수 있는 가장 긴 선분을 긋고, 선분의 길이를 자로 재어 몇 cm인지 써 보세요.

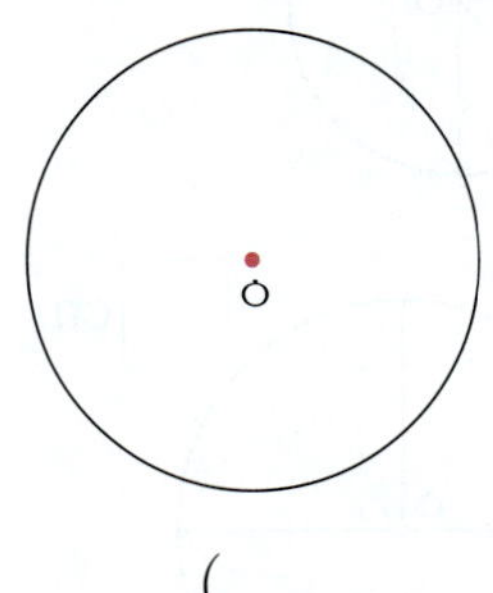

(　　　　　　　　)

01 점 ㅇ이 원의 중심일 때 선분 ㄱㄷ과 길이가 같은 선분을 찾아 써 보세요.

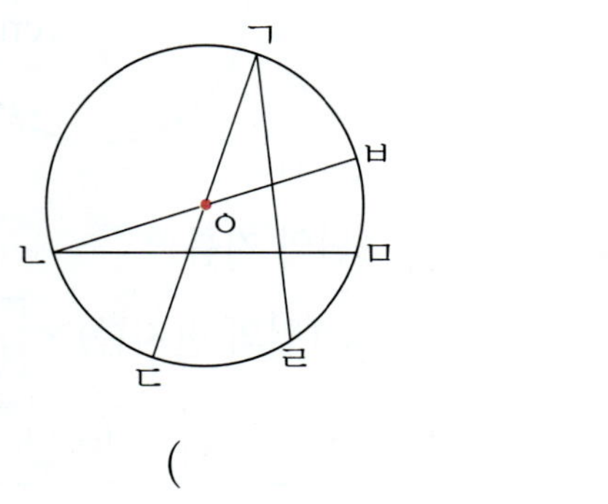

( )

02 대화를 읽고 잘못 설명한 사람의 이름을 써 보세요.

> • 윤서: 원의 지름은 원을 똑같이 둘로 나눠.
> • 선우: 원의 반지름은 지름의 2배야.
> • 다현: 원의 지름은 원 위의 두 점을 이은 선분 중 가장 긴 선분이야.

( )

03 □ 안에 알맞은 수를 써넣으세요.

(1)

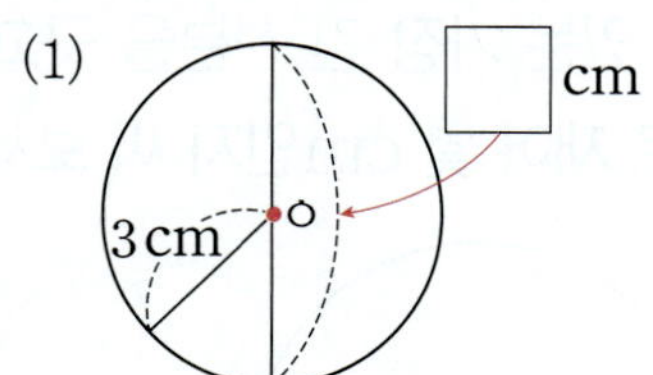

(2)

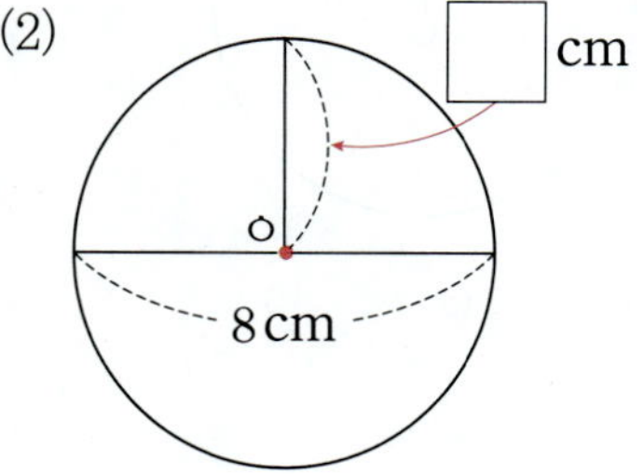

04 피자의 반지름과 지름은 각각 몇 cm인지 구해 보세요.

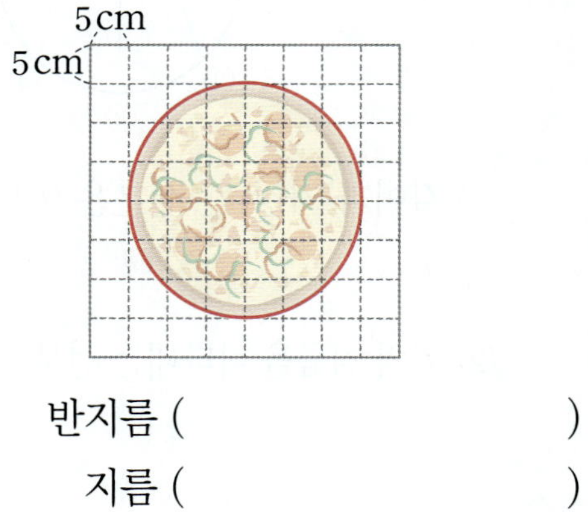

반지름 ( )

지름 ( )

05 크기가 같은 원끼리 이어 보세요.

지름이 14 cm인 원

지름이 16 cm인 원

반지름이 6 cm인 원

반지름이 8 cm인 원

반지름이 7 cm인 원

06 원의 반지름과 지름은 각각 몇 cm인지 구해 보세요.

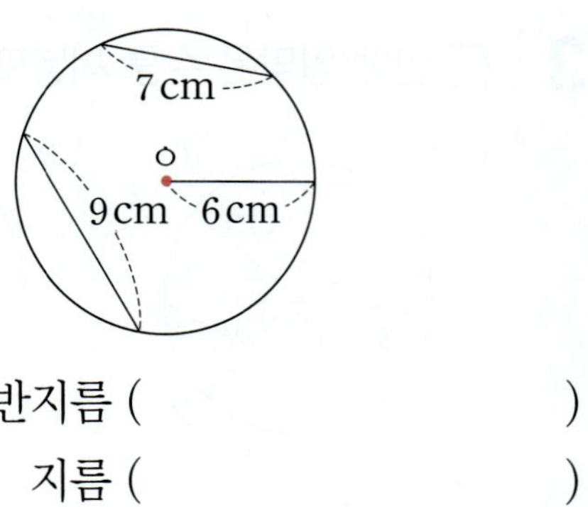

반지름 ( )

지름 ( )

07 그림과 같이 바닥이 정사각형 모양인 상자 안에 원 모양의 접시를 꼭 맞게 넣었습니다. 상자 바닥의 네 변의 길이의 합은 몇 cm인가요?

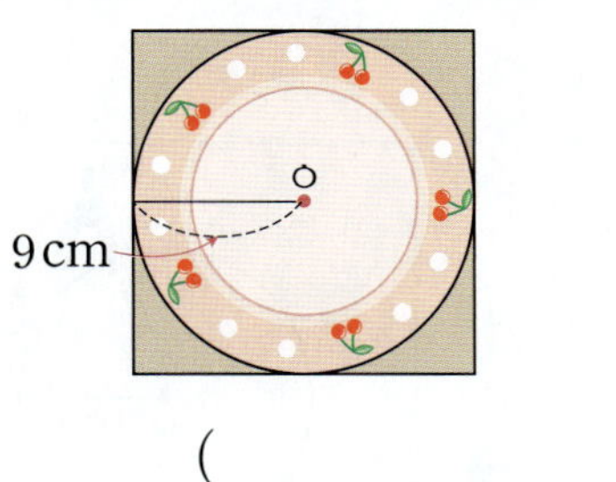

( )

창의형

08 원의 반지름을 정해 □ 안에 써넣고, 정한 원의 지름은 몇 cm인지 구해 보세요.

반지름이 □ cm인 원

( )

디지털 문해력

09 예나와 채아의 대화를 읽고 예나가 산 거울을 찾아 써 보세요.

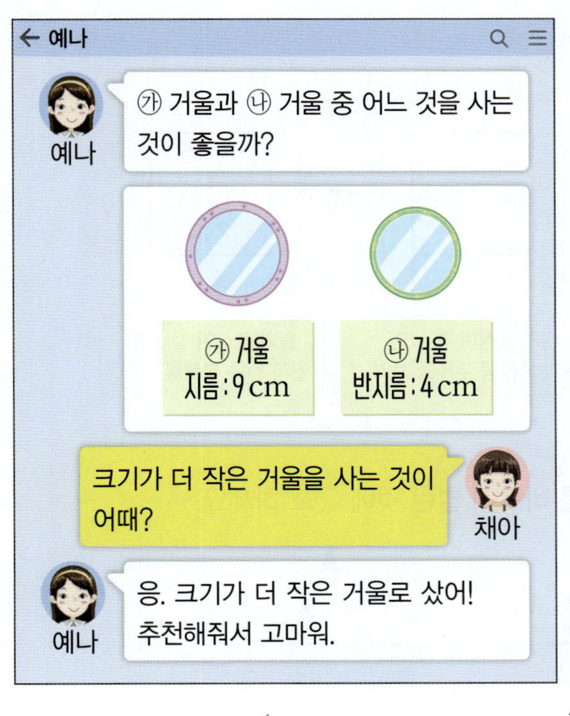

( )

10 크기가 같은 원 2개가 서로 원의 중심을 지나도록 겹쳐져 있습니다. 선분 ㄱㄴ의 길이는 몇 cm인지 풀이 과정을 쓰고, 답을 구해 보세요.

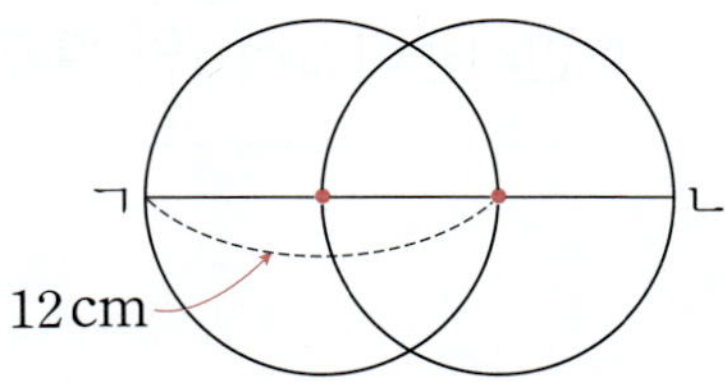

❶ 원의 지름이 12 cm이므로 원의 반지름은
□ ÷ 2 = □ (cm)입니다.

❷ 선분 ㄱㄴ의 길이는 원의 반지름의 □ 배입니다.

➜ (선분 ㄱㄴ) = □ × □ = □ (cm)

답 ______________

11 크기가 같은 원 3개가 서로 원의 중심을 지나도록 겹쳐져 있습니다. 선분 ㄱㄴ의 길이는 몇 cm인지 풀이 과정을 쓰고, 답을 구해 보세요.

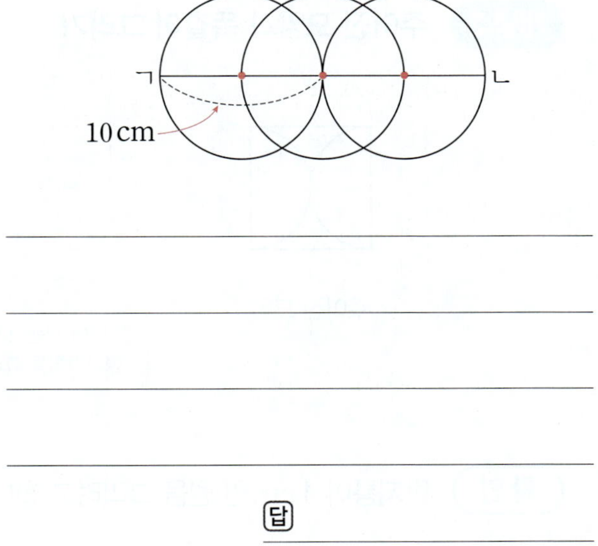

____

____

____

____

답 ______________

학습 결과에 색칠하세요. 

개념 1 컴퍼스를 이용하여 원 그리기

○ 반지름이 2 cm인 원 그리기

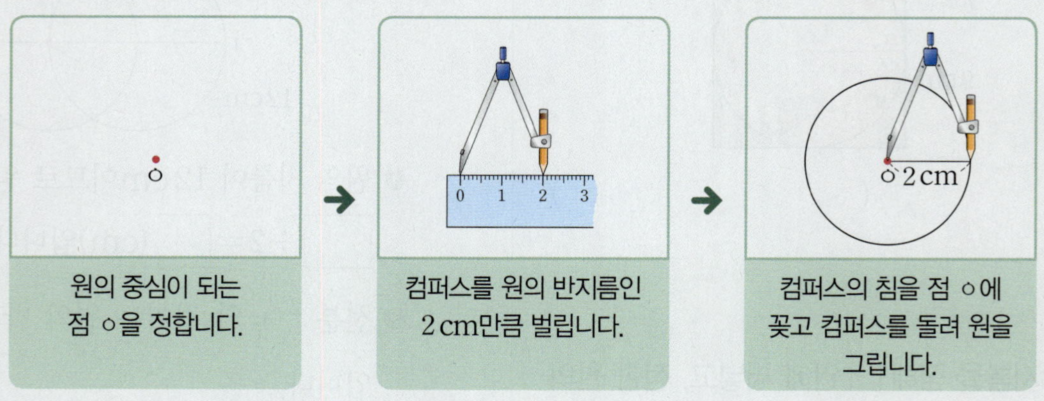

원의 중심이 되는 점 ㅇ을 정합니다.

컴퍼스를 원의 반지름인 2 cm만큼 벌립니다.

컴퍼스의 침을 점 ㅇ에 꽂고 컴퍼스를 돌려 원을 그립니다.

○ 주어진 원과 크기가 같은 원 그리기

컴퍼스의 침을 주어진 원의 중심에 꽂습니다.

주어진 원의 반지름만큼 컴퍼스를 벌립니다.

컴퍼스를 그대로 옮겨서 원을 그립니다.

개념 2 주어진 모양과 똑같이 그리기

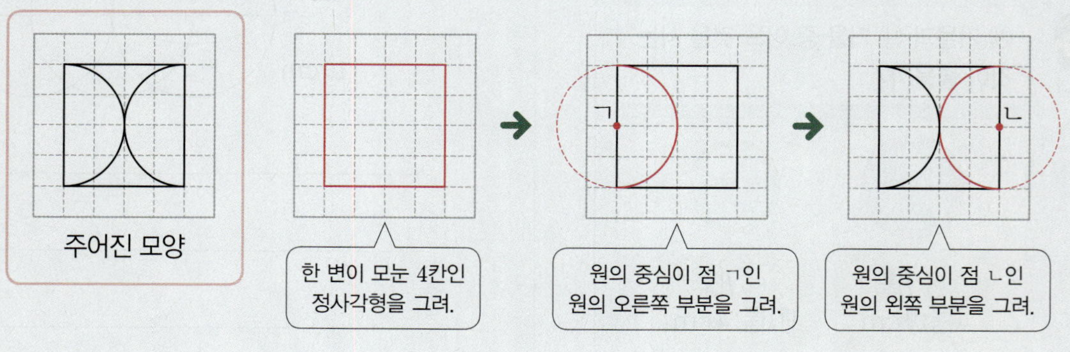

주어진 모양

한 변이 모눈 4칸인 정사각형을 그려.

원의 중심이 점 ㄱ인 원의 오른쪽 부분을 그려.

원의 중심이 점 ㄴ인 원의 왼쪽 부분을 그려.

확인 반지름이 4 cm인 원을 그리려고 합니다. 컴퍼스를 바르게 벌린 것에 ◯표 하세요.

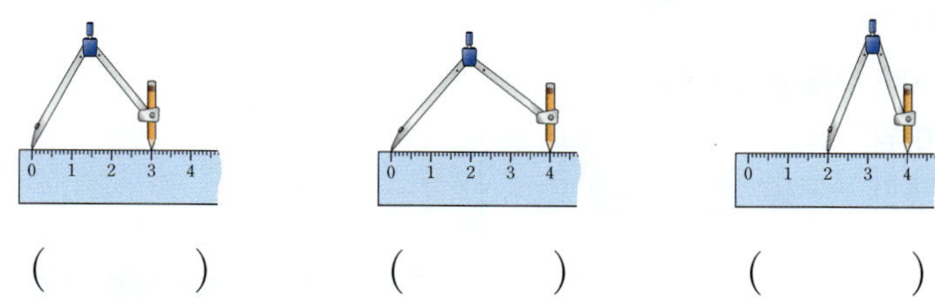

(　　　)　　　(　　　)　　　(　　　)

1 컴퍼스를 이용하여 반지름이 3 cm인 원을 그리려고 합니다. 그림을 보고 □ 안에 알맞은 수나 말을 써넣으세요.

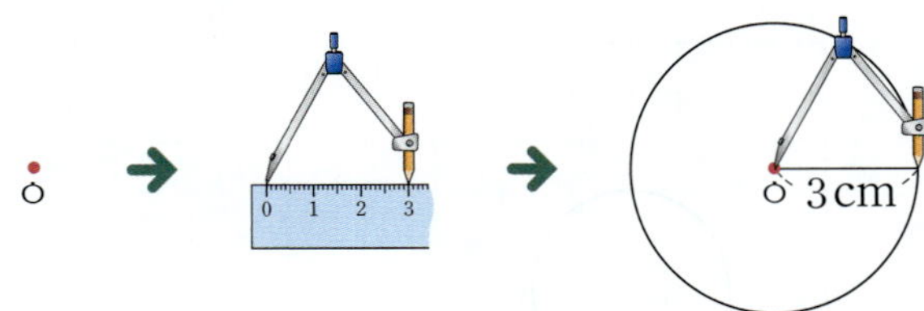

(1) 원의 [   ]이 되는 점 ㅇ을 정합니다.

(2) 컴퍼스의 침과 연필심 사이를 [   ]cm만큼 벌립니다.

(3) 컴퍼스의 [   ]을 점 ㅇ에 꽂고 컴퍼스를 돌려 원을 그립니다.

2 컴퍼스를 이용하여 반지름이 2 cm인 원을 그린 것입니다. 컴퍼스의 침이 꽂혔던 자리를 찾아 기호를 써 보세요.

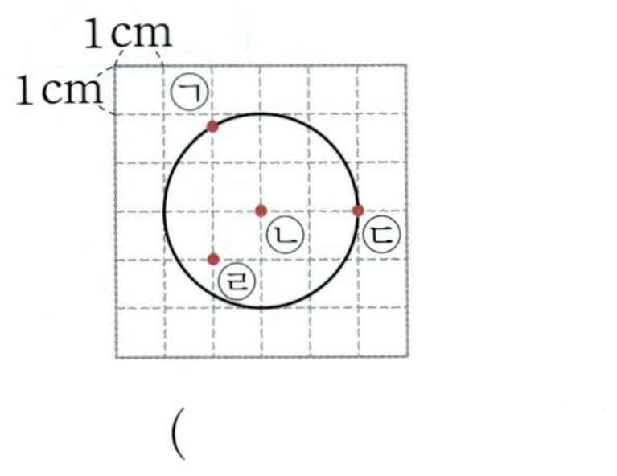

(   )

3 주어진 모양을 그리기 위해 컴퍼스의 침을 꽂아야 할 곳을 모두 찾아 점(•)으로 표시해 보세요.

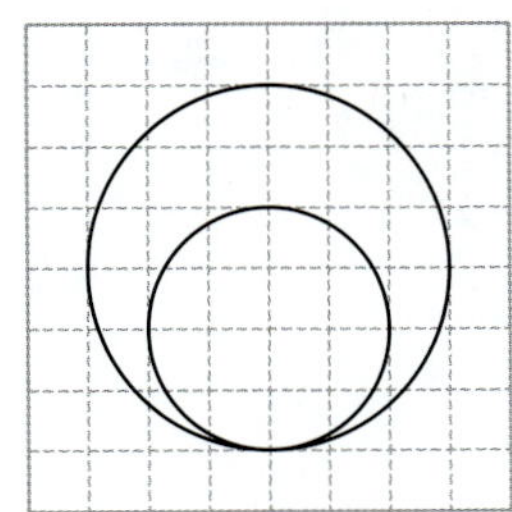

4 컴퍼스를 이용하여 점 ㅇ을 원의 중심으로 하고 반지름이 2 cm인 원을 그려 보세요.

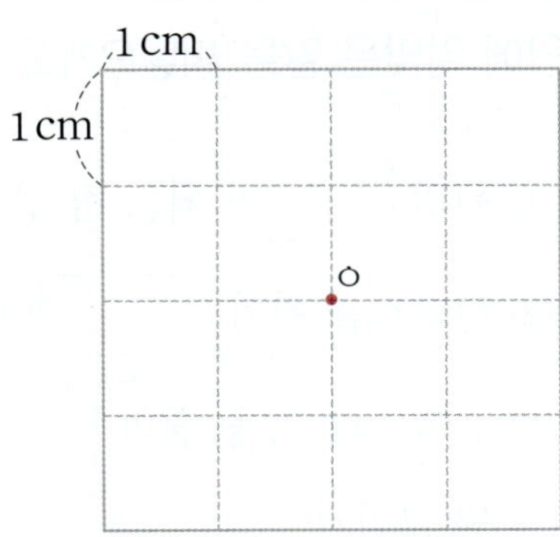

5 컴퍼스를 이용하여 주어진 원과 크기가 같은 원을 그려 보세요.

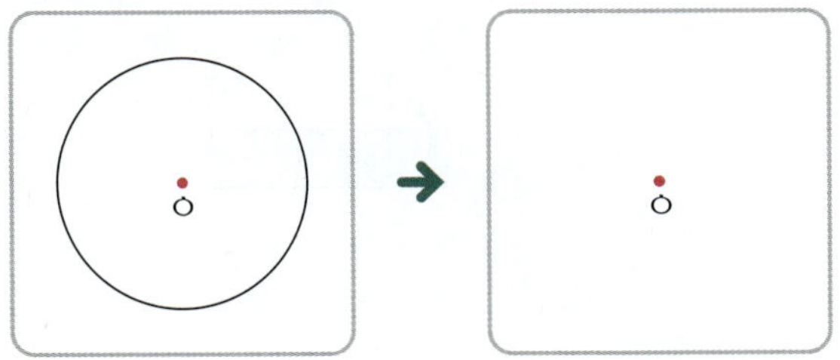

6 주어진 모양과 똑같이 그려 보세요.

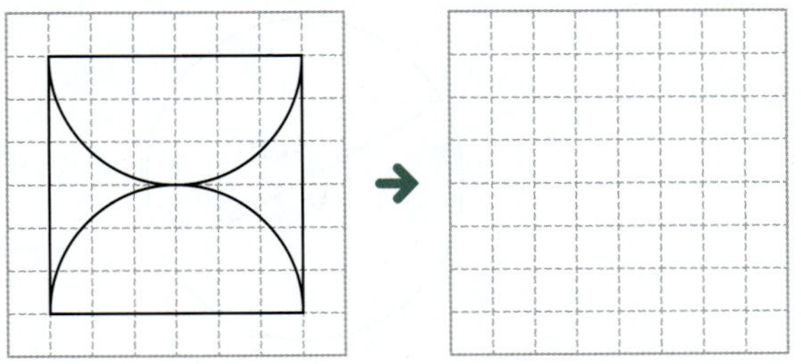

01 컴퍼스를 이용하여 원을 그리는 순서입니다. □ 안에 알맞은 말을 써넣으세요.

> ① 원의 [ ]이 되는 점 정하기
>
> ② 컴퍼스를 원의 [ ]만큼 벌리기
>
> ③ 컴퍼스의 침을 원의 [ ]에 꽂고 원 그리기

02 그림과 같이 컴퍼스를 벌려 원을 그렸습니다. 그린 원의 반지름은 몇 cm인가요?

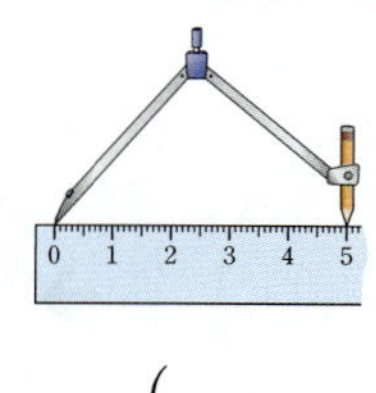

(   )

03 컴퍼스를 이용하여 다음과 같은 원을 그리려고 합니다. 컴퍼스를 몇 cm만큼 벌려야 하는지 구해 보세요.

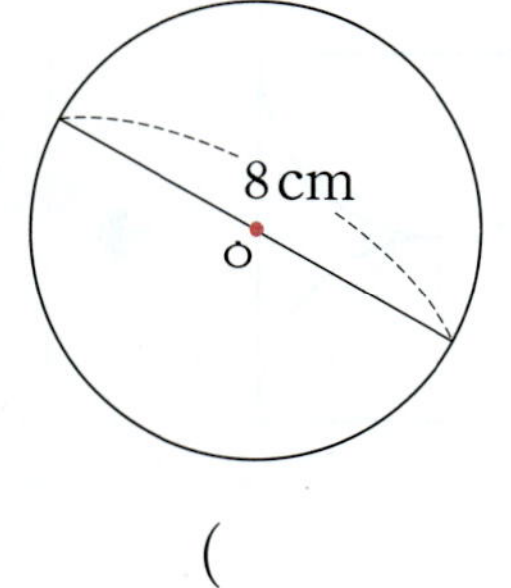

(   )

04 컴퍼스를 이용하여 주어진 원보다 크기가 더 큰 원을 그려 보세요.

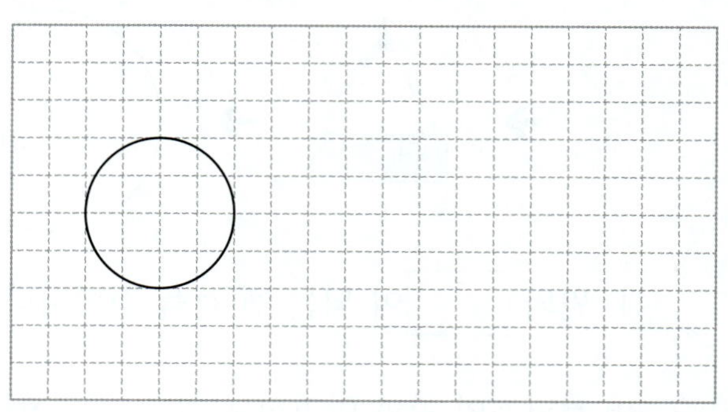

05 주어진 모양과 똑같이 그리기 위해 컴퍼스의 침을 꽂아야 할 곳은 모두 몇 군데인가요?

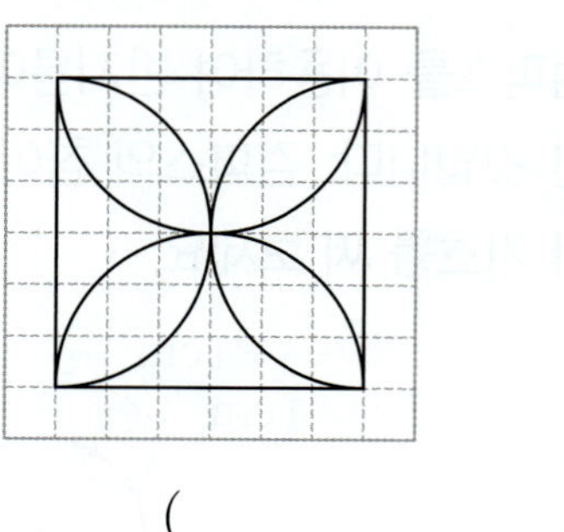

(   )

06 컴퍼스를 이용하여 점 ㅇ을 원의 중심으로 하고 탬버린과 크기가 같은 원을 그려 보세요.

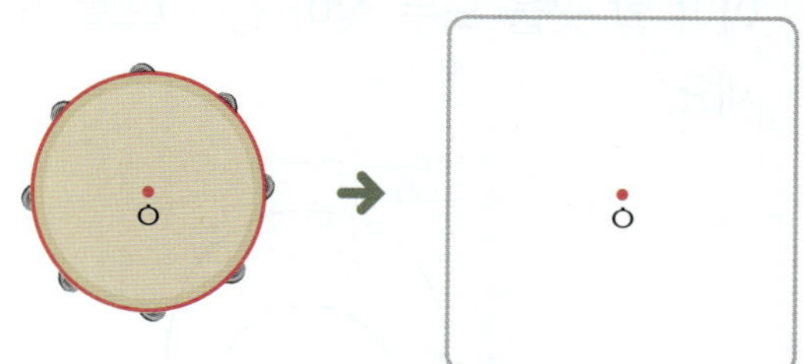

07 규칙에 따라 원을 그렸습니다. 알맞은 말에 ○ 표 하고, □ 안에 알맞은 수를 써넣으세요.

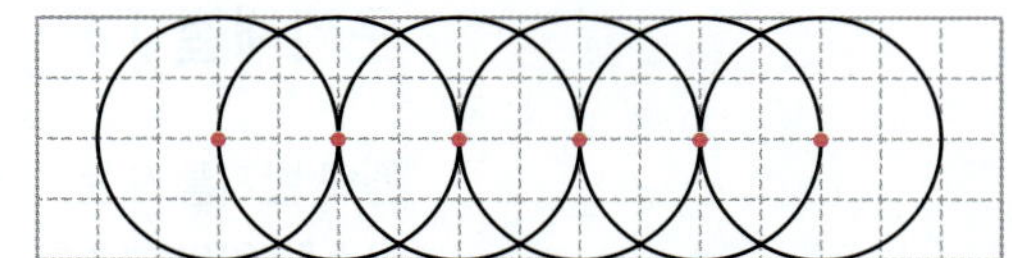

규칙 반지름은 (같고 , 다르고) 원의 중심이 오른쪽으로 모눈 ☐ 칸만큼 이동합니다.

08 점 ㄱ을 원의 중심으로 하고 반지름이 1 cm인 원, 점 ㄴ을 원의 중심으로 하고 반지름이 2 cm인 원을 각각 그리고, 그린 두 원의 밖에 있는 물건을 찾아 써 보세요.

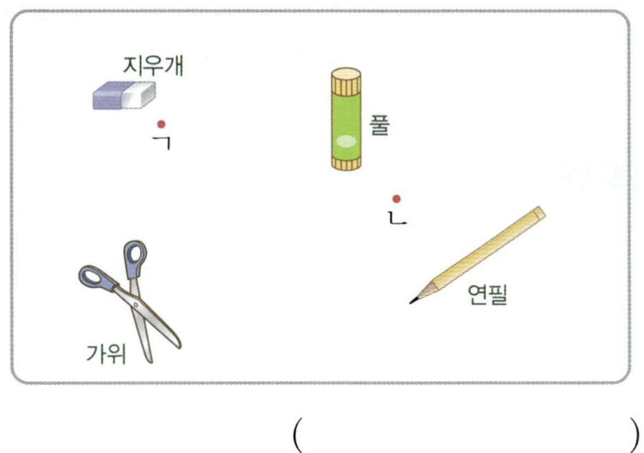

(   )

디지털 문해력

09 온라인 백과사전을 보고 크기가 같은 원 3개를 이용하여 삼원색과 같은 모양을 완성해 보세요.

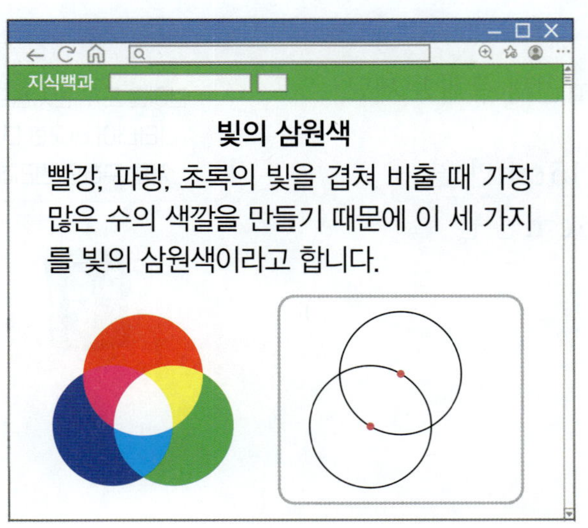

10 주어진 모양과 똑같이 그리고, 그린 방법을 설명해 보세요.

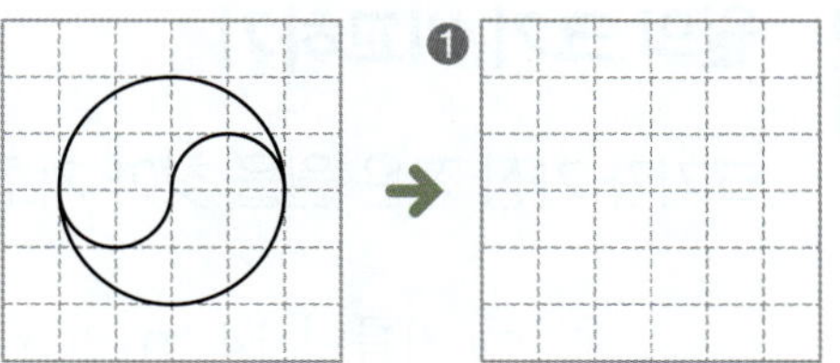

설명 ❷ 반지름이 모눈 2칸인 원을 ☐ 개 그린 후 원의 안쪽에 반지름이 모눈 ☐ 칸인 원의 일부분을 ☐ 개 그립니다.

3
단원
3회

11 주어진 모양과 똑같이 그리고, 그린 방법을 설명해 보세요.

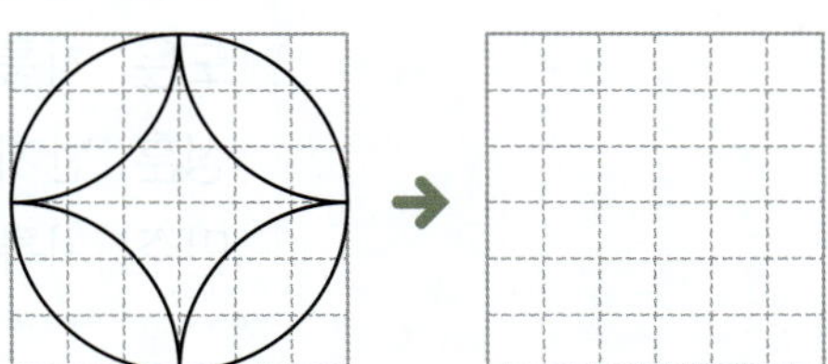

설명

____

____

____

학습 결과에 색칠하세요.   

1 원의 크기 비교하기

크기가 가장 작은 원을 찾아 기호를 써 보세요.

> ㉠ 지름이 14 cm인 원　　㉡ 반지름이 8 cm인 원
> ㉢ 지름이 12 cm인 원　　㉣ 반지름이 9 cm인 원

1단계 ㉠과 ㉢의 반지름은 각각 몇 cm인지 구하기

㉠ (　　　　　　　)

㉢ (　　　　　　　)

2단계 크기가 가장 작은 원을 찾아 기호 쓰기

(　　　　　　　)

문제해결 TIP

원의 반지름 또는 지름이 짧을수록 원의 크기가 더 작아요.

1-1 크기가 가장 큰 원을 그린 사람을 찾아 이름을 써 보세요.

> 연진: 반지름이 5 cm인 원
> 도은: 지름이 15 cm인 원
> 성훈: 반지름이 8 cm인 원
> 민주: 지름이 13 cm인 원

(　　　　　　　)

1-2 가장 큰 원과 가장 작은 원의 반지름의 차는 몇 cm인지 구해 보세요.

> • 지름이 22 cm인 원　　• 반지름이 15 cm인 원
> • 반지름이 12 cm인 원　　• 지름이 26 cm인 원

(　　　　　　　)

2 원의 반지름(지름) 구하기

점 ㄱ, 점 ㄴ은 각 원의 중심입니다. 작은 원의 반지름은 몇 cm인지 구해 보세요.

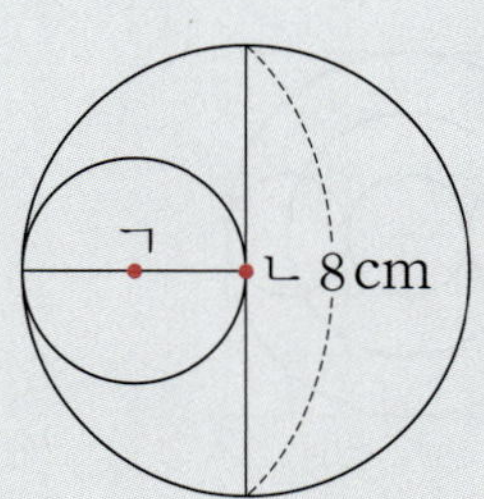

1단계 큰 원의 반지름은 몇 cm인지 구하기

(   )

2단계 작은 원의 반지름은 몇 cm인지 구하기

(   )

2-1 점 ㅇ은 세 원의 중심입니다. 가장 큰 원의 지름은 몇 cm인지 구해 보세요.

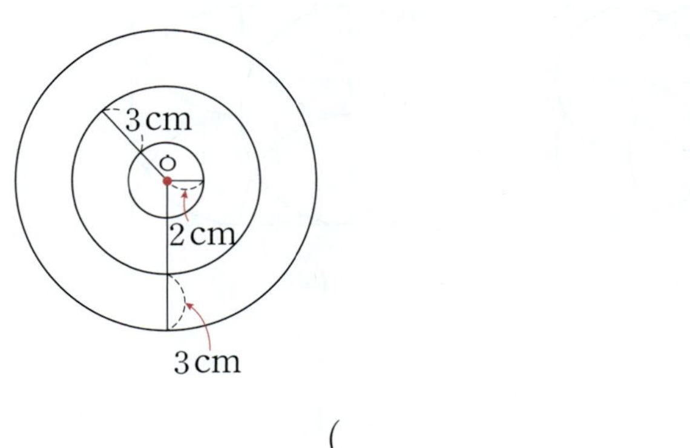

(   )

2-2 점 ㄱ은 원의 중심입니다. 삼각형 ㄱㄴㄷ의 세 변의 길이의 합이 20 cm일 때 원의 지름은 몇 cm인지 구해 보세요.

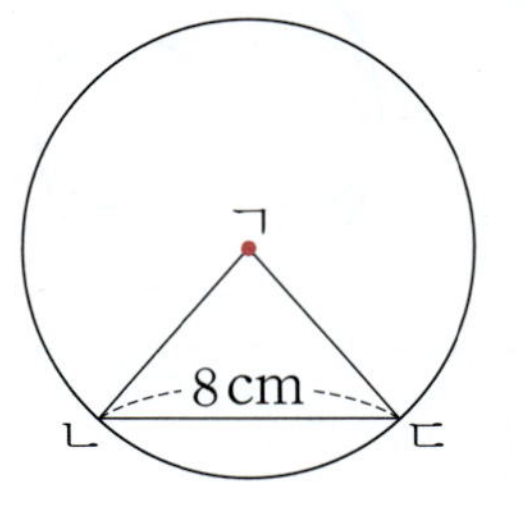

(   )

3 컴퍼스의 침을 꽂아야 할 곳 찾기

주어진 모양과 똑같이 그리려고 합니다. 컴퍼스의 침을 꽂아야 할 곳이 더 많은 것의 기호를 써 보세요.

가 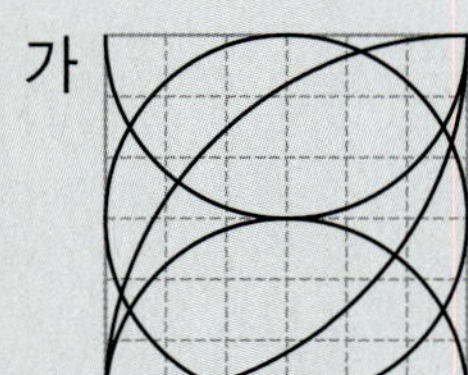 나 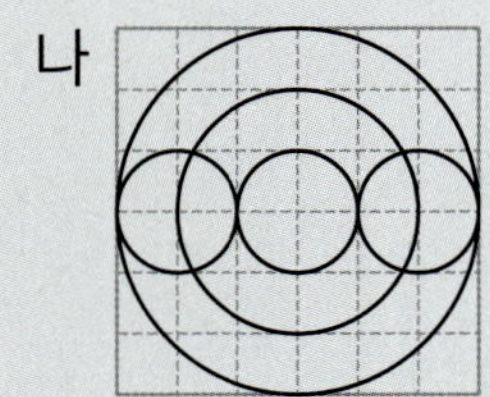

1단계 가와 나에서 컴퍼스의 침을 꽂아야 할 곳의 수 구하기

가: ☐ 군데, 나: ☐ 군데

2단계 컴퍼스의 침을 꽂아야 할 곳이 더 많은 것의 기호 쓰기

(   )

3-1

나은이와 재혁이가 각각 주어진 모양과 똑같이 그리려고 합니다. 컴퍼스의 침을 꽂아야 할 곳이 더 적은 사람의 이름을 써 보세요.

나은 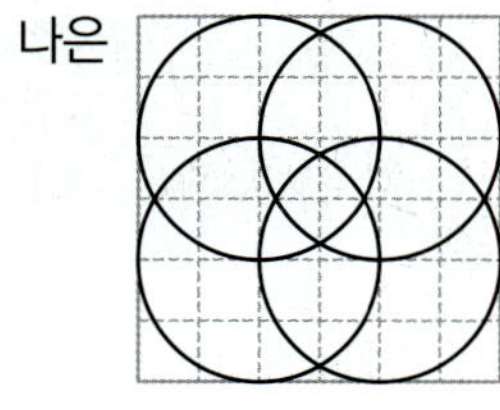 재혁 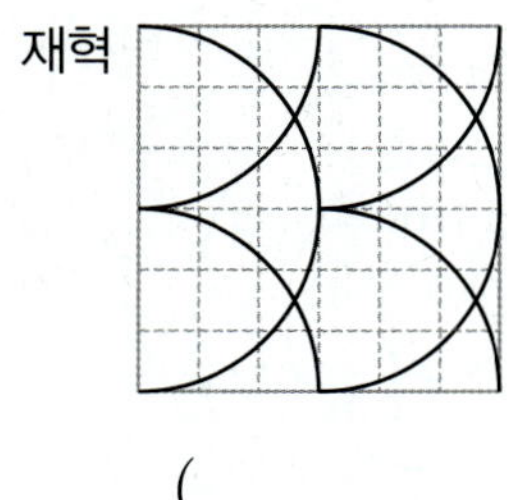

(   )

3-2

주어진 모양과 똑같이 그리려고 합니다. 컴퍼스의 침을 꽂아야 할 곳이 많은 것부터 차례로 기호를 써 보세요.

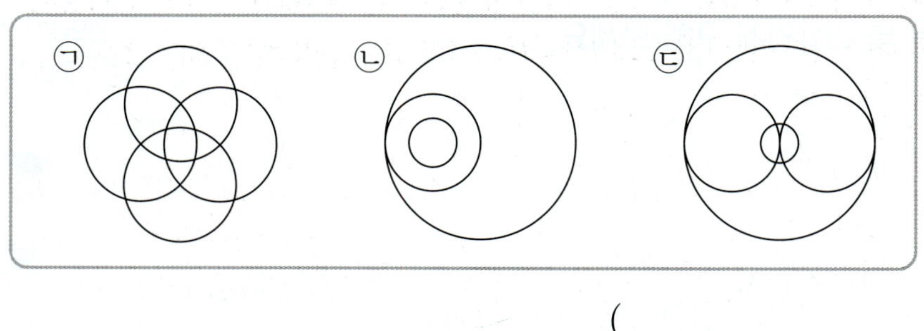

(   )

4 반지름(지름)을 이용하여 선분의 길이 구하기

크기가 같은 원 3개를 맞닿게 그렸습니다. 점 ㄱ, 점 ㄴ, 점 ㄷ이 각 원의 중심일 때 선분 ㄱㄷ의 길이는 몇 cm인지 구해 보세요.

문제해결 TIP

한 원에서 반지름의 길이는 모두 같음을 이용하여 선분의 길이가 반지름의 길이의 몇 배인지 구해요.

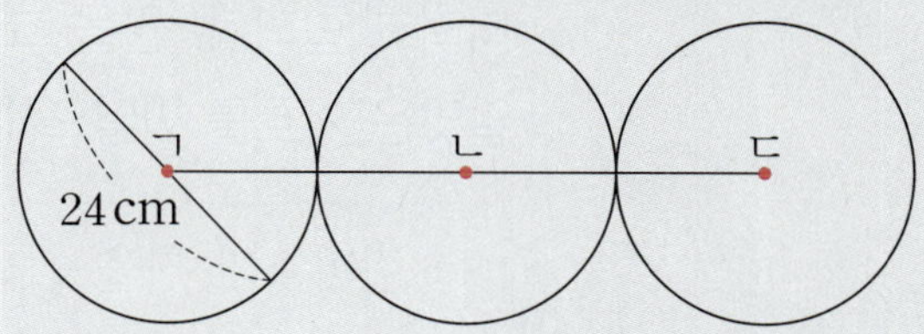

1단계 원의 반지름은 몇 cm인지 구하기

( )

2단계 선분 ㄱㄷ의 길이는 반지름의 길이의 몇 배인지 구하기

( )

3단계 선분 ㄱㄷ의 길이는 몇 cm인지 구하기

( )

4-1 크기가 다른 원 3개를 맞닿게 그렸습니다. 점 ㄱ, 점 ㄴ, 점 ㄷ이 각 원의 중심일 때 선분 ㄱㄷ의 길이는 몇 cm인지 구해 보세요.

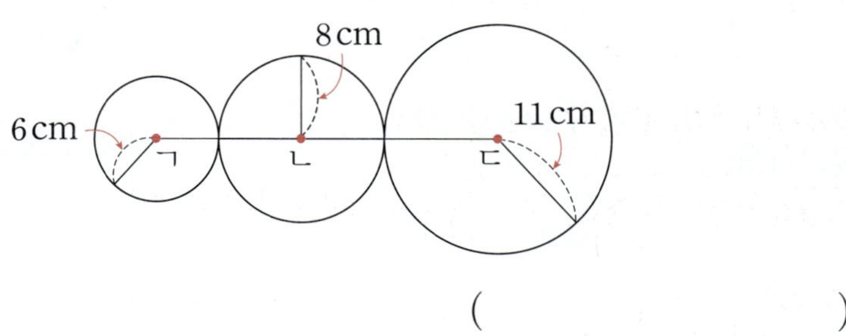

( )

4-2 직사각형 안에 크기가 같은 원 3개를 맞닿게 그렸습니다. 직사각형의 네 변의 길이의 합은 몇 cm인지 구해 보세요.

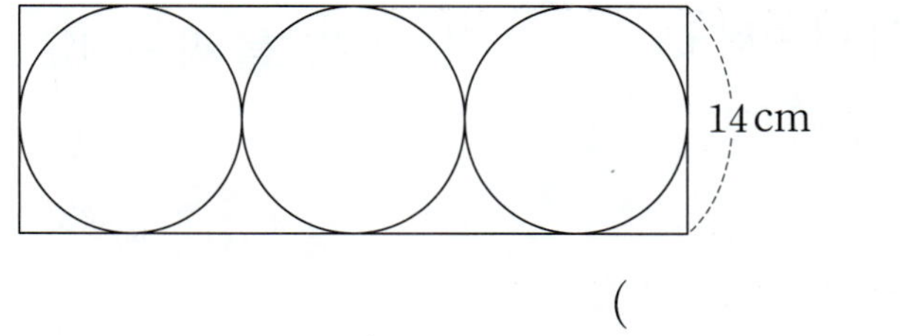

( )

학습 결과에 색칠하세요. 

01 원의 중심을 찾아 써 보세요.

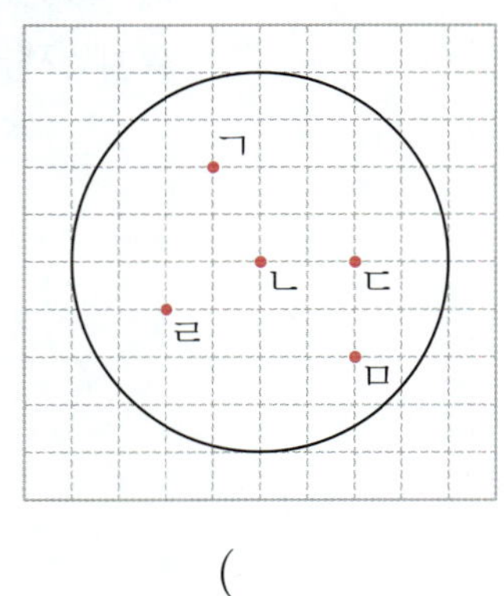

(   )

02 원의 반지름은 몇 cm인가요?

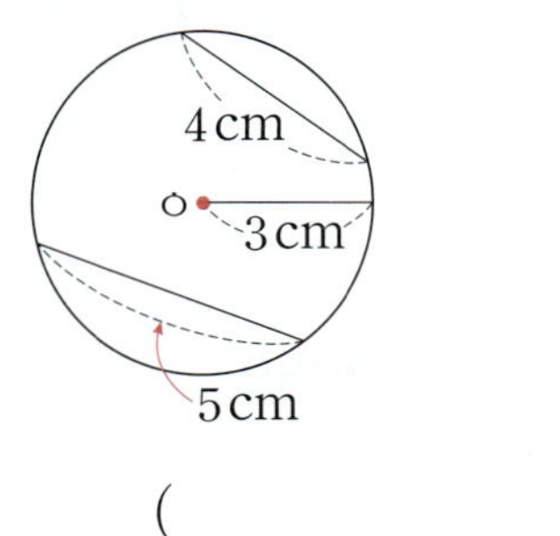

(   )

03 ☐ 안에 알맞은 수를 써넣으세요.

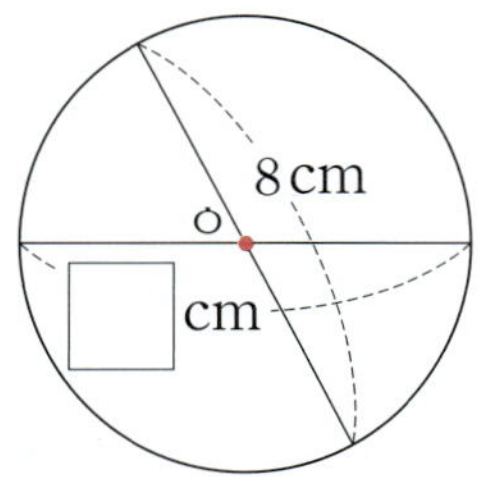

04 원을 똑같이 둘로 나누는 선분을 찾아 써 보세요.

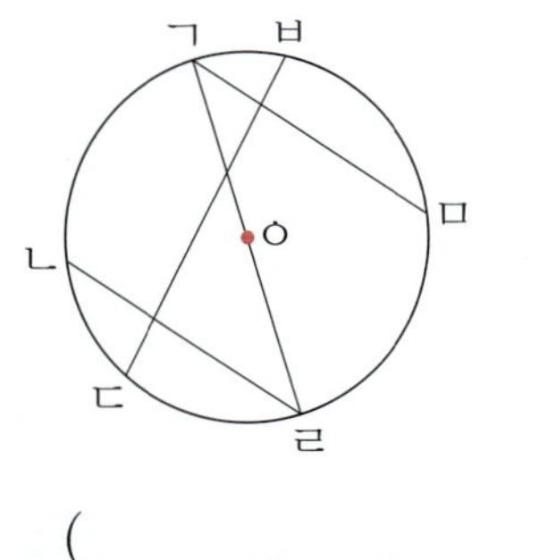

(   )

05 컴퍼스를 이용하여 반지름이 5 cm인 원을 그리려고 합니다. 원을 그리는 순서대로 ☐ 안에 알맞은 기호를 써넣으세요.

> ㉠ 컴퍼스의 침을 점 ㅇ에 꽂고 원을 그립니다.
> ㉡ 원의 중심이 되는 점 ㅇ을 정합니다.
> ㉢ 컴퍼스를 5 cm만큼 벌립니다.

06 주어진 모양과 똑같이 그리려고 합니다. 컴퍼스의 침을 꽂아야 할 곳이 <u>아닌</u> 점을 찾아 써 보세요.

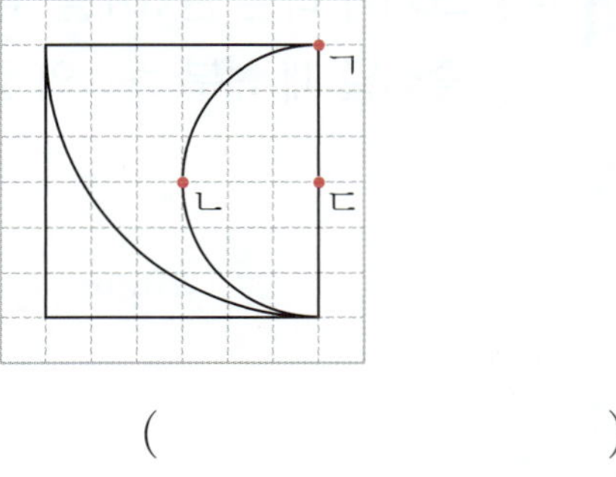

(   )

07 누름 못과 띠 종이를 이용하여 원을 그리려고 합니다. 누름 못을 원의 중심으로 하는 가장 큰 원을 그리려면 어느 구멍에 연필을 꽂아야 하는지 기호를 써 보세요.

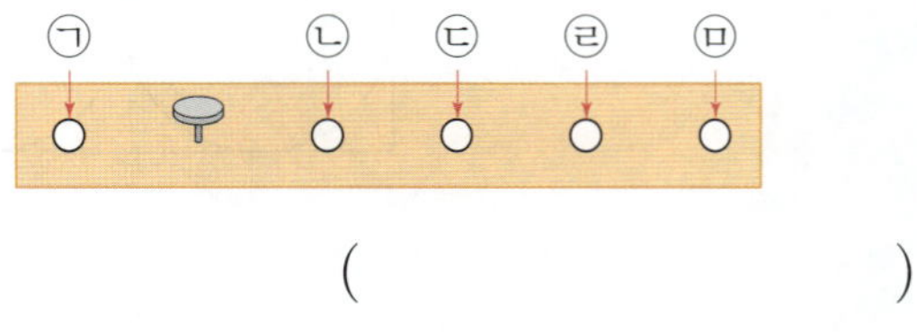

(   )

08 시계에 표시된 원의 중심을 보고 반지름과 지름을 각각 표시해 보세요.

09 □ 안에 알맞은 수를 써넣으세요.

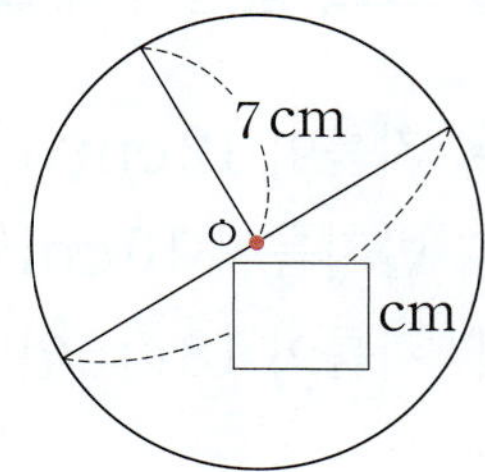

10 원에 대하여 잘못 설명한 것을 찾아 기호를 써 보세요.

> ㉠ 한 원에는 원의 중심이 여러 개 있습니다.
> ㉡ 한 원에 반지름을 여러 개 그을 수 있습니다.
> ㉢ 지름은 항상 원의 중심을 지납니다.

( )

11 컴퍼스를 이용하여 점 ㅇ을 원의 중심으로 하고 주어진 선분을 반지름으로 하는 원을 그려 보세요.

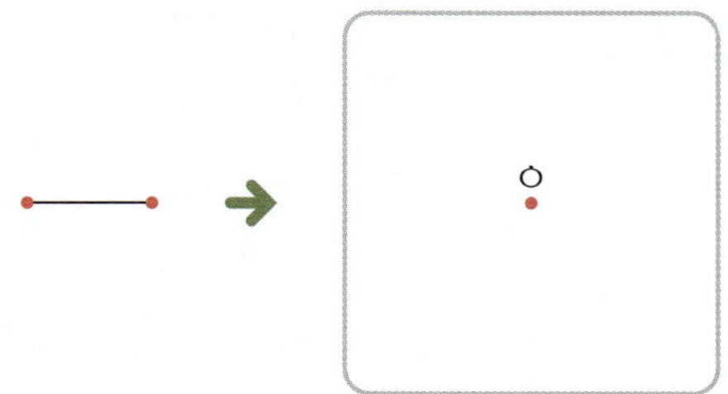

12 모눈종이에 그려진 교통 표지판의 반지름과 지름은 각각 몇 cm인지 구해 보세요.

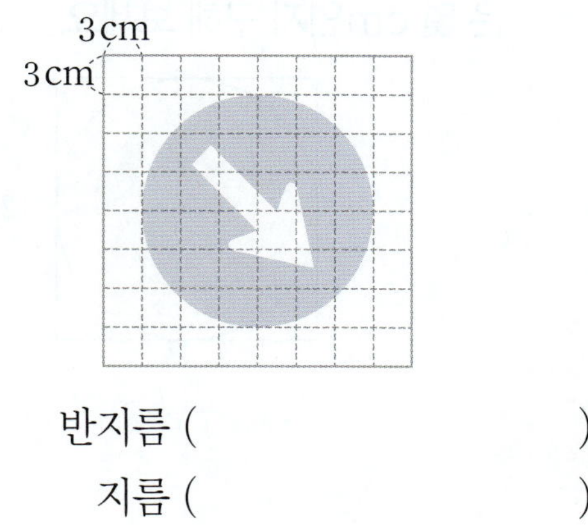

반지름 ( )

지름 ( )

서술형

13 컴퍼스를 이용하여 지름이 20 cm인 원을 그리려고 합니다. 컴퍼스를 몇 cm만큼 벌려야 하는지 풀이 과정을 쓰고, 답을 구해 보세요.

답

14 주어진 모양과 똑같이 그리기 위해 컴퍼스의 침을 꽂아야 할 곳은 모두 몇 군데인지 구해 보세요.

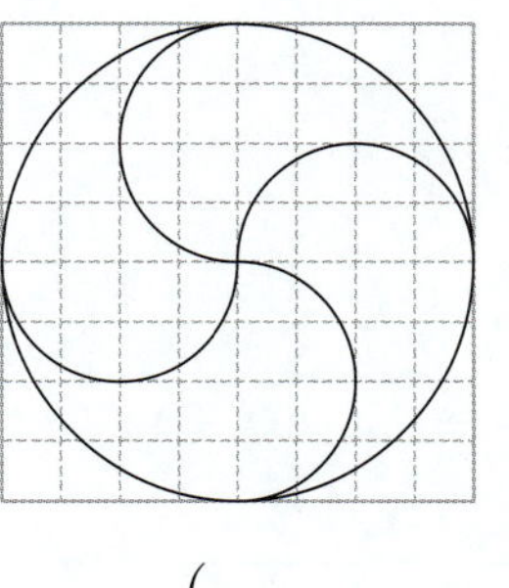

( )

15 한 변의 길이가 12 cm인 정사각형 모양의 색종이에 원을 꼭 맞게 그렸습니다. 원의 반지름은 몇 cm인지 구해 보세요.

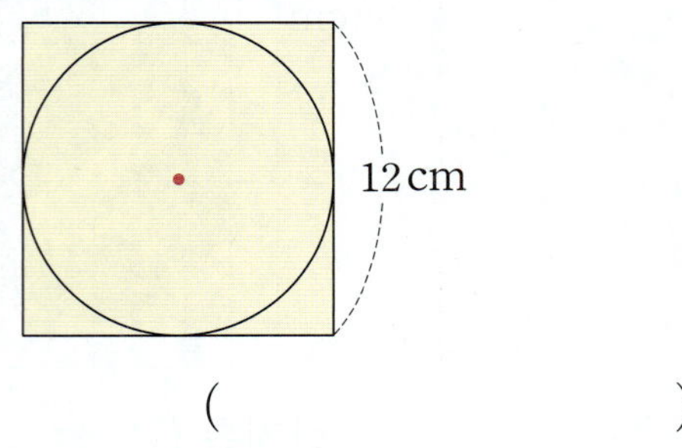

( )

16 점 ㄱ, 점 ㄴ은 각 원의 중심입니다. 선분 ㄱㄴ의 길이는 몇 cm인지 구해 보세요.

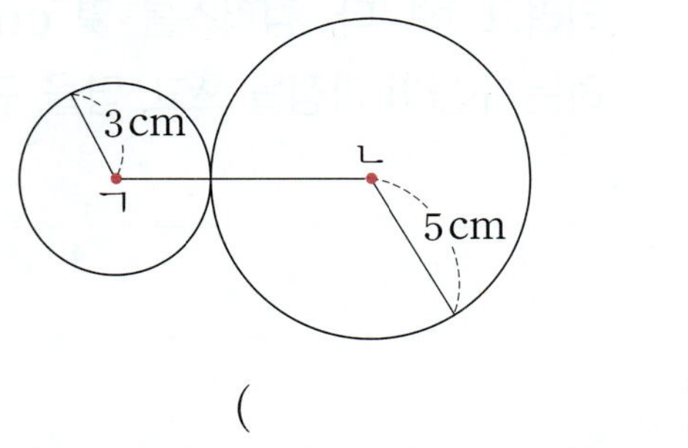

( )

17 컴퍼스를 이용하여 점 ㅇ을 원의 중심으로 하고 지름이 4 cm인 원을 그려 보세요.

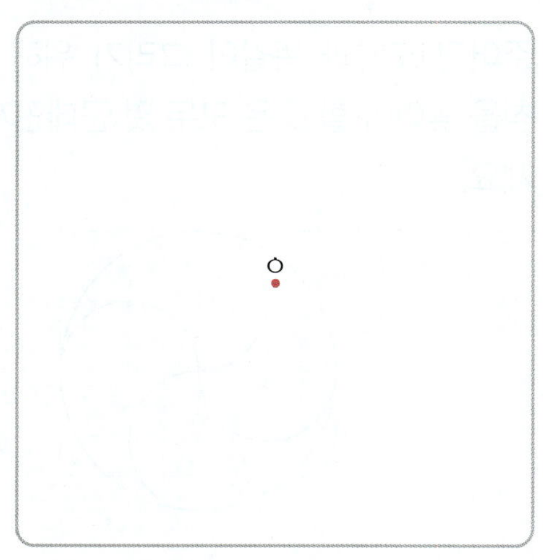

18 주어진 모양과 똑같이 그려 보세요.

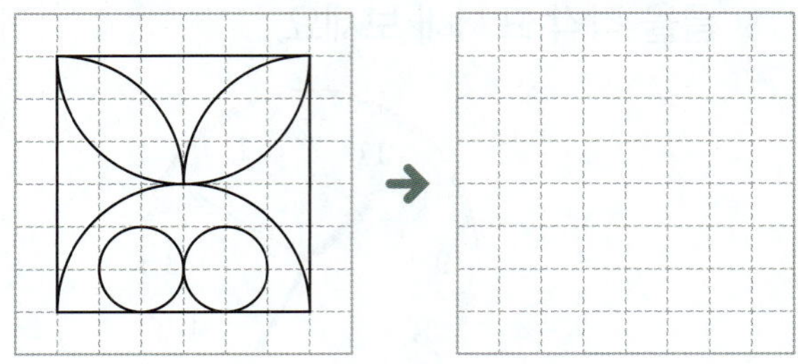

19 크기가 가장 큰 원을 그린 사람은 누구인지 풀이 과정을 쓰고, 답을 구해 보세요.

> • 연주: 지름이 12 cm인 원을 그렸어.
> • 지훈: 반지름이 10 cm인 원을 그렸어.
> • 규리: 지름이 18 cm인 원을 그렸어.

____

____

____

( )

20 점 ㅇ은 원의 중심입니다. 삼각형 ㄱㅇㄴ의 세 변의 길이의 합은 몇 cm인지 구해 보세요.

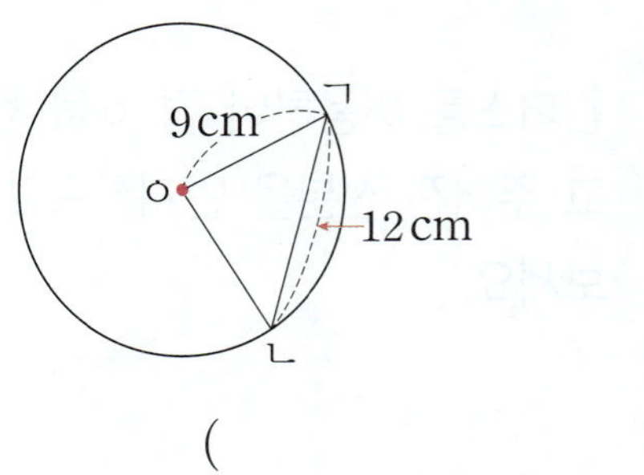

( )

21 직사각형 안에 크기가 같은 원 2개를 맞닿게 그렸습니다. 직사각형의 네 변의 길이의 합은 몇 cm인지 구해 보세요.

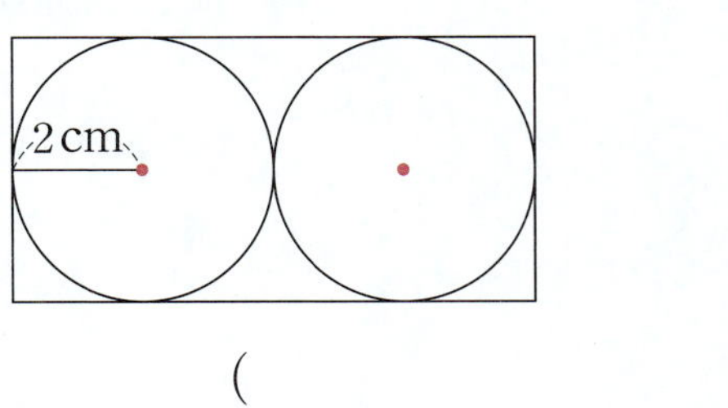

(   )

22 점 ㄱ, 점 ㄴ, 점 ㄷ은 각 원의 중심입니다. 선분 ㄱㄷ의 길이는 몇 cm인지 구해 보세요.

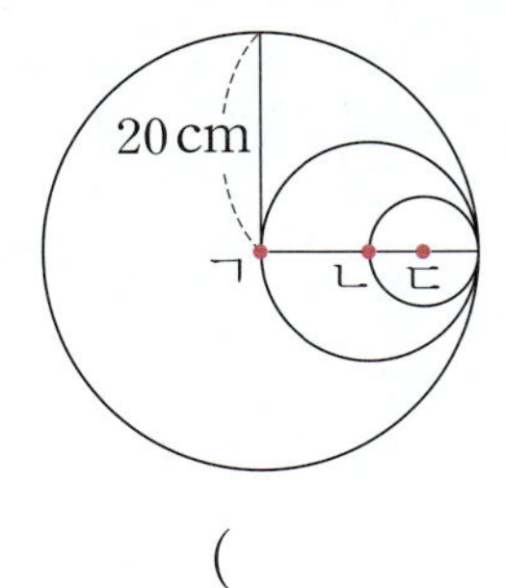

(   )

23 점 ㄴ, 점 ㄹ은 각 원의 중심입니다. 작은 원의 반지름이 7 cm이고, 사각형 ㄱㄴㄷㄹ의 네 변의 길이의 합이 36 cm일 때 큰 원의 지름은 몇 cm인지 구해 보세요.

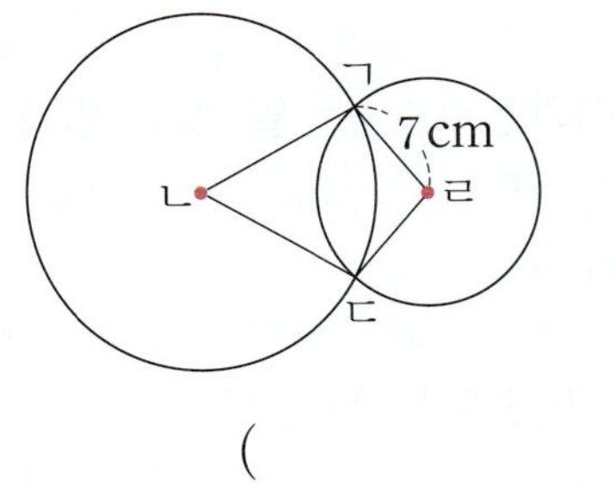

(   )

| 24~25 | 윤서네 가족이 공원에서 훌라후프를 하려고 합니다. 물음에 답하세요.

24 아빠가 가지고 있는 훌라후프의 반지름은 몇 cm인가요?

(   )

25 훌라후프의 반지름이 윤서는 43 cm, 동생은 37 cm입니다. 윤서와 동생의 훌라후프의 지름의 차는 몇 cm인지 풀이 과정을 쓰고, 답을 구해 보세요.

답

4 분수

● **문해력을 높이는 어휘**

빗다 / 91쪽

뜻 가루를 반죽하여 모양을 만들다.

예 추석 아침, 가족들과 모여 앉아 콩과 팥 등을 넣어 송편을 **빚었어요**.

규격 / 94쪽

뜻 제품이나 재료의 품질, 모양 등의 일정한 기준

예 건물 기초 공사에서 철근 **규격**을 지켜야 튼튼한 건물을 지을 수 있어요.

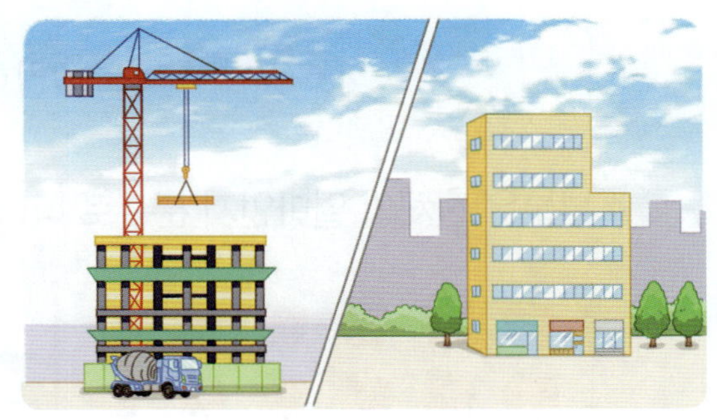

대분수

뜻 자연수와 진분수로 이루어진 분수

예 **대분수**의 '대'는 띠를 뜻해요. 마치 허리에 띠를 두른 것처럼 자연수를 두르고 있어서 붙여진 이름이에요.

튀다 / 107쪽

뜻 탄력 있는 물체가 솟아오르다.

예 바다 위로 돌고래 한 마리가 힘차게 **튀어** 올랐어요.

개념 1 **부분은 전체의 얼마인지 알기**

부분 [이미지]은 전체 [이미지]를 똑같이 2부분으로 나눈 것 중의 1부분입니다.

개념 2 **분수로 나타내기**

○ 색칠한 부분은 전체의 얼마인지 분수로 나타내기

색칠한 부분은 전체 **5묶음** 중의 **3묶음**입니다.

➔ 색칠한 부분은 전체의 $\dfrac{3}{5}$입니다.

○ 부분은 전체의 얼마인지 분수로 나타내기

- 사과 12개를 4개씩 묶으면 전체는 3묶음입니다.

- 사과 4개는 전체 **3묶음** 중의 **1묶음**입니다. ➔ 4는 12의 $\dfrac{1}{3}$입니다.

- 사과 8개는 전체 **3묶음** 중의 **2묶음**입니다. ➔ 8은 12의 $\dfrac{2}{3}$입니다.

확 인 □ 안에 알맞은 수를 써넣으세요.

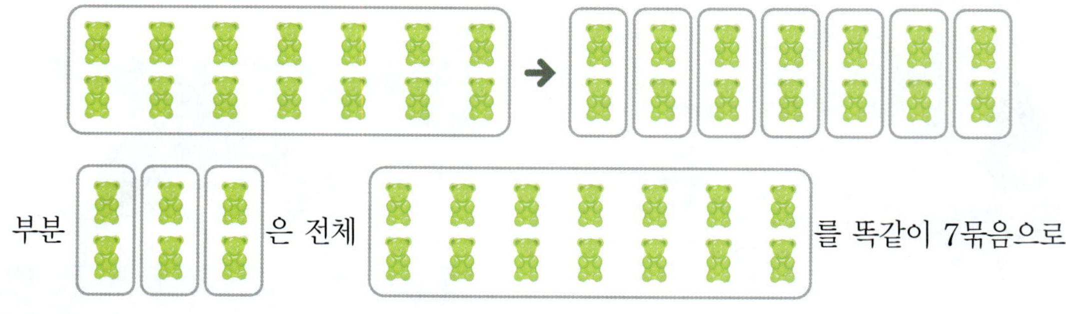

부분 [이미지]은 전체 [이미지]를 똑같이 7묶음으로

나눈 것 중의 □묶음이므로 전체의 $\dfrac{□}{7}$입니다.

1 □ 안에 알맞은 수를 써넣으세요.

부분 ⬤ 은 전체 ⬤⬤⬤⬤⬤⬤ 를 똑같이

4부분으로 나눈 것 중의 □부분입니다.

2 그림을 보고 □ 안에 알맞은 수를 써넣으세요.

색칠한 부분은 전체 5묶음 중의 □묶음이므

로 전체의 $\dfrac{□}{□}$ 입니다.

3 그림을 보고 □ 안에 알맞은 수를 써넣으세요.

(1) 장미 12송이를 2송이씩 묶으면 전체는

□묶음입니다.

(2) 장미 2송이는 전체 □묶음 중의 □묶음

이므로 전체의 $\dfrac{□}{□}$ 입니다.

4 색칠한 부분은 전체의 얼마인지 분수로 나타내 보세요.

(1)

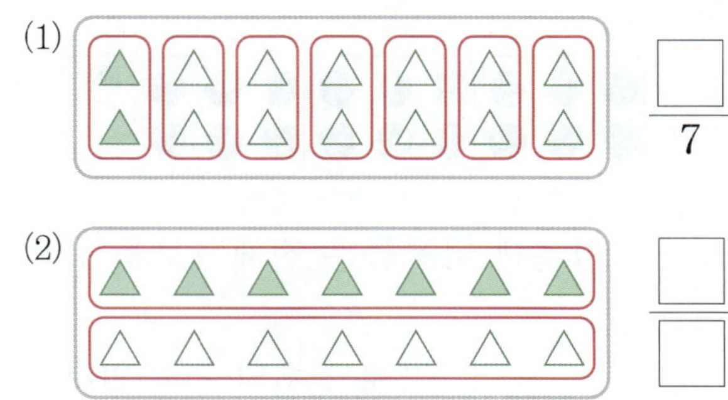

$\dfrac{□}{7}$

(2)

$\dfrac{□}{□}$

5 그림을 보고 □ 안에 알맞은 수를 써넣으세요.

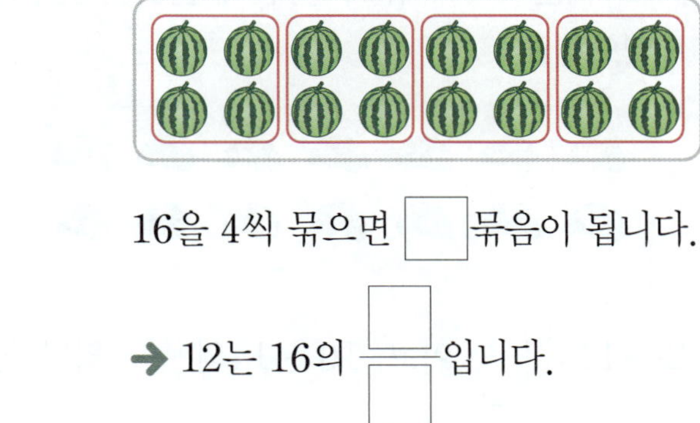

16을 4씩 묶으면 □묶음이 됩니다.

➜ 12는 16의 $\dfrac{□}{□}$ 입니다.

6 빵 18개를 3개씩 묶어 보고, 빵 15개는 전체 의 얼마인지 분수로 나타내 보세요.

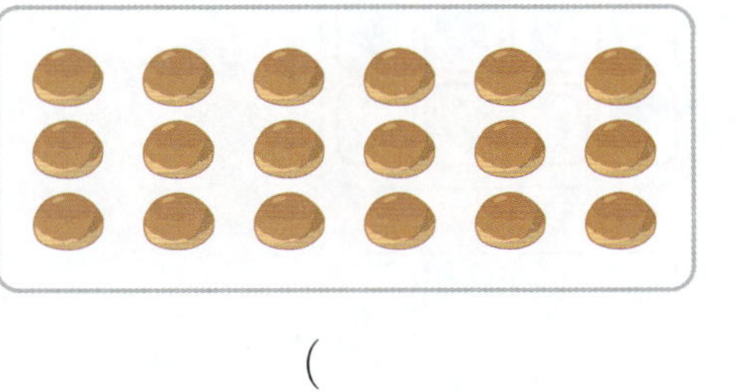

(   )

01 그림을 보고 □ 안에 알맞은 수를 써넣으세요.

검은색 바둑돌은 전체 4묶음 중의

□묶음이므로 전체의 $\dfrac{□}{□}$ 입니다.

02 떡 14개를 2개씩 묶고, □ 안에 알맞은 분수를 써넣으세요.

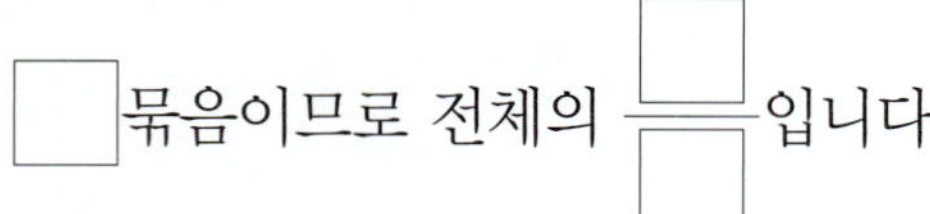

2는 14의 □ 이고, 10은 14의 □ 입니다.

03 색칠한 부분은 전체의 얼마인지 분수로 나타낸 것을 찾아 이어 보세요.

· $\dfrac{3}{4}$

· $\dfrac{1}{2}$

· $\dfrac{5}{8}$

04 1부터 8까지의 수 중 하나를 골라 □ 안에 써넣고, 만든 분수에 알맞게 색칠해 보세요.

$\dfrac{□}{9}$ 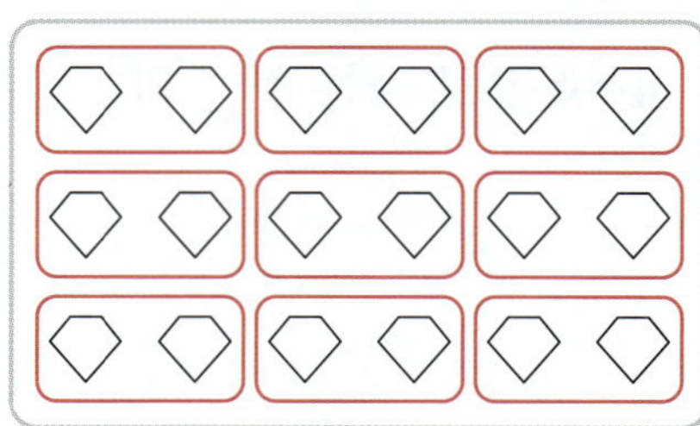

05 그림을 보고 □ 안에 알맞은 분수를 써넣으세요.

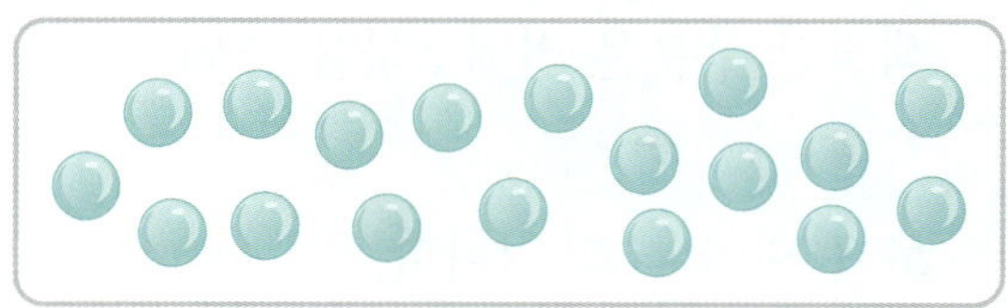

(1) 18을 3씩 묶으면 12는 18의 □ 입니다.

(2) 18을 6씩 묶으면 12는 18의 □ 입니다.

06 ㉠과 ㉡에 알맞은 수를 각각 구해 보세요.

20을 2씩 묶으면 ㉠묶음이 되므로

8은 20의 $\dfrac{㉡}{10}$ 입니다.

㉠ (   )

㉡ (   )

서술형 문제

07 □ 안에 알맞은 분수를 써넣으세요.

(1) 27을 3씩 묶으면 18은 27의 □입니다.

(2) 16을 2씩 묶으면 2는 16의 □입니다.

08 그림을 보고 부분은 전체의 얼마인지 바르게 설명한 사람의 이름을 써 보세요.

• 지아: 노란색 풍선은 전체 4묶음 중에서 3묶음이니까 전체의 $\frac{3}{4}$이야.

• 선우: 빨간색 풍선은 전체 7묶음 중에서 4묶음이니까 전체의 $\frac{4}{7}$야.

(   )

09 지우는 만두 40개를 빚어 8개씩 접시에 나누어 담았습니다. 만두 16개는 전체의 얼마인지 분수로 나타내 보세요.

(   )

10 시우가 친구에게 준 딱지는 전체의 얼마인지 분수로 나타내려고 합니다. 풀이 과정을 쓰고, 답을 구해 보세요.

❶ 딱지 24개를 한 상자에 4개씩 나누어 담으면 □상자가 됩니다.

❷ 시우가 친구에게 준 딱지는 전체 □상자 중의 □상자이므로 전체의 $\frac{□}{□}$입니다.

답 ______________________

11 예나가 언니에게 준 볼펜은 전체의 얼마인지 분수로 나타내려고 합니다. 풀이 과정을 쓰고, 답을 구해 보세요.

____

____

____

____

답 ______________________

학습 결과에 색칠하세요.   

4
단원

1회

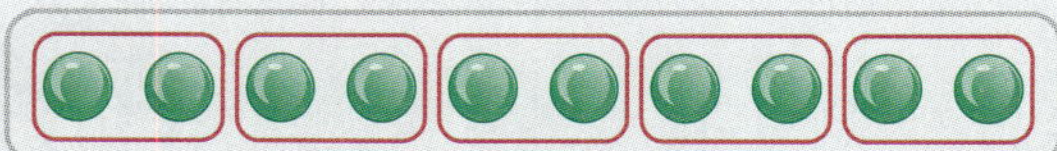

개념 1 전체 개수의 분수만큼은 얼마인지 알기

- 구슬 10개를 똑같이 5묶음으로 나눈 것 중의 1묶음은 2개입니다.

  → 10의 $\frac{1}{5}$은 2입니다.

- 구슬 10개를 똑같이 5묶음으로 나눈 것 중의 2묶음은 4개입니다.

  → 10의 $\frac{2}{5}$는 4입니다.

개념 2 전체 길이의 분수만큼은 얼마인지 알기

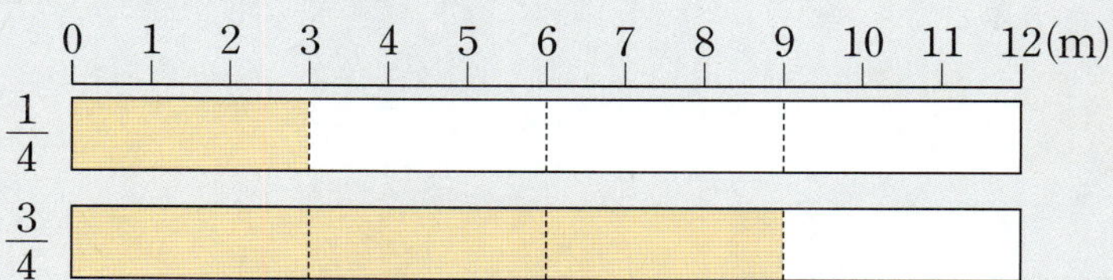

- 12 m를 똑같이 4부분으로 나눈 것 중의 1부분은 3 m입니다.

  → 12의 $\frac{1}{4}$은 3입니다.

- 12 m를 똑같이 4부분으로 나눈 것 중의 3부분은 9 m입니다.

  → 12의 $\frac{3}{4}$은 9입니다.

확 인 그림을 보고 □ 안에 알맞은 수를 써넣으세요.

(1)

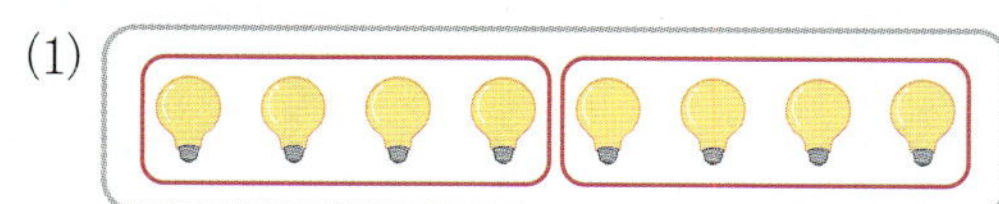

전구 8개를 똑같이 2묶음으로 나눈 것 중의 1묶음은 □개입니다.

→ 8의 $\frac{1}{2}$은 □입니다.

(2)

전구 15개를 똑같이 5묶음으로 나눈 것 중의 3묶음은 □개입니다.

→ 15의 $\frac{3}{5}$은 □입니다.

1 그림을 보고 ☐ 안에 알맞은 수를 써넣으세요.

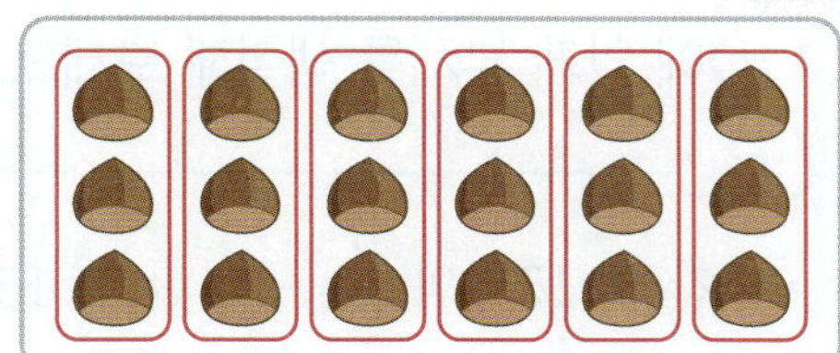

(1) 18의 $\dfrac{1}{6}$은 ☐ 입니다.

(2) 18의 $\dfrac{5}{6}$는 ☐ 입니다.

2 9 cm의 $\dfrac{1}{3}$은 몇 cm인지 구하려고 합니다. 물음에 답하세요.

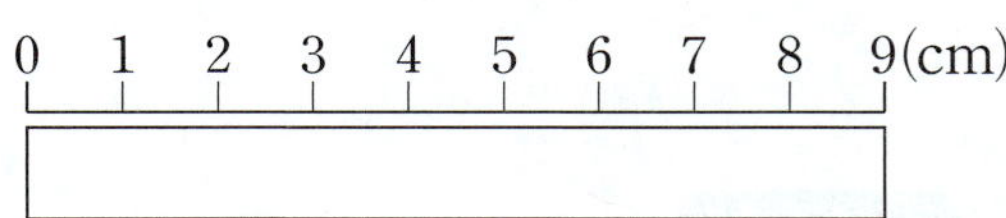

(1) 9 cm를 똑같이 3부분으로 나누어 보세요.

(2) 9 cm의 $\dfrac{1}{3}$은 ☐ cm입니다.

3 ☐ 안에 알맞은 수를 써넣으세요.

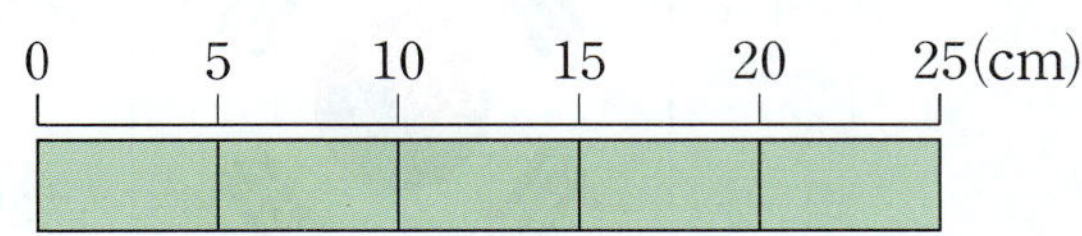

(1) 25 cm의 $\dfrac{1}{5}$은 ☐ cm입니다.

(2) 25 cm의 $\dfrac{3}{5}$은 ☐ cm입니다.

4 그림을 보고 ☐ 안에 알맞은 수를 써넣으세요.

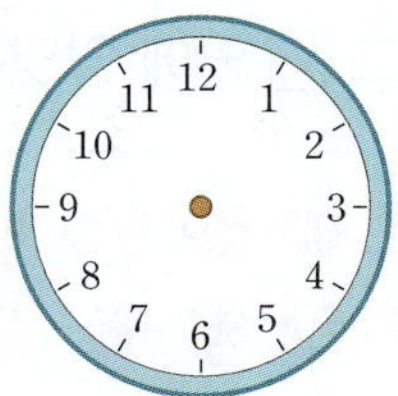

12시간의 $\dfrac{1}{3}$은 ☐ 시간입니다.

5 수직선을 보고 ☐ 안에 알맞은 수를 써넣으세요.

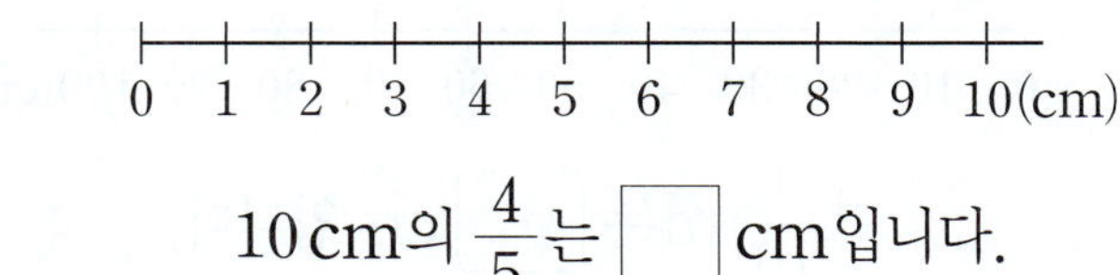

10 cm의 $\dfrac{4}{5}$는 ☐ cm입니다.

6 관계있는 것끼리 이어 보세요.

30의 $\dfrac{3}{5}$ •		• 14
		• 18
28의 $\dfrac{5}{7}$ •		• 20

01 그림을 보고 □ 안에 알맞은 수를 써넣으세요.

(1) 20의 $\dfrac{1}{4}$은 □ 입니다.

(2) 20의 $\dfrac{2}{4}$는 □ 입니다.

02 □ 안에 알맞은 수를 써넣으세요.

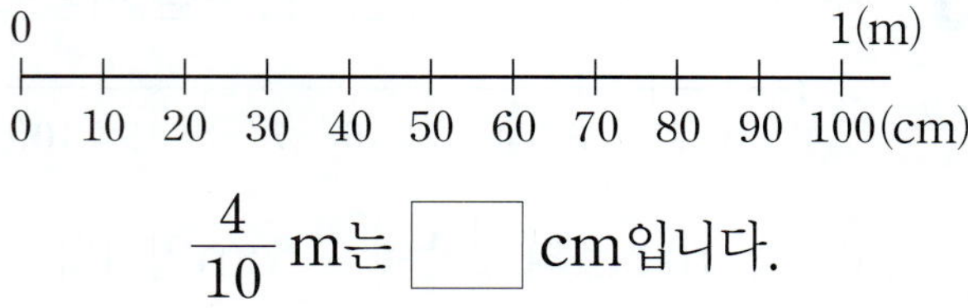

$\dfrac{4}{10}$ m는 □ cm입니다.

03 다음 수를 구해 보세요.

$$27의 \dfrac{7}{9}$$

(   )

04 길이가 더 짧은 것에 ○표 하세요.

$35\,\text{m}$의 $\dfrac{2}{5}$	$24\,\text{m}$의 $\dfrac{2}{3}$
( )	( )

05 (조건)에 맞게 부채를 색칠해 보세요.

─(조건)─
• 빨간색: 15개의 $\dfrac{2}{5}$ • 파란색: 15개의 $\dfrac{3}{5}$

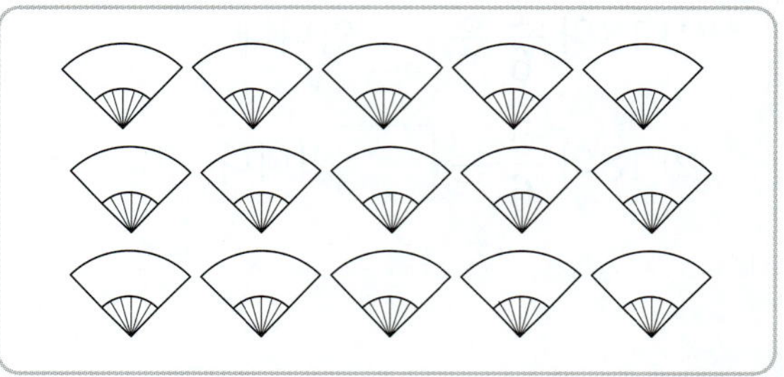

06 1시간의 $\dfrac{1}{4}$은 몇 분인지 구해 보세요.

(   )

07 지현이가 올린 온라인 게시물입니다. 게시물에 달린 질문에 알맞은 답을 구해 보세요.

(   )

08 가장 큰 수를 찾아 기호를 써 보세요.

> ㉠ 24의 $\dfrac{3}{8}$ ㉡ 21의 $\dfrac{4}{7}$ ㉢ 18의 $\dfrac{5}{9}$

(   )

09 □ 안에 알맞은 글자를 찾아 써넣고, 완성된 문장을 써 보세요.

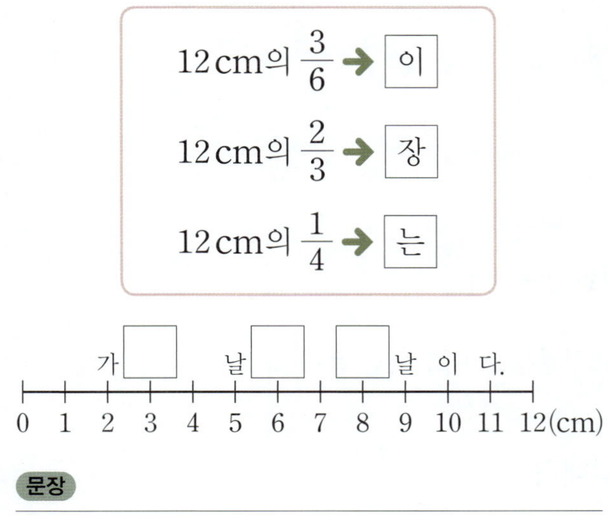

문장

10 지훈이네 집에서 놀이공원까지의 거리는 49 km입니다. 지훈이네 집에서 차를 타고 출발하여 49 km의 $\dfrac{5}{7}$ 만큼 갔다면 놀이공원까지 남은 거리는 몇 km인지 구해 보세요.

(   )

11 현수는 초콜릿 10개 중에서 2개를 동생에게 주고, 남은 초콜릿의 $\dfrac{3}{4}$ 을 먹었습니다. 현수가 먹은 초콜릿은 몇 개인지 풀이 과정을 쓰고, 답을 구해 보세요.

❶ 동생에게 주고 남은 초콜릿은
$10-$ □ $=$ □ (개)입니다.

❷ 남은 초콜릿의 $\dfrac{3}{4}$ 은 □ 의 $\dfrac{3}{4}$ 이므로
□ 입니다.

현수가 먹은 초콜릿은 □ 개입니다.

답

12 유정이는 사탕 15개 중에서 3개를 친구에게 주고, 남은 사탕의 $\dfrac{1}{6}$ 을 먹었습니다. 유정이가 먹은 사탕은 몇 개인지 풀이 과정을 쓰고, 답을 구해 보세요.

답

4
단원
2회

개념 1 진분수, 가분수

- **진분수**: $\dfrac{1}{4}$, $\dfrac{2}{4}$와 같이 분자가 분모보다 작은 분수
- **가분수**: $\dfrac{4}{4}$, $\dfrac{5}{4}$와 같이 분자가 분모와 같거나 분모보다 큰 분수
- **자연수**: 1, 2, 3과 같은 수

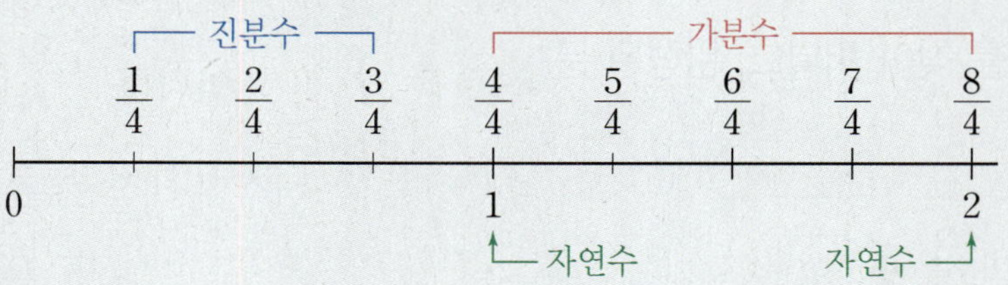

개념 2 대분수

○ 대분수 알기

- 3과 $\dfrac{1}{2}$ → 쓰기 $3\dfrac{1}{2}$ 읽기 3과 2분의 1
- **대분수**: $3\dfrac{1}{2}$과 같이 자연수와 진분수로 이루어진 분수

○ 대분수는 가분수로, 가분수는 대분수로 나타내기

대분수를 가분수로 나타내기	가분수를 대분수로 나타내기
$3\dfrac{1}{2}$ → $\dfrac{6}{2}$과 $\dfrac{1}{2}$ → $\dfrac{7}{2}$	$\dfrac{9}{4}$ → $\dfrac{8}{4}$과 $\dfrac{1}{4}$ → $2\dfrac{1}{4}$

확인 대분수는 가분수로, 가분수는 대분수로 나타내려고 합니다. □ 안에 알맞은 수를 써넣으세요.

(1) 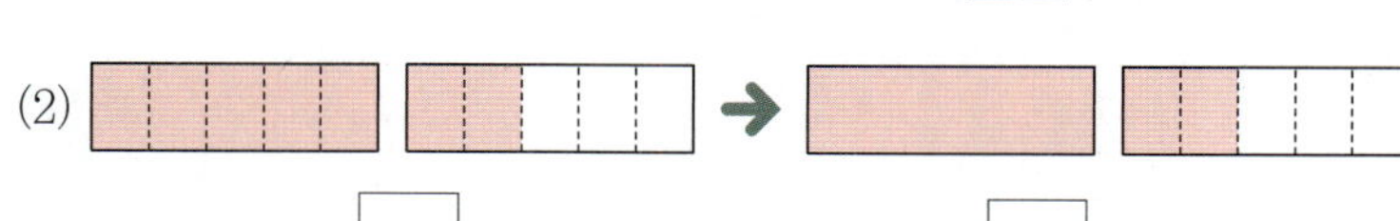

$1\dfrac{2}{5}$는 $\dfrac{1}{5}$이 □ 개입니다. → $1\dfrac{2}{5}=\dfrac{\square}{\square}$

(2) 

$\dfrac{7}{5}$은 $\dfrac{5}{5}$와 $\dfrac{\square}{5}$입니다. → $\dfrac{7}{5}=\square\dfrac{\square}{\square}$

1 색칠한 부분을 분수로 나타내 보세요.

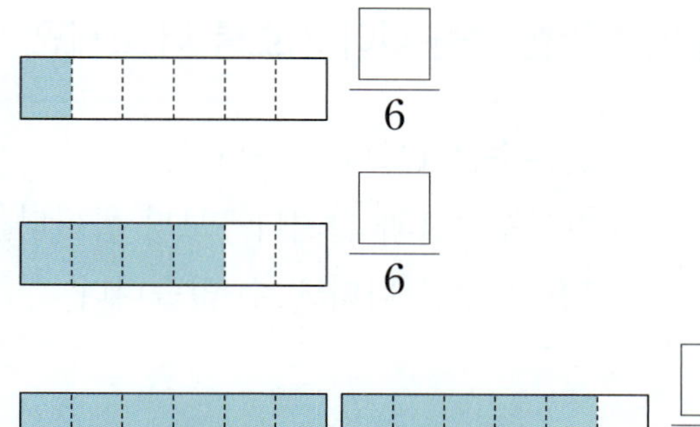

$$\frac{\square}{6}$$

$$\frac{\square}{6}$$

$$\frac{\square}{6}$$

2 그림을 보고 대분수는 가분수로, 가분수는 대분수로 나타내 보세요.

(1) 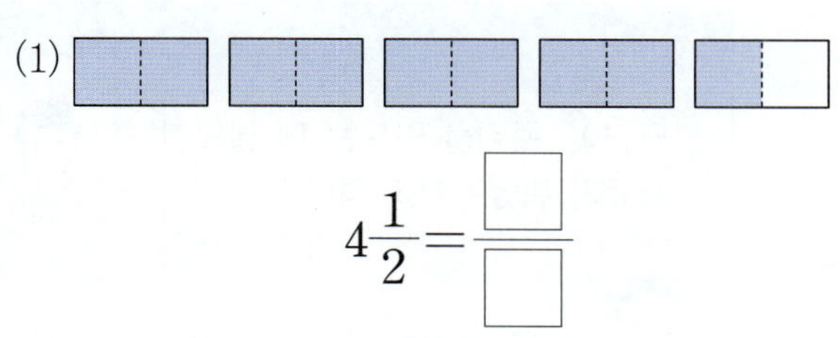

$$4\frac{1}{2}=\frac{\square}{\square}$$

(2) 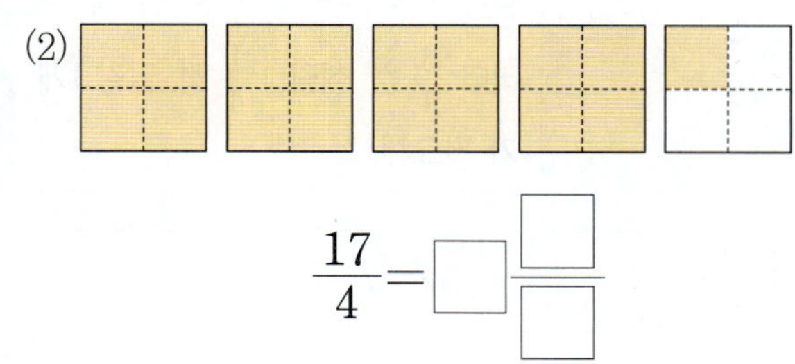

$$\frac{17}{4}=\square\frac{\square}{\square}$$

3 수직선을 보고 □ 안에 알맞은 분수를 써넣으세요.

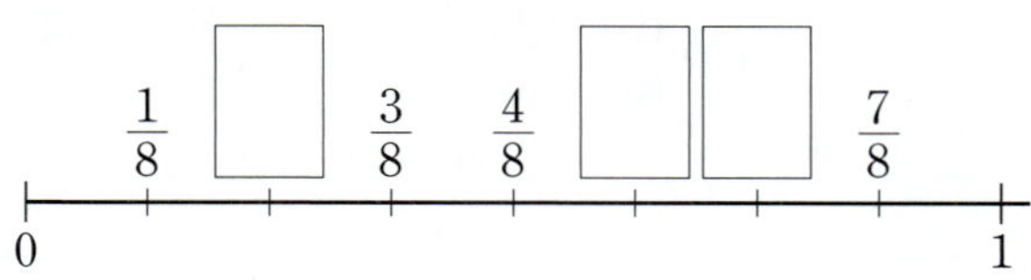

4 (보기)를 보고 색칠한 부분을 대분수로 나타내 보세요.

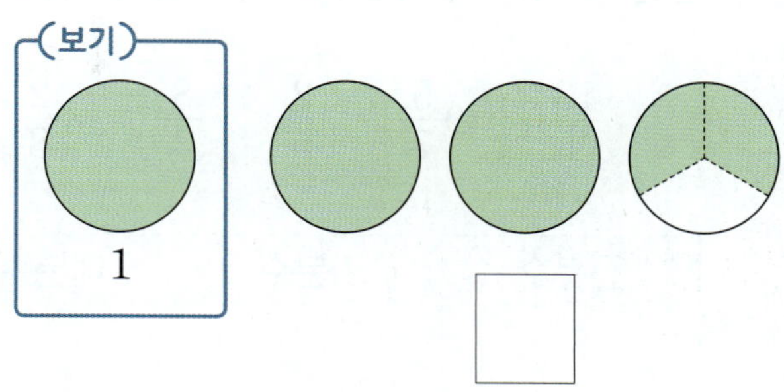

$$\square$$

5 진분수에 ○표, 가분수에 △표 하세요.

$$\frac{5}{11} \qquad \frac{10}{8} \qquad \frac{6}{13} \qquad \frac{7}{7} \qquad \frac{2}{10}$$

6 □ 안에 알맞은 수를 써넣으세요.

(1) $1=\dfrac{\square}{2}$ 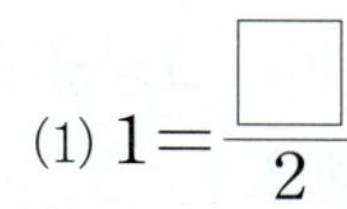 (2) $2=\dfrac{\square}{4}$

(3) $\dfrac{5}{5}=\square$ (4) $\dfrac{18}{6}=\square$

7 대분수는 가분수로, 가분수는 대분수로 나타내 보세요.

(1) $1\dfrac{3}{5}=\dfrac{\square}{\square}$ (2) $\dfrac{15}{7}=\square\dfrac{\square}{\square}$

4
단원
3회

01 진분수, 가분수, 대분수를 각각 찾아 써 보세요.

$$\frac{13}{4} \qquad 9\frac{5}{7} \qquad \frac{2}{5} \qquad \frac{8}{3} \qquad 4\frac{2}{8}$$

진분수	가분수	대분수

02 $\dfrac{4}{5}$, $\dfrac{7}{5}$ 을 수직선에 ↑ 로 각각 나타내 보세요.

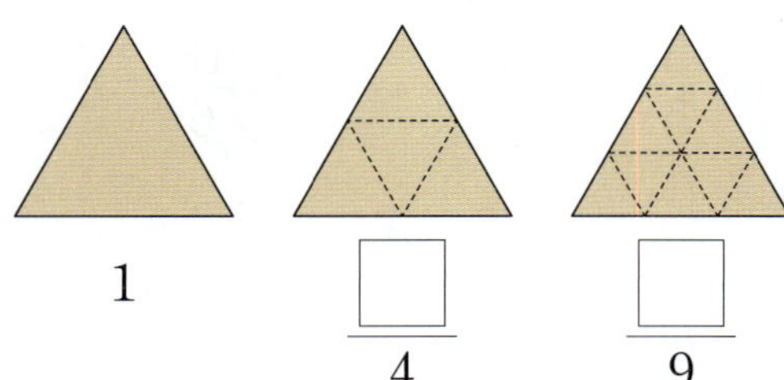

03 자연수 1을 나타내려고 합니다. 그림을 보고 □ 안에 알맞은 수를 써넣으세요.

$$1 \qquad \frac{\square}{4} \qquad \frac{\square}{9}$$

04 □ 안에 1부터 9까지의 수 중 하나를 써넣어 가분수를 만들고 대분수로 나타내 보세요.

가분수: $\dfrac{\square}{4}$ ➡ 대분수: $\square\dfrac{\square}{\square}$

05 잘못 설명한 것을 찾아 기호를 써 보세요.

> ㉠ 진분수는 1보다 작습니다.
> ㉡ 가분수는 1과 같거나 1보다 큽니다.
> ㉢ 1은 분수로 나타낼 수 없습니다.

( )

06 대화를 보고 쿠키를 만드는 데 필요한 재료의 양 중 가분수를 찾아 대분수로 나타내 보세요.

( )

07 대분수를 가분수로 잘못 나타낸 것을 찾아 기호를 써 보세요.

$$㉠\ 2\frac{6}{9}=\frac{24}{9} \qquad ㉡\ 4\frac{5}{6}=\frac{34}{6}$$

( )

08 대분수로 나타냈을 때 자연수 부분이 가장 큰 가분수를 찾아 써 보세요.

$$\frac{26}{3} \qquad \frac{15}{2} \qquad \frac{30}{7} \qquad \frac{32}{9}$$

(　　　　　　　)

09 (조건)을 모두 만족하는 대분수를 구해 보세요.

(조건)
- 자연수가 3입니다.
- 진분수의 분모와 분자의 합이 8입니다.
- 진분수의 분모와 분자의 차가 2입니다.

(　　　　　　　)

10 수 카드 3장 중 2장을 한 번씩만 사용하여 만들 수 있는 가분수를 모두 써 보세요.

(　　　　　　　)

11 분모가 8인 진분수를 만들려고 합니다. 분자가 될 수 있는 수는 모두 몇 개인지 풀이 과정을 쓰고, 답을 구해 보세요.

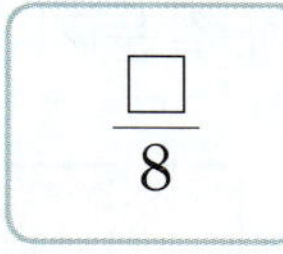

❶ 진분수는 분자가 분모보다 작은 분수이므로 분자가 될 수 있는 수는 ☐ 보다 작은 수입니다.

❷ 따라서 1, 2, 3, ☐, ☐, ☐, ☐ 로 모두 ☐ 개입니다.

답 ____________________

12 분자가 6인 가분수를 만들려고 합니다. 분모가 될 수 있는 수 중에서 1보다 큰 수는 모두 몇 개인지 풀이 과정을 쓰고, 답을 구해 보세요.

$$\frac{6}{☐}$$

____

____

____

답 ____________________

학습 결과에 색칠하세요.   

개념 학습

개념 1 **분모가 같은 가분수의 크기 비교**

분모가 같은 가분수는 분자가 클수록 더 큽니다.

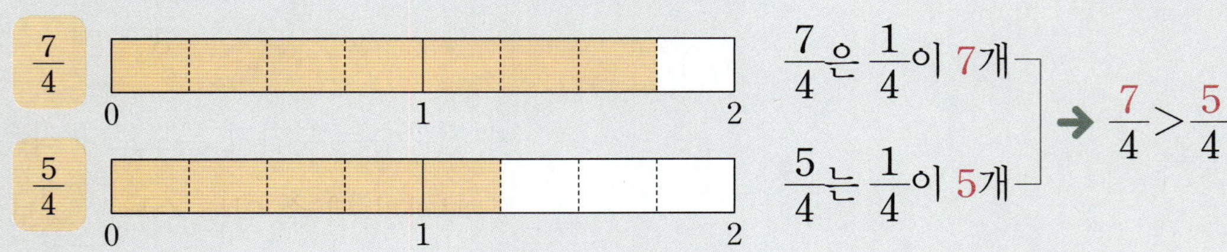

$\dfrac{7}{4}$ 은 $\dfrac{1}{4}$ 이 7개

$\dfrac{5}{4}$ 는 $\dfrac{1}{4}$ 이 5개

$\Rightarrow$ $\dfrac{7}{4} > \dfrac{5}{4}$

개념 2 **분모가 같은 대분수의 크기 비교**

○ 분모가 같은 대분수의 크기 비교

① 분모가 같은 대분수는 먼저 자연수의 크기를 비교합니다.

$$2\dfrac{1}{4} > 1\dfrac{3}{4} \quad (2>1)$$

② 자연수의 크기가 같으면 진분수의 크기를 비교합니다.

$$2\dfrac{2}{5} < 2\dfrac{4}{5} \quad (2<4)$$

○ 분모가 같은 가분수 $\dfrac{5}{3}$ 와 대분수 $1\dfrac{1}{3}$ 의 크기 비교

방법 1 대분수를 가분수로 나타내어 크기를 비교합니다.

$$1\dfrac{1}{3} = \dfrac{4}{3} \text{이므로} \dfrac{5}{3} > \dfrac{4}{3} \Rightarrow \dfrac{5}{3} > 1\dfrac{1}{3}$$

방법 2 가분수를 대분수로 나타내어 크기를 비교합니다.

$$\dfrac{5}{3} = 1\dfrac{2}{3} \text{이므로} 1\dfrac{2}{3} > 1\dfrac{1}{3} \Rightarrow \dfrac{5}{3} > 1\dfrac{1}{3}$$

확 인 □ 안에 알맞은 수를 써넣고, 알맞은 말에 ○표 하세요.

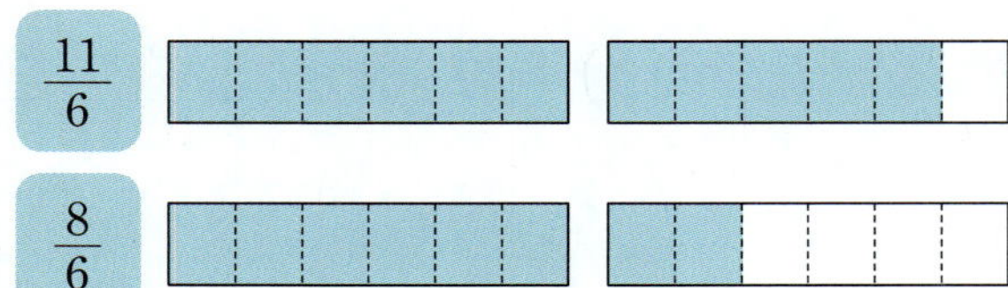

$\dfrac{11}{6}$ 은 $\dfrac{1}{6}$ 이 □ 개이고, $\dfrac{8}{6}$ 은 $\dfrac{1}{6}$ 이 □ 개입니다.

$\Rightarrow$ $\dfrac{11}{6}$ 은 $\dfrac{8}{6}$ 보다 더 (큽니다 , 작습니다).

1 그림을 보고 분수의 크기를 비교하여 ○ 안에 >, =, <를 알맞게 써넣으세요.

(1)

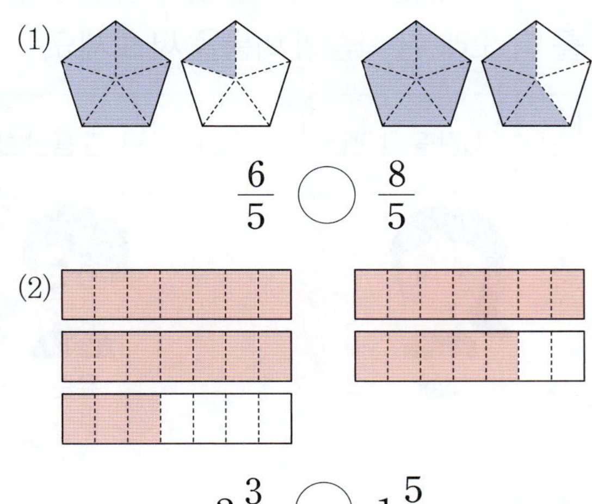

$$\dfrac{6}{5} \;\bigcirc\; \dfrac{8}{5}$$

(2)

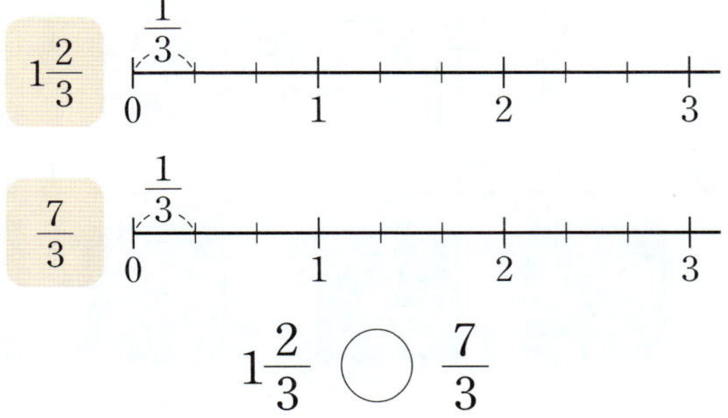

$$2\dfrac{3}{7} \;\bigcirc\; 1\dfrac{5}{7}$$

2 분수를 수직선에 ↓로 나타내고, 크기를 비교하여 ○ 안에 >, =, <를 알맞게 써넣으세요.

$1\dfrac{2}{3}$
$\dfrac{7}{3}$

$$1\dfrac{2}{3} \;\bigcirc\; \dfrac{7}{3}$$

3 분수의 크기를 비교하여 ○ 안에 >, =, <를 알맞게 써넣고, 알맞은 말에 ○표 하세요.

$$5\dfrac{3}{9} \;\bigcirc\; 5\dfrac{7}{9}$$

> 자연수의 크기가 같으므로 분자의 크기를 비교하면 $5\dfrac{3}{9}$이 $5\dfrac{7}{9}$보다 더 (큽니다 , 작습니다).

4 $2\dfrac{1}{4}$과 $\dfrac{7}{4}$의 크기를 비교하려고 합니다. 물음에 답하세요.

(1) $2\dfrac{1}{4}$을 가분수로 나타내어 두 분수의 크기를 비교해 보세요.

$$2\dfrac{1}{4}=\dfrac{\square}{\square} \;\rightarrow\; 2\dfrac{1}{4} \;\bigcirc\; \dfrac{7}{4}$$

(2) $\dfrac{7}{4}$을 대분수로 나타내어 두 분수의 크기를 비교해 보세요.

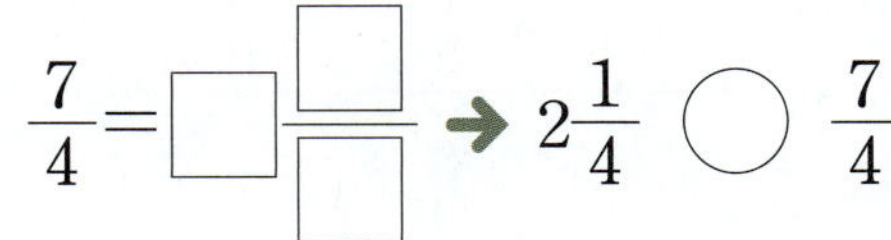

$$\dfrac{7}{4}=\square\dfrac{\square}{\square} \;\rightarrow\; 2\dfrac{1}{4} \;\bigcirc\; \dfrac{7}{4}$$

5 분수의 크기를 비교하여 ○ 안에 >, =, <를 알맞게 써넣으세요.

(1) $\dfrac{8}{3} \;\bigcirc\; \dfrac{5}{3}$ (2) $5\dfrac{7}{8} \;\bigcirc\; 7\dfrac{1}{8}$

(3) $4\dfrac{2}{9} \;\bigcirc\; 4\dfrac{4}{9}$ (4) $\dfrac{21}{10} \;\bigcirc\; 1\dfrac{7}{10}$

6 더 큰 수에 ○표 하세요.

$$2\dfrac{3}{5} \qquad \dfrac{12}{5}$$

(   ) (   )

01 왼쪽 대분수보다 작은 분수를 찾아 색칠해 보세요.

$$4\frac{2}{6}$$

| $5\frac{1}{6}$ | $3\frac{5}{6}$ |

02 더 큰 분수의 기호를 써 보세요.

㉠ $\frac{1}{3}$이 5개인 수　　㉡ $\frac{8}{3}$

(　　　　　　　)

03 주어진 분수 중 2개를 골라 고른 분수의 크기를 비교해 보세요.

$$\frac{7}{5}\quad\frac{6}{5}\quad\frac{8}{5}$$

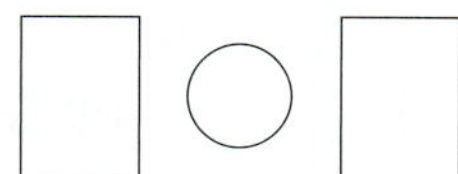 ○ □

04 하린이네 집에서 우체국까지의 거리는 $3\frac{5}{11}$ km, 하린이네 집에서 병원까지의 거리는 $3\frac{9}{11}$ km 입니다. 우체국과 병원 중 하린이네 집에서 더 가까운 곳을 써 보세요.

(　　　　　　　)

05 소율이와 유준이가 독서를 한 시간입니다. 독서를 더 오래 한 사람의 이름을 써 보세요.

(　　　　　　　)

06 두 분수의 크기를 비교하여 더 큰 분수를 빈칸에 써넣으세요.

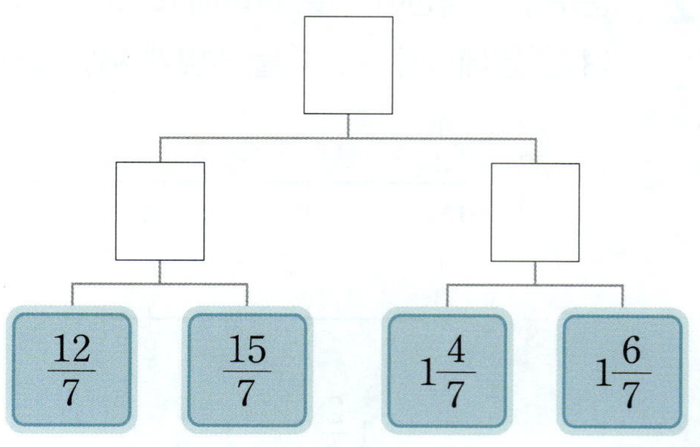

07 작은 분수가 나타내는 글자부터 차례로 썼을 때 만들어지는 단어를 써 보세요.

$\frac{15}{2}$ → 사　　$9\frac{1}{2}$ → 탕　　$6\frac{1}{2}$ → 솜

(　　　　　　　)

08 세 사람이 미술 시간에 사용한 리본의 길이입니다. 리본을 가장 적게 사용한 사람의 이름을 써 보세요.

연주	현호	민우
$6\dfrac{2}{7}$ m	$\dfrac{31}{7}$ m	$4\dfrac{2}{7}$ m

(   )

09 □ 안에 들어갈 수 있는 자연수를 모두 구해 보세요.

$$\square\dfrac{1}{8} < \dfrac{20}{8}$$

(   )

10 ◆에 들어갈 수 있는 자연수를 모두 구해 보세요.

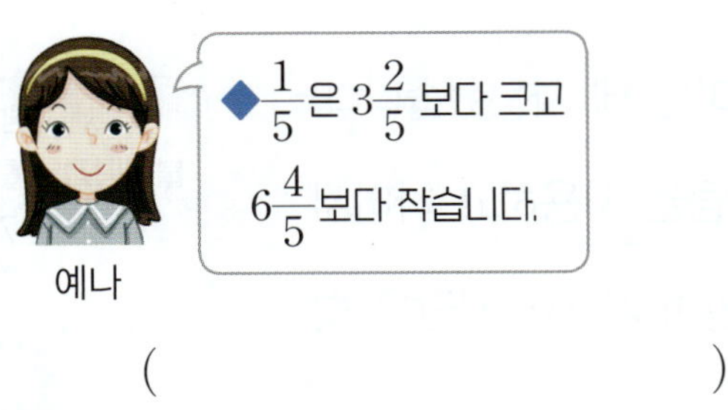

(   )

11 $1\dfrac{4}{6}$보다 크고 $\dfrac{14}{6}$보다 작은 분수를 모두 찾아 쓰려고 합니다. 풀이 과정을 쓰고, 답을 구해 보세요.

$$\dfrac{8}{6} \qquad 1\dfrac{5}{6} \qquad 2\dfrac{3}{6} \qquad \dfrac{13}{6} \qquad 2\dfrac{4}{6}$$

❶ 대분수를 모두 가분수로 나타내면

$1\dfrac{5}{6}=\boxed{}$, $2\dfrac{3}{6}=\boxed{}$, $2\dfrac{4}{6}=\boxed{}$입니다.

❷ $1\dfrac{4}{6}=\dfrac{10}{6}$이므로 $\dfrac{10}{6}$보다 크고 $\dfrac{14}{6}$보다 작은 분수는 $\boxed{}$, $\boxed{}$입니다.

답 _______________

12 $2\dfrac{5}{9}$보다 크고 $\dfrac{26}{9}$보다 작은 분수를 모두 찾아 쓰려고 합니다. 풀이 과정을 쓰고, 답을 구해 보세요.

$$2\dfrac{4}{9} \qquad \dfrac{25}{9} \qquad 2\dfrac{6}{9} \qquad \dfrac{30}{9} \qquad 3\dfrac{1}{9}$$

____

____

____

답 _______________

1 남은 부분의 수 구하기

지영이는 구슬 36개를 가지고 있었습니다. 그중에서 전체의 $\frac{2}{9}$ 만큼을 언니에게 주고, 전체의 $\frac{5}{12}$ 만큼을 동생에게 주었습니다. 남은 구슬은 몇 개인지 구해 보세요.

1단계 언니에게 준 구슬의 개수 구하기

(　　　　　　　)

2단계 동생에게 준 구슬의 개수 구하기

(　　　　　　　)

3단계 남은 구슬의 개수 구하기

(　　　　　　　)

문제해결 TIP

전체에서 분수만큼에 해당하는 수를 빼서 남은 부분이 얼마인지 구해요.

1-1 세 사람이 색종이 24장을 나누어 가졌습니다. 강빈이는 전체의 $\frac{3}{8}$ 만큼, 다영이는 전체의 $\frac{2}{6}$ 만큼을 가지고 나머지는 모두 준성이가 가졌습니다. 준성이가 가진 색종이는 몇 장인지 구해 보세요.

(　　　　　　　)

1-2 세 사람이 붙임딱지 35장을 나누어 일기장을 꾸미는 데 사용했습니다. 아윤이는 전체의 $\frac{3}{7}$ 만큼, 이현이는 전체의 $\frac{1}{5}$ 만큼을 사용하고 나머지는 모두 승아가 사용했습니다. 붙임딱지를 가장 많이 사용한 사람을 찾아 이름을 써 보세요.

(　　　　　　　)

2 조건을 만족하는 수 구하기

▲에 들어갈 수 있는 자연수는 모두 몇 개인지 구해 보세요.

$$\frac{14}{9} < ▲ < \frac{31}{9}$$

1단계 주어진 조건을 대분수로 바꾸어 나타내기

$$\boxed{} < ▲ < \boxed{}$$

2단계 ▲에 들어갈 수 있는 자연수 모두 구하기

( )

3단계 ▲에 들어갈 수 있는 자연수의 개수 구하기

( )

4 단원 / 5회

2-1 □ 안에 들어갈 수 있는 자연수 중에서 가장 큰 수를 구해 보세요.

$$\frac{46}{7} > 6\frac{\square}{7}$$

( )

2-2 □ 안에 들어갈 수 있는 자연수는 모두 몇 개인지 구해 보세요.

$$2\frac{1}{3} < \frac{\square}{3} < 4\frac{2}{3}$$

( )

3 수 카드를 사용하여 분수 만들기

수 카드 3장을 한 번씩만 사용하여 가장 큰 대분수를 만들고, 만든 대분수를 가분수로 나타내 보세요.

1단계 가장 큰 대분수 만들기

(   )

2단계 만든 대분수를 가분수로 나타내기

(   )

3-1 수 카드 3장을 한 번씩만 사용하여 가장 작은 대분수를 만들고, 만든 대분수를 가분수로 나타내 보세요.

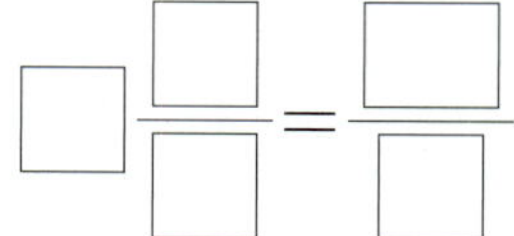

3-2 수 카드 9장 중 3장을 사용하여 분모가 7인 가장 큰 대분수를 만들고, 만든 대분수를 가분수로 나타내 보세요.

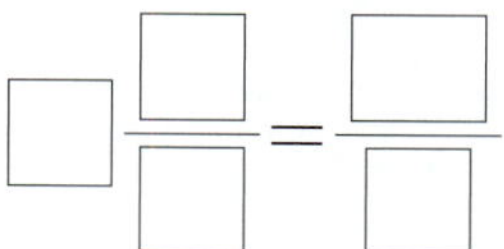

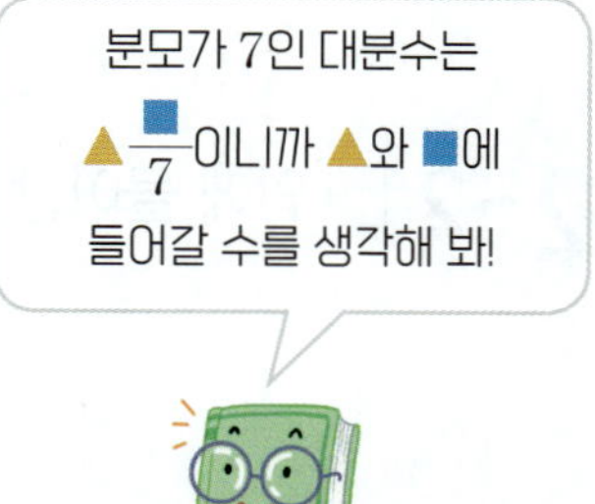

4 튀어 오른 공의 높이 구하기

떨어진 높이의 $\frac{3}{5}$ 만큼 튀어 오르는 공이 있습니다. 50 m 높이에서 이 공을 떨어뜨린다면 두 번째로 튀어 오른 공의 높이는 몇 m인지 구해 보세요.

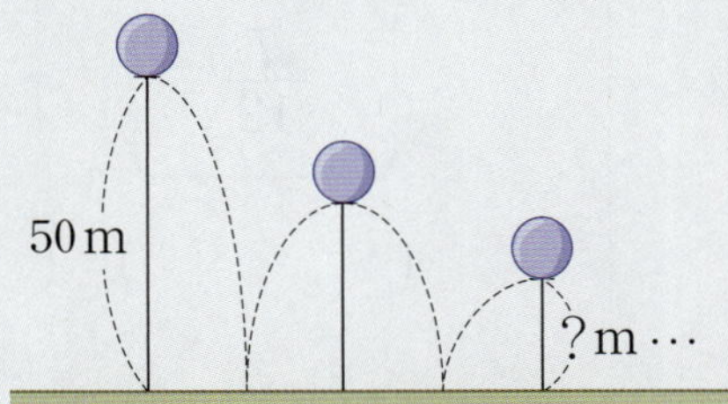

1단계 첫 번째로 튀어 오른 공의 높이 구하기

(   )

2단계 두 번째로 튀어 오른 공의 높이 구하기

(   )

문제해결 TIP

첫 번째로 튀어 오른 공의 높이를 이용하여 두 번째로 튀어 오른 공의 높이를 구해요.

4
단원
5회

4-1 떨어진 높이의 $\frac{3}{7}$ 만큼 튀어 오르는 공이 있습니다. 49 m 높이에서 이 공을 떨어뜨린다면 두 번째로 튀어 오른 공의 높이는 몇 m인지 구해 보세요.

(   )

4-2 떨어진 높이의 $\frac{5}{8}$ 만큼 튀어 오르는 공이 있습니다. 어떤 높이에서 이 공을 떨어뜨렸더니 첫 번째로 튀어 오른 공의 높이가 20 m였습니다. 공을 떨어뜨린 높이는 몇 m인지 구해 보세요.

(   )

학습 결과에 색칠하세요.   

01 □ 안에 알맞은 수를 써넣으세요.

14를 2씩 묶으면 6은 14의 $\dfrac{\square}{\square}$ 입니다.

02 그림을 보고 □ 안에 알맞은 수를 써넣으세요.

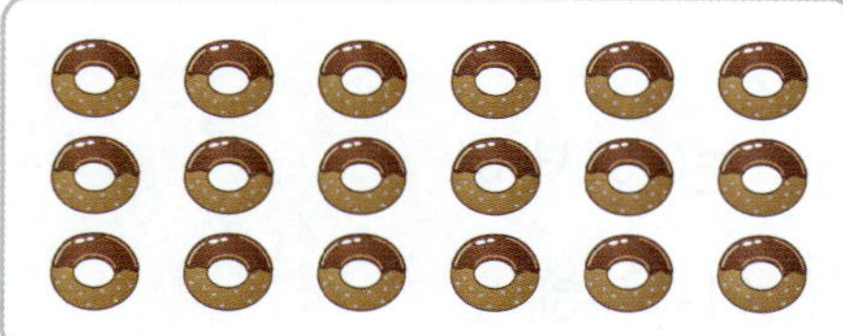

18의 $\dfrac{2}{9}$ 는 $\square$ 입니다.

03 전체의 분수만큼을 색칠하고, □ 안에 알맞은 수를 써넣으세요.

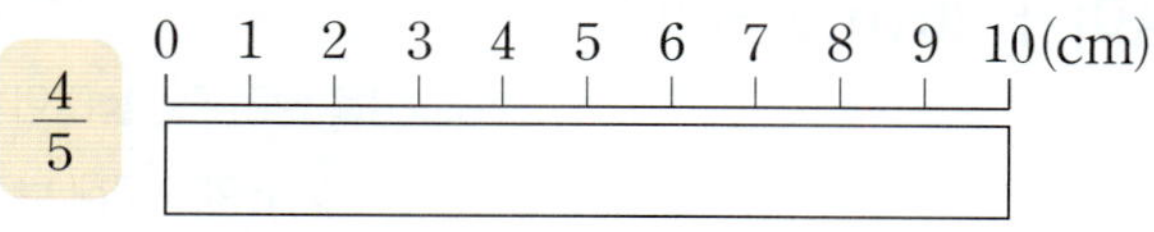

10 cm의 $\dfrac{4}{5}$ 는 $\square$ cm입니다.

04 진분수에는 '진', 가분수에는 '가'를 써 보세요.

$$\dfrac{7}{12} \qquad \dfrac{11}{9} \qquad \dfrac{5}{5}$$

(　　　　) (　　　　) (　　　　)

05 그림을 보고 대분수를 가분수로 나타내 보세요.

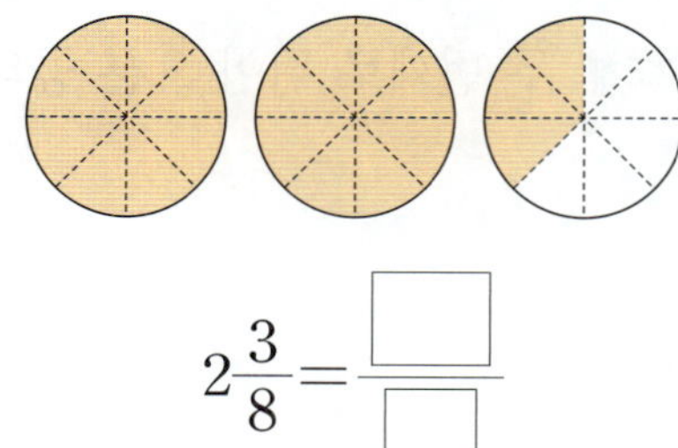

$2\dfrac{3}{8} = \dfrac{\square}{\square}$

06 분수의 크기를 비교하여 ○ 안에 >, =, < 를 알맞게 써넣으세요.

$$\dfrac{19}{8} \;\bigcirc\; \dfrac{21}{8}$$

07 1시간의 $\dfrac{1}{2}$ 은 몇 분인지 구해 보세요.

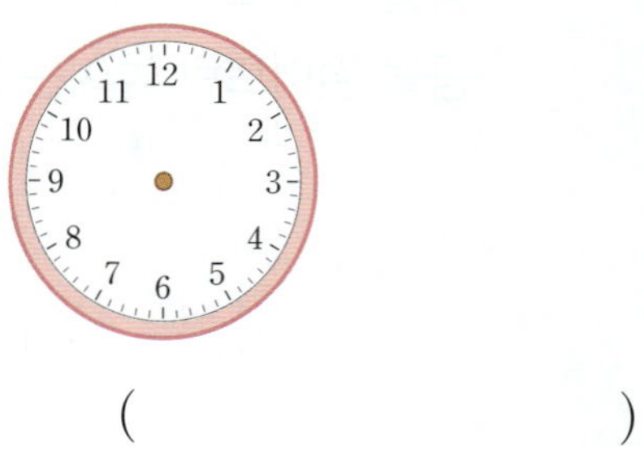

(　　　　　　　　　)

08 필통 30개를 한 상자에 6개씩 나누어 담았습니다. 필통 18개는 전체의 얼마인지 분수로 나타내 보세요.

( )

09 수직선에서 ↓가 가리키는 수를 가분수로 나타내 보세요.

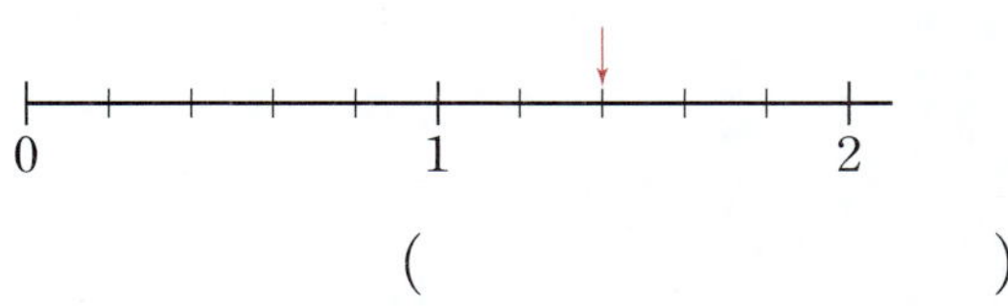

( )

10 분모가 12인 진분수 중에서 분자가 가장 큰 수를 써 보세요.

( )

11 바르게 말한 사람을 찾아 이름을 써 보세요.

( )

12 ㉠과 ㉡에 알맞은 수의 합을 구해 보세요.

> • 25를 5씩 묶으면 10은 25의 $\dfrac{㉠}{5}$입니다.
>
> • 28을 4씩 묶으면 12는 28의 $\dfrac{3}{㉡}$입니다.

( )

13 나타내는 수가 큰 것부터 차례로 기호를 써 보세요.

> ㉠ 20의 $\dfrac{2}{5}$ ㉡ 18의 $\dfrac{2}{3}$ ㉢ 21의 $\dfrac{3}{7}$

( )

서술형

14 똑같은 과자를 은솔이는 $6\dfrac{2}{7}$개, 준호는 $\dfrac{31}{7}$개 먹었습니다. 과자를 더 많이 먹은 사람은 누구인지 풀이 과정을 쓰고, 답을 구해 보세요.

____

____

____

____

답 _______________

15 승아네 집에서 야구장까지의 거리는 $12\,km$입니다. 승아네 집에서 출발하여 $12\,km$의 $\dfrac{2}{6}$만큼 갔다면 야구장까지 남은 거리는 몇 km인지 구해 보세요.

(   )

16 가장 큰 분수와 가장 작은 분수를 각각 찾아 써 보세요.

$$\dfrac{11}{6} \qquad 1\dfrac{3}{6} \qquad \dfrac{14}{6}$$

가장 큰 분수 (   )

가장 작은 분수 (   )

서술형

17 분모가 1보다 크고 분자가 5인 가분수를 모두 구하려고 합니다. 풀이 과정을 쓰고, 답을 구해 보세요.

____

____

____

답 _______________________________

18 지원이네 학교 1반과 2반의 학생 수입니다. 두 반 전체 학생의 $\dfrac{5}{8}$가 남학생일 때 1반과 2반의 남학생은 모두 몇 명인지 구해 보세요.

1반	2반
23명	25명

(   )

19 수 카드 3장을 한 번씩만 사용하여 만들 수 있는 대분수를 모두 써 보세요.

(   )

20 어떤 수의 $\dfrac{3}{4}$은 21입니다. 어떤 수는 얼마인지 구해 보세요.

(   )

21 소현이는 딱지를 56장 가지고 있었습니다. 그 중에서 전체의 $\dfrac{1}{7}$만큼을 정후에게 주고, 남은 딱지의 $\dfrac{3}{8}$만큼을 영우에게 주었습니다. 소현이가 영우에게 준 딱지는 몇 장인가요?

(   )

22 (조건)을 모두 만족하는 가분수를 찾아 대분수로 나타내 보세요.

> ┌ (조건) ┐
> • 분모가 5입니다.
> • 분모와 분자의 합이 22입니다.

(   )

23 □ 안에 들어갈 수 있는 자연수는 모두 몇 개인지 구해 보세요.

$$1\dfrac{\square}{9} < \dfrac{13}{9}$$

(   )

| 24~25 | 다현이네 반 친구들이 제자리멀리뛰기를 하였습니다. 물음에 답하세요.

24 다현이가 뛴 거리는 $\dfrac{13}{10}$ m입니다. 다현이가 뛴 거리는 몇 m인지 대분수로 나타내 보세요.

(   )

4 단원
6회

25 세 사람이 뛴 거리가 다음과 같습니다. 가장 멀리 뛴 사람은 누구인지 풀이 과정을 쓰고, 답을 구해 보세요.

혜린	상혁	민하
$1\dfrac{4}{8}$ m	$\dfrac{15}{8}$ m	$1\dfrac{1}{8}$ m

답 _______________

학습 결과에 색칠하세요. 

5 들이와 무게

● 이번에 배울 내용

회차	쪽수	학습 내용	학습 주제
1회	114~117쪽	개념+문제 학습	들이 비교하기
2회	118~121쪽	개념+문제 학습	들이의 단위 / 들이 어림하고 재어 보기
3회	122~125쪽	개념+문제 학습	들이의 덧셈 / 들이의 뺄셈
4회	126~129쪽	개념+문제 학습	무게 비교하기
5회	130~133쪽	개념+문제 학습	무게의 단위 / 무게 어림하고 재어 보기
6회	134~137쪽	개념+문제 학습	무게의 덧셈 / 무게의 뺄셈
7회	138~141쪽	응용 학습	
8회	142~145쪽	마무리 평가	

들이

뜻 그릇에 가득 담을 수 있는 양

예 소희는 텃밭에 **들이**가 1 L 400 mL인 물뿌리개를 이용하여 물을 주었어요.

보온병 / 119쪽

뜻 주위의 온도에 관계없이 일정한 온도를 유지하도록 만들어진 병

예 산 정상에서 **보온병**에 담아온 따뜻한 물을 마셨어요.

절반 / 120쪽

뜻 하나를 반으로 가름

예 초콜릿을 **절반**으로 잘라서 친구와 나눠 먹었어요.

기울다 / 126쪽

뜻 비스듬하게 한쪽이 낮아지거나 비뚤어지다.

예 공항에서 짐을 가득 실은 여행 가방을 드니 몸이 뒤로 **기울었**어요.

개념 1 **들이 비교하기**

└→ 그릇 안에 가득 담을 수 있는 양

○ 두 물병의 들이 비교하기

방법1 물병 ㉮에 물을 가득 채운 후 물병 ㉯에 부어 비교하기

물병 ㉮에 물을 가득 채운 후 물병 ㉯에 모두 옮겨 담았을 때 물병 ㉯에 물이 넘쳤습니다.

→ (㉮의 들이) > (㉯의 들이)

방법2 모양과 크기가 같은 수조에 부어 비교하기

물병 ㉮에서 수조에 옮겨 담은 물의 높이가 물병 ㉯에서 수조에 옮겨 담은 물의 높이보다 더 높습니다.

→ (㉮의 들이) > (㉯의 들이)

방법3 모양과 크기가 같은 컵에 옮겨 담아 비교하기

물병 ㉮에는 물병 ㉯보다 컵 6-4=2(개)만큼 물이 더 많이 들어갑니다.

→ (㉮의 들이) > (㉯의 들이)

참고 모양과 크기가 다른 컵을 사용하면 옮겨 담은 컵의 개수로 들이를 비교하기 어려우므로 모양과 크기가 같은 컵을 사용해야 합니다.

확인 생수병에 물을 가득 채운 후 참기름병에 옮겨 담았습니다. 알맞은 말에 ○표 하세요.

참기름병에 물이 넘쳤으므로 들이가 더 많은 것은 (생수병 , 참기름병)입니다.

1 물병에 물을 가득 채운 후 꽃병에 모두 옮겨 담았습니다. 물병과 꽃병 중 들이가 더 많은 것은 어느 것인가요?

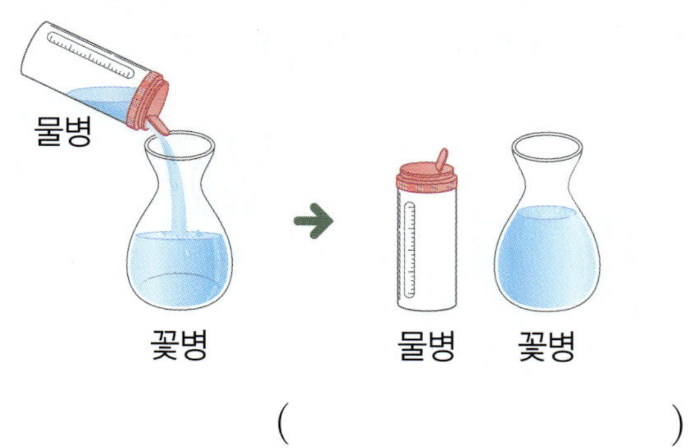

(   )

2 우유병과 주스병에 물을 가득 채운 후 모양과 크기가 같은 그릇에 모두 옮겨 담았습니다. 알맞은 말에 ○표 하세요.

우유병의 들이가 주스병의 들이보다
더 (많습니다 , 적습니다).

3 그릇 ㉮, ㉯에 물을 가득 채운 후 모양과 크기가 같은 컵에 모두 옮겨 담았습니다. ㉮, ㉯ 중 들이가 더 많은 것은 어느 것인가요?

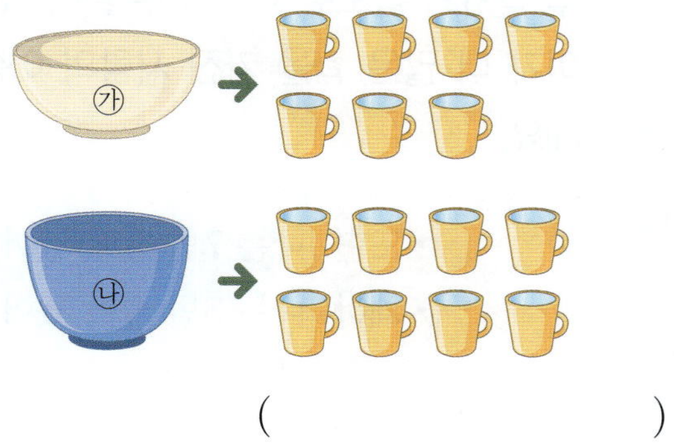

(   )

4 서진이의 말을 읽고 들이가 더 많은 것에 ○표 하세요.

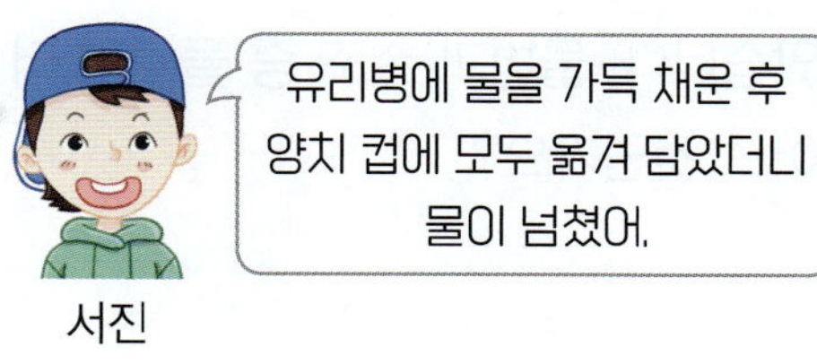

(유리병 , 양치 컵)

5 항아리와 주전자에 물을 가득 채운 후 모양과 크기가 같은 컵에 모두 옮겨 담았습니다. □ 안에 알맞은 말이나 수를 써넣으세요.

☐ 가 ☐ 보다 컵 ☐ 개만큼 물이 더 많이 들어갑니다.

6 그릇의 들이가 많은 것부터 차례로 ( ) 안에 1, 2, 3을 써 넣으세요.

(   )   (   )   (   )

5
단원
1회

01 물병에 물을 가득 채운 후 수조에 모두 옮겨 담았습니다. 물병과 수조 중 들이가 더 많은 것은 어느 것인가요?

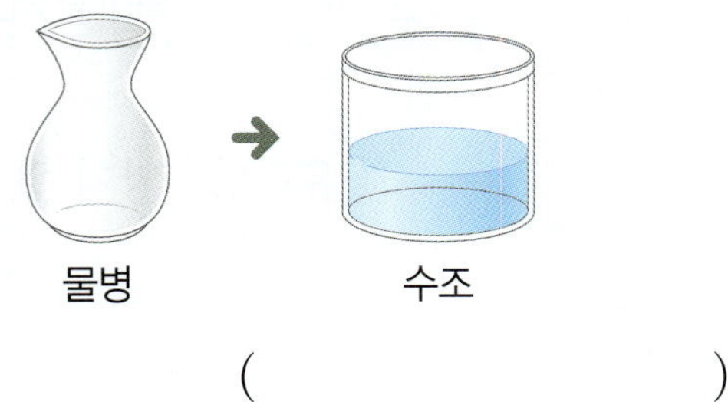

( )

02 그릇 ㉮, ㉯에 물을 가득 채운 후 모양과 크기가 같은 그릇에 모두 옮겨 담았습니다. 그릇 ㉮, ㉯ 중 들이가 더 적은 것을 써 보세요.

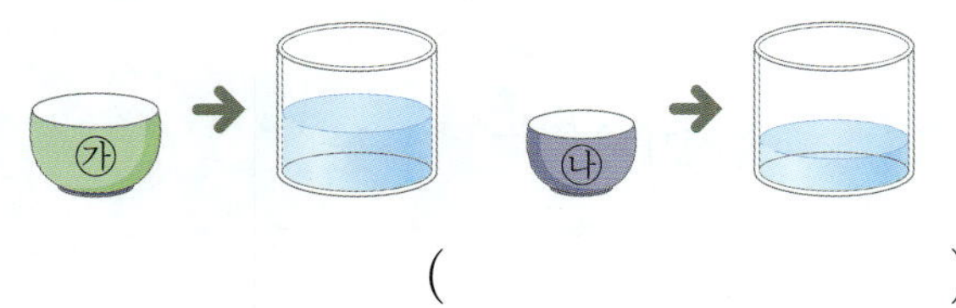

( )

03 ㉮, ㉯, ㉰에 물을 가득 채운 후 모양과 크기가 같은 그릇에 모두 옮겨 담았습니다. 들이가 많은 것부터 차례로 써 보세요.

( )

04 세 그릇에 물을 가득 채운 후 모양과 크기가 같은 컵에 각각 모두 옮겨 담았습니다. 두 그릇을 골라 들이를 비교해 보세요.

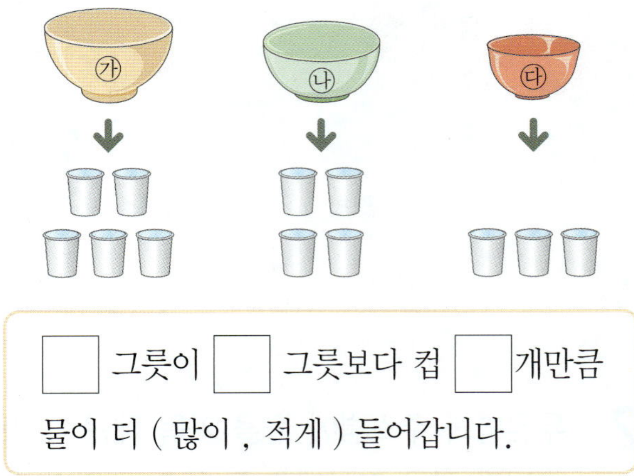

□ 그릇이 □ 그릇보다 컵 □ 개만큼 물이 더 (많이 , 적게) 들어갑니다.

05 대야와 그릇에 물을 가득 채운 후 모양과 크기가 같은 컵에 모두 옮겨 담았습니다. 대야의 들이는 그릇의 들이의 몇 배인지 구해 보세요.

( )

06 모양과 크기가 같은 두 수조에 물을 가득 채운 후 각자의 컵으로 각각 모두 덜어 냈습니다. 들이가 더 많은 컵을 가진 사람의 이름을 써 보세요.

• 도현: 나는 7번 덜어 냈어.
• 채아: 나는 5번 덜어 냈어.

( )

07 ㉮ 병과 ㉯ 병에 물을 가득 채운 후 컵에 모두 옮겨 담았습니다. 잘못 말한 사람의 이름을 써 보세요.

- 은율: ㉮ 병은 ㉯ 병보다 들이가 더 많아.
- 선호: ㉮ 병과 ㉯ 병 중 어느 병의 들이가 얼마나 더 많은지 비교할 수 없어.

( )

08 우유병, 물병, 요구르트병 중 들이가 가장 많은 것을 써 보세요.

- 요구르트병에 물을 가득 채운 후 우유병에 모두 옮겨 담았더니 우유병에 물이 가득 차지 않았습니다.
- 물병에 물을 가득 채운 후 우유병에 모두 옮겨 담았더니 우유병에 물이 넘쳤습니다.

( )

09 냄비와 양동이에 물을 가득 채우려면 ㉮ 컵과 ㉯ 컵에 물을 가득 채워 다음과 같이 부어야 합니다. 바르게 설명한 것의 기호를 써 보세요.

컵	㉮	㉯
냄비	3번	5번
양동이	6번	10번

㉠ ㉮ 컵과 ㉯ 컵 중 들이가 더 적은 컵은 ㉮ 컵입니다.
㉡ 양동이의 들이는 냄비 들이의 2배입니다.

( )

10 모양과 크기가 같은 주전자에 물을 가득 채우려면 ㉮ 컵, ㉯ 컵, ㉰ 컵에 물을 가득 채워 다음과 같이 부어야 합니다. 들이가 가장 많은 컵은 어느 컵인지 풀이 과정을 쓰고, 답을 구해 보세요.

컵	㉮	㉯	㉰
부은 횟수(번)	8	4	6

❶ 물을 부은 횟수가 (많을수록 , 적을수록) 컵의 들이가 많습니다.

❷ 물을 부은 횟수를 비교하면

☐ < ☐ < ☐ 이므로 들이가 가장 많은

컵은 ☐ 컵입니다.

답

11 모양과 크기가 같은 어항에 물을 가득 채우려면 ㉮ 컵, ㉯ 컵, ㉰ 컵에 물을 가득 채워 다음과 같이 부어야 합니다. 들이가 가장 적은 컵은 어느 컵인지 풀이 과정을 쓰고, 답을 구해 보세요.

컵	㉮	㉯	㉰
부은 횟수(번)	13	9	11

답

5 단원 1회

개념 학습 2회

학습일: 월 일

개념 1 들이의 단위

- 1 L와 1 mL 알기

들이의 단위에는 **리터**와 **밀리리터** 등이 있습니다.
1 리터는 1 L, 1 밀리리터는 1 mL라고 씁니다.
1 L는 1000 mL와 같습니다.

1 L=1000 mL

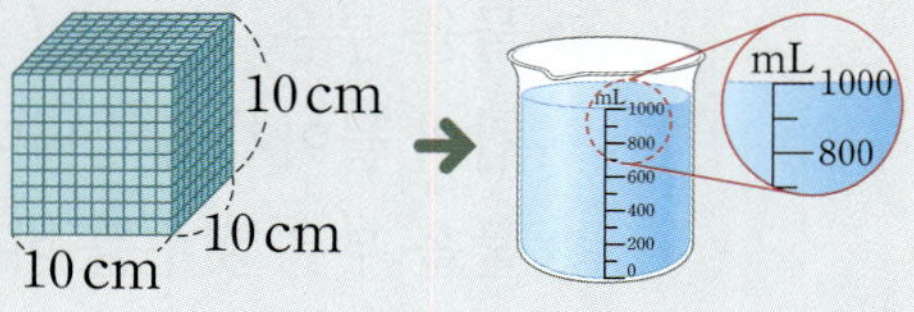

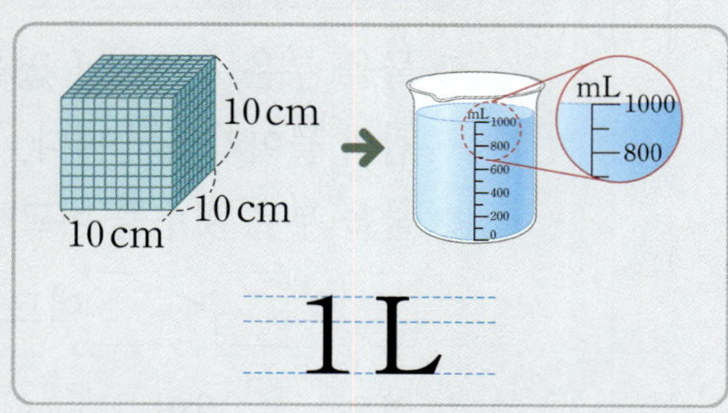

1 L

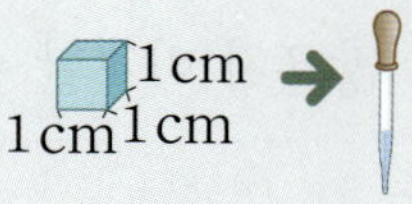

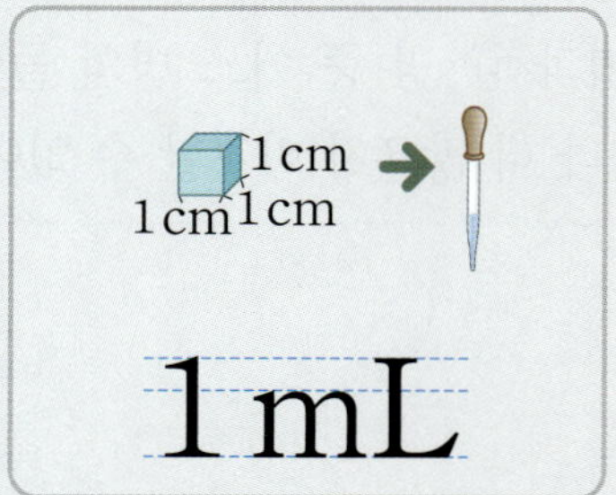

1 mL

- 들이를 몇 L 몇 mL 또는 몇 mL로 나타내기

1 L보다 400 mL 더 많은 들이 → 쓰기 1 L 400 mL / 읽기 1 리터 400 밀리리터

1 L=1000 mL이므로 1 L 400 mL는 1400 mL입니다.
(1400 mL → 1000 mL+400 mL)

개념 2 들이 어림하고 재어 보기

우유갑 1 L 식용유병

- 들이를 어림하여 말할 때는 **약 □L** 또는 **약 □mL**라고 합니다.
- 식용유병의 들이는 1 L인 우유갑의 들이와 비슷하므로 **약** 1 L로 어림했습니다.

참고 L는 들이가 많은 물건에, mL는 들이가 적은 물건에 사용하면 편리합니다.
예 냄비 → 약 2 L, 종이컵 → 약 200 mL

확인 주어진 들이를 쓰고, 읽어 보세요.

(1) 4 L

쓰기

읽기 (　　　　　　　　)

(2) 2 L 100 mL

쓰기

읽기 (　　　　　　　　)

1 유리병에 포도주스 1 L와 200 mL를 넣었더니 유리병이 가득 찼습니다. □ 안에 알맞은 수를 써넣으세요.

> 1 L보다 200 mL 더 많으므로 유리병의 들이는 □ L □ mL입니다.

2 물의 양이 얼마인지 눈금을 읽고 □ 안에 알맞은 수를 써넣으세요.

(1)
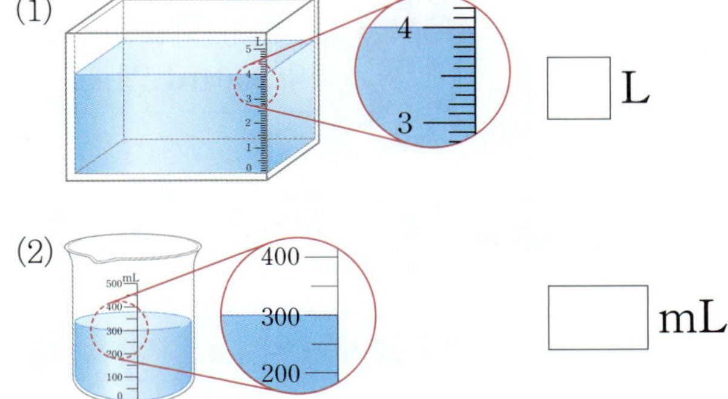
□ L

(2)
□ mL

3 들이가 1 L인 우유갑을 기준으로 물통의 들이를 어림해 보세요.

물통의 들이는 약 □ L입니다.

4 L와 mL 중에서 알맞은 단위를 골라 □ 안에 써넣으세요.

(1)

페인트통의 들이는 약 5 □ 입니다.

(2)
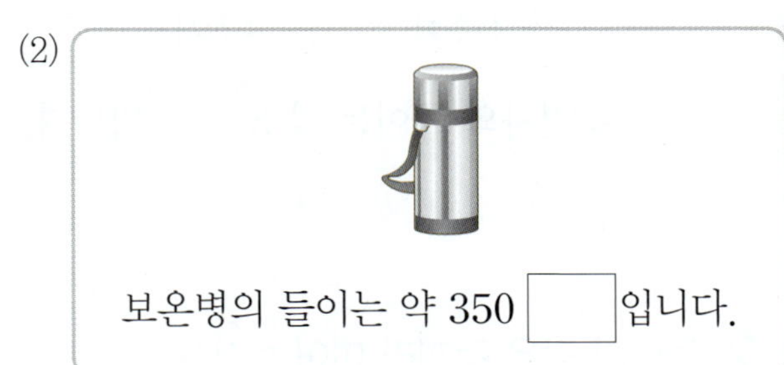

보온병의 들이는 약 350 □ 입니다.

5 □ 안에 알맞은 수를 써넣으세요.

(1) 8 L = □ mL

(2) 4 L 60 mL = □ mL

(3) 3700 mL = □ L □ mL

6 꽃병의 들이를 수조로 재었습니다. 꽃병의 들이는 약 몇 L인가요?

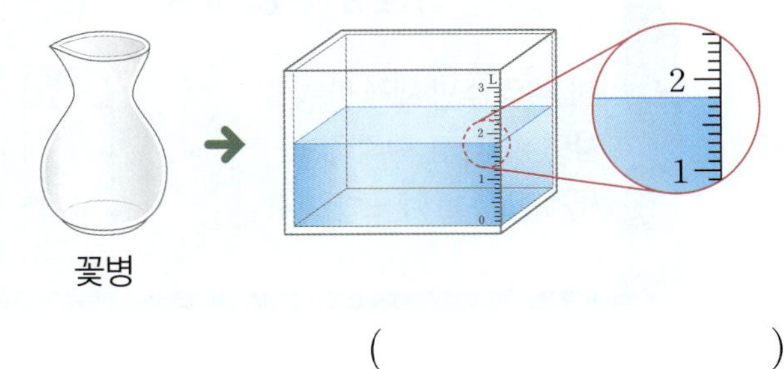

(   )

01 들이가 1 L인 생수병을 보고 주전자의 들이를 어림하여 □ 안에 L와 mL 중 알맞은 단위를 써넣으세요.

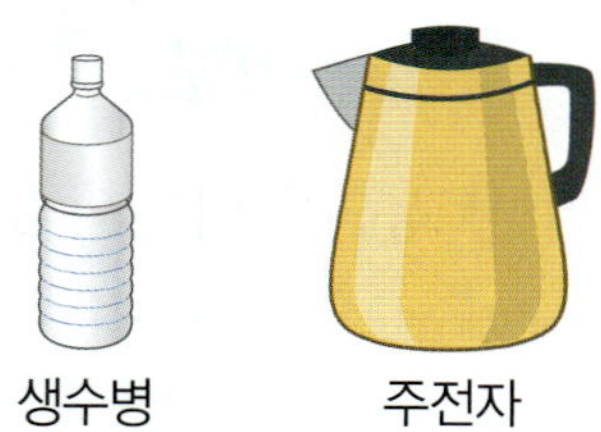

주전자의 들이는 약 3 □ 입니다.

02 들이가 같은 것끼리 이어 보세요.

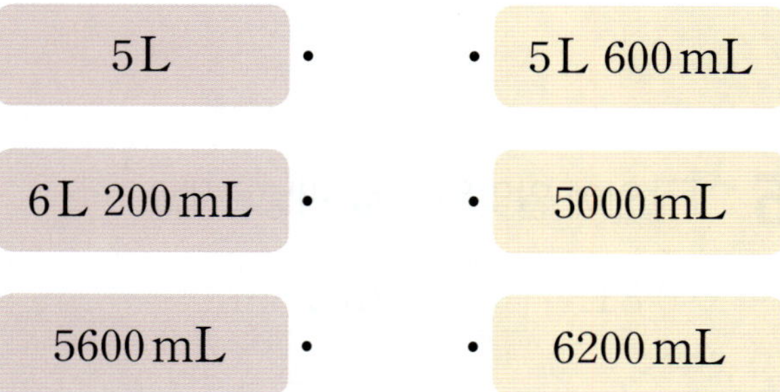

03 윤서가 광고 화면에 나오는 1 L짜리 주방 세제 한 통을 산다면 윤서가 받게 되는 주방 세제는 모두 몇 mL인지 구해 보세요.

( )

04 들이를 바르게 어림한 물건을 찾아 써 보세요.

( )

05 채아는 종이컵의 들이를 다음과 같이 어림하였습니다. 주어진 물건 중 하나를 고르고 mL 또는 L를 이용하여 어림해 보세요.

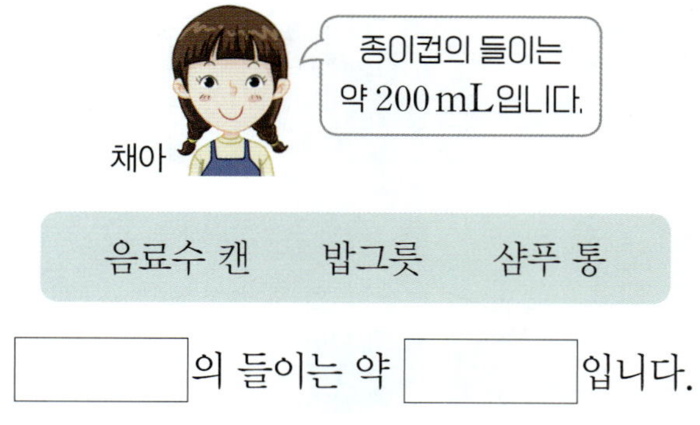

| 음료수 캔 | 밥그릇 | 샴푸 통 |

□ 의 들이는 약 □ 입니다.

06 항아리에 물을 가득 채운 후 들이가 1000 mL인 컵에 모두 옮겨 담았더니 3개는 가득 찼고, 남은 한 개는 절반 정도 찼습니다. 항아리의 들이는 약 몇 mL인지 어림해 보세요.

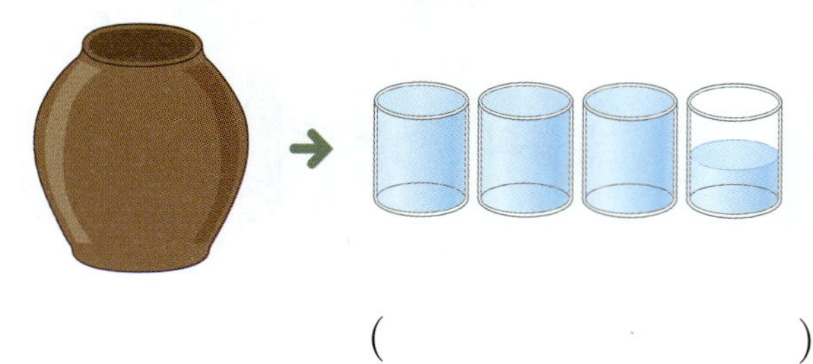

( )

07 L와 mL 중 □ 안에 알맞은 단위가 다른 하나를 찾아 기호를 써 보세요.

> ㉠ 냄비의 들이는 약 2 □입니다.
> ㉡ 주사기의 들이는 약 5 □입니다.
> ㉢ 욕조의 들이는 약 300 □입니다.

(   )

08 우유갑을 이용하여 물병의 들이를 어림했습니다. 잘못 어림한 사람의 이름을 써 보세요.

(   )

09 들이가 1 L인 물병입니다. 물병에 들어 있는 물의 양을 가장 가깝게 어림한 사람을 찾아 이름을 써 보세요.

> 은지: 약 500 mL
> 민호: 약 900 mL
> 지수: 약 300 mL

(   )

10 물이 대야에는 4 L 500 mL 들어 있고, 양동이에는 4700 mL 들어 있습니다. 대야와 양동이 중 물이 더 많이 들어 있는 것은 어느 것인지 풀이 과정을 쓰고, 답을 구해 보세요.

❶ 대야에 물이 4 L 500 mL ＝ [   ] mL 들어 있습니다.

❷ [   ] mL ◯ 4700 mL이므로

[   ] 에 물이 더 많이 들어 있습니다.

답 _______________

11 물이 어항에는 3900 mL 들어 있고, 물뿌리개에는 3 L 590 mL 들어 있습니다. 어항과 물뿌리개 중 물이 더 많이 들어 있는 것은 어느 것인지 풀이 과정을 쓰고, 답을 구해 보세요.

____

____

____

____

답 _______________

학습 결과에 색칠하세요.     

개념 1　들이의 덧셈

L 단위의 수끼리, mL 단위의 수끼리 더합니다.

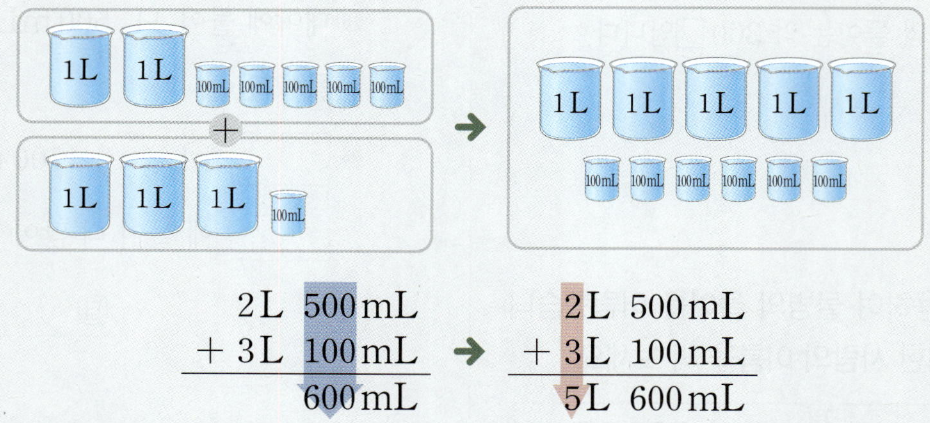

$$\begin{array}{r} 2\,\text{L} \;\; 500\,\text{mL} \\ +\; 3\,\text{L} \;\; 100\,\text{mL} \\ \hline 600\,\text{mL} \end{array}$$
→
$$\begin{array}{r} 2\,\text{L} \;\; 500\,\text{mL} \\ +\; 3\,\text{L} \;\; 100\,\text{mL} \\ \hline 5\,\text{L} \;\; 600\,\text{mL} \end{array}$$

참고　mL 단위의 수끼리의 합이 1000이거나 1000보다 크면 1000 mL를 1 L로 받아올림합니다.

$$\begin{array}{r} \overset{1}{}2\,\text{L} \;\; 600\,\text{mL} \\ +\; 4\,\text{L} \;\; 800\,\text{mL} \\ \hline 7\,\text{L} \;\; 400\,\text{mL} \end{array}$$
- mL 단위 계산: $600+800=1400,\ 1400-1000=400$
- L 단위 계산: $1+2+4=7$

개념 2　들이의 뺄셈

L 단위의 수끼리, mL 단위의 수끼리 뺍니다.

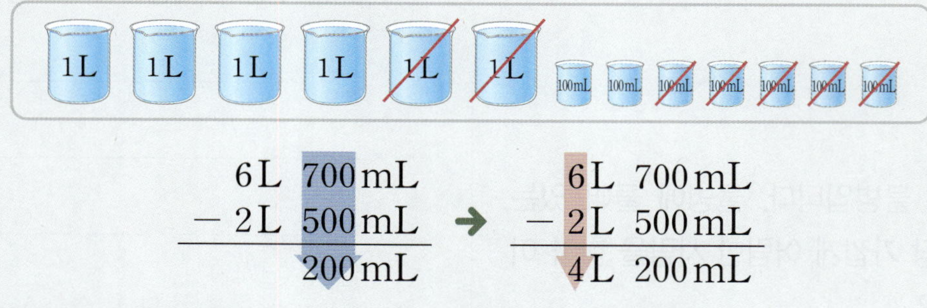

$$\begin{array}{r} 6\,\text{L} \;\; 700\,\text{mL} \\ -\; 2\,\text{L} \;\; 500\,\text{mL} \\ \hline 200\,\text{mL} \end{array}$$
→
$$\begin{array}{r} 6\,\text{L} \;\; 700\,\text{mL} \\ -\; 2\,\text{L} \;\; 500\,\text{mL} \\ \hline 4\,\text{L} \;\; 200\,\text{mL} \end{array}$$

참고　mL 단위의 수끼리 뺄 수 없으면 1 L를 1000 mL로 받아내림합니다.

$$\begin{array}{r} \overset{4}{\cancel{5}}\,\text{L} \;\; \overset{1000}{300}\,\text{mL} \\ -\; 3\,\text{L} \;\; 700\,\text{mL} \\ \hline 1\,\text{L} \;\; 600\,\text{mL} \end{array}$$
- mL 단위 계산: $1000+300-700=600$
- L 단위 계산: $5-1-3=1$

확인　□ 안에 알맞은 수를 써넣으세요.

(1) $4\,\text{L}\ 300\,\text{mL}+3\,\text{L}\ 500\,\text{mL}=\boxed{}\,\text{L}\ \boxed{}\,\text{mL}$

(2) $8\,\text{L}\ 600\,\text{mL}-7\,\text{L}\ 200\,\text{mL}=\boxed{}\,\text{L}\ \boxed{}\,\text{mL}$

1 그림을 보고 □ 안에 알맞은 수를 써넣으세요.

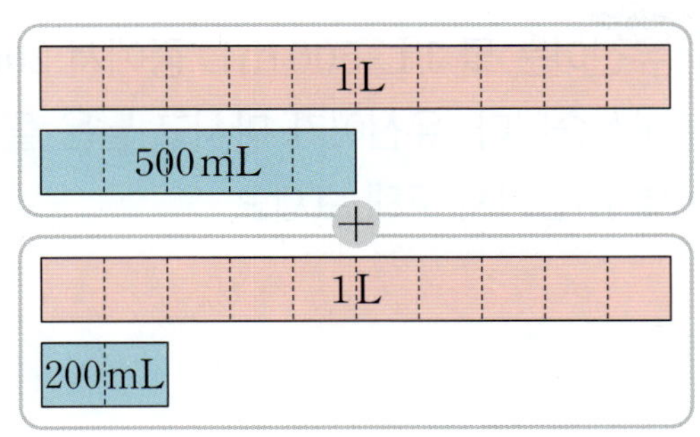

$1\,L\ 500\,mL + 1\,L\ 200\,mL$
$= \boxed{}\,L\ \boxed{}\,mL$

2 그림을 보고 □ 안에 알맞은 수를 써넣으세요.

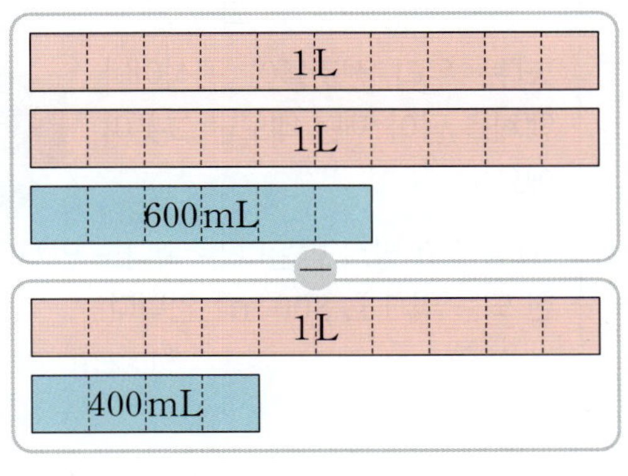

$2\,L\ 600\,mL - 1\,L\ 400\,mL$
$= \boxed{}\,L\ \boxed{}\,mL$

3 □ 안에 알맞은 수를 써넣으세요.

(1) $2\,L\ 500\,mL + 4\,L\ 400\,mL$

$= \boxed{}\,L\ \boxed{}\,mL$

(2) $6\,L\ 700\,mL - 3\,L\ 600\,mL$

$= \boxed{}\,L\ \boxed{}\,mL$

4 □ 안에 알맞은 수를 써넣으세요.

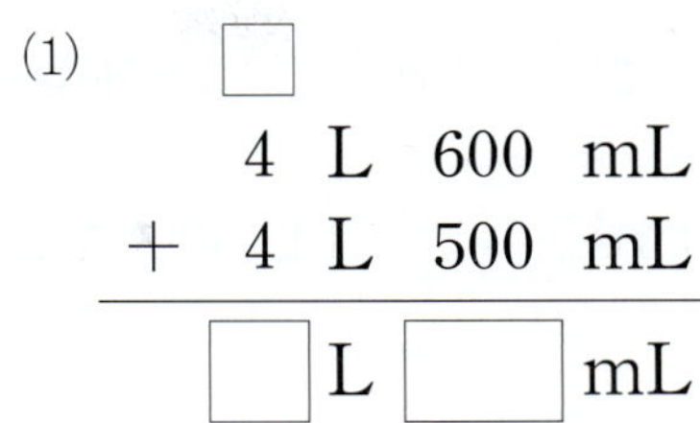

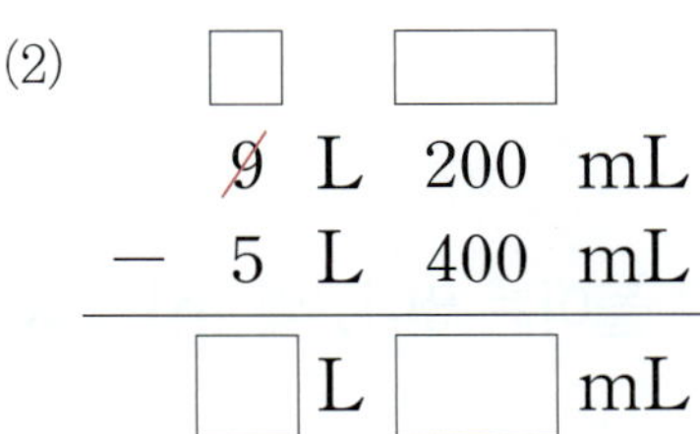

5 계산해 보세요.

(1) $\begin{array}{r} 5\,L\ 400\,mL \\ + \ 2\,L\ 200\,mL \\ \hline \end{array}$
(2) $\begin{array}{r} 6\,L\ 800\,mL \\ - \ 5\,L\ 100\,mL \\ \hline \end{array}$

(3) $3\,L\ 700\,mL + 4\,L\ 100\,mL$

(4) $8\,L\ 800\,mL - 3\,L\ 600\,mL$

6 서진이가 말한 것을 보고 계산 결과를 찾아 색칠해 보세요.

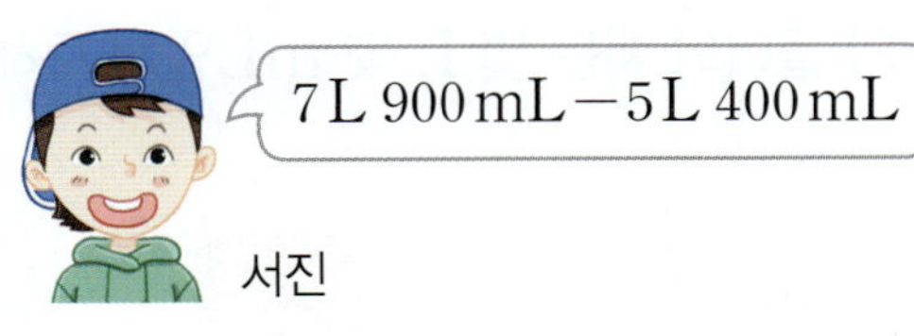

2 L 400 mL	2 L 500 mL	5 L 200 mL

01 두 들이의 합은 몇 L 몇 mL인지 구해 보세요.

> 2 L 400 mL   　　 1 L 300 mL

(　　　　　　　　)

02 빈칸에 알맞은 들이는 몇 L 몇 mL인지 써넣으세요.

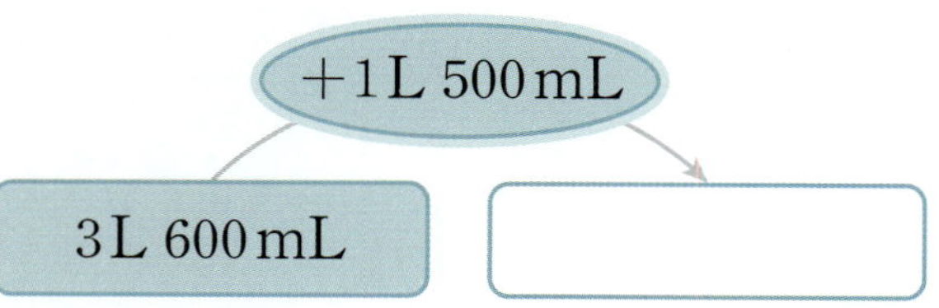

03 들이가 더 많은 것에 ○표 하세요.

$$\begin{array}{r} 2\,L\ \ 600\,mL \\ +\ 3\,L\ \ 100\,mL \end{array}$$
　　　
$$\begin{array}{r} 9800\,mL \\ -\ 4200\,mL \end{array}$$

(　　)　　(　　)

04 그릇 두 가지를 골라 ○표 하고, 고른 두 그릇의 들이의 차는 몇 L 몇 mL인지 구해 보세요.

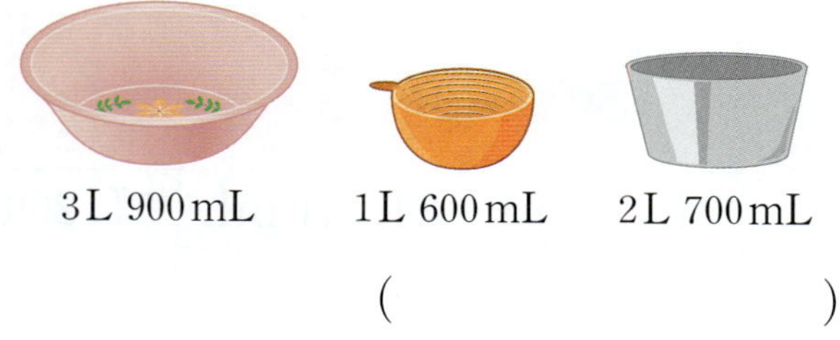

(　　　　　　　　)

05 유진이는 물 1 L 500 mL 중에서 200 mL를 마셨습니다. 유진이가 마시고 남은 물은 몇 L 몇 mL인지 구해 보세요.

(　　　　　　　　)

06 쌀 한 되가 1 L 800 mL라고 할 때 쌀 두 되는 몇 L 몇 mL인지 구해 보세요.

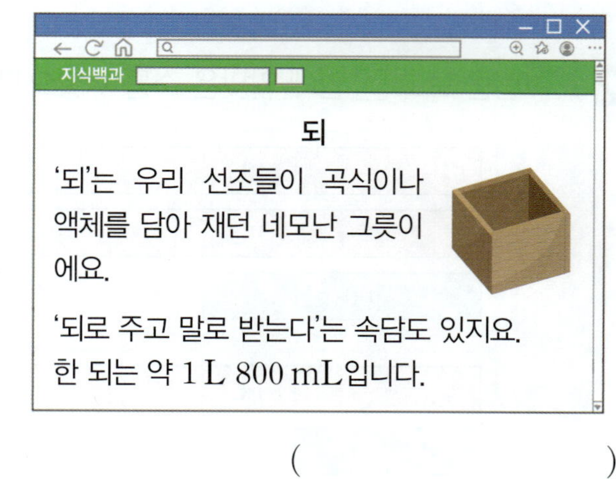

(　　　　　　　　)

07 들이가 가장 많은 것과 가장 적은 것의 합과 차는 각각 몇 L 몇 mL인지 구해 보세요.

> 4 L 300 mL 　　 3 L 100 mL
> 5 L 600 mL 　　 5 L 200 mL

합 (　　　　　　)

차 (　　　　　　)

서술형 문제

08 들이가 4L보다 적은 것을 찾아 기호를 써 보세요.

> ㉠ 3L+2L 400mL
> ㉡ 6L 500mL−2L 800mL
> ㉢ 1L 300mL+2L 900mL

( )

09 소율이의 말을 읽고 처음에 병에 들어 있던 식혜는 몇 L 몇 mL인지 구해 보세요.

소율

( )

10 민지와 연아가 마시기 전의 주스의 양과 일주일 동안 마시고 난 후 남은 주스의 양입니다. 민지와 연아 중에서 누가 일주일 동안 주스를 몇 mL 더 많이 마셨는지 구해 보세요.

	민지	연아
마시기 전 주스의 양	3L 500mL	2L 800mL
남은 주스의 양	1L 400mL	1L 100mL

( ), ( )

11 서윤이는 다음과 같이 물이 들어 있는 수조에서 2L 300mL만큼 물을 덜어 냈습니다. 수조에 남아 있는 물은 몇 L 몇 mL인지 풀이 과정을 쓰고, 답을 구해 보세요.

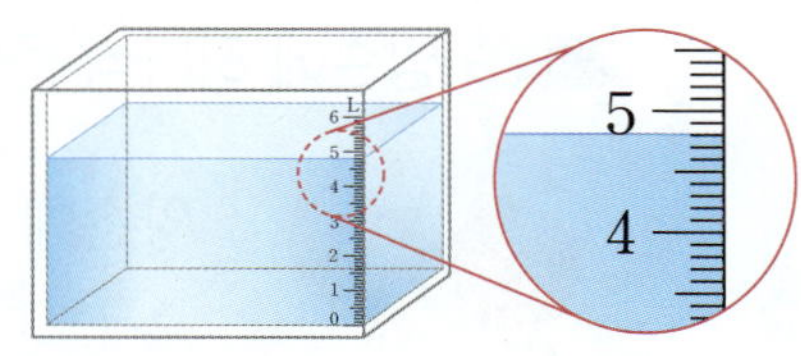

❶ 처음 수조에 들어 있던 물의 양은
◻L ◻mL입니다.

❷ (덜어 내고 남아 있는 물의 양)
= ◻L ◻mL−2L 300mL
= ◻L ◻mL

답

12 재현이는 다음과 같이 물이 들어 있는 수조에서 1L 600mL만큼 물을 덜어 냈습니다. 수조에 남아 있는 물은 몇 L 몇 mL인지 풀이 과정을 쓰고, 답을 구해 보세요.

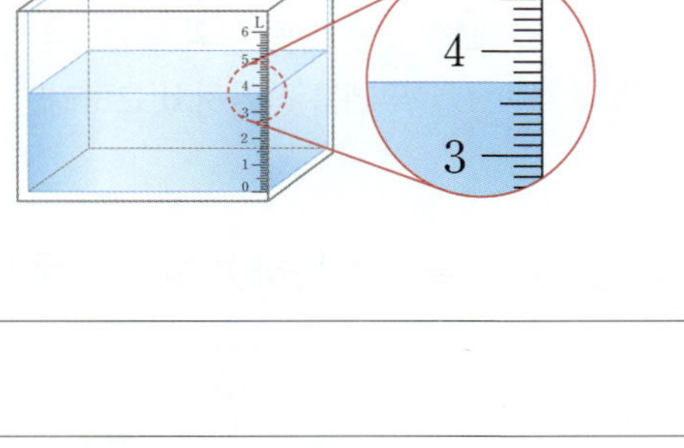

답

5
단원
3회

개념 1　무게 비교하기

● 오렌지와 바나나의 무게 비교

방법 1 양손에 하나씩 들어서 무게 비교하기

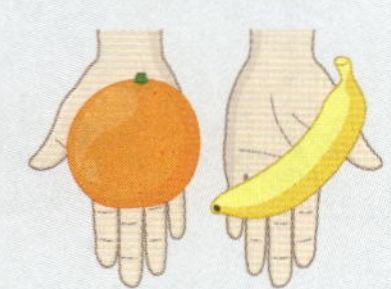
오렌지　바나나

양손에 하나씩 들어서 비교해 보니 오렌지가 더 무겁습니다.
→ (오렌지의 무게) > (바나나의 무게)

방법 2 저울을 사용하여 무게 비교하기

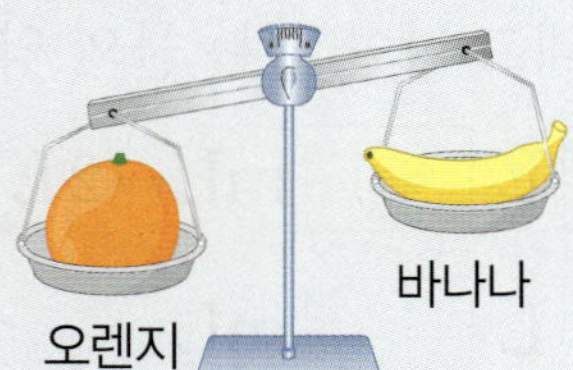
바나나
오렌지

오렌지가 있는 쪽의 접시가 내려갔습니다. < 저울이 기울어진 정도로 무게를 쉽게 비교할 수 있어.
→ (오렌지의 무게) > (바나나의 무게)

방법 3 단위 물건을 이용하여 무게 비교하기

오렌지　100원짜리 동전 25개

바나나　100원짜리 동전 17개 ┌ 바둑돌, 클립 등을 단위로 사용할 수 있어요.

오렌지가 바나나보다 100원짜리 동전 25−17=8(개)만큼 더 무겁습니다.
→ (오렌지의 무게) > (바나나의 무게)

참고 서로 다른 단위 물건으로 무게를 재어 비교하면 어느 것의 무게가 더 무거운지 알 수 없습니다. 무게를 정확히 비교하려면 같은 단위로 무게를 재어 비교해야 합니다.

확인 저울을 사용하여 물건의 무게를 비교했습니다. 알맞은 말에 ○표 하세요.

(1)
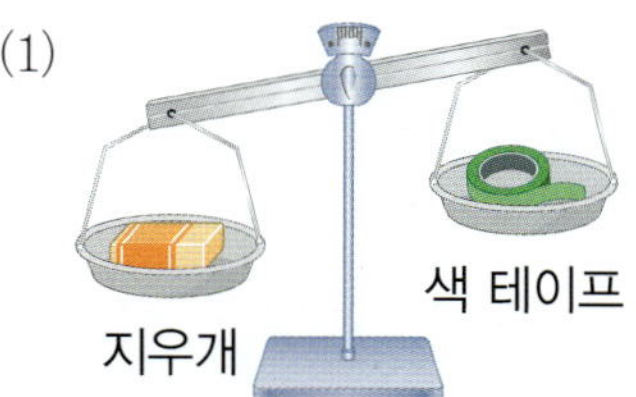
색 테이프
지우개

지우개가 있는 쪽의 접시가 내려갔습니다.
→ 무게가 더 무거운 것은 (지우개 , 색 테이프)입니다.

(2)
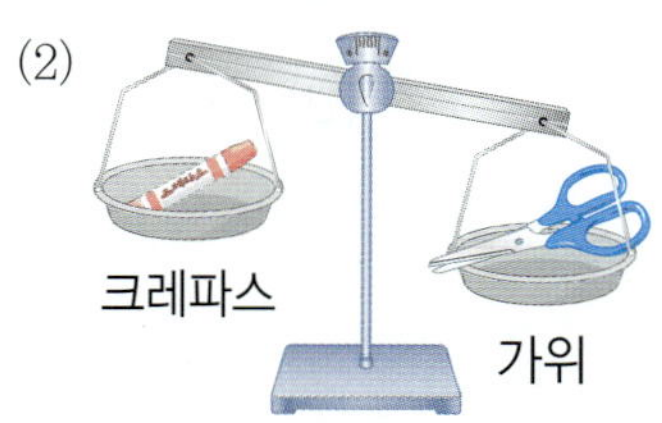
크레파스
가위

가위가 있는 쪽의 접시가 내려갔습니다.
→ 무게가 더 무거운 것은 (크레파스 , 가위)입니다.

1 무게가 무거운 물건부터 차례로 ( ) 안에 1, 2, 3을 써넣으세요.

(1)

(   )   (   )   (   )

(2)

(   )   (   )   (   )

2 저울을 사용하여 당근과 감자의 무게를 비교했습니다. 당근과 감자 중 더 무거운 것을 써 보세요.

(   )

3 저울과 바둑돌을 사용하여 숟가락과 포크의 무게를 비교했습니다. 숟가락과 포크 중 더 무거운 것을 써 보세요.

(   )

4 저울과 바둑돌을 사용하여 달걀과 밤의 무게를 비교했습니다. □ 안에 알맞은 말이나 수를 써넣으세요.

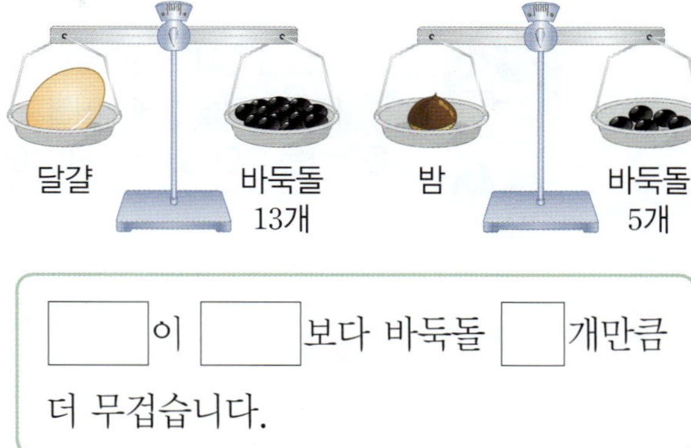

□ 이 □ 보다 바둑돌 □ 개만큼 더 무겁습니다.

5 저울을 사용하여 치약, 컵, 안경의 무게를 비교했습니다. 치약, 컵, 안경 중 가장 무거운 것을 써 보세요.

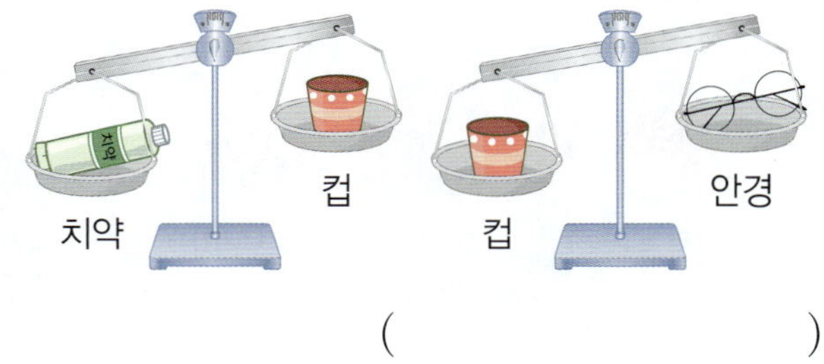

(   )

6 저울과 공깃돌을 사용하여 물건의 무게를 재었더니 다음과 같았습니다. 연필, 지우개, 사인펜 중 가장 무거운 물건을 찾아 써 보세요.

연필: 공깃돌 4개와 무게가 같습니다.
지우개: 공깃돌 5개와 무게가 같습니다.
사인펜: 공깃돌 6개와 무게가 같습니다.

(   )

01 유준이의 말을 읽고 더 무거운 과일에 ○표 하세요.

02 저울과 500원짜리 동전을 사용하여 자몽과 고구마의 무게를 비교했습니다. 자몽과 고구마 중 어느 것이 500원짜리 동전 몇 개만큼 더 무거운지 구해 보세요.

(   ), (   )

03 저울을 사용하여 수첩, 휴지, 장난감의 무게를 비교했습니다. 무게가 가벼운 것부터 차례로 써 보세요.

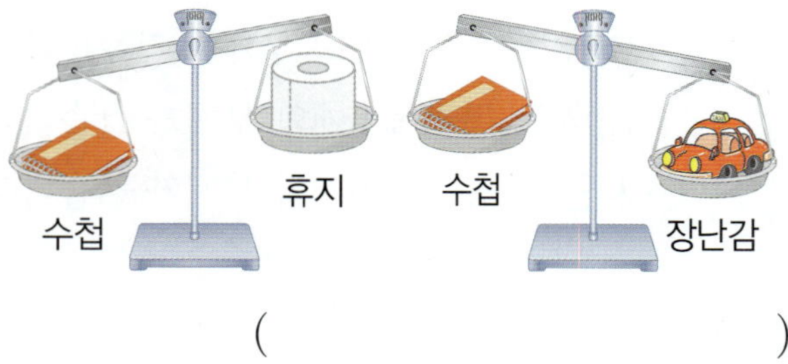

(   )

04 야구공과 테니스공의 무게를 비교하려고 합니다. 어느 것이 더 무거운지 비교할 수 있는 방법을 써 보세요.

방법

│05~06│ 신우가 저울과 동전을 사용하여 필통과 계산기의 무게를 비교했습니다. 물음에 답하세요.

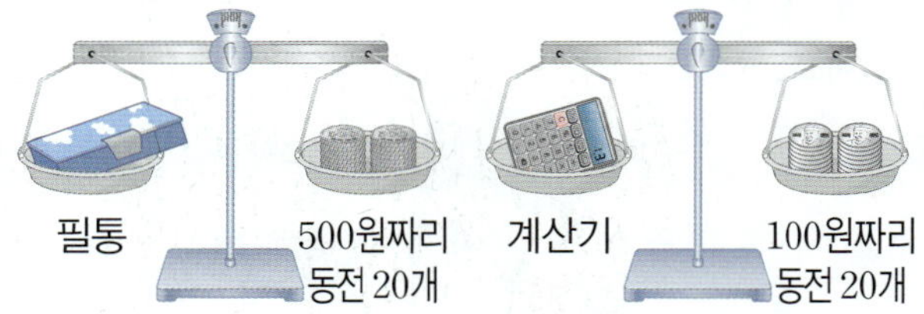

05 신우가 필통과 계산기의 무게를 바르게 비교했으면 ○표, 잘못 비교했으면 ×표 하세요.

> 필통과 계산기의 무게가 각각 동전 20개의 무게와 같으니까 필통과 계산기의 무게는 같아.

(   )

06 500원짜리 동전 1개가 100원짜리 동전 1개보다 더 무겁습니다. 필통과 계산기 중 더 무거운 것을 써 보세요.

(   )

07 저울을 사용하여 배, 사과, 감의 무게를 비교했습니다. 한 개의 무게가 가장 무거운 것을 써 보세요.

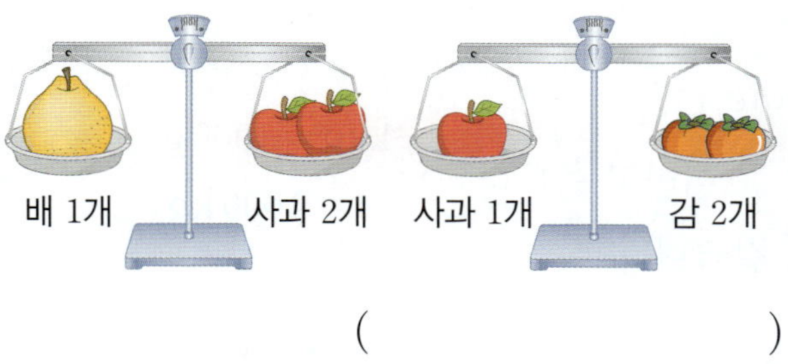

(   )

08 저울을 사용하여 크레파스, 풀, 가위의 무게를 비교했습니다. 한 개의 무게가 가벼운 것부터 차례로 써 보세요.

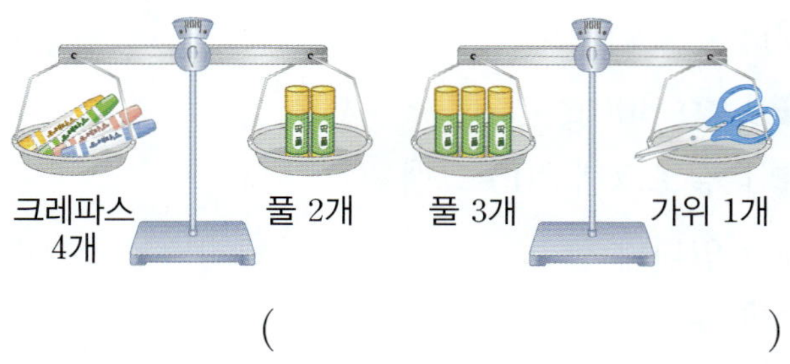

(   )

09 저울과 공깃돌, 쌓기나무를 사용하여 지우개의 무게를 재었습니다. 공깃돌과 쌓기나무 중 한 개의 무게가 더 무거운 것을 써 보세요.

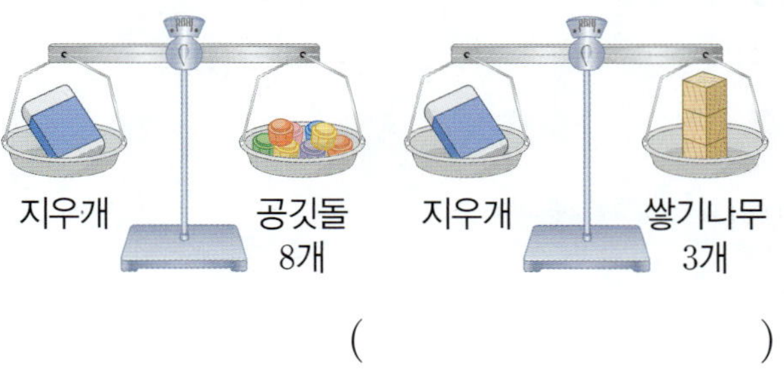

(   )

10 지우개와 물감의 무게를 비교했습니다. 물감의 무게는 지우개의 무게의 몇 배인지 풀이 과정을 쓰고, 답을 구해 보세요.

❶ 지우개의 무게는 바둑돌 ☐ 개의 무게와 같고, 물감의 무게는 바둑돌 ☐ 개의 무게와 같습니다.

❷ 따라서 물감의 무게는 지우개의 무게의

☐ ÷ ☐ = ☐ (배)입니다.

답 ________________

5 단원 **4**회

11 칫솔과 머리핀의 무게를 비교했습니다. 칫솔의 무게는 머리핀의 무게의 몇 배인지 풀이 과정을 쓰고, 답을 구해 보세요.

____

____

____

____

답 ________________

학습 결과에 색칠하세요.   

개념 1 **무게의 단위**

○ 1kg, 1g, 1t 알기

무게의 단위에는 **킬로그램**, **그램**, **톤** 등이 있습니다.

1 킬로그램은 $1\,kg$, 1 그램은 $1\,g$, 1 톤은 $1\,t$이라고 씁니다.

$1\,kg$은 $1000\,g$과 같고, $1\,t$은 $1000\,kg$과 같습니다.

$$1\,kg = 1000\,g$$
$$1\,t = 1000\,kg$$

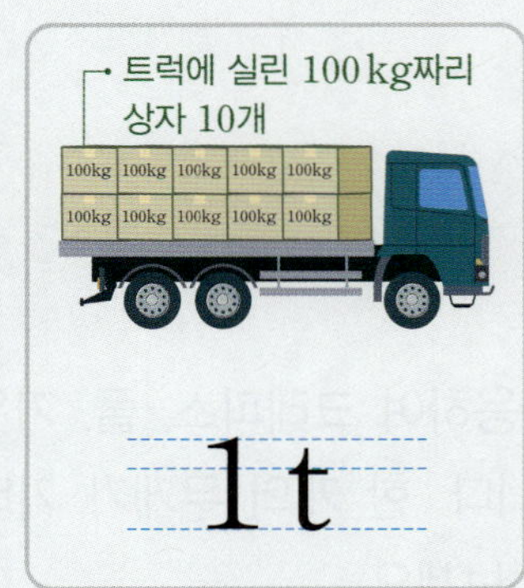

1g   1kg   1t

○ 무게를 몇 kg 몇 g 또는 몇 g으로 나타내기

$1\,kg$보다 $300\,g$ 더 무거운 무게 → **쓰기** $1\,kg\ 300\,g$ **읽기** 1 킬로그램 300 그램

$1\,kg = 1000\,g$이므로 $1\,kg\ 300\,g$은 $1300\,g$입니다.
$\quad\quad\quad\quad\quad\quad\quad\quad\quad$ $1000\,g + 300\,g$

개념 2 **무게 어림하고 재어 보기**

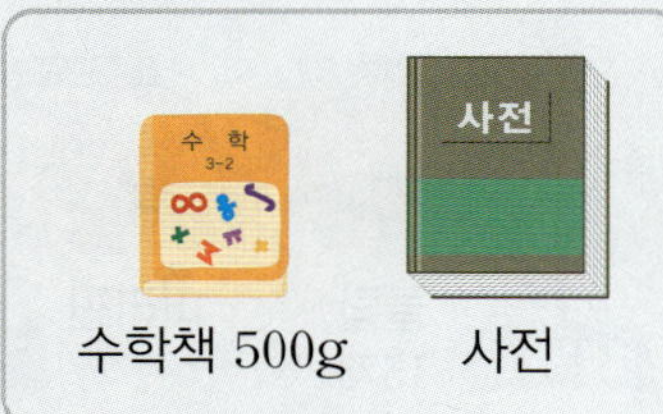

• 무게를 어림하여 말할 때는 **약** ☐ kg 또는 **약** ☐ g 이라고 합니다.

• 사전의 무게는 $500\,g$인 수학책의 2배쯤 될 것 같아서 **약** $1\,kg$이라고 어림했습니다.

참고 kg, t은 무거운 물건에, g은 가벼운 물건에 사용하면 편리합니다.

예 자동차 → 약 $2\,t$, 과일 상자 → 약 $3\,kg$, 공책 → 약 $100\,g$

확 인 주어진 무게를 쓰고, 읽어 보세요.

(1) $4\,kg$

쓰기 ____________________

읽기 (____________________)

(2) $6\,kg\ 200\,g$

쓰기 ____________________

읽기 (____________________)

1 어떤 추로 무게를 재면 좋을지 알맞은 것에 ○ 표 하세요.

(1)  ➔ ( 1 kg , 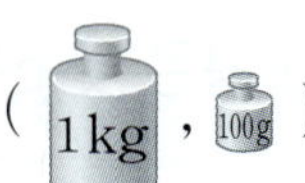 100 g)

(2)  ➔ (1 kg , 100 g)

2 □ 안에 알맞은 수를 써넣으세요.

(1) 4 kg보다 500 g 더 무거운 무게

➔ □ kg □ g

(2) 6 kg보다 150 g 더 무거운 무게

➔ □ kg □ g

3 쌀의 무게가 얼마인지 저울의 눈금을 읽고 □ 안에 알맞은 수를 써넣으세요.

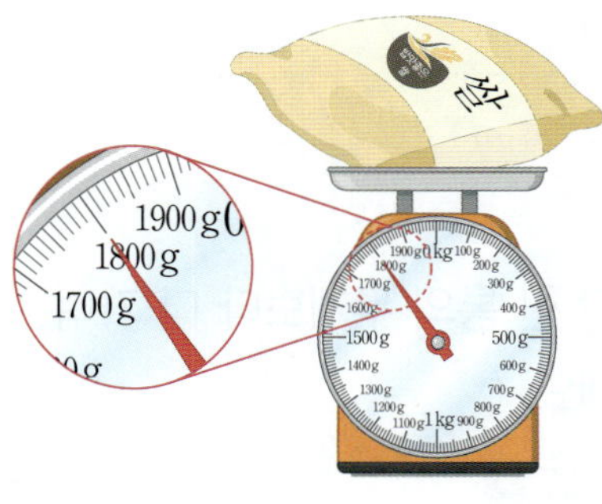

□ kg □ g

4 g, kg, t 중에서 알맞은 단위를 골라 □ 안에 써넣으세요.

(1) 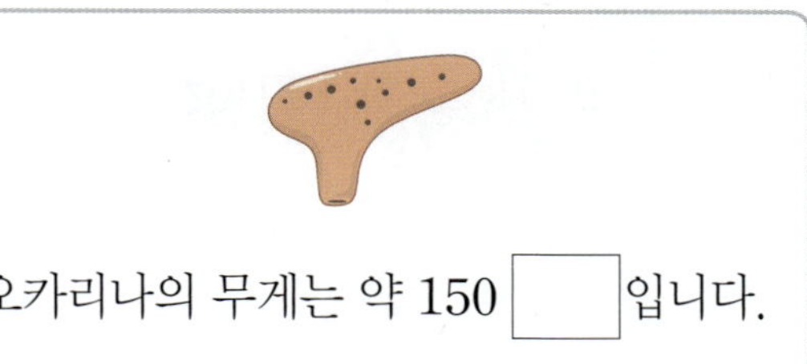

오카리나의 무게는 약 150 □ 입니다.

(2) 

자전거의 무게는 약 5 □ 입니다.

5 단원 / **5** 회

5 □ 안에 알맞은 수를 써넣으세요.

(1) 5 kg = □ g

(2) 2 kg 400 g = □ g

(3) 7600 g = □ kg □ g

(4) 9000 kg = □ t

6 무게를 t으로 나타내기에 적당한 것을 찾아 ○ 표 하세요.

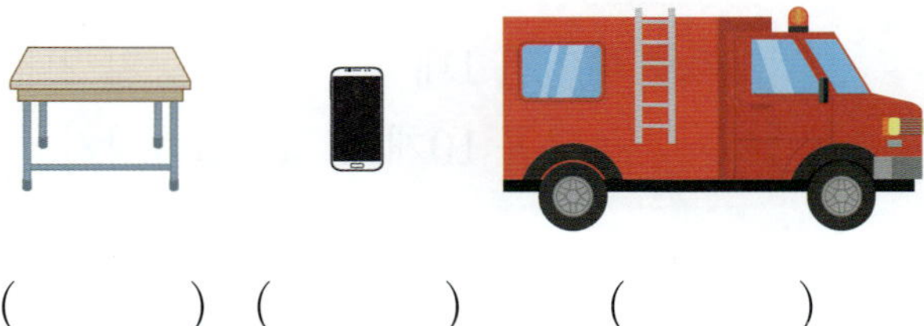

(   ) (   ) (   )

01 다음이 나타내는 무게는 몇 t인지 써 보세요.

> 900 kg보다 100 kg 더 무거운 무게

(   )

02 (보기)에서 알맞은 것을 골라 문장을 완성해 보세요.

(보기)
수박   구급차   비누

[   ]의 무게는 약 200 g입니다.

03 무게가 같은 것끼리 이어 보세요.

3 kg 100 g	•	•	3010 g
3 kg 1 g	•	•	3100 g
3 kg 10 g	•	•	3001 g

04 무게가 1000 kg보다 무거운 것을 찾아 기호를 써 보세요.

> ㉠ 에어컨 1대   ㉡ 자동차 2대
> ㉢ 농구공 10개   ㉣ 귤 1상자

(   )

05 세빈이가 올린 온라인 게시물입니다. 세빈이가 맷돌에 간 콩은 몇 g인지 구해 보세요.

(   )

06 (보기)와 같이 kg 또는 g을 이용하여 주변에 있는 물건의 무게를 어림해 보고, 문장을 만들어 보세요.

(보기)
의자의 무게는 약 2 kg입니다.

문장

07 된장 한 통의 무게보다 더 가벼운 것을 모두 고르세요. (   )

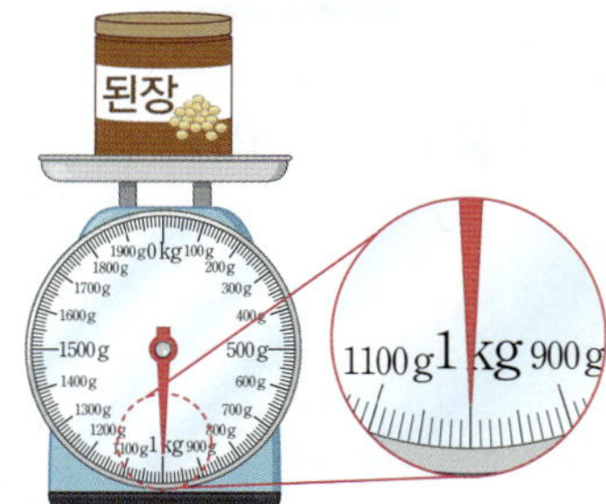

① 쌀 1포대
② 배구공 1개
③ 솜사탕 1개
④ 냉장고 1대
⑤ 컴퓨터 1대

08 무게의 단위를 잘못 사용한 사람을 찾아 이름을 써 보세요.

> • 혜림: 연필 한 자루의 무게는 10 g입니다.
> • 은선: 버스 한 대의 무게는 10 t입니다.
> • 지민: 파 한 단의 무게는 800 kg입니다.

(   )

09 무게가 다음과 같은 벽돌의 무게를 세린이는 약 1 kg 500 g, 연호는 약 2 kg으로 어림했습니다. 벽돌의 실제 무게에 더 가깝게 어림한 사람의 이름을 써 보세요.

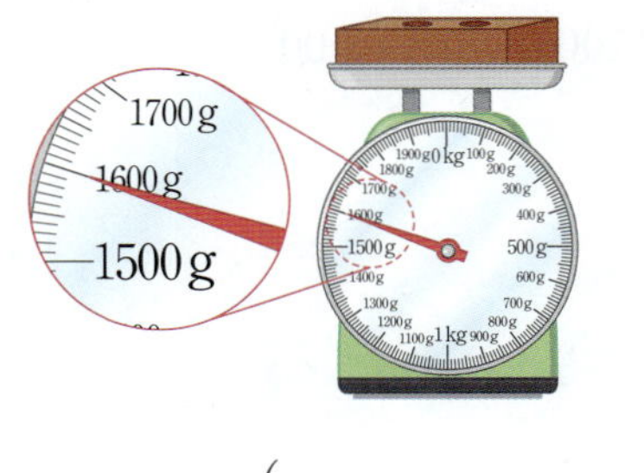

(   )

10 저울을 사용하여 돋보기, 자석, 양초의 무게를 비교했습니다. 돋보기 한 개의 무게가 약 600 g일 때, 양초 한 개의 무게는 약 몇 g인지 어림해 보세요.

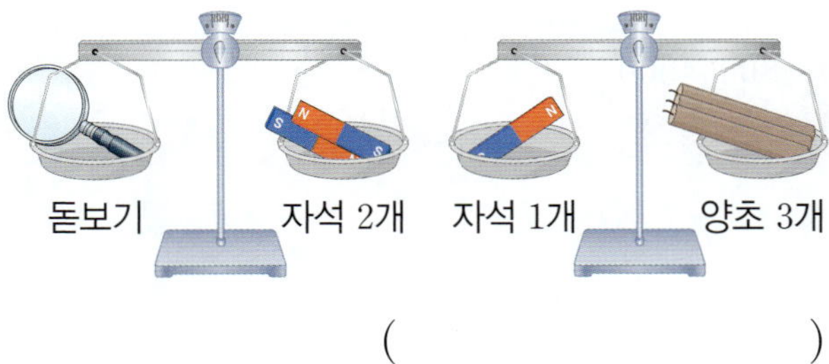

(   )

11 무게가 나머지와 다른 것을 찾아 기호를 쓰려고 합니다. 풀이 과정을 쓰고, 답을 구해 보세요.

> ㉠ 6 kg 300 g
> ㉡ 6300 g
> ㉢ 6 kg보다 30 g 더 무거운 무게

❶ ㉠ 6 kg 300 g = ☐ g

㉢ 6 kg보다 30 g 더 무거운 무게:

☐ kg ☐ g = ☐ g

❷ 따라서 무게가 나머지와 다른 것은 ☐ 입니다.

답 ________________

12 무게가 나머지와 다른 것을 찾아 기호를 쓰려고 합니다. 풀이 과정을 쓰고, 답을 구해 보세요.

> ㉠ 2 kg 9 g
> ㉡ 2090 g
> ㉢ 2 kg보다 90 g 더 무거운 무게

____

____

____

답 ________________

학습 결과에 색칠하세요.   

개념 1 무게의 덧셈

kg 단위의 수끼리, g 단위의 수끼리 더합니다.

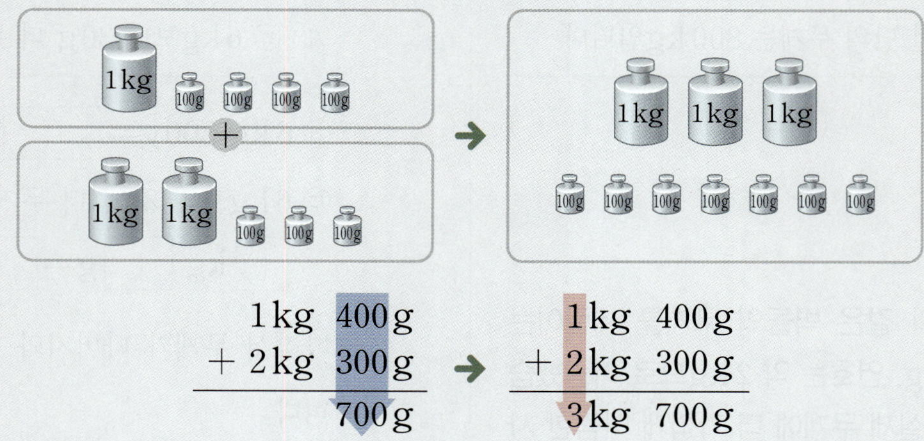

$$\begin{array}{r} 1\,\text{kg}\ \ 400\,\text{g} \\ +\ 2\,\text{kg}\ \ 300\,\text{g} \\ \hline 700\,\text{g} \end{array} \rightarrow \begin{array}{r} 1\,\text{kg}\ \ 400\,\text{g} \\ +\ 2\,\text{kg}\ \ 300\,\text{g} \\ \hline 3\,\text{kg}\ \ 700\,\text{g} \end{array}$$

참고 g 단위의 수끼리의 합이 1000이거나 1000보다 크면 1000 g을 1 kg으로 받아올림합니다.

$$\begin{array}{r} \overset{1}{} \\ 5\,\text{kg}\ \ 200\,\text{g} \\ +\ 2\,\text{kg}\ \ 900\,\text{g} \\ \hline 8\,\text{kg}\ \ 100\,\text{g} \end{array}$$

- g 단위 계산: $200+900=1100$, $1100-1000=100$
- kg 단위 계산: $1+5+2=8$

개념 2 무게의 뺄셈

kg 단위의 수끼리, g 단위의 수끼리 뺍니다.

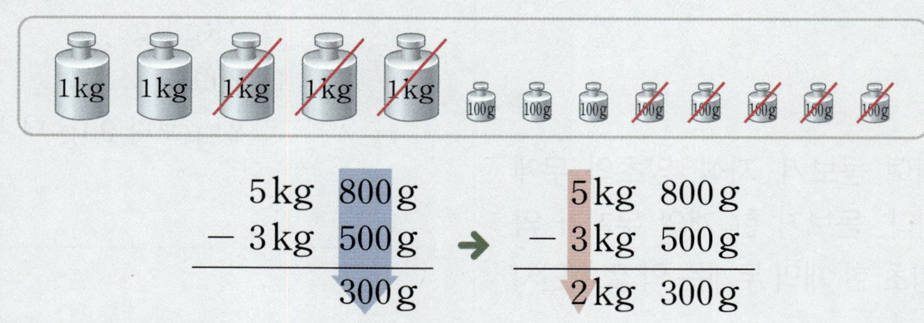

$$\begin{array}{r} 5\,\text{kg}\ \ 800\,\text{g} \\ -\ 3\,\text{kg}\ \ 500\,\text{g} \\ \hline 300\,\text{g} \end{array} \rightarrow \begin{array}{r} 5\,\text{kg}\ \ 800\,\text{g} \\ -\ 3\,\text{kg}\ \ 500\,\text{g} \\ \hline 2\,\text{kg}\ \ 300\,\text{g} \end{array}$$

참고 g 단위의 수끼리 뺄 수 없으면 1 kg을 1000 g으로 받아내림합니다.

$$\begin{array}{r} \overset{6}{\cancel{7}}\,\text{kg}\ \ \overset{1000}{300}\,\text{g} \\ -\ 4\,\text{kg}\ \ 800\,\text{g} \\ \hline 2\,\text{kg}\ \ 500\,\text{g} \end{array}$$

- g 단위 계산: $1000+300-800=500$
- kg 단위 계산: $7-1-4=2$

확 인 □ 안에 알맞은 수를 써넣으세요.

(1) $3\,\text{kg}\ 600\,\text{g}+1\,\text{kg}\ 300\,\text{g}=\boxed{}\ \text{kg}\ \boxed{}\ \text{g}$

(2) $7\,\text{kg}\ 900\,\text{g}-1\,\text{kg}\ 600\,\text{g}=\boxed{}\ \text{kg}\ \boxed{}\ \text{g}$

1 그림을 보고 □ 안에 알맞은 수를 써넣으세요.

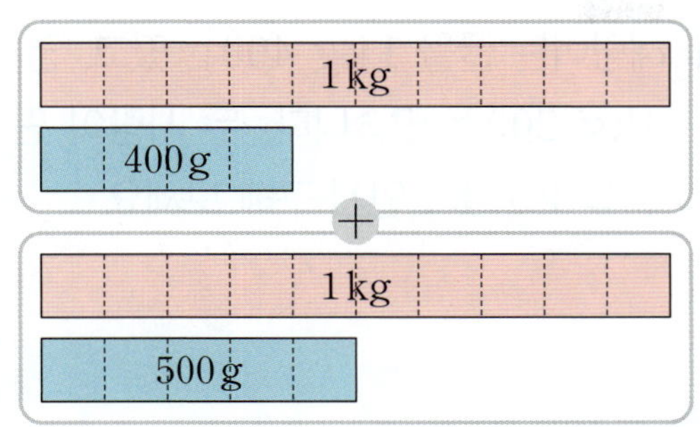

$$1\,kg\,400\,g + 1\,kg\,500\,g$$
$$= \boxed{}\,kg\,\boxed{}\,g$$

2 그림을 보고 □ 안에 알맞은 수를 써넣으세요.

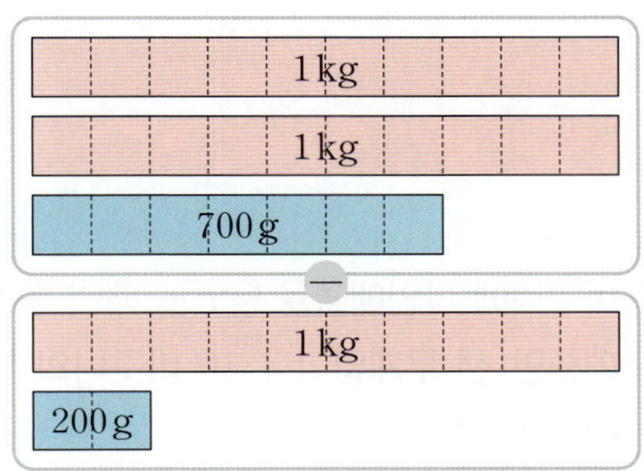

$$2\,kg\,700\,g - 1\,kg\,200\,g$$
$$= \boxed{}\,kg\,\boxed{}\,g$$

3 □ 안에 알맞은 수를 써넣으세요.

(1) $1\,kg\,200\,g + 2\,kg\,300\,g$

$\quad = \boxed{}\,kg\,\boxed{}\,g$

(2) $4\,kg\,700\,g - 3\,kg\,500\,g$

$\quad = \boxed{}\,kg\,\boxed{}\,g$

4 □ 안에 알맞은 수를 써넣으세요.

(1)
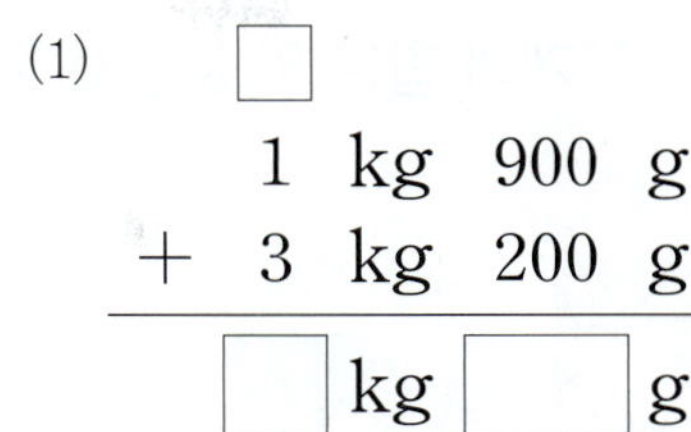

(2)
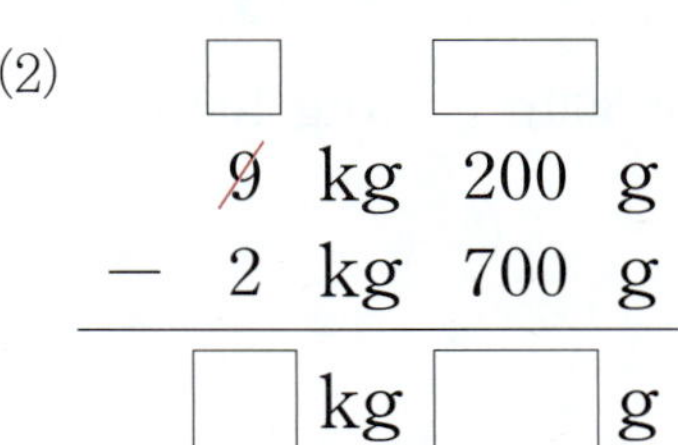

5 계산해 보세요.

(1)
$\quad 3\,kg\,700\,g$
$+ 5\,kg\,200\,g$

(2)
$\quad 9\,kg\,600\,g$
$- 5\,kg\,300\,g$

(3) $6\,kg\,100\,g + 2\,kg\,400\,g$

(4) $7\,kg\,800\,g - 4\,kg\,500\,g$

6 바르게 계산한 것에 ○표 하세요.

$2\,kg\,800\,g$	$2\,kg\,800\,g$
$+ 1\,kg\,400\,g$	$+ 1\,kg\,400\,g$
$3\,kg\,200\,g$	$4\,kg\,200\,g$

(   )   (   )

01 밀가루와 설탕의 무게의 합은 몇 kg 몇 g인지 구해 보세요.

( )

02 빈칸에 알맞은 무게는 몇 kg 몇 g인지 써넣으세요.

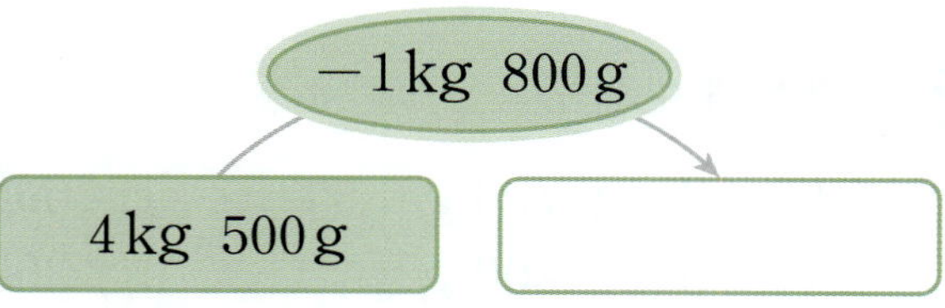

03 □ 안에 알맞은 수를 써넣으세요.

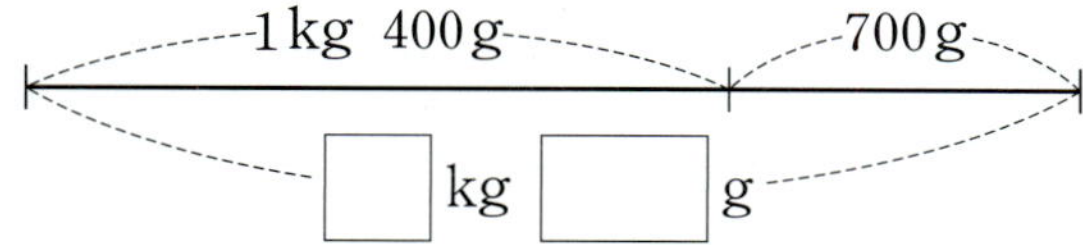

창의형

04 과일 두 가지를 골라 ◯표 하고, 고른 두 과일의 무게의 합은 몇 kg 몇 g인지 구해 보세요.

( )

05 혜림이는 귤을 1 kg 400 g 땄고, 영우는 귤을 3 kg 200 g 땄습니다. 두 사람이 딴 귤은 모두 몇 kg 몇 g인지 구해 보세요.

( )

06 계산 결과가 3 kg 600 g인 것의 기호를 써 보세요.

> ㉠ 1 kg 900 g＋2 kg 700 g
> ㉡ 9 kg 100 g－5 kg 500 g

( )

07 바구니에 파인애플을 담았을 때의 무게와 파인애플만 잰 무게입니다. 빈 바구니의 무게는 몇 g인지 구해 보세요.

( )

08 가장 무거운 무게와 가장 가벼운 무게의 차는 몇 g인지 구해 보세요.

> 2 kg 80 g　　2500 g
> 4 kg 100 g　　6210 g

( )

09 무게가 무거운 것부터 차례로 ○ 안에 1, 2, 3 을 써넣으세요.

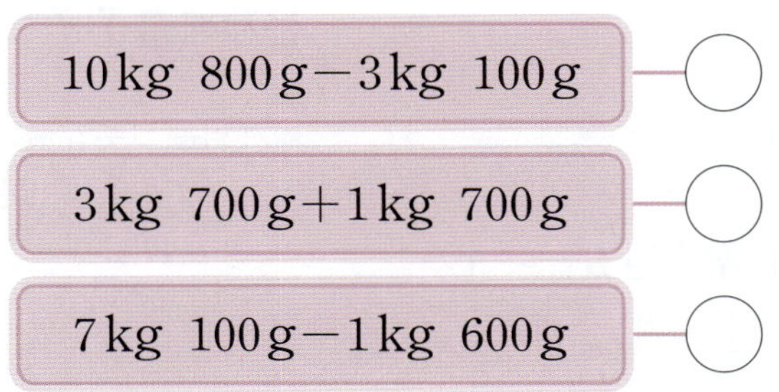

10 5 kg까지 담을 수 있는 상자에 무게가 800 g 인 물건과 500 g인 물건이 각각 1개씩 들어 있습니다. 상자에 더 담을 수 있는 무게는 몇 kg 몇 g인지 구해 보세요.

(   )

11 다은이의 가방 무게는 몇 kg 몇 g인지 구해 보세요.

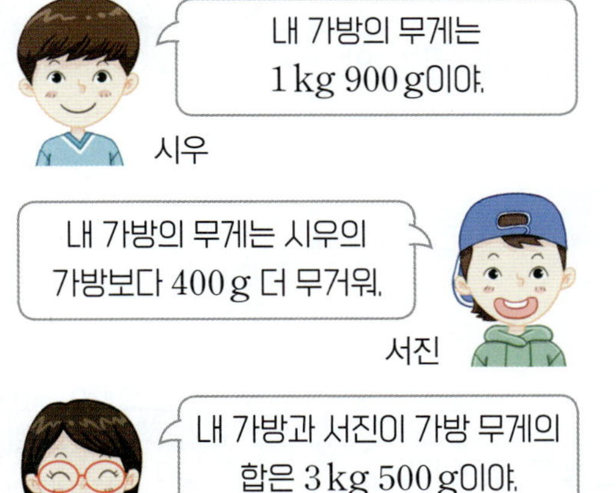

(   )

12 진호의 몸무게는 30 kg 600 g이고, 수민이의 몸무게는 진호보다 5 kg 300 g 더 가볍습니다. 두 사람의 몸무게의 합은 몇 kg 몇 g인지 풀이 과정을 쓰고, 답을 구해 보세요.

❶ (수민이의 몸무게)

$=30$ kg 600 g $-$ ☐ kg ☐ g

$=$ ☐ kg ☐ g

❷ (진호와 수민이의 몸무게의 합)

$=30$ kg 600 g $+$ ☐ kg ☐ g

$=$ ☐ kg ☐ g

답 ___________

13 연수의 몸무게는 26 kg 700 g이고, 예린이의 몸무게는 연수보다 3 kg 600 g 더 가볍습니다. 두 사람의 몸무게의 합은 몇 kg 몇 g인지 풀이 과정을 쓰고, 답을 구해 보세요.

____

____

____

____

답 ___________

학습 결과에 색칠하세요. 

1 세 그릇의 들이 비교하기

그릇 ㉮, ㉯, ㉰ 중 들이가 가장 많은 것을 구해 보세요.

> • ㉮에 물을 가득 채운 후 ㉰에 모두 옮겨 담았더니 물이 넘쳤습니다.
> • ㉯에 물을 가득 채운 후 ㉰에 모두 옮겨 담았더니 물이 가득 차지 않았습니다.

1단계 그릇 ㉮와 ㉰ 중 들이가 더 많은 것 구하기

(   )

2단계 그릇 ㉯와 ㉰ 중 들이가 더 많은 것 구하기

(   )

3단계 들이가 가장 많은 것 구하기

(   )

문제해결 TIP

옮겨 담은 그릇의 물이 넘치면 옮겨 담기 전 그릇의 들이가 더 많아요.

1-1 그릇 ㉮, ㉯, ㉰ 중 들이가 가장 적은 것을 구해 보세요.

> • ㉮에 물을 가득 채운 후 ㉯에 모두 옮겨 담았더니 물이 가득 차지 않았습니다.
> • ㉯에 물을 가득 채운 후 ㉰에 모두 옮겨 담았더니 물이 가득 차지 않았습니다.

(   )

1-2 그릇 ㉮와 ㉯ 중 들이가 더 적은 것을 구해 보세요.

(   )

2 수도로 물을 받은 그릇의 들이 구하기

비어 있는 주전자에 물이 1분에 800 mL씩 나오는 수도로 물을 받았습니다. 5분이 지났을 때 1 L 400 mL의 물이 주전자 밖으로 흘러 넘쳤다면 주전자의 들이는 몇 L 몇 mL인지 구해 보세요.

1단계 5분 동안 수도에서 나온 물의 양 구하기

( )

2단계 주전자의 들이 구하기

( )

문제해결 TIP

5분 동안 수도에서 나온 물의 양에서 5분이 지났을 때 주전자 밖으로 흘러 넘친 물의 양을 빼서 구해요.

5
단원
7회

2-1 비어 있는 양동이에 물이 1분에 2 L 350 mL씩 나오는 수도로 물을 받았습니다. 3분이 지났을 때 1 L 500 mL의 물이 양동이 밖으로 흘러 넘쳤다면 양동이의 들이는 몇 L 몇 mL인지 구해 보세요.

( )

2-2 구멍이 뚫려서 1분에 50 mL씩 물이 새는 세숫대야가 있습니다. 이 세숫대야에 물이 1분에 950 mL씩 나오는 수도로 물을 가득 받는 데 5분이 걸렸다면 세숫대야의 들이는 몇 L 몇 mL인지 구해 보세요.

( )

3 물건 한 개의 무게 구하기

저울을 사용하여 비누, 빗, 치약의 무게를 비교했습니다. 비누 한 개의 무게가 120 g일 때 치약 한 개의 무게는 몇 g인지 구해 보세요.

(단, 빗의 무게는 모두 같습니다.)

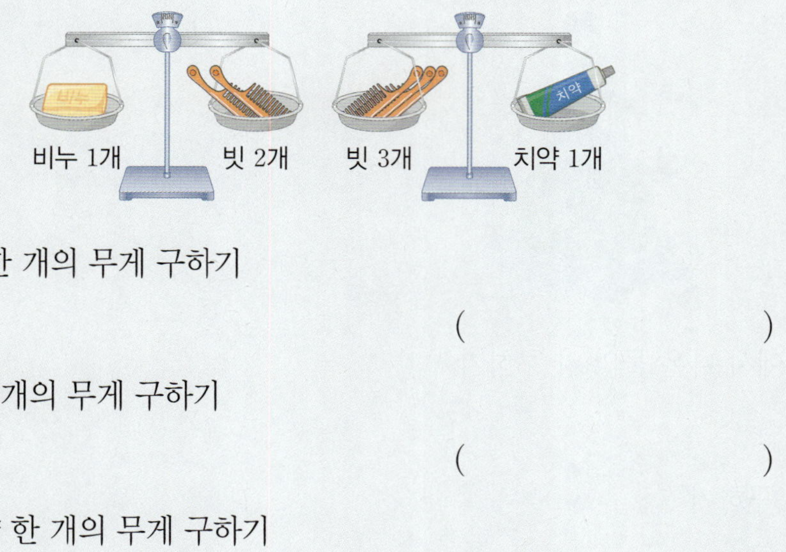

1단계 빗 한 개의 무게 구하기

( )

2단계 빗 3개의 무게 구하기

( )

3단계 치약 한 개의 무게 구하기

( )

3-1 저울을 사용하여 보온병, 손거울, 유리컵의 무게를 비교했습니다. 보온병 한 개의 무게가 210 g일 때 유리컵 한 개의 무게는 몇 g인지 구해 보세요. (단, 손거울의 무게는 모두 같습니다.)

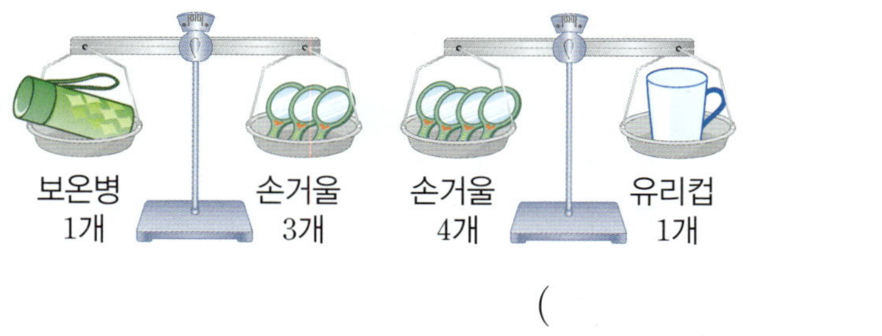

( )

3-2 건전지 3개와 지우개 9개의 무게가 같고, 지우개 9개와 필통 한 개의 무게가 같습니다. 필통 한 개의 무게가 450 g일 때 건전지 한 개의 무게는 몇 g인지 구해 보세요. (단, 같은 물건끼리는 무게가 각각 같습니다.)

( )

4 빈 병의 무게 구하기

주스가 가득 담긴 병의 무게를 저울로 재었더니 500 g이었습니다. 이 주스를 반만큼 마신 후 주스가 담긴 병의 무게를 다시 재었더니 300 g 이었습니다. 빈 병의 무게는 몇 g인지 구해 보세요.

1단계 주스 반만큼의 무게 구하기

(   )

2단계 빈 병의 무게 구하기

(   )

문제해결 TIP

주스 반만큼의 무게는 주스가 가득 담긴 병의 무게에서 주스가 반만큼 담긴 병의 무게를 빼서 구해요.

4-1 무게가 같은 음료수 4병이 담긴 상자의 무게를 재었더니 1 kg 900 g이 었습니다. 이 중에서 음료수 2병을 꺼낸 후 무게를 다시 재었더니 1 kg 200 g이었습니다. 빈 상자의 무게는 몇 g인지 구해 보세요.

(   )

4-2 배 6개가 담긴 상자의 무게를 재었더니 4 kg 600 g이었습니다. 이 상자에 배 3개를 더 넣은 후 무게를 다시 재었더니 6 kg 550 g이었습니다. 빈 상자의 무게는 몇 g인지 구해 보세요. (단, 배의 무게는 모두 같습니다.)

(   )

학습 결과에 색칠하세요.   

01 물병 ㉮, ㉯에 물을 가득 채운 후 모양과 크기가 같은 그릇에 모두 옮겨 담았습니다. ㉮와 ㉯ 중 들이가 더 많은 것을 써 보세요.

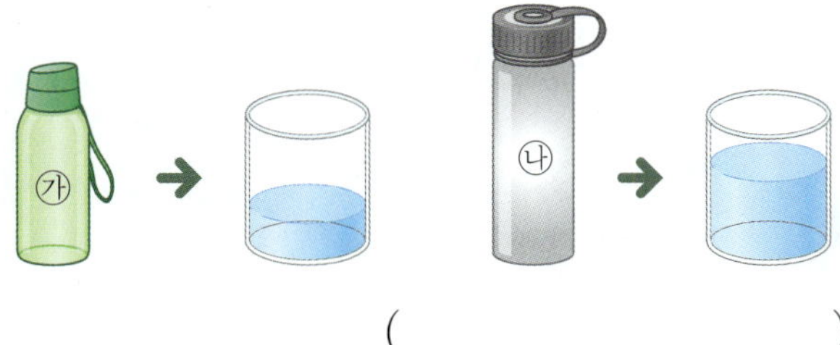

(　　　　　　　　)

02 □ 안에 알맞은 수를 써넣으세요.

$$5\,L\ 170\,mL = \boxed{}\,mL$$

03 □ 안에 알맞은 수를 써넣으세요.

$$\begin{array}{r} 6\ L\ \ 900\ mL \\ -\ 3\ L\ \ 400\ mL \\ \hline \boxed{}\ L\ \boxed{}\ mL \end{array}$$

04 노트북의 무게가 얼마인지 저울의 눈금을 읽고 □ 안에 알맞은 수를 써넣으세요.

$$\boxed{}\,kg\ \boxed{}\,g$$

05 □ 안에 알맞은 수를 써넣으세요.

800 kg보다 200 kg 더 무거운 무게는 □ t입니다.

06 (보기)에서 알맞은 단위를 찾아 □ 안에 써넣으세요.

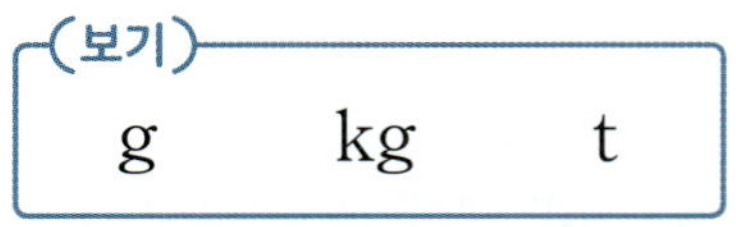

농구공 1개의 무게는 약 600 □ 입니다.

07 서진이의 말을 읽고 물통과 그릇 중 들이가 더 많은 것을 써 보세요.

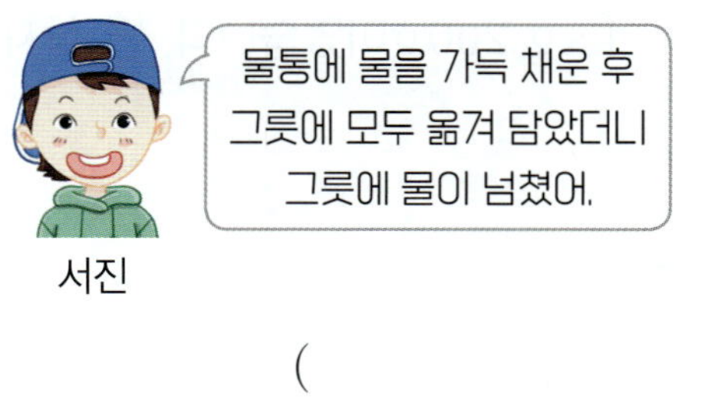

(　　　　　　　　)

08 그릇 ㉮, ㉯, ㉰에 물을 가득 채우려면 종이컵에 물을 가득 채워 다음과 같이 부어야 합니다. 그릇 ㉮, ㉯, ㉰ 중 들이가 가장 많은 그릇을 찾아 써 보세요.

그릇	㉮	㉯	㉰
부은 횟수(번)	6	8	5

(　　　　　　　　)

09 들이가 적은 것부터 차례로 기호를 써 보세요.

> ⊙ 7 L   ⓒ 7 L 20 mL
> ⓒ 7200 mL   ⓔ 700 mL

(   )

10 물병의 들이는 2 L입니다. 물병에 들어 있는 물은 약 몇 L인지 어림해 보세요.

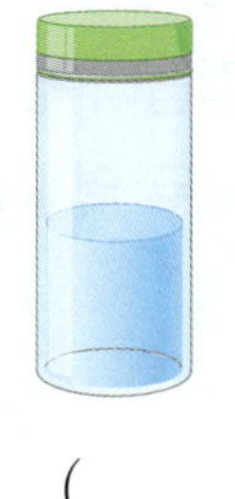

(   )

11 □ 안에 알맞은 수를 써넣으세요.

1 L 600 mL

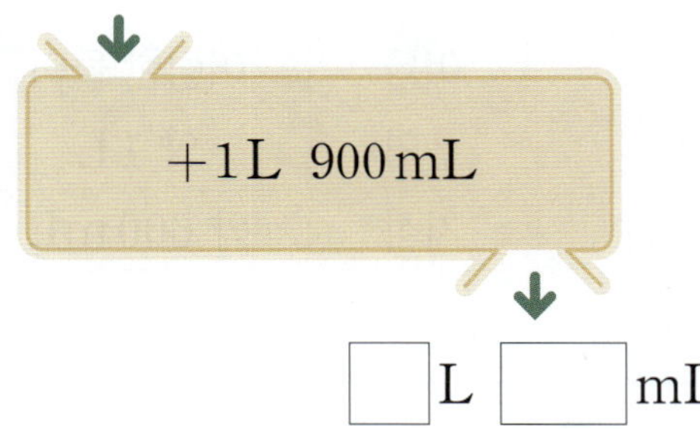

☐ L ☐ mL

12 저울을 사용하여 배, 사과, 참외의 무게를 비교했습니다. 배, 사과, 참외 중 가장 무거운 것을 써 보세요.

(   )

13 두 무게의 합과 차는 몇 kg 몇 g인지 각각 구해 보세요.

> 3 kg 100 g   5 kg 850 g

합 (   )
차 (   )

서술형

14 수조에 물이 1250 mL 들어 있었습니다. 이 수조에 물을 2 L 450 mL 더 넣었다면 수조에 들어 있는 물은 모두 몇 L 몇 mL인지 풀이 과정을 쓰고, 답을 구해 보세요.

____

____

____

____

답 _______________________________

15 무게의 단위 사이의 관계를 <u>잘못</u> 나타낸 것을 모두 고르세요. (   )

① $5000\,kg=5\,t$
② $5\,kg\,5\,g=5005\,g$
③ $5\,kg\,55\,g=5550\,g$
④ $5900\,g=5\,kg\,90\,g$
⑤ $5709\,g=5\,kg\,709\,g$

16 무게가 화분보다 더 무거운 것을 찾아 기호를 써 보세요.

┌─────────────────────────────┐
│ ㉠ 연필 1자루   ㉡ 지우개 1개 │
│ ㉢ 공책 1권   ㉣ 세탁기 1대 │
└─────────────────────────────┘

(   )

17 무게의 단위를 <u>잘못</u> 사용한 사람을 찾아 이름을 써 보세요.

> 재훈: 코끼리 1마리의 무게는 약 $4\,t$입니다.
> 수연: 컵 1개의 무게는 약 $300\,kg$입니다.
> 서준: 쟁반 1개의 무게는 약 $250\,g$입니다.

(   )

18 들이가 가장 적은 것을 찾아 기호를 써 보세요.

> ㉠ $1\,L\,800\,mL+1\,L\,700\,mL$
> ㉡ $5300\,mL-1600\,mL$
> ㉢ $7\,L\,200\,mL-3900\,mL$

(   )

19 진주가 받은 선물 상자의 무게는 $1\,kg\,500\,g$, 시현이가 받은 선물 상자의 무게는 진주보다 $300\,g$ 더 무겁습니다. 두 사람이 받은 선물 상자의 무게는 모두 몇 kg 몇 g인지 구해 보세요.

(   )

서술형
20 은영이와 지석이는 들이가 $750\,mL$인 식용유 병의 들이를 다음과 같이 어림했습니다. 식용유병의 실제 들이에 더 가깝게 어림한 사람은 누구인지 풀이 과정을 쓰고, 답을 구해 보세요.

이름	어림한 들이
은영	약 $1\,L$
지석	약 $600\,mL$

답

수행 평가

21 물 1L 800mL가 들어 있던 물통에 들이가 300mL인 그릇으로 물을 가득 채워서 4번 더 부었습니다. 물통에 들어 있는 물은 모두 몇 L인지 구해 보세요. (단, 물통에 부은 물은 넘치지 않았습니다.)

(   )

22 □ 안에 알맞은 수를 써넣으세요.

$$
\begin{array}{r}
\square \text{ kg } 200 \text{ g} \\
- \quad 2 \text{ kg } \square \text{ g} \\
\hline
3 \text{ kg } 400 \text{ g}
\end{array}
$$

23 가지 1개와 한라봉 1개의 무게의 합은 몇 g인지 구해 보세요. (단, 같은 종류끼리는 무게가 각각 같습니다.)

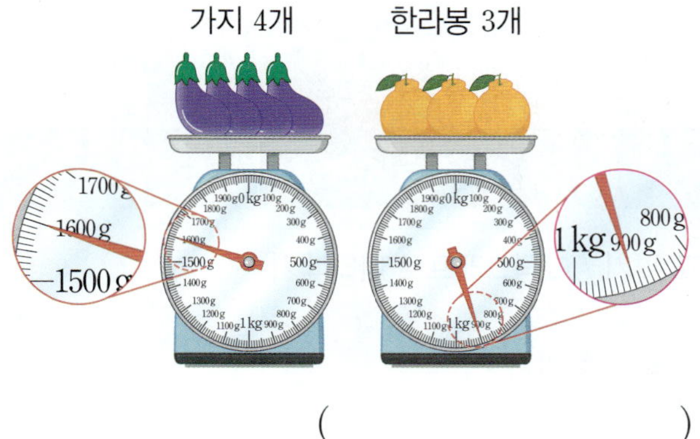

(   )

|24~25| 리아와 친구들이 감자 캐기 체험을 했습니다. 물음에 답하세요.

24 리아는 감자를 3kg 700g 캤습니다. 리아가 캔 감자는 몇 g인지 구해 보세요.

(   )

25 민준이는 감자를 2kg 900g 캤고, 수현이는 4600g 캤습니다. 누가 감자를 몇 kg 몇 g 더 많이 캤는지 풀이 과정을 쓰고, 답을 구해 보세요.

답   ,

학습 결과에 색칠하세요.   

5 단원 8회

6 그림그래프

● 이번에 배울 내용

회차	쪽수	학습 내용	학습 주제
1회	148~151쪽	개념+문제 학습	그림그래프 알기 / 그림그래프로 나타내기
2회	152~155쪽	개념+문제 학습	그림그래프의 내용 알기
3회	156~159쪽	개념+문제 학습	자료를 수집하여 그림그래프로 나타내기
4회	160~163쪽	응용 학습	
5회	164~167쪽	마무리 평가	

생산량 / 149쪽

뜻 일정한 기간 동안 생산되는 수량

예 올해는 가뭄이나 태풍 등의 자연재해가 적어 쌀 **생산량**이 작년에 비해 늘었어요.

민속놀이 / 150쪽

뜻 사람들 사이에서 전하여 내려오는 놀이

예 설날에는 윷놀이, 정월 대보름에는 쥐불놀이 등 다양한 **민속놀이**를 즐겼어요.

쓰레기 배출량 / 161쪽

뜻 일상 생활에서 버리는 쓰레기의 양

예 비닐과 플라스틱 빨대 사용을 줄이는 것으로도 **쓰레기 배출량**을 줄일 수 있어요.

내과 / 166쪽

뜻 우리 몸 안에 생긴 병을 치료해 주는 병원의 한 부서

예 서영이는 요즘 자주 배가 아파서 **내과**에 갔어요.

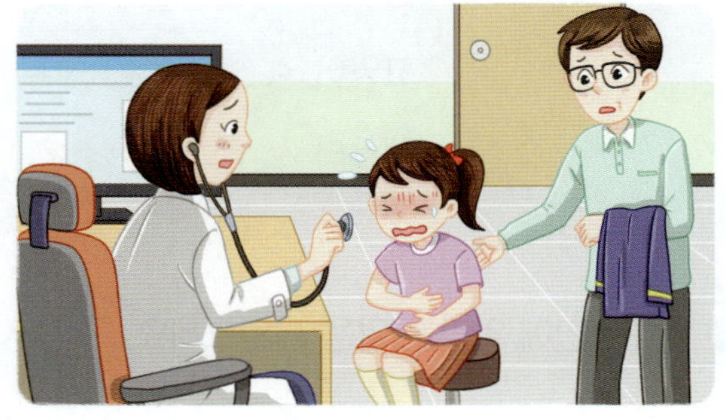

개념 1 그림그래프 알기

> 조사한 수를 그림으로 나타낸 그래프를 **그림그래프**라고 합니다.

종류별 나무 수

종류	나무 수
소나무	
단풍나무	
편백나무	
벚나무	

🌳 10그루
🌱 1그루

- 종류별 나무 수를 조사한 그래프입니다.
- 🌳은 10그루, 🌱은 1그루를 나타냅니다.
- 소나무는 🌳이 3개, 🌱이 2개이므로 32그루입니다.

개념 2 그림그래프로 나타내기

① 어떤 그림으로 나타낼지 정하기 → ② 단위를 몇 가지로 나타낼지 정하기 → ③ 그림을 그려서 나타내기 → ④ 알맞은 제목 쓰기

└ 제목을 먼저 써도 돼요.

기르고 싶어 하는 반려동물별 학생 수

반려동물	강아지	고양이	햄스터	합계
학생 수(명)	42	33	25	100

표는 조사한 자료의 항목별 수를 쉽게 알 수 있어.

④ **기르고 싶어 하는 반려동물별 학생 수**

반려동물	학생 수
강아지	
고양이	
햄스터	

그림그래프는 조사한 수를 한눈에 쉽게 비교할 수 있어.

😊 10명
🙂 1명

확인 ☐ 안에 알맞은 말을 써넣으세요.

조사한 수를 그림으로 나타낸 그래프를 ☐라고 합니다.

1 어느 가게에서 하루 동안 팔린 종류별 피자 수를 조사하여 나타낸 그래프입니다. □ 안에 알맞은 수를 써넣으세요.

하루 동안 팔린 종류별 피자 수

종류	피자 수
불고기	
고구마	
새우	

🍕 10판
🍕 1판

(1) 위와 같이 조사한 수를 그림으로 나타낸 그래프를 [   ] 라고 합니다.

(2) 🍕은 [   ] 판, 🍕은 [   ] 판을 나타냅니다.

(3) 팔린 불고기피자는 [   ] 판, 고구마피자는 [   ] 판, 새우피자는 [   ] 판입니다.

2 농장별 한라봉 생산량을 조사하여 나타낸 그림그래프입니다. □ 안에 알맞은 수를 써넣으세요.

농장별 한라봉 생산량

농장	생산량
푸른	
초록	
구름	

🍊 100 kg
🍊 10 kg

(1) 🍊은 [   ] kg, 🍊은 [   ] kg을 나타냅니다.

(2) 푸른 농장의 한라봉 생산량은 🍊이 [   ] 개, 🍊이 [   ] 개이므로 [   ] kg입니다.

|**3~5**| **수아네 마을의 목장별 양의 수를 조사하여 나타낸 표를 보고 그림그래프로 나타내려고 합니다. 물음에 답하세요.**

목장별 양의 수

목장	가	나	다	라	합계
양의 수(마리)	33	12	21	14	80

3 표를 보고 그림그래프로 나타낼 때 제목으로 알맞은 것에 ◯표 하세요.

목장별 양의 수   (   )

수아네 마을의 목장 수   (   )

4 ◎는 10마리, ○는 1마리로 하여 그림그래프로 나타내려고 합니다. ◎와 ○를 각각 몇 개씩 그려야 하는지 □ 안에 알맞은 수를 써넣으세요.

가 목장 ➔ ◎ [   ] 개, ○ [   ] 개

나 목장 ➔ ◎ [   ] 개, ○ [   ] 개

다 목장 ➔ ◎ [   ] 개, ○ [   ] 개

라 목장 ➔ ◎ [   ] 개, ○ [   ] 개

5 표를 보고 그림그래프를 완성해 보세요.

[   ]

목장	양의 수
가	◎ ◎ ◎ ◎ ○ ○ ○
나	
다	
라	

◎10마리
○ 1마리

6
단원
1회

|01~04| 진주네 마을의 농장별 닭의 수를 조사하여 나타낸 그림그래프입니다. 물음에 답하세요.

농장별 닭의 수

농장	닭의 수
가	
나	
다	
라	

🐔 10마리
🐤 1마리

01 무엇을 조사하여 나타낸 그래프인가요?

( )

02 🐔과 🐤은 각각 몇 마리를 나타내나요?

🐔 ( )

🐤 ( )

03 닭이 42마리 있는 농장을 찾아 써 보세요.

( )

04 네 농장의 닭은 모두 몇 마리인가요?

( )

|05~08| 민아네 학교 3학년 학생들이 좋아하는 민속놀이를 조사하여 나타낸 표를 보고 그림그래프로 나타내려고 합니다. 물음에 답하세요.

좋아하는 민속놀이별 학생 수

민속놀이	연날리기	제기차기	팽이치기	투호	합계
학생 수(명)	30	21	24	15	90

05 학생 수를 ◯와 ○의 2가지 단위로 나타내려고 합니다. 각각 몇 명으로 하면 좋을까요?

◯ ( )

○ ( )

06 팽이치기를 좋아하는 학생 수를 그림그래프에 나타내려면 ◯와 ○를 각각 몇 개씩 그려야 하나요?

◯ ( )

○ ( )

07 표를 보고 그림그래프를 완성해 보세요.

민속놀이	학생 수
연날리기	
제기차기	
팽이치기	
투호	

◯ ☐ 명

○ ☐ 명

창의형

08 표와 비교하여 그림그래프로 나타냈을 때의 편리한 점을 써 보세요.

____

____

서술형 문제

|09~11| 어느 아파트의 동별로 배달된 우편물 수를 조사하여 나타낸 표입니다. 물음에 답하세요.

동별 배달된 우편물 수

동	1동	2동	3동	4동	합계
우편물 수(개)	360	280	270	450	1360

09 표를 보고 그림그래프로 나타내 보세요.

동별 배달된 우편물 수

동	우편물 수
1동	
2동	
3동	
4동	

△100개 △10개

10 **09**의 그림그래프를 보고 △는 100개, □는 50개, △는 10개로 하여 그림그래프로 나타내 보세요.

동별 배달된 우편물 수

동	우편물 수
1동	
2동	
3동	
4동	

△100개 □50개 △10개

11 배달된 우편물 수가 가장 많은 동은 몇 동인가요?

( )

12 가고 싶은 장소별 학생 수를 조사하여 나타낸 표를 보고 그림그래프로 나타내려고 합니다. 풀이 과정을 쓰고, 그림그래프를 완성해 보세요.

가고 싶은 장소별 학생 수

장소	바다	공원	호수	합계
학생 수(명)	16	21		60

❶ 호수에 가고 싶은 학생은

$60-16-21=$ ☐ (명)입니다.

❷ 가고 싶은 장소별 학생 수

장소	학생 수
바다	◇ ◇ ◇ ◇ ◇ ◇
공원	◇ ◇ ◇
호수	

◇10명
◇1명

13 마을별 약국 수를 조사하여 나타낸 표를 보고 그림그래프로 나타내려고 합니다. 풀이 과정을 쓰고, 그림그래프를 완성해 보세요.

마을별 약국 수

마을	약국 수
가	140
나	
다	150
합계	500

마을별 약국 수

마을	약국 수
가	☐ ☐☐☐☐
나	
다	☐ ☐☐☐☐☐

☐100개 ☐10개

____

____

____

학습 결과에 색칠하세요.   

6 단원 **1**회

개념 1 그림그래프의 내용 알기

좋아하는 꽃별 학생 수

- 🟠은 10명, 🔸은 1명을 나타냅니다.
- 해바라기를 좋아하는 학생 수: 🟠 2개, 🔸 6개 → 26명
- 튤립을 좋아하는 학생 수: 🟠 3개, 🔸 2개 → 32명
- **가장 많은** 학생들이 좋아하는 꽃: 큰 그림의 수가 **가장 많은** 튤립
- **가장 적은** 학생들이 좋아하는 꽃: 큰 그림의 수가 **가장 적은** 코스모스
- 튤립과 백합을 좋아하는 학생 수의 합: $32+24=56$(명)
- 해바라기와 코스모스를 좋아하는 학생 수의 차: $26-17=9$(명)

참고 조사한 수를 비교할 때는 먼저 큰 그림의 수를 비교하고, 큰 그림의 수가 같으면 작은 그림의 수를 비교합니다.

확인 반별 모은 빈 병의 수를 조사하여 나타낸 그림그래프입니다. □ 안에 알맞은 수를 써넣으세요.

반별 모은 빈 병의 수

반	빈 병의 수
1반	🍶🍶🍶 🫗🫗🫗🫗🫗🫗
2반	🍶 🫗🫗🫗🫗🫗🫗
3반	🍶🍶🍶🍶 🫗🫗🫗
4반	🍶 🫗🫗🫗🫗🫗🫗🫗🫗🫗

🍶 10개
🫗 1개

(1) 1반이 모은 빈 병의 수는 🍶 3개, 🫗 6개이므로 ☐ 개입니다.

(2) 빈 병을 가장 많이 모은 반은 🍶의 수가 가장 많은 ☐ 반입니다.

(3) 빈 병을 가장 적게 모은 반은 🍶의 수가 가장 적은 ☐ 반입니다.

1 어느 아이스크림 가게에서 하루 동안 팔린 아이스크림의 수를 조사하여 나타낸 그림그래프입니다. 바르게 설명했으면 ○표, 잘못 설명했으면 ×표 하세요.

하루 동안 팔린 종류별 아이스크림의 수

종류	아이스크림의 수
망고 맛	🍦🍦🍦🍦 🍦
딸기 맛	🍦🍦 🍦🍦
포도 맛	🍦🍦 🍦🍦🍦🍦
멜론 맛	🍦 🍦🍦🍦🍦🍦🍦🍦

🍦100개 🍦10개

(1) 🍦은 10개, 🍦은 1개를 나타냅니다.

(　　　)

(2) 망고 맛 아이스크림은 410개 팔렸습니다.

(　　　)

(3) 딸기 맛 아이스크림은 320개 팔렸습니다.

(　　　)

(4) 멜론 맛 아이스크림은 180개 팔렸습니다.

(　　　)

(5) 팔린 아이스크림이 340개인 것은 포도 맛 아이스크림입니다.

(　　　)

(6) 가장 많이 팔린 아이스크림은 망고 맛 아이스크림입니다.

(　　　)

(7) 가장 적게 팔린 아이스크림은 딸기 맛 아이스크림입니다.

(　　　)

2 지윤이네 반 학생들이 도서관에서 일주일 동안 빌려 간 책의 수를 조사하여 나타낸 그림그래프입니다. ☐ 안에 알맞은 수나 말을 써넣으세요.

종류별 빌려 간 책의 수

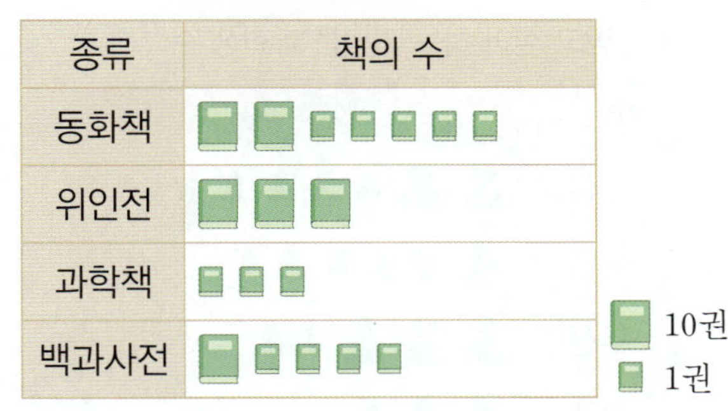

종류	책의 수
동화책	📗📗 📗📗📗📗📗
위인전	📗📗📗
과학책	📗📗
백과사전	📗 📗📗📗

📗10권 📗1권

(1) 📗은 ☐ 권, 📗은 ☐ 권을 나타냅니다.

(2) 지윤이네 반 학생들이 빌려 간 동화책은 ☐ 권입니다.

(3) 지윤이네 반 학생들이 빌려 간 백과사전은 ☐ 권입니다.

(4) 지윤이네 반 학생들이 가장 많이 빌려 간 책은 ☐ 입니다.

(5) 지윤이네 반 학생들이 가장 적게 빌려 간 책은 ☐ 입니다.

(6) 백과사전보다 많이 빌려 간 책은 ☐ 과 ☐ 입니다.

(7) 지윤이네 반 학생들은 위인전을 동화책보다 ☐ － ☐ ＝ ☐ (권) 더 많이 빌려 갔습니다.

|01~03| 수민이네 학교 3학년 학생들이 받고 싶어 하는 기념품을 조사하여 나타낸 그림그래프입니다. 물음에 답하세요.

받고 싶어 하는 기념품별 학생 수

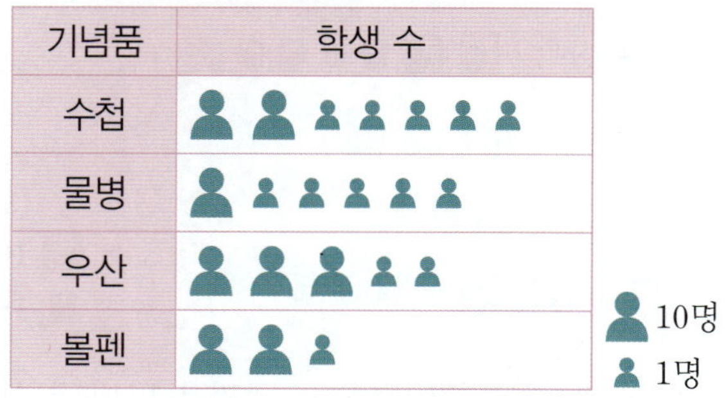

01 우산을 받고 싶어 하는 학생은 몇 명인가요?

( )

02 두 번째로 많은 학생들이 받고 싶어 하는 기념품은 무엇이고, 몇 명인가요?

( ), ( )

03 그림그래프를 보고 알 수 있는 내용을 잘못 설명한 것의 기호를 써 보세요.

> ㉠ 물병을 받고 싶어 하는 학생은 15명입니다.
> ㉡ 가장 적은 학생들이 받고 싶어 하는 기념품은 볼펜입니다.
> ㉢ 볼펜을 받고 싶어 하는 학생은 물병을 받고 싶어 하는 학생보다 6명 더 많습니다.

( )

04 도현이와 친구들의 대화를 읽고 □ 안에 알맞은 말을 써넣으세요.

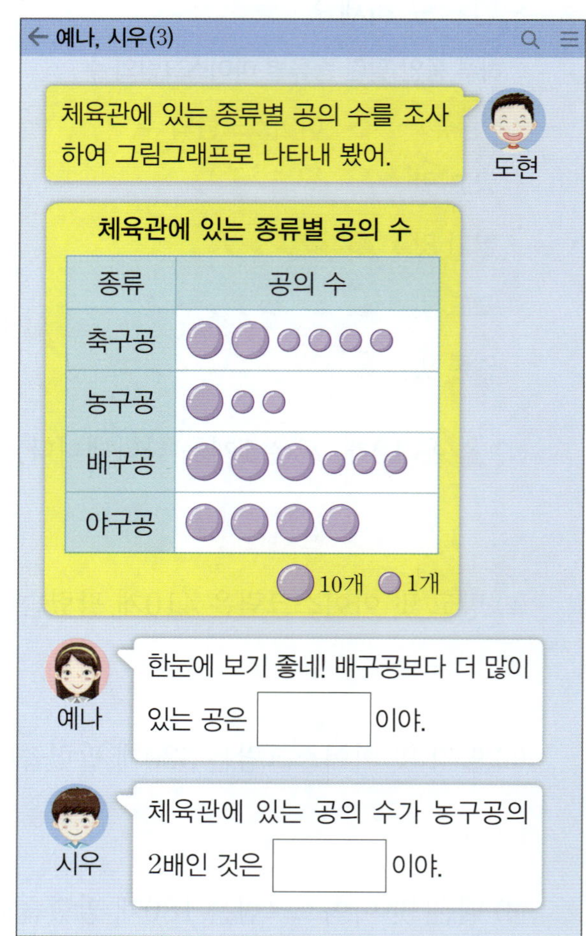

05 편의점 수가 많은 마을부터 차례로 써 보세요.

마을별 편의점 수

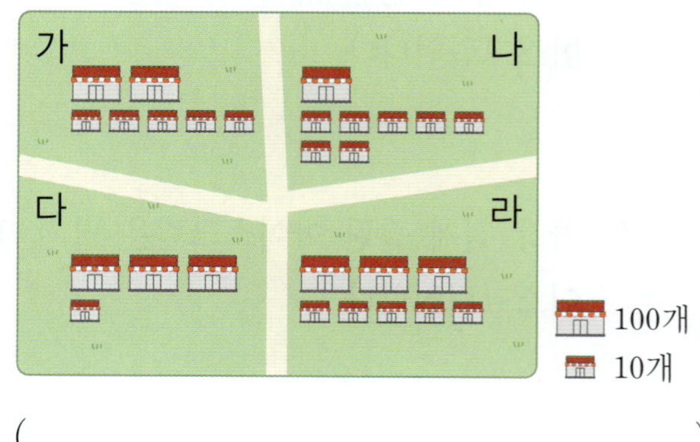

( )

|06~08| 어느 만두 가게에서 하루 동안 팔린 만두의 수를 조사하여 나타낸 그림그래프입니다. 물음에 답하세요.

하루 동안 팔린 종류별 만두의 수

종류	만두의 수
고기만두	🥟🥟🥟🥟◦◦◦
김치만두	🥟🥟🥟◦◦
새우만두	🥟◦◦◦
갈비만두	🥟🥟◦◦◦◦◦

🥟 10개　◦ 1개

06 김치만두보다 더 많이 팔린 만두를 찾아 써 보세요.

(　　　　　　　　　)

07 하루 동안 팔린 만두는 모두 몇 개인가요?

(　　　　　　　　　)

창의형

08 그림그래프를 보고 알 수 있는 내용을 2가지 써 보세요.

내용 1

____

____

내용 2

____

____

|09~10| 민재와 친구들이 한 달 동안 받은 칭찬 붙임딱지 수를 나타낸 그림그래프입니다. 물음에 답하세요.

학생별 받은 칭찬 붙임딱지 수

이름	칭찬 붙임딱지 수
민재	❤❤♥♥
이서	❤❤♥♥♥
준호	❤❤❤♥
서희	❤♥♥♥♥♥♥

❤ 10장　♥ 1장

09 이서와 준호가 받은 칭찬 붙임딱지는 모두 몇 장인지 풀이 과정을 쓰고, 답을 구해 보세요.

❶ 이서의 칭찬 붙임딱지는 [　] 장,

준호의 칭찬 붙임딱지는 [　] 장입니다.

❷ 따라서 이서와 준호가 받은 칭찬 붙임딱지는 모두 [　] + [　] = [　] (장)입니다.

답 ______________________________

10 민재가 받은 칭찬 붙임딱지는 서희가 받은 칭찬 붙임딱지보다 몇 장 더 많은지 풀이 과정을 쓰고, 답을 구해 보세요.

____

____

____

답 ______________________________

학습 결과에 색칠하세요.　

6
단원
2회

개념 1 **자료를 수집하여 그림그래프로 나타내기**

① 조사 주제와 자료 수집 방법 정하기

→ 조사 주제: 우리 반 학생들이 가입하고 싶어 하는 동아리

자료 수집 방법: 붙임딱지 붙이기 → 붙임딱지 붙이기, 디지털 기기로 설문 조사하기, 직접 손 들기 등

② 정한 방법으로 자료 수집하기

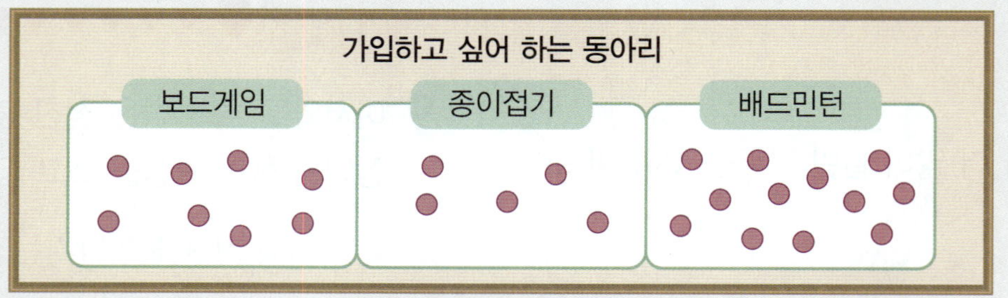

③ 수집한 자료를 표와 그림그래프로 나타내기

가입하고 싶어 하는 동아리별 학생 수

동아리	보드게임	종이접기	배드민턴	합계
학생 수(명)	8	5	12	25

가입하고 싶어 하는 동아리별 학생 수

동아리	학생 수
보드게임	◎ ○ ○ ○
종이접기	◎
배드민턴	◎ ◎ ○ ○

◎ 5명
○ 1명

확인 민규네 학교 3학년 학생들이 좋아하는 과일을 조사했습니다. 자료를 보고 표와 그림그래프를 완성해 보세요.

좋아하는 과일

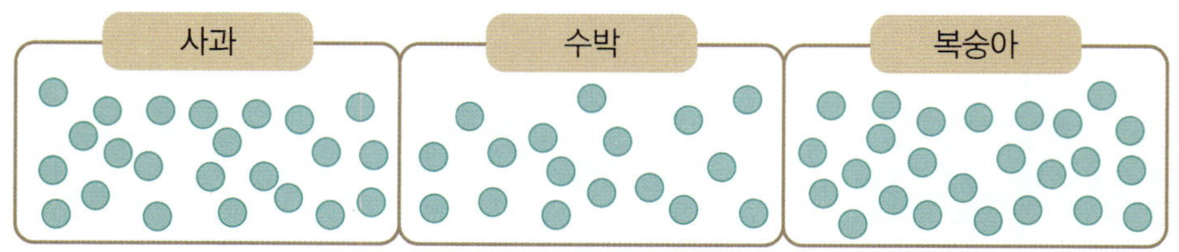

좋아하는 과일별 학생 수

과일	사과	수박	복숭아	합계
학생 수(명)	23			65

좋아하는 과일별 학생 수

과일	학생 수
사과	☺ ☺ ☺ ☺ ☺
수박	
복숭아	

☺ 10명
☺ 1명

|1~3| 유찬이네 학교 3학년 학생들이 운동회 때 참가하고 싶은 종목을 조사했습니다. 물음에 답하세요.

운동회 때 참가하고 싶은 종목

| 달리기 | 피구 |
| 야구 | 축구 |

1 조사 주제로 알맞은 것에 ○표 하세요.

| 유찬이네 학교 3학년 학생 수 | 운동회 때 참가하고 싶은 종목 |
| ( ) | ( ) |

2 조사한 자료를 보고 표로 나타내 보세요.

운동회 때 참가하고 싶은 종목별 학생 수

종목	달리기	피구	야구	축구	합계
학생 수(명)					

3 **2**의 표를 보고 그림그래프로 나타내 보세요.

운동회 때 참가하고 싶은 종목별 학생 수

종목	학생 수
달리기	☺ ☺ ☺
피구	☺ ☺ ☺ ☺ ☺
야구	
축구	

☺ 10명
☺ 1명

|4~6| 서연이네 학교 3학년 학생들이 좋아하는 계절을 조사했습니다. 물음에 답하세요.

좋아하는 계절

🌿 : 봄, ☀ : 여름, 🍁 : 가을, ❄ : 겨울

4 조사한 자료를 보고 표로 나타내 보세요.

좋아하는 계절별 학생 수

계절	봄	여름	가을	겨울	합계
학생 수(명)					

5 **4**의 표를 보고 그림그래프로 나타내 보세요.

좋아하는 계절별 학생 수

계절	학생 수
봄	○○○○○○
여름	
가을	
겨울	

◎ 10명
○ 1명

6 **5**의 그림그래프를 보고 바르게 설명했으면 ○표, 잘못 설명했으면 ×표 하세요.

(1) 가장 많은 학생들이 좋아하는 계절은 겨울입니다. □

(2) 가장 적은 학생들이 좋아하는 계절은 봄입니다. □

|01~04| 진규네 학교 3학년 학생들의 혈액형을 조사했습니다. 물음에 답하세요.

학생들의 혈액형

A형	B형	O형	AB형	AB형	A형	O형
AB형	O형	A형	O형	A형	A형	O형
O형	B형	AB형	O형	AB형	O형	B형
AB형	O형	A형	AB형	B형	A형	O형
AB형	B형	O형	A형	AB형	O형	AB형

01 조사한 자료를 보고 표로 나타내 보세요.

혈액형별 학생 수

혈액형	A형	B형	O형	AB형	합계
학생 수(명)					

02 01의 표를 보고 그림그래프로 나타내 보세요.

혈액형	학생 수
A형	
B형	
O형	
AB형	

◎ 10명
○ 1명

03 가장 많은 학생들의 혈액형은 무엇인가요?

( )

04 AB형보다 학생 수가 더 적은 혈액형을 모두 찾아 써 보세요.

( )

|05~06| 소미네 아파트 주차장에 구역별로 주차되어 있는 자동차 수를 조사했습니다. 물음에 답하세요.

주차 구역별 자동차 수

| A | ///// ///// /// | ///// /// | B |
| C | ///// ///// ///// / | ///// ///// ///// ///// // | D |

05 조사한 자료를 보고 표와 그림그래프로 나타내 보세요.

주차 구역별 자동차 수

구역	A	B	C	D	합계
자동차 수(대)					

주차 구역별 자동차 수

구역	자동차 수
A	
B	
C	
D	

□ 10대
□ 1대

06 05의 그림그래프를 보고 알 수 있는 내용을 잘못 설명한 것의 기호를 써 보세요.

⊙ 자동차가 가장 많이 주차된 구역은 D 구역입니다.
ⓒ B 구역에 주차된 자동차 수는 C 구역에 주차된 자동차 수보다 더 많습니다.
ⓒ 자동차가 가장 적게 주차된 구역은 B 구역입니다.

( )

|07~10| 재은이네 학교 3학년 학생들이 좋아하는 간식을 조사했습니다. 물음에 답하세요.

07 조사한 자료를 보고 표와 그림그래프로 나타내 보세요.

좋아하는 간식별 학생 수

간식	과자	빵	과일	떡	합계
여학생 수(명)					
남학생 수(명)					

좋아하는 간식별 학생 수

간식	학생 수
과자	
빵	
과일	
떡	

◎ 10명
○ 1명

창의형

08 재은이네 학교에서 간식을 한 가지만 준비한다면 어떤 간식이 좋을지 예상해 보고, 이유를 써 보세요.

예상

이유

09 **07**의 그림그래프를 보고 다은이의 말이 맞는지 틀린지 답하고, 이유를 써 보세요.

답 ❶ (맞습니다 , 틀립니다).

이유 ❷ 과일을 좋아하는 학생의 ◎의 수가 과자보다 더 (많으므로 , 적으므로) 과일을 좋아하는 학생 수는 과자를 좋아하는 학생 수보다 더 (많습니다 , 적습니다).

10 **07**의 그림그래프를 보고 도현이의 말이 맞는지 틀린지 답하고, 이유를 써 보세요.

답

이유

6단원 3회

1 표와 그림그래프 완성하기

진수네 학교 학생들이 좋아하는 색깔별 학생 수를 조사하여 나타낸 표와 그림그래프입니다. 표와 그림그래프를 각각 완성해 보세요.

좋아하는 색깔별 학생 수

색깔	파란색	초록색	노란색	합계
학생 수(명)			130	720

좋아하는 색깔별 학생 수

색깔	학생 수
파란색	☺ ☺ ☺ ☺ ☺ ☺
초록색	☺ ☺ ☺ ☺ ☺ ☺ ☺
노란색	

☺ 100명
☺ 10명

1단계 파란색과 초록색을 좋아하는 학생 수 각각 구하기

파란색 (   )

초록색 (   )

2단계 표와 그림그래프 각각 완성하기

문제해결 TIP

먼저 그림그래프를 보고 좋아하는 색깔별 학생 수를 구해 표를 완성해요.

1-1

어느 지역의 빵집별 팔린 빵의 수를 조사하여 나타낸 표와 그림그래프입니다. 표와 그림그래프를 각각 완성해 보세요.

빵집별 팔린 빵의 수

빵집	가	나	다	라	합계
빵의 수(개)		310			850

빵집별 팔린 빵의 수

빵집	빵의 수
가	🥔🥔🥔🥔🥔🥔🥔🥔
나	
다	🥔🥔🥔
라	

🥔 100개
🥔 10개

2 그림의 단위를 구해 문제 해결하기

준기네 집에 있는 종류별 책의 수를 조사하여 나타낸 그림그래프입니다.
준기네 집에 만화책이 35권 있을 때 동화책은 몇 권 있는지 구해 보세요.

종류별 책의 수

종류	책의 수
과학책	
위인전	
만화책	
동화책	

1단계 □ 안에 알맞은 수 써넣기

만화책 35권을 ▨ □개, ▨ □개로 나타냈습니다.

2단계 ▨과 ▨은 각각 몇 권을 나타내는지 구하기

▨ ( )

▨ ( )

3단계 동화책은 몇 권 있는지 구하기

( )

2-1

어느 아파트의 동별 쓰레기 배출량을 조사하여 나타낸 그림그래프입니
다. 가 동의 쓰레기 배출량이 320 kg일 때 다 동은 라 동의 쓰레기 배출
량보다 몇 kg 더 많은지 구해 보세요.

동별 쓰레기 배출량

동	쓰레기 배출량
가	
나	
다	
라	

( )

3 전체 수를 구해 문제 해결하기

수지네 마을에 있는 밭의 감자 생산량을 조사하여 나타낸 그림그래프입니다. 4군데의 밭에서 생산된 감자를 한 자루에 5 kg씩 담으려면 필요한 자루는 모두 몇 개인지 구해 보세요.

밭별 감자 생산량

밭	생산량
수지네	
영호네	
민수네	
경서네	

10 kg
1 kg

1단계 밭별 감자 생산량은 각각 몇 kg인지 알아보기

수지네 (   ), 영호네 (   )

민수네 (   ), 경서네 (   )

2단계 전체 감자 생산량은 몇 kg인지 구하기

(   )

3단계 필요한 자루는 모두 몇 개인지 구하기

(   )

3-1

누리 초등학교에서 사물놀이를 배우는 학년별 학생 수를 조사하여 나타낸 그림그래프입니다. 사물놀이를 배우는 6학년 학생은 3학년 학생보다 3명이 더 많습니다. 학년에 관계없이 4명씩 한 모둠이 되어 사물놀이를 배운다면 모두 몇 모둠이 되는지 구해 보세요.

사물놀이를 배우는 학년별 학생 수

학년	학생 수
3학년	
4학년	
5학년	
6학년	

10명
1명

(   )

4 모르는 항목의 수를 구해 그림그래프 완성하기

어느 가게에서 월별 우산 판매량을 조사하여 나타낸 그림그래프입니다.
5월부터 8월까지 팔린 우산은 모두 120개이고, 8월에 팔린 우산은 7월
에 팔린 우산보다 2개 더 많을 때 그림그래프를 완성해 보세요.

문제해결 TIP

전체 팔린 우산 수에서 5월
과 6월에 팔린 우산 수를 빼
서 7월과 8월에 팔린 우산
수의 합을 구해요.

월별 우산 판매량

월	판매량
5월	
6월	
7월	
8월	

10개
1개

1단계 5월과 6월에 팔린 우산은 각각 몇 개인지 알아보기

5월 (   )

6월 (   )

2단계 7월과 8월에 팔린 우산은 각각 몇 개인지 구하기

7월 (   )

8월 (   )

3단계 그림그래프 완성하기

4-1 어느 치킨 가게에서 하루 동안 팔린 치킨을 조사하여 나타낸 그림그래프
입니다. 하루 동안 팔린 치킨은 모두 110마리이고, 팔린 양념치킨 수는
고추치킨 수의 2배일 때 그림그래프를 완성해 보세요.

종류별 하루 동안 팔린 치킨 수

종류	치킨 수
프라이드치킨	
양념치킨	
간장치킨	
고추치킨	

10마리
1마리

학습 결과에 색칠하세요.

|01~04| 예준이네 마을의 목장별 우유 생산량을 조사하여 나타낸 그림그래프입니다. 물음에 답하세요.

목장별 우유 생산량

목장	생산량
가	
나	
다	
라	

10 kg
1 kg

01 🥛과 🥛은 각각 몇 kg을 나타내나요?

🥛 (   )

🥛 (   )

02 나 목장의 우유 생산량은 몇 kg인가요?

(   )

03 우유 생산량이 35 kg인 목장을 찾아 써 보세요.

(   )

04 우유 생산량이 많은 목장부터 차례로 써 보세요.

(   )

|05~08| 어느 대리점에서 전자 제품별 판매량을 조사하여 나타낸 그림그래프입니다. 물음에 답하세요.

전자 제품별 판매량

전자 제품	판매량
냉장고	
세탁기	
에어컨	
노트북	

10대
1대

05 가장 많이 팔린 전자 제품을 찾아 써 보세요.

(   )

06 가장 적게 팔린 전자 제품을 찾아 써 보세요.

(   )

07 판매량이 세탁기의 2배인 전자 제품을 찾아 써 보세요.

(   )

08 그림그래프를 보고 <u>잘못</u> 설명한 것의 기호를 써 보세요.

> ㉠ 에어컨은 세탁기보다 16대 더 많이 팔렸습니다.
> ㉡ 냉장고와 노트북은 모두 60대 팔렸습니다.

(   )

|09~12| 마을별 설치된 그늘막 수를 조사하여 나타낸 표입니다. 물음에 답하세요.

마을별 설치된 그늘막 수

마을	금강	산들	달빛	해님	합계
그늘막 수(개)	43	36	16	25	120

09 표를 보고 그림그래프로 나타낼 때 그림의 단위로 알맞은 것을 2가지 골라 ○표 하세요.

1개	10개
30개	100개

10 표를 보고 그림그래프로 나타내 보세요.

마을별 설치된 그늘막 수

마을	그늘막 수
금강	
산들	
달빛	
해님	

◎ 10개
○ 1개

11 금강 마을과 달빛 마을에 설치된 그늘막 수의 합은 몇 개인지 구해 보세요.

( )

12 산들 마을과 해님 마을에 설치된 그늘막 수의 차는 몇 개인지 구해 보세요.

( )

|13~15| 준우네 학교 3학년 학생들이 참여하고 싶은 방과 후 수업을 조사했습니다. 물음에 답하세요.

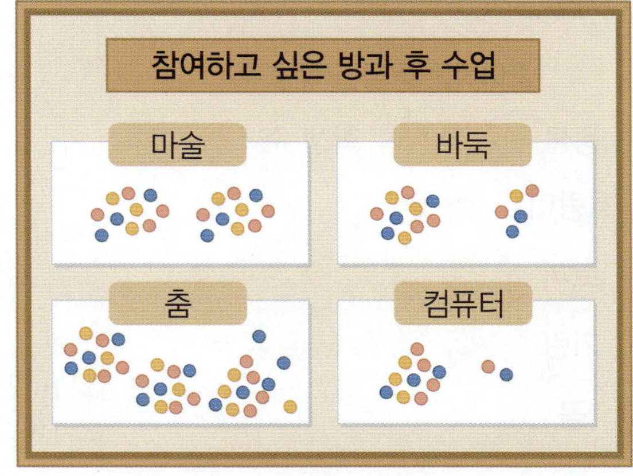

13 조사한 자료를 보고 표로 나타내 보세요.

참여하고 싶은 방과 후 수업별 학생 수

수업	미술	바둑	춤	컴퓨터	합계
학생 수(명)					

14 **13**의 표를 보고 그림그래프로 나타내 보세요.

참여하고 싶은 방과 후 수업별 학생 수

수업	학생 수
미술	
바둑	
춤	
컴퓨터	

△ 10명
△ 1명

서술형

15 **14**의 그림그래프를 보고 알 수 있는 내용을 2가지 써 보세요.

내용 1 ______________________

____

내용 2 ______________________

____

| **16~18** | 지호네 학교 3학년 학생들이 좋아하는 동물별 학생 수를 조사하여 나타낸 그림그래프입니다. 물음에 답하세요.

좋아하는 동물별 학생 수

동물	학생 수
호랑이	☺ ☺
토끼	☺ ☺ ☺ ☺ ☺ ☺ ☺
기린	☺ ☺ ☺ ☺ ☺ ☺ ☺
곰	

☺ 10명
☺ 1명

16 곰을 좋아하는 학생은 토끼를 좋아하는 학생보다 7명 더 적을 때 그림그래프를 완성해 보세요.

17 지호네 학교 3학년 학생은 모두 몇 명인지 구해 보세요.

( )

18 호랑이와 기린을 좋아하는 학생에게 한 명당 연필을 3자루씩 나누어 주려고 합니다. 연필은 모두 몇 자루 필요한지 풀이 과정을 쓰고, 답을 구해 보세요.

____

____

____

( )

19 두 지역의 병원 수를 조사했습니다. 조사한 자료를 보고 표와 그림그래프로 나타내 보세요.

가 지역의 병원 수

내과	卌 ////
치과	卌 ///
안과	卌 卌

나 지역의 병원 수

내과	卌 卌 //
치과	卌 卌 卌
안과	卌 /

↓

진료 과목별 병원 수

진료 과목	내과	치과	안과	합계
병원 수(개)	21			

진료 과목별 병원 수

진료 과목	병원 수
내과	
치과	
안과	

➕ 10개
➕ 1개

20 인규네 마을의 과수원별 사과 생산량을 조사하여 나타낸 표를 보고 그림그래프로 나타내 보세요.

과수원별 사과 생산량

과수원	싱싱	미소	초원	합계
생산량(상자)	120		240	670

과수원별 사과 생산량

과수원	생산량
싱싱	
미소	
초원	

⬜ 100상자
⬜ 10상자

| 21~23 | 어느 분식점에서 종류별 팔린 음식 수를 조사하여 나타낸 그림그래프입니다. 물음에 답하세요.

종류별 팔린 음식 수

종류	음식 수
돈가스	
라면	
김밥	
떡볶이	

◯ 100그릇 ◦ 10그릇

21 분식점에서 팔린 음식은 모두 몇 그릇인지 구해 보세요.

(   )

22 가장 많이 팔린 음식은 가장 적게 팔린 음식보다 몇 그릇 더 많이 팔렸는지 구해 보세요.

(   )

23 위의 그림그래프를 보고 ◎는 100그릇, △는 50그릇, ○는 10그릇으로 하여 그림그래프로 나타내 보세요.

종류별 팔린 음식 수

종류	음식 수
돈가스	
라면	
김밥	
떡볶이	

◎ 100그릇 △ 50그릇 ○ 10그릇

| 24~25 | 윤하가 과학실에 있는 자석 수를 조사하여 나타낸 표입니다. 물음에 답하세요.

종류별 자석 수

종류	막대자석	고리자석	말굽자석	합계
자석 수(개)	14	22	16	52

24 표를 보고 그림그래프를 완성해 보세요.

종류별 자석 수

종류	자석 수
막대자석	◇ △ △ △ △
고리자석	
말굽자석	

◇ ☐ 개
△ ☐ 개

25 두 번째로 많은 자석은 무엇인지 풀이 과정을 쓰고, 답을 구해 보세요.

답 ______________

학습 결과에 색칠하세요.   

memo

2022 개정 교육과정

백점

수학 3·2

평가북

- 학교 시험 대비 수준별 **단원 평가**
- 핵심만 모은 **총정리 개념**

동아출판

1 **수준별 단원 평가**가 있습니다.
A단계, B단계 두 가지 난이도로 **단원 평가**를 제공

2 **총정리 개념**이 있습니다.
학습한 내용을 점검하며 마무리할 수 있도록 각
단원의 핵심 개념을 제공

백점

수학 3·2

평가북

차례

01 수 모형을 보고 □ 안에 알맞은 수를 써넣으세요.

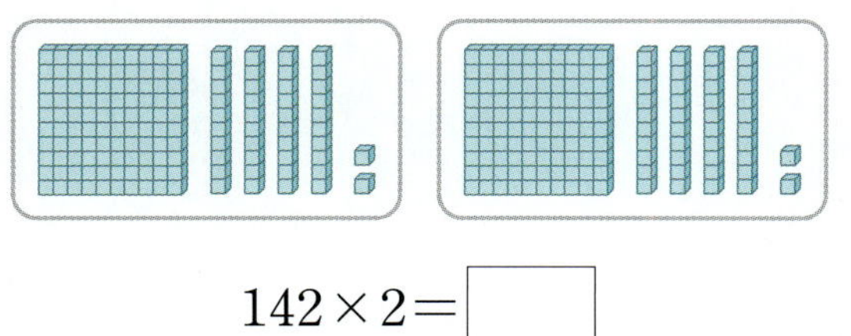

$$142 \times 2 = \boxed{}$$

02 곱셈식에서 ③이 실제로 나타내는 수는 얼마인지 써 보세요.

$$\begin{array}{r} \boxed{3} \\ 2\,4\,1 \\ \times8 \\ \hline 1\,9\,2\,8 \end{array}$$

(　　　　　　　)

03 $7 \times 9 = 63$임을 이용하여 70×90을 계산하려고 합니다. 숫자 6을 써야 할 곳을 찾아 기호를 써 보세요.

$$\begin{array}{r} 7\,0 \\ \times9\,0 \\ \hline \end{array}$$
㉠ ㉡ ㉢ ㉣

(　　　　　　　)

04 □ 안에 알맞은 수를 써넣으세요.

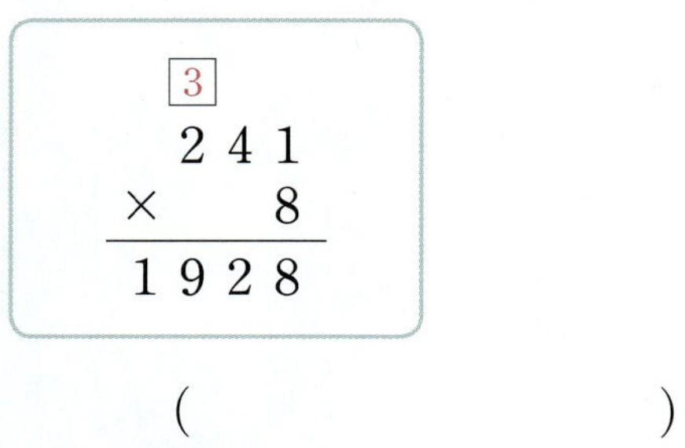

05 69×42의 계산에서 □ 안의 두 수의 곱은 실제로 얼마를 나타내는지 구해 보세요.

$$\begin{array}{r} 6\boxed{9} \\ \times\boxed{4}\,2 \\ \hline \end{array}$$

(　　　　　　　)

06 계산 결과를 어림셈으로 구하려고 합니다. 어림셈으로 구한 값을 찾아 ○표 하세요.

$$42 \times 61$$

| 2400 | 2600 | 3200 |

07 빈칸에 두 수의 곱을 써넣으세요.

27	13

08 계산 결과의 크기를 비교하여 ○ 안에 >, =, <를 알맞게 써넣으세요.

$$94 \times 30 \bigcirc 68 \times 42$$

09 빈칸에 알맞은 수를 써넣으세요.

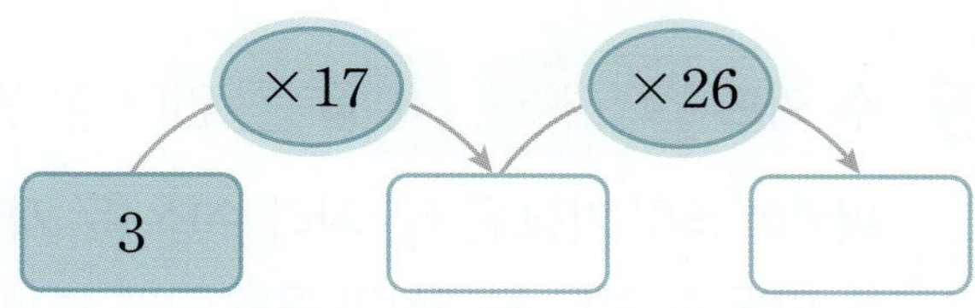

10 관계있는 것끼리 이어 보세요.

37×60	•	•	52×40
60×40	•	•	74×30
26×80	•	•	30×80

11 3×58을 다음과 같이 계산하였습니다. 잘못 계산한 곳을 찾아 바르게 계산해 보세요.

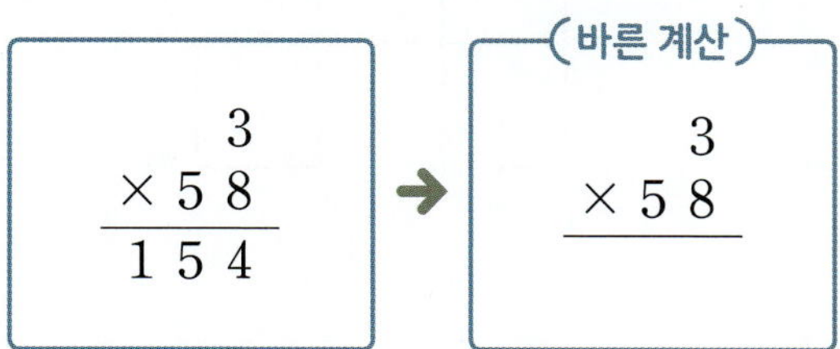

12 가장 큰 수와 가장 작은 수의 곱을 구해 보세요.

| 28 | 42 | 34 | 14 |

( )

서술형

13 곱이 가장 큰 것을 찾아 기호를 쓰려고 합니다. 풀이 과정을 쓰고, 답을 구해 보세요.

㉠ 34×22 ㉡ 9×86
㉢ 20×40 ㉣ 15×50

답

14 세 변의 길이가 모두 같은 삼각형입니다. 이 삼각형의 세 변의 길이의 합은 약 몇 cm인지 어림셈으로 구해 보세요.

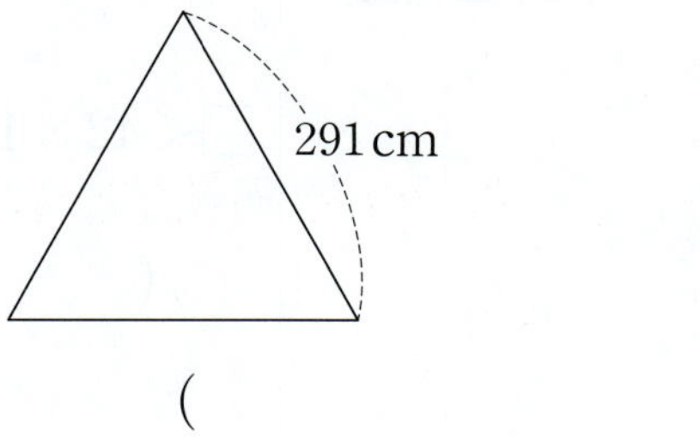

( )

15 문구점에서 오늘 한 묶음에 20장씩 들어 있는 색종이를 70묶음 팔았습니다. 문구점에서 오늘 판 색종이는 모두 몇 장인지 구해 보세요.

(   )

서술형

16 어떤 수에 34를 곱해야 할 것을 잘못하여 어떤 수에 34를 더했더니 42가 되었습니다. 바르게 계산하면 얼마인지 풀이 과정을 쓰고, 답을 구해 보세요.

____

____

____

답 ______________________

17 □ 안에 들어갈 수 있는 가장 큰 세 자리 수를 구해 보세요.

$$□ < 42 × 17$$

(   )

18 □ 안에 알맞은 수를 써넣으세요.

19 수 카드 4 , 5 , 8 을 □ 안에 한 번씩만 써넣어 곱이 가장 큰 (한 자리 수) × (두 자리 수)를 만들고, 만든 곱셈식의 곱을 구해 보세요.

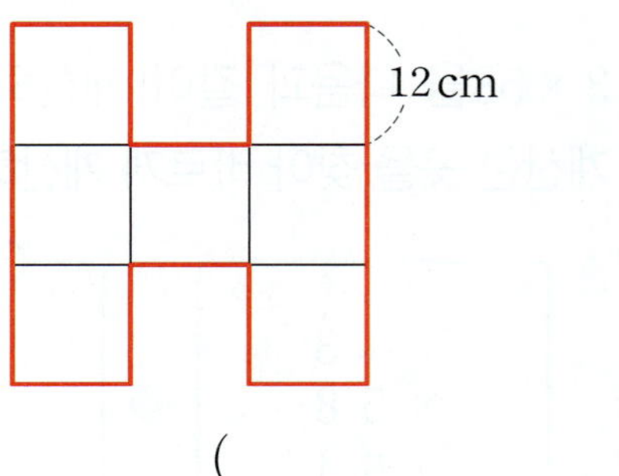

(   )

20 한 변의 길이가 12 cm인 정사각형 7개를 겹치지 않게 이어 붙였습니다. 빨간색 선의 길이는 몇 cm인지 구해 보세요.

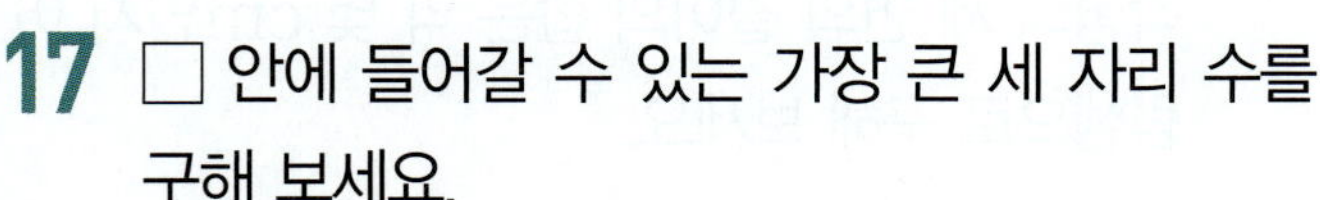

(   )

01 〈보기〉와 같이 계산해 보세요.

〈보기〉

```
    2 5 1
  ×     3
        3
    1 5 0
    6 0 0
    7 5 3
```

```
    1 3 2
  ×     3
```

02 □ 안에 들어갈 0은 모두 몇 개인지 구해 보세요.

$$50 \times 60 = 3\square$$

(   )

03 빈칸에 알맞은 수를 써넣으세요.

×	30	50	80
28			

04 □ 안에 알맞은 수를 써넣으세요.

$7 \rightarrow \boxed{\times 65} \rightarrow \square$

05 관계있는 것끼리 이어 보세요.

572×6	•	•	3912
923×4	•	•	3432
489×8	•	•	3692

06 수직선을 보고 곱셈식으로 나타내어 계산해 보세요.

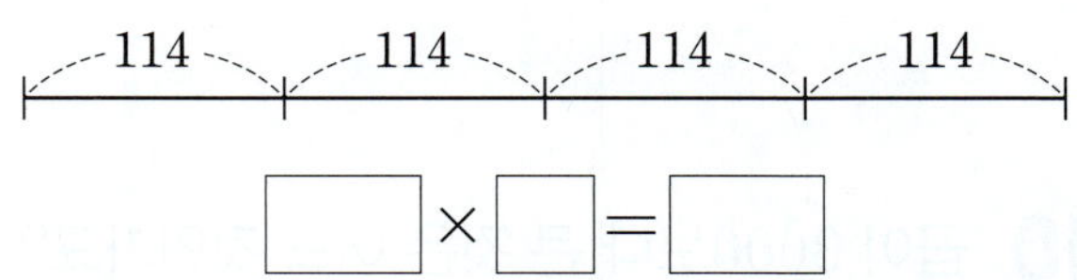

$$\square \times \square = \square$$

07 바르게 계산한 사람의 이름을 써 보세요.

(   )

08 음료수가 한 상자에 8병씩 73상자 있습니다. 음료수는 모두 몇 병인지 식을 쓰고, 답을 구해 보세요.

식

답

09 두 곱의 차를 구해 보세요.

$$231 \times 5 \qquad 362 \times 4$$

(   )

10 곱이 3000보다 큰 것은 어느 것인가요?

(   )

① 27×40 ② 56×50
③ 18×80 ④ 34×60
⑤ 42×80

11 준영이네 집에서 할머니 댁까지의 거리는 174 km입니다. 준영이가 집에서 출발하여 할머니 댁까지 갔다가 다시 집에 돌아오는 동안 이동한 거리는 모두 몇 km인지 구해 보세요.

(   )

12 ㉠과 ㉡에 알맞은 수의 차는 얼마인지 구해 보세요.

- $126 \times 3 = ㉠$
- $50 \times 20 = ㉡$

(   )

13 서진이가 말하는 수와 12의 곱은 얼마인지 풀이 과정을 쓰고, 답을 구해 보세요.

답

14 □ 안에 알맞은 수를 써넣으세요.

```
        5  6
   ×    2 □
   ─────────
        2  2 □
     1  1  2
   ─────────
     1  □  4  4
```

15 사탕을 한 봉지에 37개씩 70봉지에 담았습니다. 봉지에 담은 사탕은 약 몇 개인지 어림셈으로 구해 보세요.

(   )

16 소희는 동화책을 하루에 9쪽씩 읽으려고 합니다. 5주일 동안 읽을 수 있는 동화책은 모두 몇 쪽인지 구해 보세요.

(   )

17 민우네 과수원에서 수확한 과일을 포장하였더니 사과는 34개씩 27상자, 배는 16개씩 54상자가 되었습니다. 포장한 사과와 배는 모두 몇 개인지 구해 보세요.

(   )

18 4장의 수 카드를 한 번씩만 사용하여 곱이 가장 큰 (세 자리 수)×(한 자리 수)를 만들었습니다. 만든 곱셈식의 곱을 구해 보세요.

1   3   5   8

(   )

19 기호 ◆에 대하여 다음과 같이 약속했습니다. 19◆25와 30◆40의 합을 구해 보세요.

$$㉠◆㉡=(㉠보다\ 5만큼\ 더\ 큰\ 수)×㉡$$

(   )

서술형

20 길이가 70 cm인 리본 20개를 11 cm씩 겹치게 이어 붙였습니다. 이어 붙인 리본의 전체 길이는 몇 cm인지 풀이 과정을 쓰고, 답을 구해 보세요.

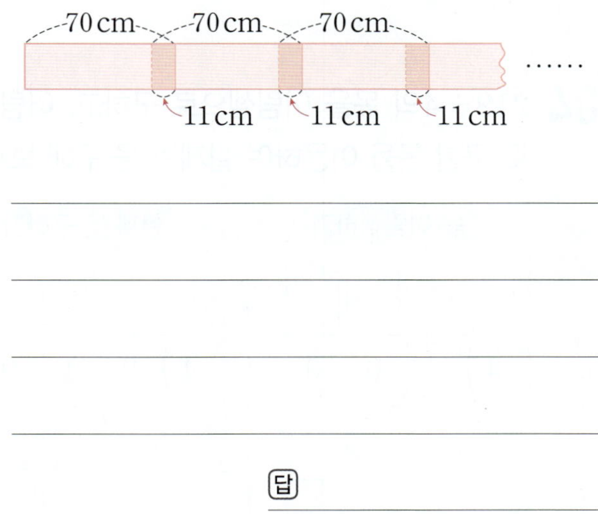

____

____

____

____

답 _______________________________________

01 □ 안에 알맞은 수를 써넣으세요.

$$8 \div 2 = \boxed{} \quad \rightarrow \quad 80 \div 2 = \boxed{}$$

02 □ 안에 알맞은 수를 써넣으세요.

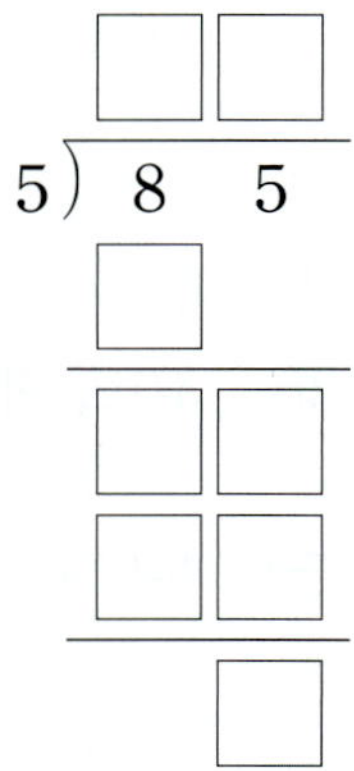

03 계산을 하고, 계산이 맞는지 확인하려고 합니다. □ 안에 알맞은 수를 써넣으세요.

$$45 \div 6 = \boxed{} \cdots \boxed{}$$

확인 $6 \times \boxed{} = \boxed{}, \quad \boxed{} + \boxed{} = \boxed{}$

04 $219 \div 4$의 몫을 어림셈으로 구하고, 어림셈으로 구한 몫을 이용하여 실제 몫을 구해 보세요.

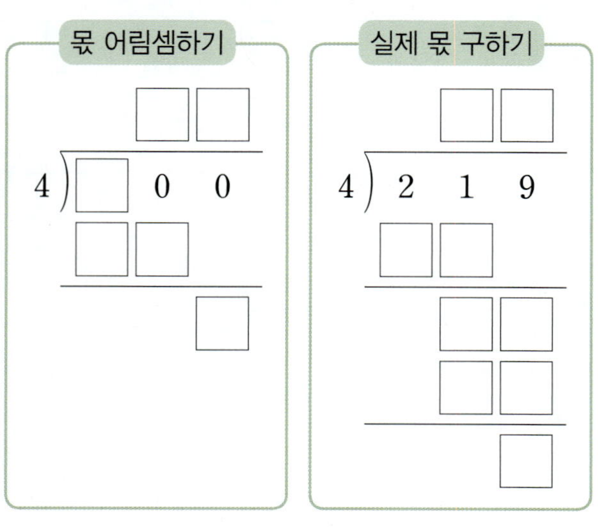

05 빈칸에 알맞은 수를 써넣으세요.

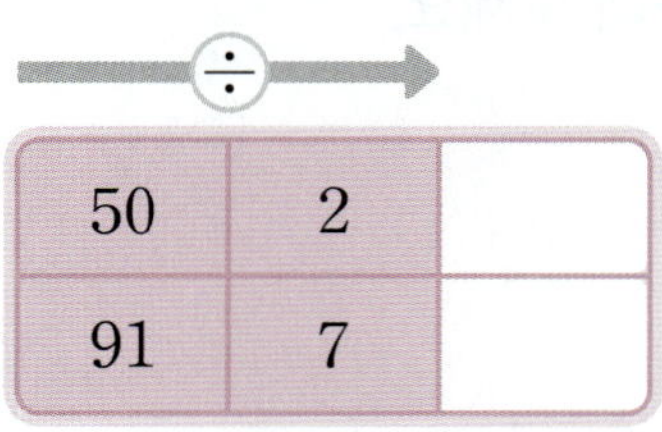

06 나누어떨어지는 나눗셈을 찾아 색칠해 보세요.

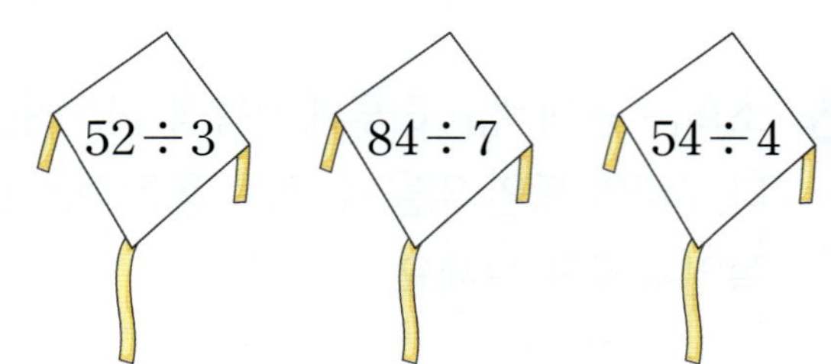

07 몫이 더 큰 것에 ○표 하세요.

$$88 \div 4 \qquad 93 \div 3$$

(　　　)　　(　　　)

08 나머지가 6이 될 수 <u>없는</u> 나눗셈을 찾아 기호를 써 보세요.

㉠ □÷7	㉡ □÷8
㉢ □÷6	㉣ □÷9

(　　　　　　　　　　)

09 554÷4를 다음과 같이 계산하였습니다. 잘못 계산한 곳을 찾아 바르게 계산해 보세요.

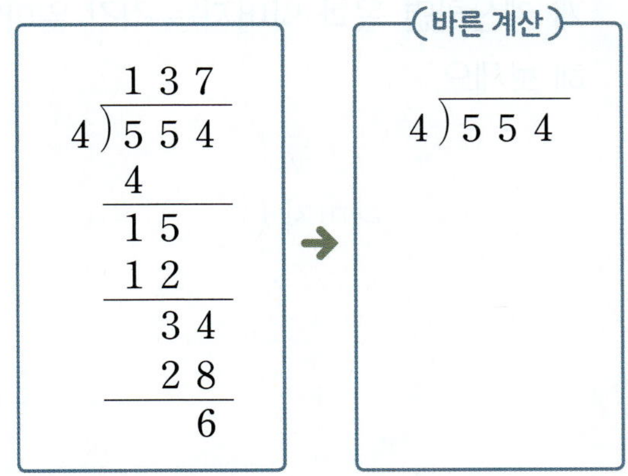

서술형

10 ㉠과 ㉡에 알맞은 수의 합은 얼마인지 풀이 과정을 쓰고, 답을 구해 보세요.

$$218 \div 3 = ㉠ \cdots ㉡$$

㉢

11 세 변의 길이가 모두 같은 삼각형이 있습니다. 세 변의 길이의 합이 126 cm일 때 삼각형의 한 변의 길이는 몇 cm인지 구해 보세요.

( )

12 몫이 작은 것부터 차례로 기호를 써 보세요.

| ㉠ 84÷4 | ㉡ 90÷3 |
| ㉢ 62÷2 | ㉣ 80÷5 |

( )

13 연필 58자루를 한 명에게 6자루씩 나누어 주려고 합니다. 연필을 모두 몇 명에게 나누어 줄 수 있고, 몇 자루가 남는지 구해 보세요.

( ), ( )

14 두 나눗셈식에서 ♥는 같은 수를 나타냅니다. ♥, ★에 알맞은 수는 각각 얼마인지 구해 보세요.

- 96÷2＝♥
- ♥÷4＝★

♥ ( )
★ ( )

15 □ 안에 들어갈 수 있는 세 자리 수 중에서 가장 작은 수를 구해 보세요.

$$738 \div 3 < \square$$

(   )

16 □ 안에 알맞은 수를 써넣으세요.

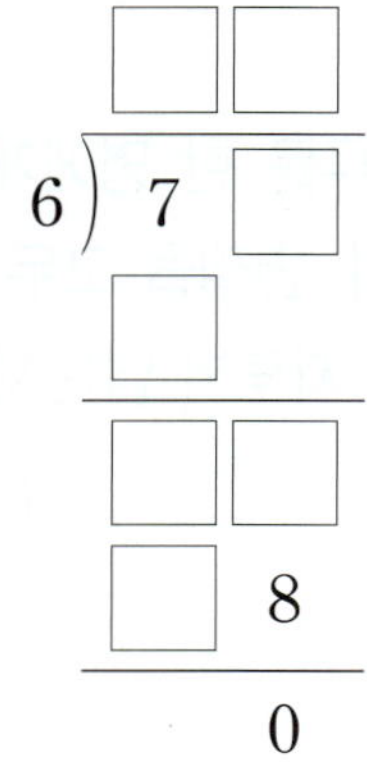

서술형

17 쿠키 293개를 한 상자에 6개씩 담으려고 합니다. 50상자를 준비했다면 상자가 충분한지 답하고, 어림셈으로 설명해 보세요.

답 50상자는

(충분합니다 , 충분하지 않습니다).

설명

18 어떤 수를 4로 나누어야 할 것을 잘못하여 어떤 수에 4를 곱했더니 76이 되었습니다. 바르게 계산하면 몫과 나머지는 각각 얼마인지 구해 보세요.

몫 (   )

나머지 (   )

19 길이가 4 m인 철사를 잘라서 정사각형 1개를 만들었습니다. 정사각형을 만들고 남은 철사의 길이가 32 cm일 때 정사각형의 한 변의 길이는 몇 cm인지 구해 보세요.

(   )

20 다음 나눗셈이 나누어떨어질 때 0부터 9까지의 수 중에서 □ 안에 들어갈 수 있는 수를 모두 구해 보세요.

$$4\square \div 3$$

(   )

01 계산해 보세요.

$$3 \overline{)6\ 3}$$

02 몫이 다른 하나를 찾아 색칠해 보세요.

$60 \div 3$	$90 \div 3$	$80 \div 4$

03 나눗셈식을 보고 계산 결과가 맞는지 확인하려고 합니다. ☐ 안에 알맞은 수를 써넣으세요.

$$
\begin{array}{r}
7\ 7 \\
4\,)\overline{3\ 1\ 1} \\
2\ 8 \\
\hline
3\ 1 \\
2\ 8 \\
\hline
3
\end{array}
$$

확인　$4 \times$ ☐ $=$ ☐ ,

☐ $+$ ☐ $=$ ☐

04 나눗셈의 몫을 어림셈으로 구하려고 합니다. 어림셈으로 구한 몫을 찾아 ◯표 하세요.

$$392 \div 8$$

5	20	50	100

05 ☐ 안에 몫을 쓰고, ◯ 안에 나머지를 써넣으세요.

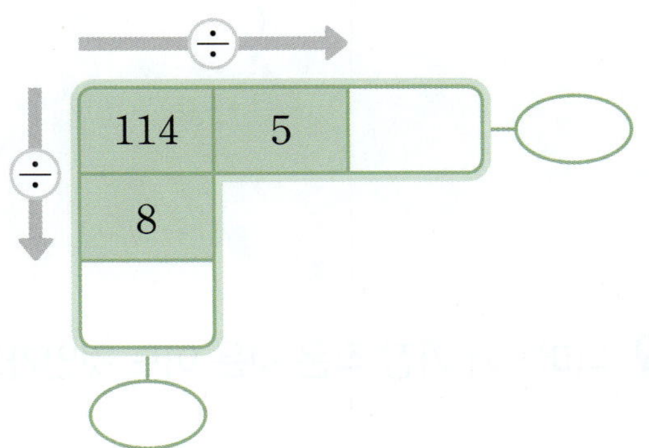

06 나머지가 같은 것끼리 이어 보세요.

$57 \div 2$	•		•	$74 \div 6$
$71 \div 4$	•		•	$85 \div 3$
$86 \div 7$	•		•	$88 \div 5$

07 몫의 크기를 비교하여 ◯ 안에 $>$, $=$, $<$ 를 알맞게 써넣으세요.

$$34 \div 5 \bigcirc 51 \div 9$$

08 다음 수 중에서 어떤 수를 7로 나누었을 때 나머지가 될 수 있는 수는 모두 몇 개인지 구해 보세요.

| 2 | 4 | 5 | 6 | 7 | 8 | 9 |

(   )

09 나머지가 가장 작은 것은 어느 것인가요?

(   )

① $39 \div 8$ ② $82 \div 7$ ③ $87 \div 6$
④ $43 \div 3$ ⑤ $84 \div 5$

10 동물원에 있는 호랑이의 다리는 모두 60개입니다. 동물원에 있는 호랑이는 몇 마리인지 구해 보세요.

(   )

11 ●에 알맞은 수를 구해 보세요.

$$● \div 8 = 27 \cdots 5$$

(   )

12 리본 한 개를 만드는 데 색 테이프 8 cm가 필요합니다. 색 테이프 616 cm로 같은 리본을 약 몇 개 만들 수 있는지 어림셈으로 구해 보세요.

(   )

13 가래떡을 7 cm씩 잘랐더니 13도막이 되고, 2 cm가 남았습니다. 자르기 전의 가래떡의 길이는 몇 cm인지 구해 보세요.

(   )

14 붙임딱지 48장을 9명에게 남김없이 똑같이 나누어 주려고 합니다. 붙임딱지는 적어도 몇 장 더 필요한지 구해 보세요.

(   )

15 사과 맛 사탕이 33개, 망고 맛 사탕이 17개, 포도 맛 사탕이 26개 있습니다. 이 사탕을 맛에 관계없이 4명이 똑같이 나누어 가진다면 한 명이 갖게 되는 사탕은 몇 개인지 구해 보세요.

(   )

서술형

16 두 나눗셈식에서 ㉠은 같은 수를 나타냅니다. ㉠과 ㉡에 알맞은 수의 합은 얼마인지 풀이 과정을 쓰고, 답을 구해 보세요.

> • $87 \div 4 = 21 \cdots ㉠$
> • $426 \div ㉠ = ㉡$

답

17 배가 한 바구니에 36개씩 4바구니 있습니다. 이 배를 한 상자에 7개씩 담으려고 합니다. 배를 모두 담으려면 필요한 상자는 적어도 몇 상자인지 구해 보세요.

(   )

서술형

18 길이가 252 m인 도로 한쪽에 처음부터 끝까지 6 m 간격으로 가로수를 심으려고 합니다. 심어야 할 가로수는 모두 몇 그루인지 풀이 과정을 쓰고, 답을 구해 보세요. (단, 가로수의 두께는 생각하지 않습니다.)

답

2
단원
B단계

19 4장의 수 카드를 한 번씩만 사용하여 몫이 가장 작은 (세 자리 수)÷(한 자리 수)를 만들었습니다. 만든 나눗셈식의 몫과 나머지를 각각 구해 보세요.

몫 (   )

나머지 (   )

20 ☐ 안에 들어갈 수 있는 세 자리 수 중에서 가장 큰 수와 가장 작은 수를 차례로 써 보세요.

(단, ▲는 0이 아닙니다.)

> $☐ \div 9 = 25 \cdots ▲$

(   ), (   )

01 원의 중심을 찾아 써 보세요.

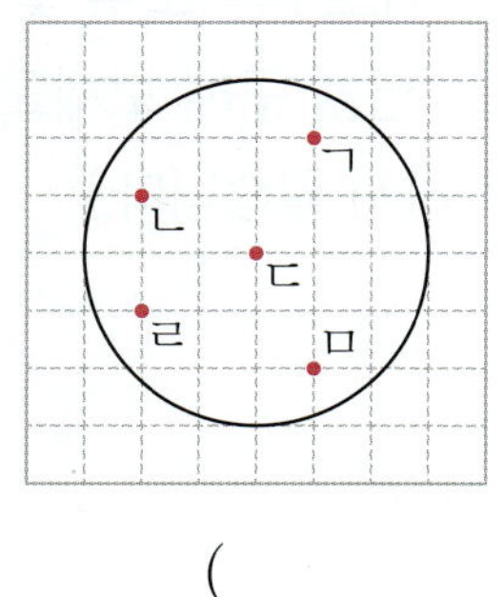

(   )

02 원에서 반지름을 나타내는 선분은 어느 것인가요? (   )

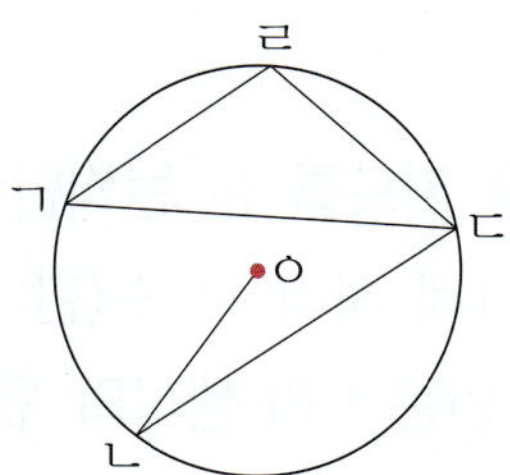

① 선분 ㄱㄷ   ② 선분 ㄱㄹ   ③ 선분 ㅇㄴ
④ 선분 ㄴㄷ   ⑤ 선분 ㄷㄹ

03 원을 똑같이 둘로 나누는 선분을 모두 찾아 써 보세요.

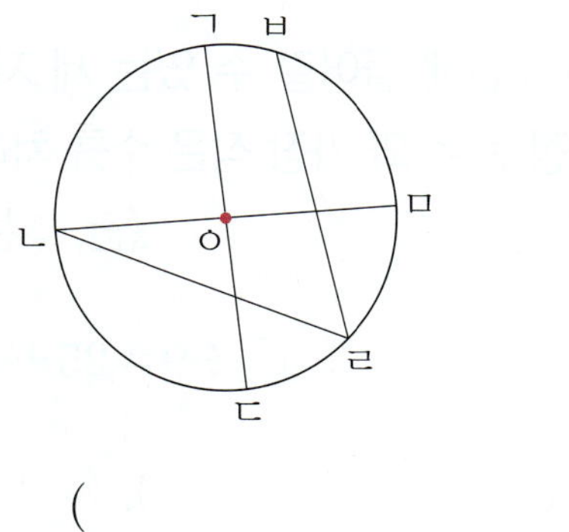

(   )

04 한 원에는 원의 중심이 몇 개 있나요?

(   )

① 1개   ② 2개   ③ 3개
④ 10개   ⑤ 셀 수 없이 많습니다.

05 ☐ 안에 알맞은 수를 써넣으세요.

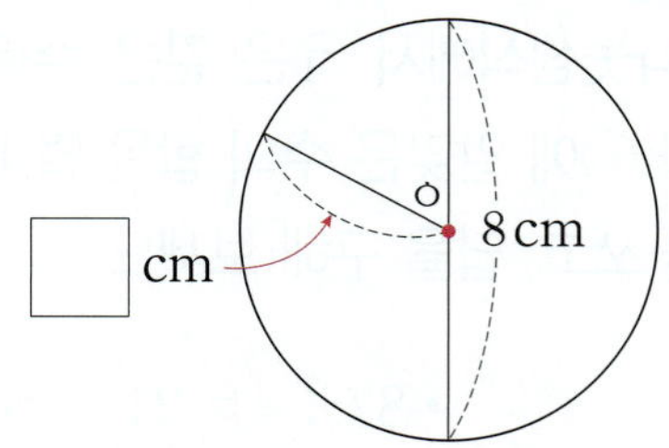

06 그림과 같이 컴퍼스를 벌려 원을 그렸습니다. 그린 원의 반지름은 몇 cm인가요?

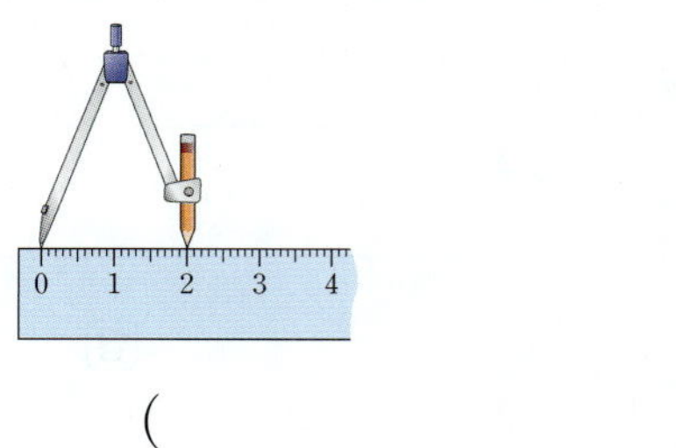

(   )

서술형

07 승현이가 원의 지름을 다음과 같이 나타냈습니다. 원의 지름을 <u>잘못</u> 나타낸 이유를 써 보세요.

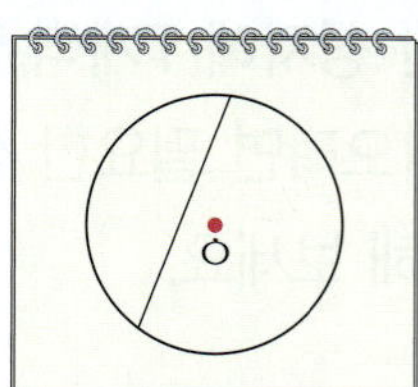

이유

08 주어진 모양과 똑같이 그리려고 합니다. 컴퍼스의 침을 꽂아야 할 곳을 찾아 점(•)으로 표시해 보세요.

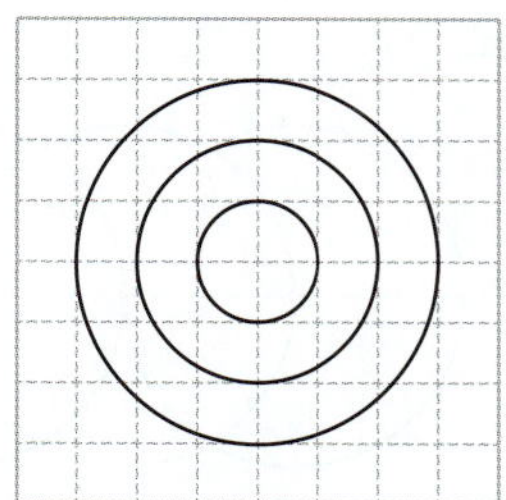

09 그림을 보고 알 수 있는 원의 지름의 성질을 한 가지 써 보세요.

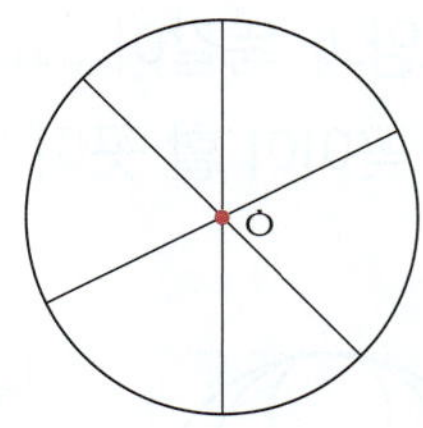

성질 _______________________________

____

____

10 누름 못과 띠 종이를 이용하여 원을 그렸습니다. 그린 원보다 더 큰 원을 그리려면 어느 구멍에 연필을 꽂아야 하는지 기호를 써 보세요.

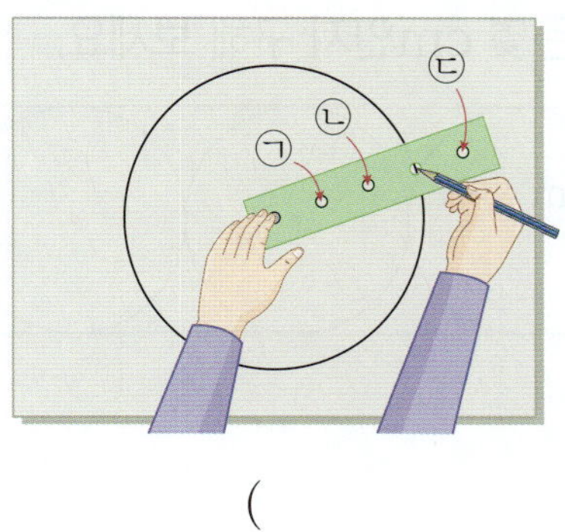

(   )

11 점 ㄱ은 원의 중심입니다. 삼각형 ㄱㄴㄷ의 세 변의 길이의 합은 몇 cm인지 구해 보세요.

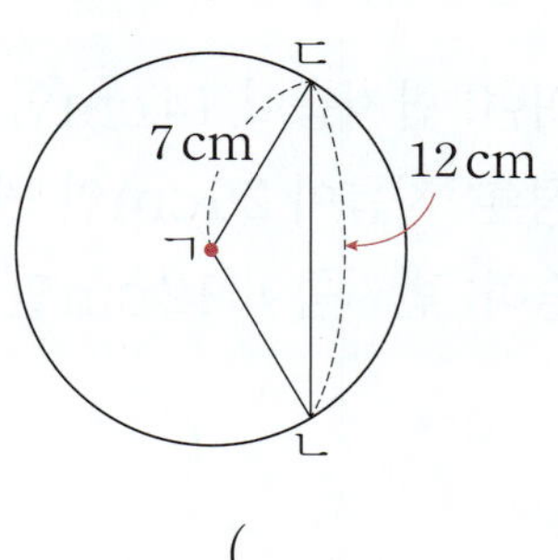

(   )

12 주어진 모양과 똑같이 그리기 위해 컴퍼스의 침을 꽂아야 할 곳은 모두 몇 군데인지 구해 보세요.

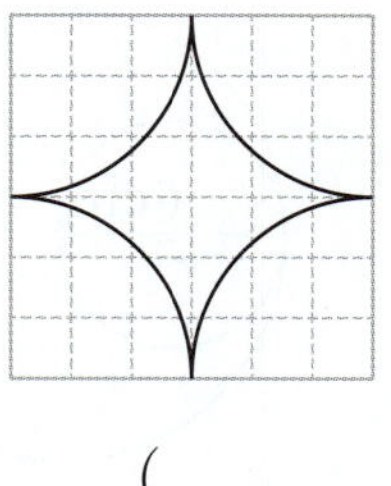

(   )

13 컴퍼스를 이용하여 점 ㅇ을 원의 중심으로 하고 주어진 선분을 반지름으로 하는 원을 그려 보세요.

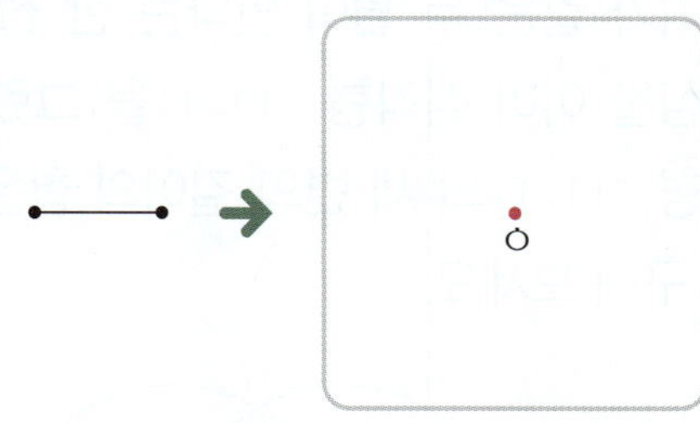

14 컴퍼스를 이용하여 주어진 모양과 똑같이 그려 보세요.

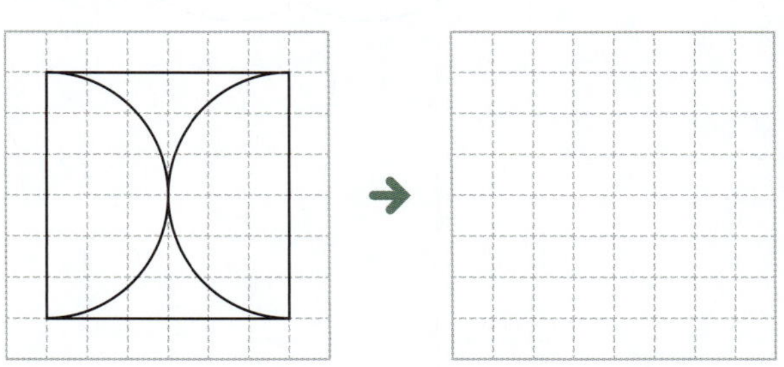

15 크기가 가장 작은 원을 그린 사람을 찾아 이름을 써 보세요.

> • 미현: 반지름이 14 cm인 원을 그렸어.
> • 정훈: 지름이 26 cm인 원을 그렸어.
> • 승아: 반지름이 12 cm인 원을 그렸어.

(   )

16 점 ㄱ, 점 ㄴ은 각 원의 중심입니다. 큰 원의 지름은 몇 cm인지 구해 보세요.

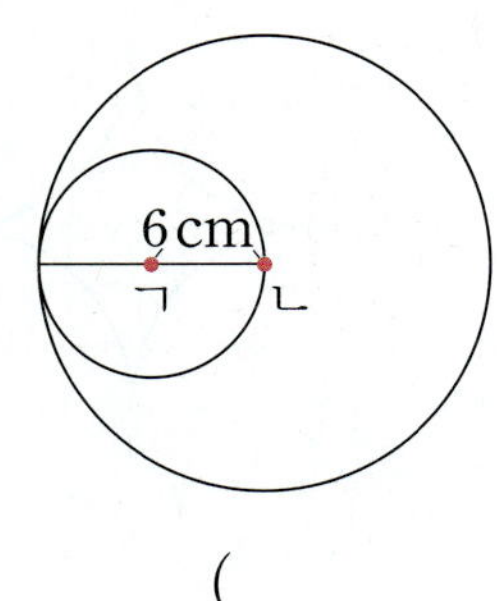

(   )

17 크기가 같은 두 원이 만나는 한 점과 두 원의 중심을 이어 삼각형 ㄱㄴㄷ을 그렸습니다. 삼각형 ㄱㄴㄷ의 세 변의 길이의 합은 몇 cm인지 구해 보세요.

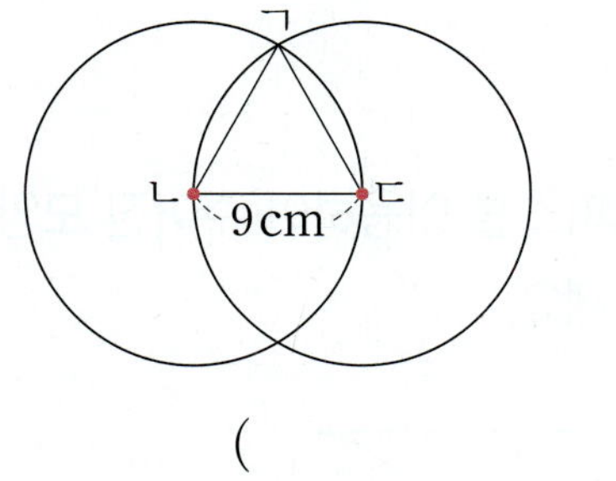

(   )

18 크기가 같은 원 3개를 서로 원의 중심을 지나도록 겹쳐서 그렸습니다. 선분 ㄱㄴ의 길이가 32 cm일 때 한 원의 반지름은 몇 cm인지 구해 보세요.

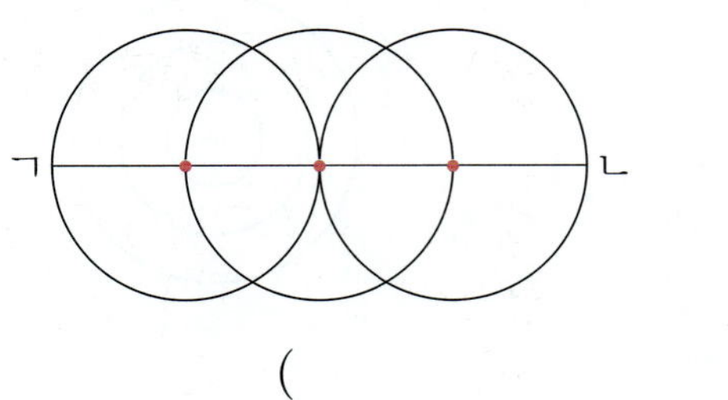

(   )

19 주어진 모양과 똑같이 그리려고 합니다. 컴퍼스의 침을 꽂아야 할 곳이 더 많은 것의 기호를 써 보세요.

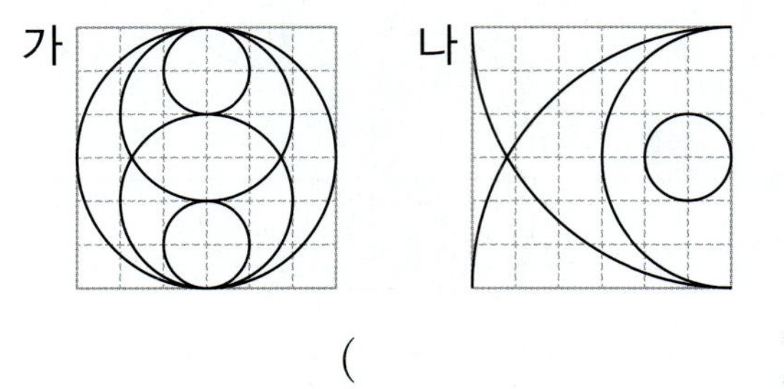

(   )

20 직사각형 안에 반지름이 5 cm인 원 4개를 맞닿게 그렸습니다. 직사각형의 네 변의 길이의 합은 몇 cm인지 구해 보세요.

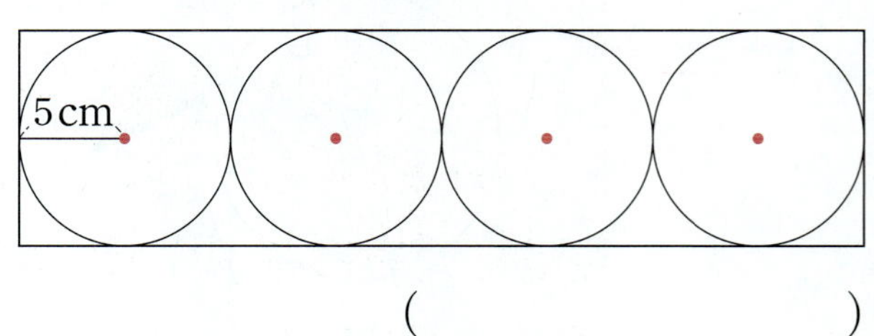

(   )

01 누름 못과 띠 종이를 이용하여 원을 그렸습니다. 누름 못이 꽂혔던 점을 무엇이라고 하는지 써 보세요.

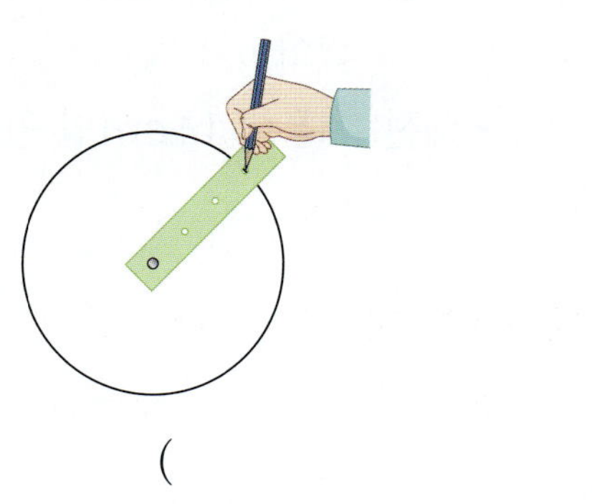

(   )

02 원에서 지름을 나타내는 선분은 어느 것인가요? (   )

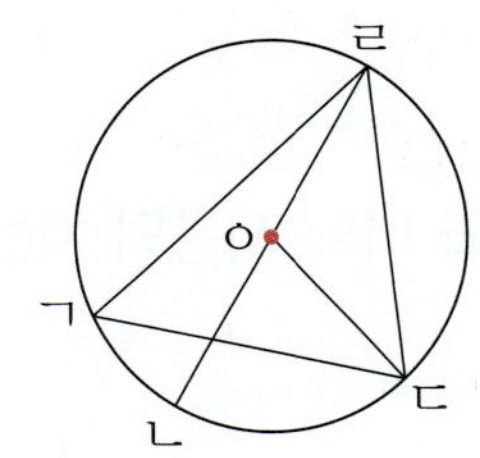

① 선분 ㄱㄷ   ② 선분 ㄱㄹ
③ 선분 ㄴㄹ   ④ 선분 ㅇㄷ
⑤ 선분 ㄷㄹ

03 컴퍼스를 이용하여 반지름이 3 cm인 원을 그리려고 합니다. 원을 그리는 순서대로 □ 안에 알맞은 기호를 써넣으세요.

⊙ 컴퍼스를 3 cm만큼 벌립니다.
ⓒ 원의 중심이 되는 점 ㅇ을 정합니다.
ⓒ 컴퍼스의 침을 점 ㅇ에 꽂고 원을 그립니다.

04 컴퍼스를 이용하여 점 ㅇ을 원의 중심으로 하고 반지름이 2 cm인 원을 그려 보세요.

05 원의 반지름은 몇 cm인가요?

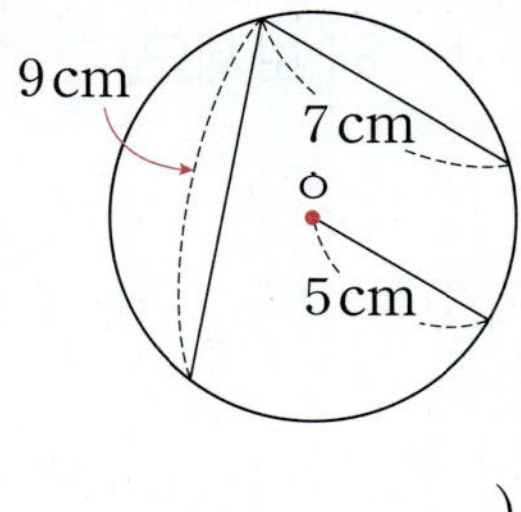

(   )

06 □ 안에 알맞은 수를 써넣으세요.

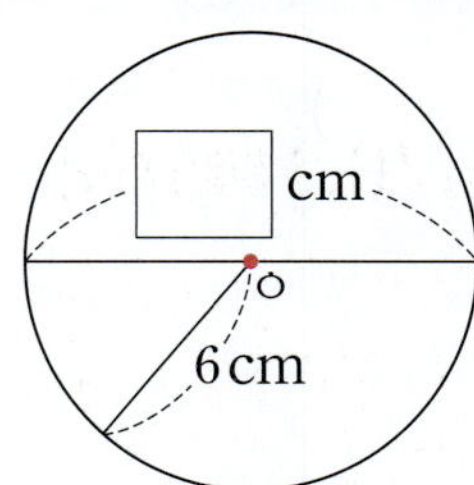

07 원의 반지름을 나타내는 선분은 모두 몇 개인지 구해 보세요.

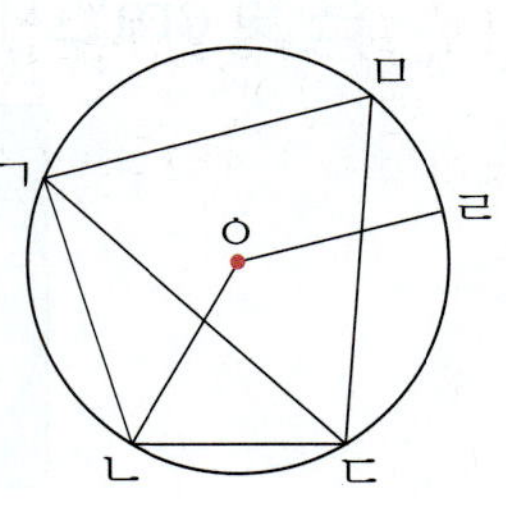

(   )

08 원의 지름에 대한 설명으로 옳은 것을 찾아 기호를 써 보세요.

> ㉠ 한 원에서 지름의 길이는 모두 다릅니다.
> ㉡ 지름은 원 안에 그을 수 있는 가장 긴 선분입니다.
> ㉢ 한 원에서 지름은 2개만 그을 수 있습니다.

(   )

09 컴퍼스를 이용하여 지름이 14 cm인 원을 그리려면 컴퍼스를 몇 cm만큼 벌려야 하는지 구해 보세요.

(   )

10 크기가 더 작은 원에 ○표 하세요.

반지름이 12 cm인 원	지름이 22 cm인 원
( )	( )

11 한 변의 길이가 16 cm인 정사각형 모양의 색종이에 원을 꼭 맞게 그렸습니다. 원의 반지름은 몇 cm인지 구해 보세요.

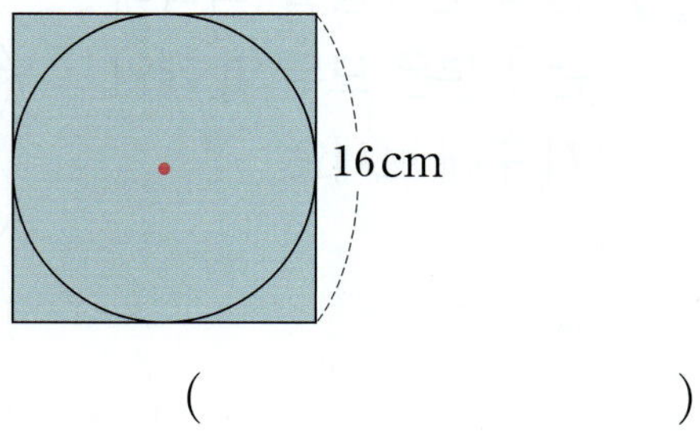

(   )

12 기찬이와 혜진이가 컴퍼스를 이용하여 각각 원을 그렸습니다. 크기가 더 큰 원을 그린 사람은 누구인지 풀이 과정을 쓰고, 답을 구해 보세요.

> • 기찬: 컴퍼스를 6 cm만큼 벌려서 원을 그렸어.
> • 혜진: 지름이 14 cm인 원을 그렸어.

____

____

____

답 _______________________

13 두 원 가와 나의 지름의 차는 몇 cm인지 구해 보세요.

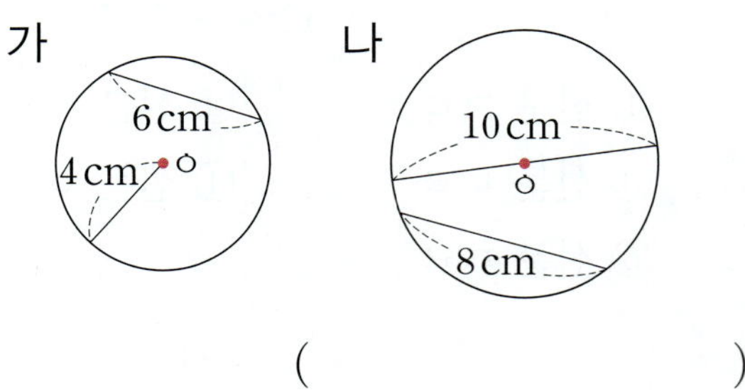

(   )

14 점 ㄱ, 점 ㄴ은 각 원의 중심입니다. 큰 원의 지름이 12 cm일 때 작은 원의 반지름은 몇 cm인지 구해 보세요.

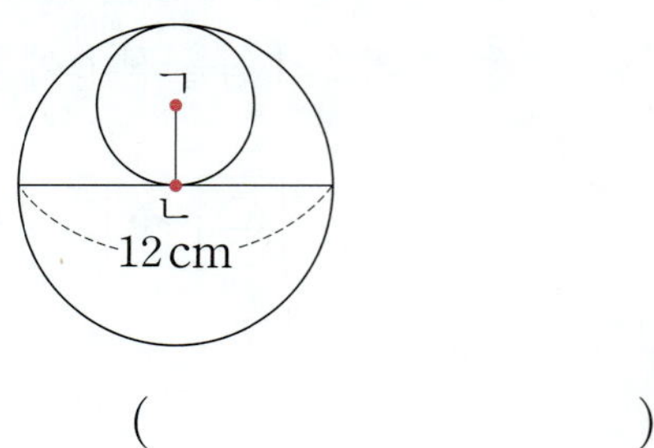

(   )

15 컴퍼스를 이용하여 주어진 모양과 똑같이 그려 보세요.

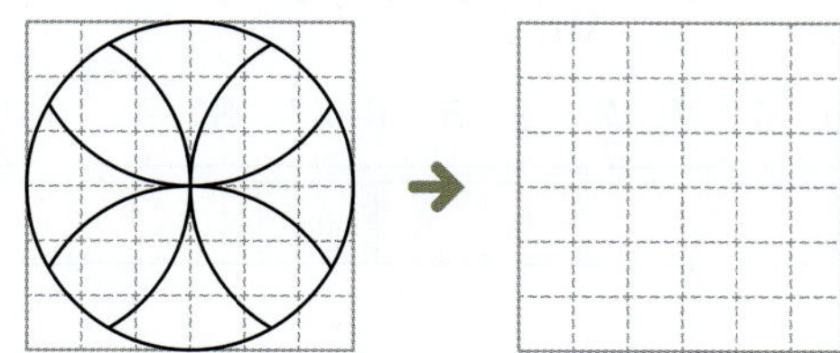

16 크기가 같은 원 3개를 맞닿게 그렸습니다. 점 ㄴ, 점 ㄷ, 점 ㄹ이 각 원의 중심일 때 선분 ㄱㅁ 의 길이는 몇 cm인지 구해 보세요.

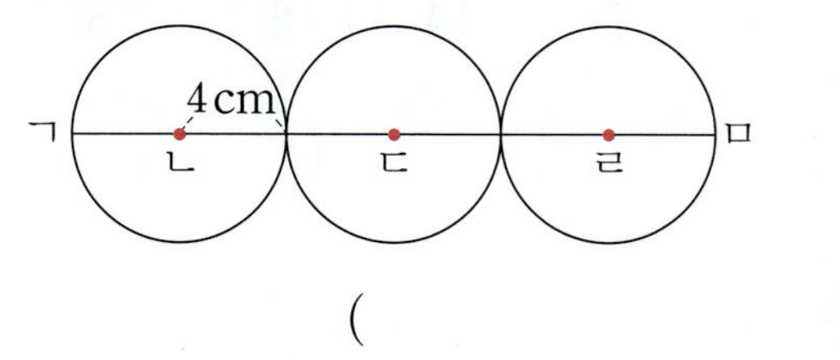

(   )

17 크기가 다른 원 2개를 맞닿게 그렸습니다. 점 ㄴ, 점 ㄷ이 각 원의 중심일 때 선분 ㄱㄹ의 길이 는 몇 cm인지 구해 보세요.

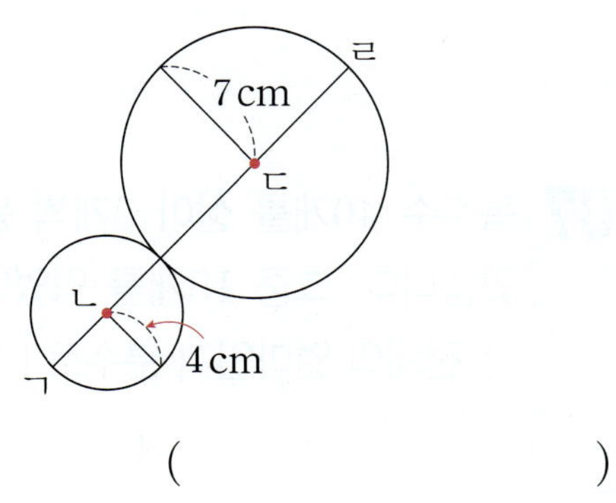

(   )

18 주어진 모양과 똑같이 그리려고 합니다. 컴퍼스의 침을 꽂아야 할 곳의 수가 다른 하나를 찾 아 기호를 써 보세요.

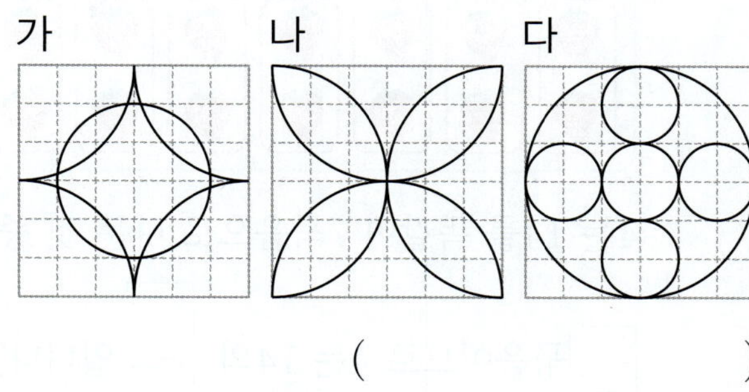

(   )

3 단원
B단계

서술형

19 크기가 같은 원 3개를 맞닿게 그리고 세 원의 중심을 이은 것입니다. 삼각형의 세 변의 길이 의 합이 36 cm일 때 원의 반지름은 몇 cm인 지 풀이 과정을 쓰고, 답을 구해 보세요.

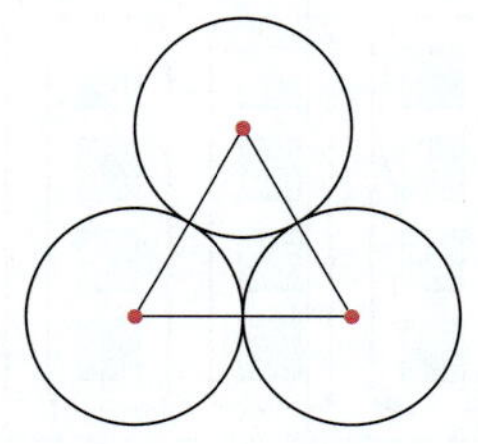

답

20 크기가 같은 원 6개를 서로 원의 중심을 지나 도록 겹쳐서 그렸습니다. 선분 ㄱㄴ의 길이가 42 cm일 때 원의 지름은 몇 cm인지 구해 보 세요.

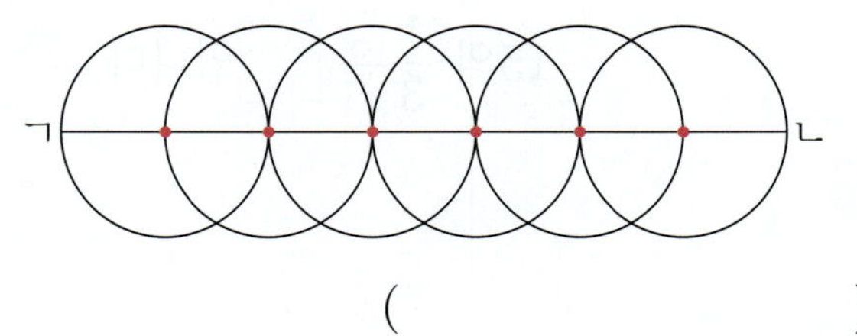

(   )

01 그림을 보고 □ 안에 알맞은 수를 써넣으세요.

4는 14를 똑같이 7묶음으로 나눈 것 중의

□ 묶음이므로 4는 14의 $\dfrac{□}{□}$ 입니다.

02 색칠한 부분은 전체의 얼마인지 분수로 나타내 보세요.

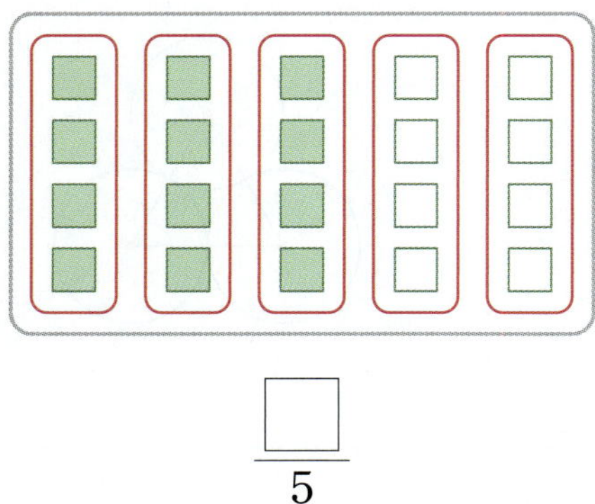

$\dfrac{□}{5}$

03 지우개 15개를 똑같이 3묶음으로 나누고, □ 안에 알맞은 수를 써넣으세요.

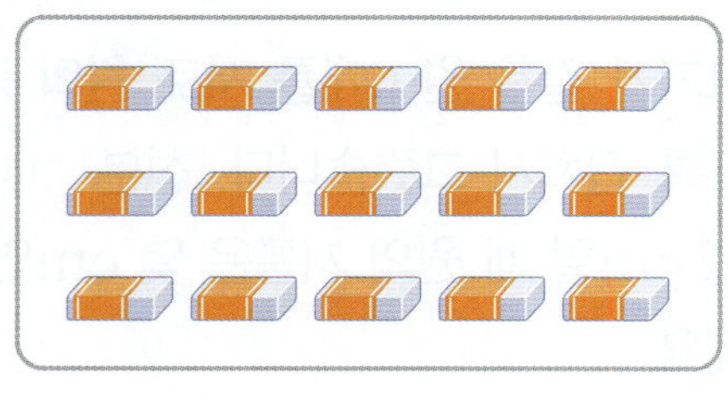

15의 $\dfrac{1}{3}$ 은 □ 입니다.

04 12 cm의 $\dfrac{5}{6}$ 는 몇 cm인지 구해 보세요.

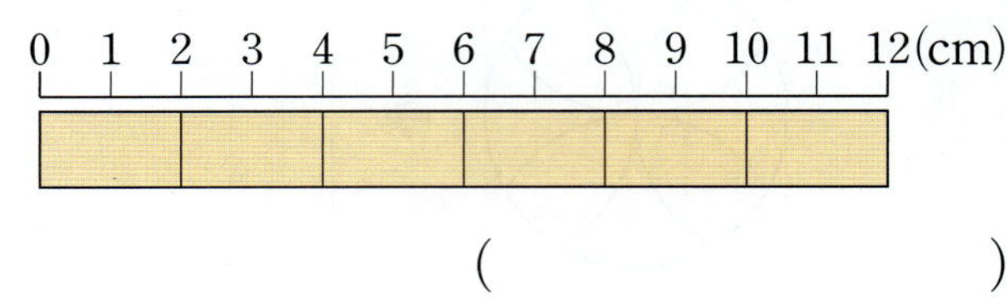

(　　　　　　)

05 가분수는 모두 몇 개인가요?

$$\dfrac{5}{7} \qquad \dfrac{15}{14} \qquad \dfrac{5}{6} \qquad 1\dfrac{3}{5} \qquad \dfrac{9}{9}$$

(　　　　　　)

06 분수를 수직선에 ↓ 로 나타내 보세요.

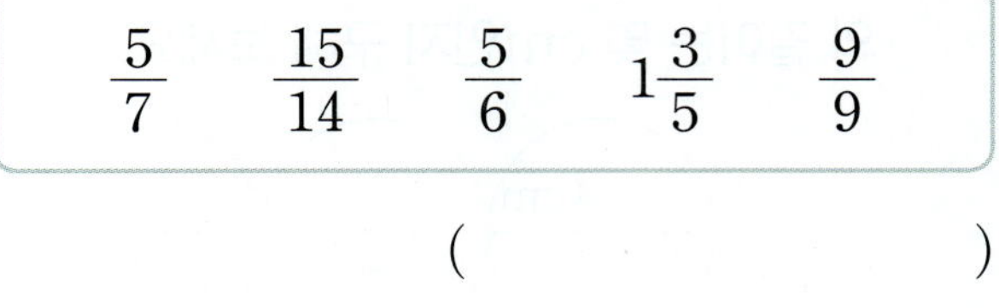

07 옥수수 40개를 삶아 5개씩 봉지에 나누어 담 았습니다. 그중 15개를 먹었다면 먹은 옥수수 는 전체의 얼마인지 분수로 나타내 보세요.

(　　　　　　)

08 대분수를 가분수로 나타내 보세요.

$$2\frac{3}{7} = \boxed{}$$

09 분수의 크기를 비교하여 ○ 안에 >, =, < 를 알맞게 써넣으세요.

$$\frac{13}{4} \ \bigcirc \ \frac{11}{4}$$

10 두 사람이 사용한 리본의 길이입니다. 사용한 리본의 길이가 더 긴 사람의 이름을 써 보세요.

( )

11 집에서 병원까지의 거리는 $\frac{19}{8}$ km이고, 집에서 우체국까지의 거리는 $2\frac{1}{8}$ km입니다. 병원과 우체국 중 집에서 더 가까운 곳을 써 보세요.

( )

12 아현이네 집에서 만든 레몬청은 16 kg입니다. 만든 레몬청의 $\frac{3}{4}$ 을 이웃에 선물하였다면 남은 레몬청은 몇 kg인지 풀이 과정을 쓰고, 답을 구해 보세요.

____

____

____

____

답 ____________

4 단원
A단계

13 □에 알맞은 수를 찾아 이어 보세요.

$\dfrac{8}{2} = \square$ •   • 4

$\dfrac{\square}{8} = 1$ •   • 6

$\dfrac{\square}{3} = 2$ •   • 8

14 분모가 6인 진분수는 모두 몇 개인지 풀이 과정을 쓰고, 답을 구해 보세요.

____

____

____

답 ____________

15 분수의 크기를 비교하여 큰 수부터 차례로 써 보세요.

$$1\frac{4}{9} \qquad \frac{11}{9} \qquad 1\frac{7}{9}$$

( )

16 1시간의 $\frac{2}{3}$ 는 몇 분인지 구해 보세요.

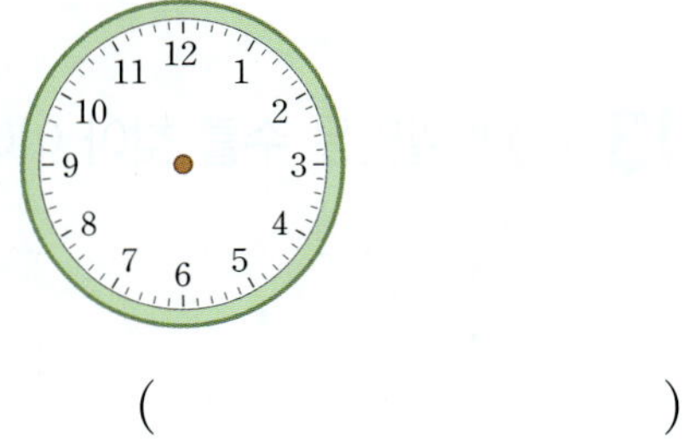

( )

17 똑같은 케이크 2개를 각각 똑같이 8조각으로 나누었습니다. 그중 3조각을 먹었다면 남은 케이크의 양은 전체의 얼마인지 가분수로 나타내 보세요.

( )

18 $\frac{14}{5}$ 보다 크고 $4\frac{2}{5}$ 보다 작은 분수를 모두 찾아 써 보세요.

$$1\frac{4}{5} \qquad \frac{41}{5} \qquad 3\frac{1}{5} \qquad \frac{19}{5} \qquad 2\frac{3}{5}$$

( )

19 □ 안에 들어갈 수 있는 자연수를 모두 구해 보세요.

$$\frac{32}{9} < 3\frac{\square}{9}$$

( )

20 조건을 만족하는 분수는 모두 몇 개인지 구해 보세요.

- 분모가 8인 가분수입니다.
- $3\frac{1}{8}$ 보다 큰 분수입니다.
- $\frac{29}{8}$ 보다 작은 분수입니다.

( )

단원 평가 B단계

점수 /

01 그림을 보고 □ 안에 알맞은 수를 써넣으세요.

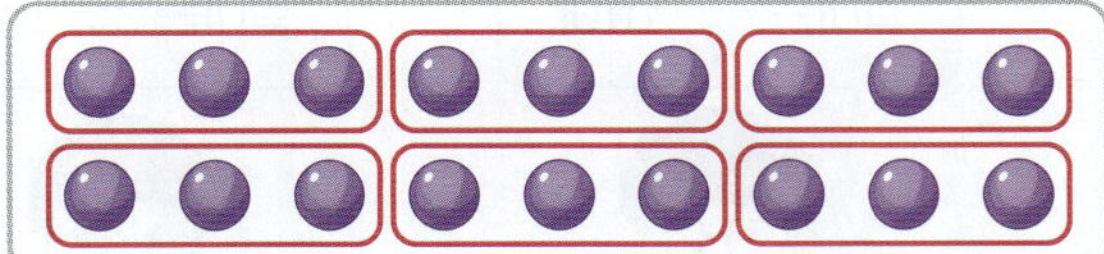

18을 3씩 묶으면 15는 18의 $\dfrac{\square}{\square}$ 입니다.

02 □ 안에 알맞은 수를 써넣으세요.

30을 6씩 묶으면 12는 30의 $\dfrac{\square}{\square}$ 입니다.

03 그림을 보고 □ 안에 알맞은 수를 써넣으세요.

24의 $\dfrac{1}{8}$ 은 □ 입니다.

04 〈보기〉를 보고 색칠한 부분을 대분수로 나타내 보세요.

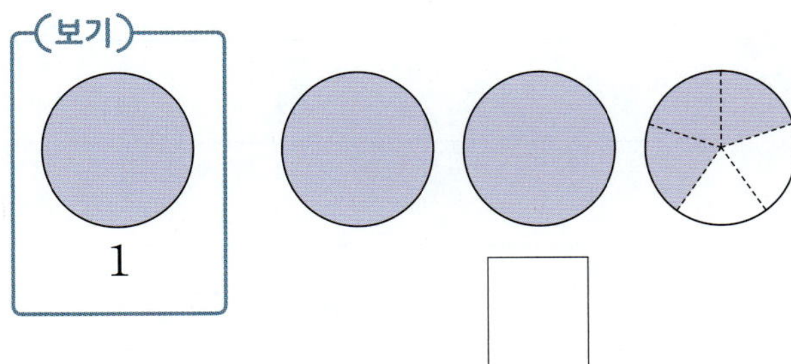

〈보기〉

1

□

05 관계있는 것끼리 이어 보세요.

28의 $\dfrac{3}{4}$ •

28의 $\dfrac{1}{2}$ •

28의 $\dfrac{5}{7}$ •

• 14

• 20

• 21

06 □ 안에 알맞은 수를 써넣으세요.

0 ———————————— 1(m)
0 10 20 30 40 50 60 70 80 90 100(cm)

1m의 $\dfrac{3}{10}$ 은 □ cm입니다.

07 장미 36송이의 $\dfrac{5}{9}$ 는 빨간색 장미입니다. 빨간색 장미는 몇 송이인지 구해 보세요.

( )

08 수직선을 보고 □ 안에 알맞은 수를 써넣으세요.

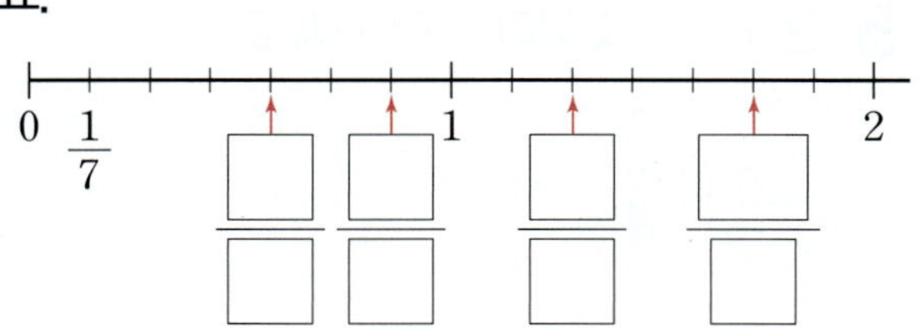

09 $\dfrac{□}{8}$ 는 가분수입니다. □ 안에 들어갈 수 있는 수를 모두 찾아 ◯표 하세요.

4	5	7	8	9	10

10 잘못 설명한 것을 찾아 기호를 써 보세요.

> ㉠ $\dfrac{27}{4}$ 을 대분수로 나타내면 $6\dfrac{1}{4}$ 입니다.
>
> ㉡ $3\dfrac{2}{9}$ 를 가분수로 나타내면 $\dfrac{29}{9}$ 입니다.

(   )

11 밀가루 200 g이 있었습니다. 과자를 만드는 데 밀가루를 200 g의 $\dfrac{2}{5}$ 만큼 사용했습니다. 남은 밀가루는 몇 g인지 구해 보세요.

(   )

12 더 긴 털실을 가진 사람의 이름을 써 보세요.

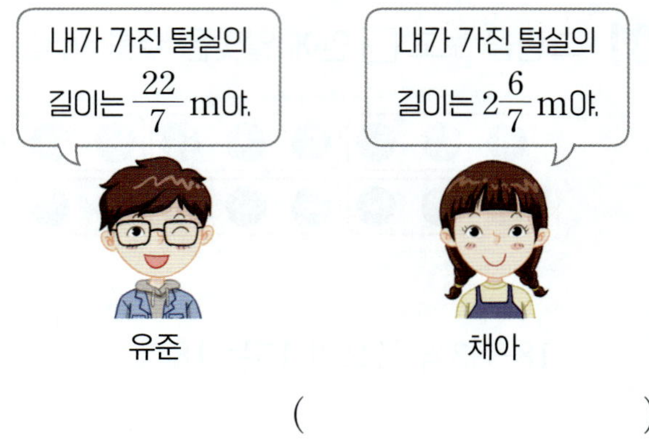

(   )

13 가장 큰 분수와 가장 작은 분수를 찾아 써 보세요.

$2\dfrac{1}{6}$	$\dfrac{14}{6}$	$1\dfrac{5}{6}$

가장 큰 분수 (   )

가장 작은 분수 (   )

서술형

14 수 카드 3장을 한 번씩만 사용하여 만들 수 있는 대분수는 모두 몇 개인지 구하려고 합니다. 풀이 과정을 쓰고, 답을 구해 보세요.

3	5	8

답

15 나타내는 수가 나머지와 다른 것을 찾아 기호를 써 보세요.

$$\bigcirc\ 16의\ \frac{3}{4} \qquad \bigcirc\ 36의\ \frac{1}{4}$$

$$\bigcirc\ 18의\ \frac{2}{3} \qquad \textcircled{=}\ 20의\ \frac{3}{5}$$

(   )

16 ㉠과 ㉡에 알맞은 수의 합을 구해 보세요.

- 28을 4씩 묶으면 16은 28의 $\dfrac{\bigcirc}{7}$입니다.

- 27을 3씩 묶으면 15는 27의 $\dfrac{\bigcirc}{9}$입니다.

(   )

17 어느 날 낮의 길이는 하루의 $\dfrac{5}{8}$였습니다. 이날 낮의 길이는 몇 시간인지 구해 보세요.

(   )

18 □ 안에 들어갈 수 있는 자연수를 모두 구해 보세요.

$$1\frac{5}{11} < \frac{\square}{11} < 1\frac{8}{11}$$

(   )

19 □ 안에 들어갈 수가 가장 큰 것을 찾아 기호를 써 보세요.

- ㉠ $\dfrac{\square}{5}$는 분모가 5인 가분수 중 가장 작습니다.

- ㉡ $5\dfrac{\square}{4}$는 자연수가 5, 분모가 4인 대분수 중 가장 큽니다.

- ㉢ $\dfrac{\square}{7}$는 분모가 7인 진분수 중 가장 큽니다.

(   )

서술형

20 (조건)을 모두 만족하는 분수를 구하려고 합니다. 풀이 과정을 쓰고, 답을 구해 보세요.

(조건)
- 진분수입니다.
- 분모와 분자의 합은 20입니다.
- 분모와 분자의 차는 2입니다.

____

____

____

____

답 _______________________

01 꽃병에 물을 가득 채운 후 어항에 모두 옮겨 담았습니다. 꽃병과 어항 중 들이가 더 많은 것을 써 보세요.

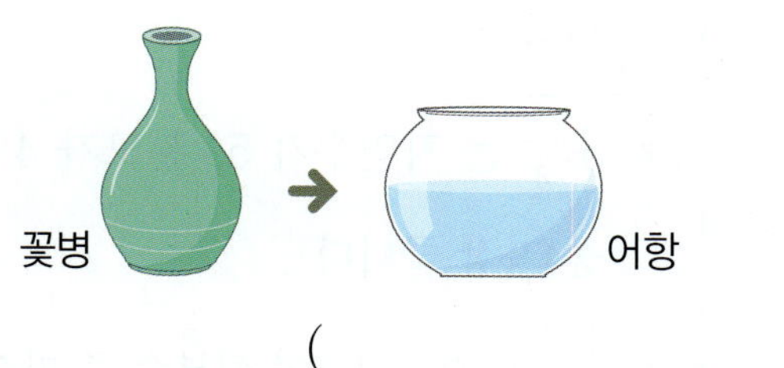

( )

02 그릇 ㉮와 ㉯에 물을 가득 채운 후 모양과 크기가 같은 컵에 모두 옮겨 담았습니다. ☐ 안에 알맞은 기호나 수를 써넣으세요.

☐에 물이 컵 ☐개만큼 더 많이 들어갑니다.

03 주어진 들이를 쓰고, 읽어 보세요.

6 L 20 mL

쓰기 ____________________________

읽기 ( )

04 가방의 무게가 얼마인지 ☐ 안에 알맞은 수를 써넣으세요.

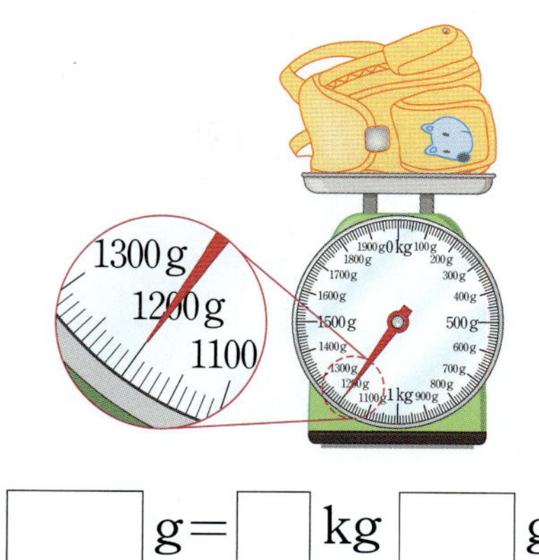

☐ g = ☐ kg ☐ g

05 계산해 보세요.

$$\begin{array}{r} 1\ \text{kg}\ 250\ \text{g} \\ +\ 3\ \text{kg}\ 450\ \text{g} \\ \hline \end{array}$$

06 (보기)에서 알맞은 들이를 찾아 ☐ 안에 써넣으세요.

(보기)
3 mL 30 mL 3 L 30 L

세제 통의 들이는 약 ☐ 입니다.

서술형
07 단위를 잘못 쓴 것을 찾아 기호를 쓰고, 바르게 고쳐 보세요.

㉠ 자동차의 무게는 약 3 t입니다.
㉡ 내 신발의 무게는 약 550 g입니다.
㉢ 사자의 무게는 약 150 t입니다.
㉣ 냉장고의 무게는 약 130 kg입니다.

답 ____________

바르게 고치기

____

08 들이를 비교하여 ○ 안에 >, =, <를 알맞게 써넣으세요.

$$9200\,\text{mL} \;\bigcirc\; 9\,\text{L}\;20\,\text{mL}$$

09 빈칸에 알맞은 무게는 몇 kg 몇 g인지 써넣으세요.

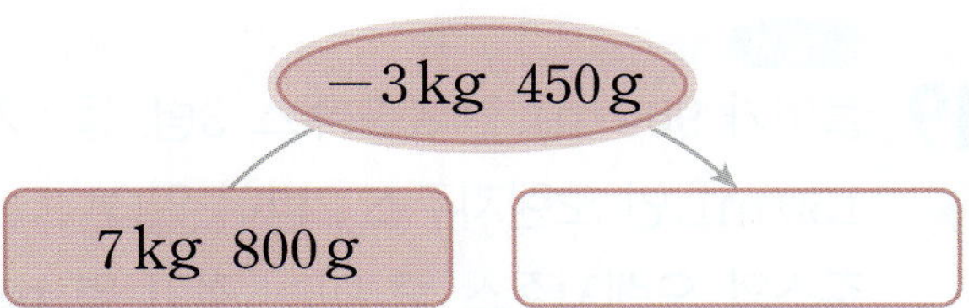

10 두 물통에 가득 들어 있는 물을 빈 수조에 모두 옮겨 담았습니다. 수조에 들어 있는 물은 모두 몇 L 몇 mL인지 구해 보세요.

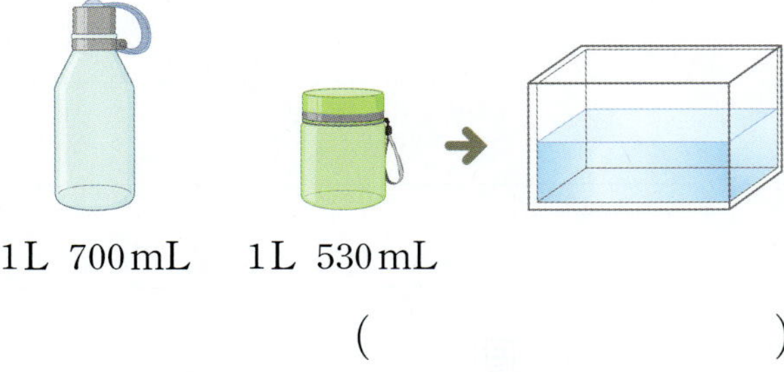

( )

11 들이가 가장 많은 것을 찾아 기호를 써 보세요.

> ㉠ 3 L 70 mL ㉡ 3200 mL
> ㉢ 3180 mL ㉣ 3 L 50 mL

( )

12 들이가 5 L인 어항의 들이를 다음과 같이 어림했습니다. 어항의 실제 들이에 더 가깝게 어림한 것에 ○표 하세요.

> 약 4 L 750 mL   약 5 L 200 mL

( )   ( )

13 저울을 사용하여 당근, 오이, 감자의 무게를 비교했습니다. 무게가 무거운 것부터 차례로 써 보세요.

( )

14 바르게 설명한 것을 모두 찾아 기호를 써 보세요.

> ㉠ 2 kg보다 700 g 더 무거운 무게는 27 kg입니다.
> ㉡ 5030 g은 5 kg 30 g입니다.
> ㉢ 900 kg보다 100 kg 더 무거운 무게는 1 t입니다.
> ㉣ 2 t은 200 kg입니다.

( )

● 정답 **61**쪽

15 컵 ㉮, ㉯, ㉰를 사용하여 물통에 물을 가득 채우려면 다음과 같이 각각 부어야 합니다. 들이가 많은 컵부터 차례로 써 보세요.

컵	㉮	㉯	㉰
부은 횟수(번)	11	15	14

(   )

16 지혁이의 몸무게는 34 kg 550 g이고, 지혁이가 가방을 메고 저울에 올라가서 잰 무게는 36 kg 200 g입니다. 가방의 무게는 몇 kg 몇 g인지 구해 보세요.

(   )

17 흰색 페인트와 초록색 페인트를 섞어 연두색 페인트 7 L 100 mL를 만들었습니다. 사용한 흰색 페인트가 3 L 750 mL일 때, 사용한 초록색 페인트는 몇 L 몇 mL인지 구해 보세요.

(   )

18 가장 가벼운 무게와 가장 무거운 무게의 합은 몇 kg 몇 g인지 구해 보세요.

3 kg 450 g	5 kg 750 g
4 kg 150 g	3 kg 800 g

(   )

서술형

19 들이가 900 mL인 포도주스 3병, 들이가 1 L 150 mL인 오렌지주스 2병이 있습니다. 포도주스와 오렌지주스 중 어느 것이 몇 mL 더 많은지 풀이 과정을 쓰고, 답을 구해 보세요.

____

____

____

____

____

답   ,

20 한 개의 무게가 1 kg 800 g인 멜론 2개를 담은 상자의 무게를 재었더니 4 kg 50 g이었습니다. 빈 상자의 무게는 몇 g인지 구해 보세요.

(   )

01 꽃병과 주스병에 물을 가득 채운 후 모양과 크기가 같은 그릇에 모두 옮겨 담았습니다. 꽃병과 주스병 중 들이가 더 많은 것은 어느 것인가요?

(   )

02 물의 양이 얼마인지 눈금을 읽고 □ 안에 알맞은 수를 써넣으세요.

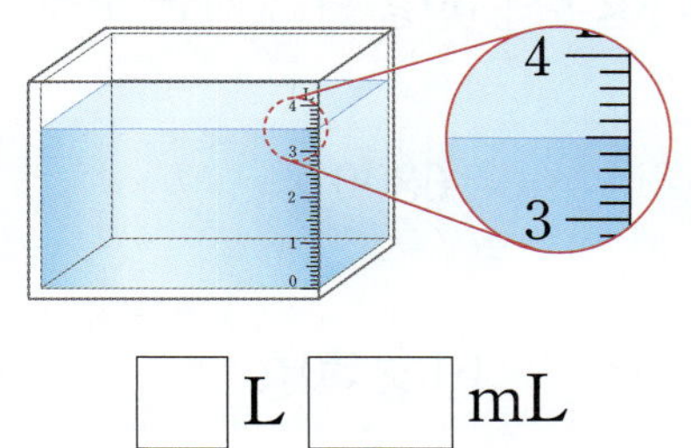

□ L □ mL

03 계산해 보세요.

$1\,L\ 300\,mL + 8\,L\ 240\,mL$

04 저울과 바둑돌을 사용하여 수첩과 필통의 무게를 비교했습니다. □ 안에 알맞은 말이나 수를 써넣으세요.

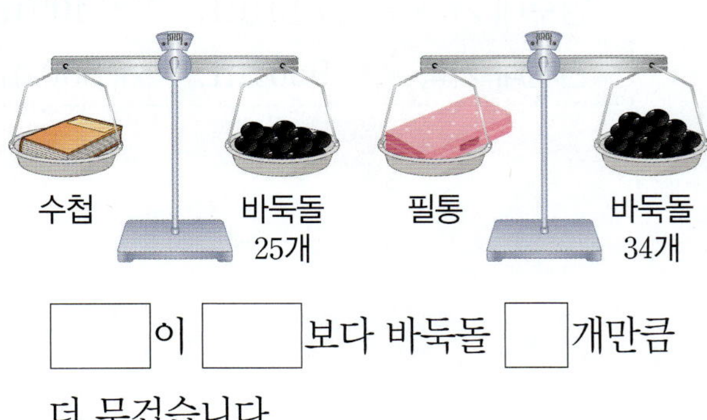

□이 □보다 바둑돌 □개만큼 더 무겁습니다.

05 들이가 500 mL인 우유갑을 보고 음료수병의 들이를 어림해 보세요.

(   )

06 알맞은 무게를 찾아 이어 보세요.

세탁기	•	•	약 230 g
하마	•	•	약 80 kg
사과	•	•	약 2 t

서술형
07 들이가 많은 물건부터 차례로 쓰려고 합니다. 풀이 과정을 쓰고, 답을 구해 보세요.

대야	양동이	어항
4 L 90 mL	5300 mL	4150 mL

답

08 자동차의 무게는 약 1 t이고, 식탁의 무게는 약 10 kg입니다. 자동차의 무게는 식탁의 무게의 약 몇 배인지 구해 보세요.

( )

09 mL와 L 중 □에 알맞은 단위가 L인 것을 모두 찾아 기호를 써 보세요.

> ㉠ 요구르트병의 들이는 약 150□입니다.
> ㉡ 김치통의 들이는 약 10□입니다.
> ㉢ 기름병의 들이는 약 2□입니다.

( )

10 두 무게의 차는 몇 kg 몇 g인지 구해 보세요.

| 6 kg 340 g | 2 kg 750 g |

( )

11 동생의 몸무게는 19 kg 500 g이고, 소현이의 몸무게는 동생보다 14 kg 600 g 더 무겁습니다. 소현이의 몸무게는 몇 kg 몇 g인지 구해 보세요.

( )

12 저울을 사용하여 사인펜, 연필, 지우개의 무게를 비교했습니다. 사인펜, 연필, 지우개 중 한 개의 무게가 가장 가벼운 것을 찾아 써 보세요.

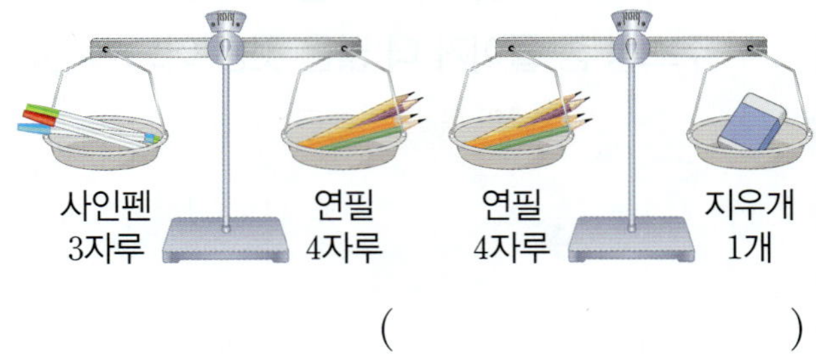

( )

13 무게가 다른 하나에 ◯표 하세요.

| 6 kg보다 30 g 더 무거운 무게 | ( ) |

| 6300 g | ( ) |

| 6 kg 30 g | ( ) |

14 영주네 가족과 현서네 가족이 하루 동안 마신 우유의 양입니다. 영주네 가족과 현서네 가족 중 어느 가족이 하루 동안 우유를 몇 mL 더 많이 마셨는지 구해 보세요.

	오전	오후
영주네 가족	740 mL	1400 mL
현서네 가족	980 mL	850 mL

( ), ( )

15 무게가 가장 무거운 것의 기호를 써 보세요.

> ㉠ 2 kg 350 g + 2 kg 840 g
> ㉡ 5200 g − 1600 g
> ㉢ 7 kg 500 g − 2 kg 900 g

(   )

16 □ 안에 알맞은 수를 써넣으세요.

$$
\begin{array}{r}
8\ \text{L}\quad 400\ \text{mL} \\
-\ \boxed{}\ \text{L}\quad 600\ \text{mL} \\
\hline
3\ \text{L}\quad \boxed{}\ \text{mL}
\end{array}
$$

17 주전자와 냄비에 물을 가득 채우려면 컵 ㉮와 ㉯에 물을 가득 채워 다음과 같이 각각 부어야 합니다. <u>잘못</u> 설명한 것을 찾아 기호를 써 보세요.

컵	주전자	냄비
㉮	4번	12번
㉯	2번	6번

> ㉠ ㉮와 ㉯ 중 들이가 더 많은 컵은 ㉯입니다.
> ㉡ 냄비의 들이는 주전자 들이의 3배입니다.
> ㉢ ㉮의 들이는 ㉯의 들이의 2배입니다.

(   )

18 들이가 1 L 600 mL인 통에 물을 가득 채워 들이가 8 L인 빈 항아리에 2번 부었습니다. 항아리를 가득 채우려면 물을 몇 L 몇 mL 더 부어야 하는지 구해 보세요.

(   )

19 무게가 다음과 같은 단호박의 무게를 영수는 약 2 kg 100 g, 현진이는 약 1 kg 400 g으로 어림했습니다. 단호박의 실제 무게에 더 가깝게 어림한 사람의 이름을 써 보세요.

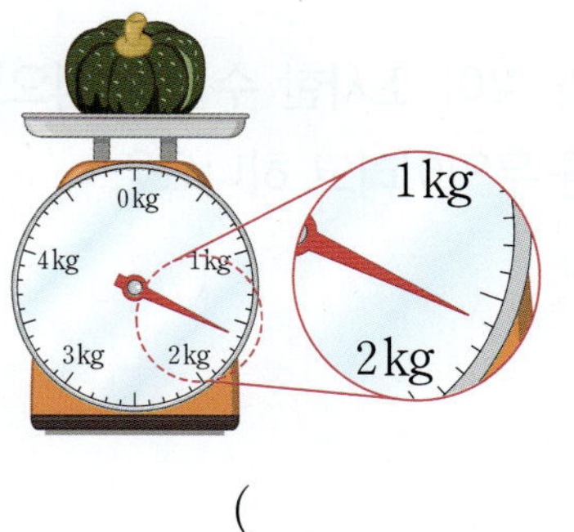

(   )

서술형

20 잡곡이 가득 들어 있는 병의 무게를 재었더니 3 kg 150 g이었고, 잡곡을 반만큼 사용한 후 병의 무게를 재었더니 1 kg 900 g이었습니다. 빈 병의 무게는 몇 g인지 풀이 과정을 쓰고, 답을 구해 보세요.

답 ______________

|01~04| 준서네 학교 3학년 학생들 중에서 휴대 전화를 가지고 있는 학생 수를 조사하여 나타낸 그래프입니다. 물음에 답하세요.

반별 휴대 전화를 가지고 있는 학생 수

반	학생 수
1반	☺☺☺☺☺☺☺
2반	☺☺☺☺☺☺
3반	☺☺☺
4반	☺☺☺☺☺

☺ 10명
☺ 1명

01 위와 같이 조사한 수를 그림으로 나타낸 그래프를 무엇이라고 하나요?

(　　　　　　　　)

02 ☺과 ☺은 각각 몇 명을 나타내나요?

☺ (　　　　　　　　)
☺ (　　　　　　　　)

03 3반에서 휴대 전화를 가지고 있는 학생은 몇 명인가요?

(　　　　　　　　)

04 휴대 전화를 가지고 있는 학생 수가 가장 많은 반은 몇 반인가요?

(　　　　　　　　)

|05~07| 성찬이네 반에서 모둠별로 모은 빈 병의 수를 조사하여 나타낸 표를 보고 그림그래프로 나타내려고 합니다. 물음에 답하세요.

모둠별 모은 빈 병의 수

모둠	가	나	다	라	합계
빈 병의 수(개)	23	15	32	20	90

05 그림그래프로 나타낼 때 그림을 몇 가지로 나타내는 것이 좋을지 써 보세요.

(　　　　　　　　)

06 그림그래프로 나타낼 때 그림이 나타내는 수를 얼마로 하는 것이 좋을지 모두 골라 ◯표 하세요.

1개	2개	5개	10개

07 표를 보고 그림그래프로 나타내 보세요.

모둠별 모은 빈 병의 수

모둠	빈 병의 수
가	
나	
다	
라	

△ 10개
△ 1개

|08~10| 농장별 고구마 수확량을 조사하여 나타낸 그림그래프입니다. 물음에 답하세요.

농장별 고구마 수확량

농장	수확량
가	
나	
다	
라	

100 kg
10 kg

08 고구마 수확량이 320 kg인 곳은 어느 농장인가요?

( )

09 고구마 수확량이 가장 적은 농장은 어느 농장이고, 수확량은 몇 kg인가요?

( ), ( )

서술형

10 가 농장의 고구마 수확량은 나 농장보다 몇 kg 더 많은지 구하려고 합니다. 풀이 과정을 쓰고, 답을 구해 보세요.

____

____

____

답

|11~14| 준서네 반 학생들이 좋아하는 과일을 조사했습니다. 물음에 답하세요.

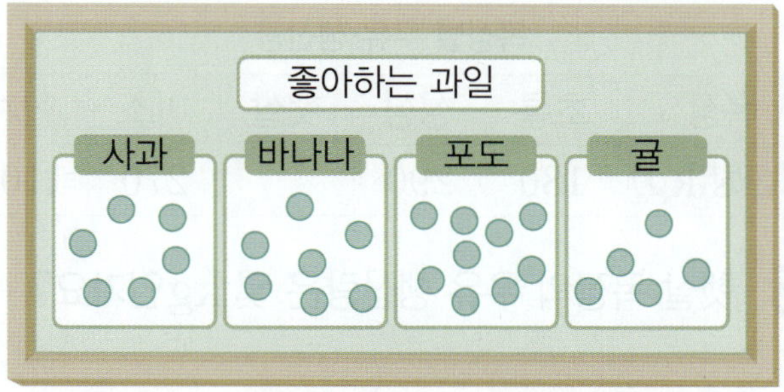

11 조사한 자료를 보고 표로 나타내 보세요.

좋아하는 과일별 학생 수

과일	사과	바나나	포도	귤	합계
학생 수(명)					

12 11의 표를 보고 그림그래프로 나타내 보세요.

좋아하는 과일별 학생 수

과일	학생 수
사과	
바나나	
포도	
귤	

◎ 5명
○ 1명

13 좋아하는 학생 수가 많은 과일부터 차례로 써 보세요.

( )

14 좋아하는 학생 수가 사과보다 더 많은 과일을 모두 찾아 써 보세요.

( )

| 15~17 | 규호네 마을의 목장별 우유 생산량을 조사하여 나타낸 표입니다. 물음에 답하세요.

목장별 우유 생산량

목장	초록	싱싱	햇살	미소	합계
생산량(kg)	180	290		270	1100

15 햇살 목장의 우유 생산량은 몇 kg인가요?

( )

16 표를 보고 ▣는 100 kg, ■는 10 kg으로 하여 그림그래프로 나타내 보세요.

목장별 우유 생산량

목장	생산량
초록	
싱싱	
햇살	
미소	

▣ 100 kg
■ 10 kg

17 표를 보고 ▣는 100 kg, ▢는 50 kg, ■는 10 kg으로 하여 그림그래프로 나타내 보세요.

목장별 우유 생산량

목장	생산량
초록	
싱싱	
햇살	
미소	

▣ 100 kg
▢ 50 kg
■ 10 kg

| 18~20 | 수지네 학교 3학년 학생들이 좋아하는 채소별 학생 수를 조사하여 나타낸 그림그래프입니다. 물음에 답하세요.

좋아하는 채소별 학생 수

채소	학생 수
호박	
당근	👤👤👤👤👤👤
오이	👤👤👤👤👤👤👤
피망	👤👤👤👤🧒

👤 10명
🧒 1명

18 호박을 좋아하는 학생은 당근을 좋아하는 학생보다 7명 더 많습니다. 호박을 좋아하는 학생은 몇 명인지 구해 보세요.

( )

19 가장 적은 학생들이 좋아하는 채소를 찾아 써 보세요.

( )

서술형

20 학교 텃밭에 채소를 한 종류만 심는다면 어떤 채소를 심는 것이 좋을지 쓰고, 이유를 써 보세요.

[예상]

[이유]

|01~04| 윤민이네 마을의 농장별 돼지의 수를 조사하여 나타낸 그림그래프입니다. 물음에 답하세요.

농장별 돼지의 수

농장	돼지의 수
가	
나	
다	
라	

10마리
1마리

01 무엇을 조사하여 나타낸 것인가요?

( )

02 과 은 각각 몇 마리를 나타내나요?

( )
( )

03 돼지의 수가 가장 많은 농장은 어느 농장인가요?

( )

04 그림그래프를 보고 표로 나타내 보세요.

농장	가	나	다	라	합계
돼지의 수 (마리)					

|05~08| 준서네 학교 3학년 학생들이 반별로 단체 줄넘기를 한 횟수를 조사하여 나타낸 표입니다. 물음에 답하세요.

반별 단체 줄넘기를 한 횟수

반	1반	2반	3반	4반	합계
횟수(번)	34	27	42		133

05 4반의 단체 줄넘기 횟수는 몇 번인가요?

( )

06 표를 보고 그림그래프로 나타내 보세요.

반별 단체 줄넘기를 한 횟수

반	횟수
1반	
2반	
3반	
4반	

10번
1번

07 단체 줄넘기 횟수가 1반보다 적은 반을 모두 찾아 써 보세요.

( )

서술형

08 표와 비교하여 그림그래프로 나타냈을 때 좋은 점을 써 보세요.

좋은 점

|09~11| 마을별 강아지를 기르는 가구 수를 조사하여 나타낸 그림그래프입니다. 물음에 답하세요.

마을별 강아지를 기르는 가구 수

마을	가구 수
가	
나	
다	
라	

🏠100가구 🏠10가구

09 강아지를 기르는 가구가 160가구인 마을은 어느 마을인가요?

(   )

10 가 마을의 강아지를 기르는 가구는 다 마을보다 몇 가구 더 많은지 구해 보세요.

(   )

11 강아지를 기르는 가구 수가 두 번째로 많은 마을은 어느 마을이고, 몇 가구인가요?

(   ), (   )

12 어느 대리점에서 지난해 전자 제품별 판매량을 조사하여 나타낸 표를 보고 그림그래프로 나타내 보세요.

전자 제품별 판매량

전자 제품	가습기	정수기	청소기	세탁기	합계
판매량(대)	110	50	320		740

전자 제품별 판매량

전자 제품	판매량
가습기	
정수기	
청소기	
세탁기	

◎ 100대
○ 10대

|13~14| 지혜네 반 학급 문고에 있는 종류별 책의 수를 조사하여 나타낸 그림그래프입니다. 동화책은 위인전보다 6권 더 적을 때 물음에 답하세요.

종류별 책의 수

종류	책의 수
동화책	
위인전	
과학책	
역사책	

▢ 10권 ▪ 1권

13 위 그림그래프를 완성해 보세요.

14 학급 문고에 있는 과학책과 역사책은 모두 몇 권인지 구해 보세요.

(   )

| 15~17 | 진호네 학교 3학년 학생들이 가장 좋아하는 놀이기구를 조사했습니다. 물음에 답하세요.

15 조사한 자료를 보고 그림그래프로 나타내 보세요.

좋아하는 놀이기구별 학생 수

놀이기구	학생 수
바이킹	
범퍼카	
고속열차	
회전목마	

◎ 10명
○ 1명

16 진호네 학교 3학년 학생은 모두 몇 명인지 구해 보세요.

( )

17 진호네 학교 3학년 학생들이 놀이기구를 한 가지만 타려고 합니다. 어떤 놀이기구를 타면 좋을지 써 보세요.

( )

| 18~20 | 소은이와 친구들이 수집한 우표 수를 조사하여 나타낸 그림그래프입니다. 4명이 수집한 우표가 모두 100장일 때 물음에 답하세요.

수집한 우표 수

이름	우표 수
소은	
지혜	
수민	
준서	

▢ 10장
■ 5장
□ 1장

18 지혜와 준서가 수집한 우표는 모두 몇 장인지 구해 보세요.

( )

〔서술형〕

19 지혜가 수집한 우표는 준서가 수집한 우표보다 8장 더 많습니다. 지혜가 수집한 우표는 몇 장인지 풀이 과정을 쓰고, 답을 구해 보세요.

____

____

____

답 __________

20 위 그림그래프를 완성해 보세요.

[2학기 총정리 개념]

4학년에 배워요
• (세 자리 수)×(두 자리 수)

• (세 자리 수)×(한 자리 수)

```
    1 2 9
  ×     3
  ─────────
    2 7  ←   9×3
    6 0  ←  20×3
  3 0 0  ← 100×3
  ─────────
    3 8 7
```

• (두 자리 수)×(두 자리 수)

```
      4 5
  ×   2 6
  ─────────
    2 7 0  ← 45×6
    9 0 0  ← 45×20
  ─────────
    1 1 7 0
```


4학년에 배워요
• (두 자리 수)÷(두 자리 수)
• (세 자리 수)÷(두 자리 수)

• 나머지가 있는
  (두 자리 수)÷(한 자리 수)

```
        1 8  ← 몫
    4 ) 7 3
        4 0  ← 4×10
      ───────
        3 3
        3 2  ← 4×8
      ───────
          1  ← 나머지
```

• 나머지가 있는
  (세 자리 수)÷(한 자리 수)

```
        9 2  ← 몫
    5 ) 4 6 2
        4 5 0  ← 5×90
      ─────────
          1 2
          1 0  ← 5×2
        ─────────
            2  ← 나머지
```


6학년에 배워요
• 원주
• 원주율

• 원의 중심, 반지름, 지름

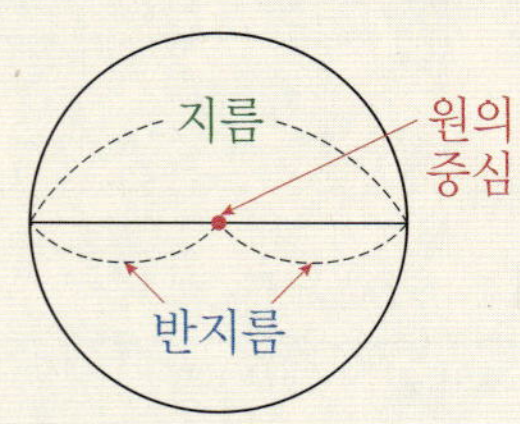

• **원의 중심**: 원을 그릴 때 누름 못이 꽂혔던 점
• **반지름**: 원의 중심과 원 위의 한 점을 이은 선분
• **지름**: 원 위의 두 점을 이은 선분 중 원의 중심을
  지나는 선분

• 원의 지름의 성질

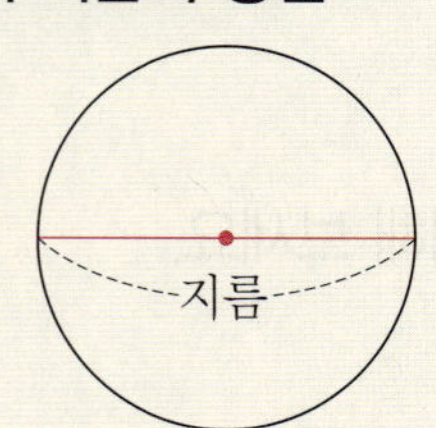

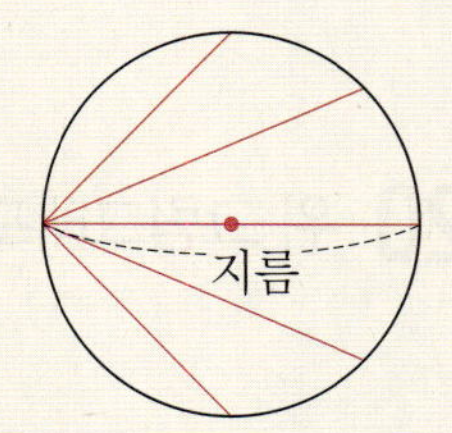

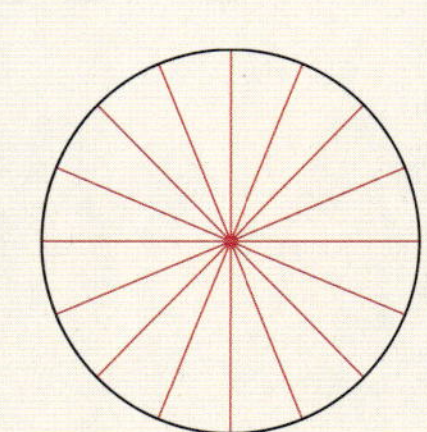

지름은 원을 똑같이 둘로 나눕니다.

지름은 원 위의 두 점을 이은 선분 중 가장 깁니다.

한 원에서 지름은 셀 수 없이 많습니다.

4단원 | 분수

- **진분수**: $\frac{1}{4}$, $\frac{2}{4}$, $\frac{3}{4}$과 같이 분자가 분모보다 작은 분수
- **가분수**: $\frac{4}{4}$, $\frac{5}{4}$, $\frac{6}{4}$과 같이 분자가 분모와 같거나 분모보다 큰 분수
- **대분수**: $1\frac{1}{4}$과 같이 자연수와 진분수로 이루어진 분수

4학년에 배워요
- 진분수의 덧셈
- 진분수의 뺄셈
- 대분수의 덧셈
- 대분수의 뺄셈

5단원 | 들이와 무게

- **들이의 단위**

L(리터)	mL(밀리리터)
쓰기 1L	쓰기 1mL
읽기 1 리터	읽기 1 밀리리터

$$1L = 1000\,mL$$

- **무게의 단위**

kg(킬로그램)	g(그램)	t(톤)
쓰기 1kg	쓰기 1g	쓰기 1t
읽기 1 킬로그램	읽기 1 그램	읽기 1 톤

$$1kg = 1000\,g \qquad 1t = 1000\,kg$$

5학년에 배워요
- 이상과 이하
- 초과와 미만
- 올림, 버림, 반올림

6단원 | 그림그래프

- **그림그래프**: 조사한 수를 그림으로 나타낸 그래프

좋아하는 간식별 학생 수

간식	학생 수
붕어빵	☺ ☺ ☺ ☺ ☺ ☺
호떡	☺ ☺ ☺
만두	☺ ☺ ☺ ☺ ☺ ☺ ☺

☺ 10명 ☺ 1명

① ☺은 10명, ☺은 1명을 나타냅니다.
② 붕어빵을 좋아하는 학생은 15명입니다.
③ 가장 많은 학생들이 좋아하는 간식은 만두입니다.

4학년에 배워요
- 막대그래프
- 꺾은선그래프

memo

문학, 비문학에 맞는 바른 독해법부터, 독해력을 키우는 **어휘** 학습까지!

#초등문해력 #완벽라인업
#빠작

비문학 독해에 **사회, 과학 교과 개념** 더하고!

초등 눈높이에 맞는 **문법**까지!

동아출판

백점 **수학** 3·2

초등학교　　　학년　　　반　　　번　　　이름

백점

수학 3·2

해설북

- 한눈에 보이는 **정확한 답**
- 한번에 이해되는 **자세한 풀이**

모바일
빠른 정답

동아출판

백점 수학 빠른 정답

QR코드를 찍으면 **정답과 풀이**를
쉽고 빠르게 확인할 수 있습니다.

모바일 빠른 정답
QR코드를 찍으면 정답과 풀이를 쉽고 빠르게 확인할 수 있습니다.

1. 곱셈

1회 개념 학습 6~7쪽

확인 (1) (위에서부터) 6 / 2, 0 / 2, 0, 0 / 2, 2, 6
(2) (위에서부터) 3, 2 / 4, 0 / 8, 0, 0 / 8, 7, 2

1 400, 20, 6, 426 **2** 372

3 4 / 7, 4, 2

4 (1) $\begin{array}{r} 2\ 3\ 2 \\ \times \quad\ 3 \\ \hline 6 \\ 9\ 0 \\ 6\ 0\ 0 \\ \hline 6\ 9\ 6 \end{array}$ (2) $\begin{array}{r} 1\ 1\ 7 \\ \times \quad\ 4 \\ \hline 2\ 8 \\ 4\ 0 \\ 4\ 0\ 0 \\ \hline 4\ 6\ 8 \end{array}$

5 (1) 609 (2) 272 (3) 662 (4) 860

6 (1) 844 (2) 657

1 200, 10, 3에 각각 2를 곱한 다음 모두 더합니다.

2 $100\times3=300$, $20\times3=60$, $4\times3=12$
→ $124\times3=300+60+12=372$

3 106의 각 자리 수에 7을 곱하여 자리에 맞게 씁니다.

4 각 자리를 계산한 값을 모두 쓰고, 더합니다.
(1) $2\times3=6$, $30\times3=90$, $200\times3=600$
→ $6+90+600=696$
(2) $7\times4=28$, $10\times4=40$, $100\times4=400$
→ $28+40+400=468$

5 (3) $\begin{array}{r} 3\ 3\ 1 \\ \times \quad\ 2 \\ \hline 6\ 6\ 2 \end{array}$ (4) $\begin{array}{r} {\scriptstyle 2}\quad \\ 2\ 1\ 5 \\ \times \quad\ 4 \\ \hline 8\ 6\ 0 \end{array}$

6 (1) $\begin{array}{r} 4\ 2\ 2 \\ \times \quad\ 2 \\ \hline 8\ 4\ 4 \end{array}$ (2) $\begin{array}{r} {\scriptstyle 2}\quad \\ 2\ 1\ 9 \\ \times \quad\ 3 \\ \hline 6\ 5\ 7 \end{array}$

1회 문제 학습 8~9쪽

01 381 **02** 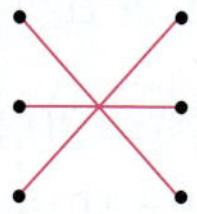

03 404, 808 **04** 224×3

05 예 106, 4, 424 **06** ㉢

07 590개 **08** 692 m

09 348회 **10** 824자루

11 ❶ 223 ❷ 223, 669 답 669

12 ❶ 100이 4개, 10이 4개, 1이 9개인 수는 449입니다.
❷ 따라서 소율이가 말하는 수와 2의 곱은 $449\times2=898$입니다. 답 898

01 $\begin{array}{r} {\scriptstyle 2}\ \ \\ 1\ 2\ 7 \\ \times \quad\ 3 \\ \hline 3\ 8\ 1 \end{array}$

02 $\begin{array}{r} {\scriptstyle 1}\ \ \\ 2\ 2\ 6 \\ \times \quad\ 3 \\ \hline 6\ 7\ 8 \end{array}$ $\begin{array}{r} {\scriptstyle 3}\ \ \\ 1\ 1\ 5 \\ \times \quad\ 6 \\ \hline 6\ 9\ 0 \end{array}$ $\begin{array}{r} 4\ 2\ 4 \\ \times \quad\ 2 \\ \hline 8\ 4\ 8 \end{array}$

03 $101\times4=404$ → $404\times2=808$

04 $224\times3=672$, $311\times2=622$ → $672>622$

05 곱해지는 수에 세 자리 수를, 곱하는 수에 한 자리 수를 놓고 계산합니다.
→ $106\times4=424$, $106\times6=636$,
$113\times4=452$, $113\times6=678$

06 ㉠ $345\times2=690$
㉡ $225\times3=675$
㉢ $415\times2=830$
→ 계산 결과가 800보다 큰 것은 ㉢입니다.

07 (전체 토마토 모종의 수)
=(한 줄에 심은 토마토 모종의 수)×(심은 줄 수)
$=118\times5=590$(개)

08 (전체 이동한 거리)
　　＝(채아네 집에서 은행까지의 거리)×2
　　＝346×2＝692 (m)

09 (지혜가 한 줄넘기 횟수)＝111＋5＝116(회)
　➜ (민수가 한 줄넘기 횟수)＝116×3＝348(회)

10 (전체 학생 수)＝203＋209＝412(명)
　➜ (필요한 연필의 수)＝412×2＝824(자루)

11

채점기준			
❶ 도현이가 말하는 수를 구한 경우	2점	5점
❷ 도현이가 말하는 수와 3의 곱을 구한 경우	3점	

12

채점기준			
❶ 소율이가 말하는 수를 구한 경우	2점	5점
❷ 소율이가 말하는 수와 2의 곱을 구한 경우	3점	

2회 개념 학습　　10~11쪽

확인 (1) (위에서부터) 9 / 2, 1, 0 / 3, 0, 0
　　　 / 5, 1, 9
　　 (2) (위에서부터) 8 / 2, 4, 0 / 1, 2, 0, 0
　　　 / 1, 4, 4, 8

1 400, 160, 4, 564　　**2** 1, 1 / 4, 6, 2

3 200

4 (1)
```
    1 8 2
  ×     4
      8
  3 2 0
  4 0 0
  7 2 8
```
(2)
```
    2 7 9
  ×     6
      5 4
  4 2 0
1 2 0 0
1 6 7 4
```

5 (1) 591　(2) 1124　(3) 813　(4) 1800

6 (　　) (　○　)

---

1 100, 40, 1에 각각 4를 곱한 다음 모두 더합니다.

2 154의 각 자리 수에 3을 곱하여 자리에 맞게 씁니다.

3 ☐2는 십의 자리 계산 5×4＝20에서 백의 자리로
올림한 수입니다.
따라서 ☐2가 실제로 나타내는 수는 200입니다.

---

4 각 자리를 계산한 값을 모두 쓰고, 더합니다.
　(1) 2×4＝8, 80×4＝320, 100×4＝400
　　➜ 8＋320＋400＝728
　(2) 9×6＝54, 70×6＝420, 200×6＝1200
　　➜ 54＋420＋1200＝1674

5 (3)
```
    2
    2 7 1
  ×     3
    8 1 3
```
(4)
```
    2
    4 5 0
  ×     4
  1 8 0 0
```

6
```
    2
    6 1 5
  ×     5
  3 0 7 5
```

2회 문제 학습　　12~13쪽

01
```
    6 5 4
  ×     3
      1 2  …  4×3
    1 5 0  …  50×3
  1 8 0 0  …  600×3
  1 9 6 2
```

02 156, 4, 624　　**03** 504, 2168

04 ＞　　**05** 1116

06 1267　　**07**
```
    1
    5 3 1
  ×     4
  2 1 2 4
```

08 172×3＝516 (또는 172×3) / 516개

09 ㉡, ㉠, ㉢

10 예   / 7600원

11 7　　　　**12** 닭

13 ❶ 5, 7, 9　❷ 579, 1158　　　답 1158

14 ❶ 곱이 가장 큰 곱셈식을 만들려면 곱해지는 수
를 가장 크게 만들어야 합니다.
　➜ 만들 수 있는 가장 큰 세 자리 수: 642
　❷ 따라서 만든 곱셈식의 곱은 642×7＝4494
입니다.　　　　　　　　　　　　답 4494

01 654×3은 4×3, 50×3, 600×3을 각각 구하여 모두 더합니다.

02 156을 4번 더했으므로 156×4입니다.
$$\underbrace{156+156+156+156}_{4번}=156\times4=624$$

03
$$\begin{array}{r} {\scriptstyle 1} \\ 2\,5\,2 \\ \times\quad 2 \\ \hline 5\,0\,4 \end{array}\qquad \begin{array}{r} {\scriptstyle 1} \\ 5\,4\,2 \\ \times\quad 4 \\ \hline 2\,1\,6\,8 \end{array}$$

04 $212\times8=1696$, $326\times5=1630$ ➡ $1696>1630$

05 $372>234>5>3$이므로 가장 큰 수는 372, 가장 작은 수는 3입니다.
➡ $372\times3=1116$

06 ㉠ $351\times2=702$ ➡ ㉠$+$㉡$=702+565=1267$

07 십의 자리 계산에서 올림한 수를 백의 자리 계산에서 더하지 않았습니다.

08 (전체 방울토마토의 수)
　＝(한 상자에 들어 있는 방울토마토의 수)
　　$\times$(상자의 수)
　＝$172\times3=516$(개)

09 ㉠ $330\times5=1650$
　㉡ $752\times2=1504$
　㉢ $628\times3=1884$
➡ $1504<1650<1884$이므로 계산 결과가 작은 것부터 차례로 기호를 쓰면 ㉡, ㉠, ㉢입니다.

10 (풀 8개의 가격)$=950\times8=7600$(원)
　(자 8개의 가격)$=590\times8=4720$(원)
　(지우개 8개의 가격)$=730\times8=5840$(원)

11 $8\times\square$의 일의 자리 수가 6이고, $8\times2=16$, $8\times7=56$이므로 $\square=2$ 또는 $\square=7$입니다.
　$\square=2$일 때 $458\times2=916(\times)$
　$\square=7$일 때 $458\times7=3206(\bigcirc)$

12 (닭의 전체 다리 수)$=291\times2=582$(개)
　(돼지의 전체 다리 수)$=150\times4=600$(개)
➡ $582<600$이므로 전체 다리 수가 더 적은 것은 닭입니다.

13

채점 기준		
❶ 만들 수 있는 가장 작은 세 자리 수를 구한 경우	2점	5점
❷ 만든 곱셈식의 곱을 구한 경우	3점	

14

채점 기준		
❶ 만들 수 있는 가장 큰 세 자리 수를 구한 경우	2점	5점
❷ 만든 곱셈식의 곱을 구한 경우	3점	

(3회 개념 학습 　　14~15쪽

확인 69, 690

1 ⑴ 18, 18 ⑵ 00

2 ⑴ (위에서부터) 350, 10, 3500
　⑵ (위에서부터) 488, 10, 4880

3 ⑴ 94, 940 ⑵ 470, 940

4 ⑴ 84, 840 ⑵ 138, 1380

5 ⑴ 900 ⑵ 840 ⑶ 2000 ⑷ 680

6 4000

---

1 (몇십)$\times$(몇십)은 (몇)$\times$(몇)을 계산한 값에 0을 2개 붙입니다.

2 ⑴ $50\times7=350$이고 70은 7의 10배이므로 50×70은 350의 10배인 3500입니다.
　⑵ $61\times8=488$이고 80은 8의 10배이므로 61×80은 488의 10배인 4880입니다.
　참고 (몇십)$\times$(몇십)은 (몇십)$\times$(몇)의 값을 10배 하면 됩니다.

3 ⑴ 47과 2를 먼저 곱한 후 10을 곱합니다.
　⑵ 47과 10을 먼저 곱한 후 2를 곱합니다.

4 (몇십몇)$\times$(몇십)은 (몇십몇)$\times$(몇)을 계산한 값에 0을 1개 붙입니다.

5
$$\text{⑶}\begin{array}{r} 5\,0 \\ \times\ 4\,0 \\ \hline 2\,0\,0\,0 \end{array}\qquad \text{⑷}\begin{array}{r} 3\,4 \\ \times\ 2\,0 \\ \hline 6\,8\,0 \end{array}$$

6 $80\times5=400$ ➡ $80\times50=4000$

3회 문제 학습　16~17쪽

01 (위에서부터) 2240, 10

02 ㉠

03 5220

04 1500, 3000, 4500

05 37×50

06 ㉠

07 1750개

08 (예) 어항 한 개에 금붕어가 28마리씩 있습니다. 어항 50개에 있는 금붕어는 모두 몇 마리인가요? / $28 \times 50 = 1400$ (또는 28×50) / 1400마리

09 3600초

10 호두, 60개

11 4

12 ❶ 40, 2800
　　❷ 15, 2800, 15, 2815　　답 2815개

13 ❶ 40상자에 담은 옥수수는 모두 $50 \times 40 = 2000$(개)입니다.
　　❷ 상자에 담고 옥수수 20개가 남았으므로 처음에 있던 옥수수는 모두 $2000 + 20 = 2020$(개)입니다.　　답 2020개

---

01 곱하는 수가 10배가 되면 곱도 10배가 됩니다.

02 $6 \times 5 = 30$ ➡ $60 \times 50 = 3000$
따라서 숫자 3을 써야 할 곳은 ㉠입니다.

03 58의 90배 ➡ $58 \times 90 = 5220$

04 • $5 \times 3 = 15$ ➡ $50 \times 30 = 1500$
• $5 \times 6 = 30$ ➡ $50 \times 60 = 3000$
• $5 \times 9 = 45$ ➡ $50 \times 90 = 4500$

05 • $32 \times 60 = 1920$
• $37 \times 50 = 1850$
• $48 \times 40 = 1920$
➡ 계산 결과가 다른 하나는 37×50입니다.

06 ㉠ $19 \times 30 = 570$ ➡ 1개
㉡ $60 \times 80 = 4800$ ➡ 2개
㉢ $65 \times 20 = 1300$ ➡ 2개
따라서 □ 안에 들어갈 0의 개수가 다른 하나는 ㉠입니다.

07 (올해 기부한 사과의 수) $= 25 \times 70 = 1750$(개)

08 28×50을 이용한 문제를 만들고 계산해 봅니다.
$28 \times 5 = 140$ ➡ $28 \times 50 = 1400$

09 1시간은 1분이 60번입니다.
➡ $60 \times 60 = 3600$(초)

10 (호두의 수) $= 20 \times 30 = 600$(개)
(땅콩의 수) $= 27 \times 20 = 540$(개)
➡ $600 > 540$이므로 호두가 땅콩보다 $600 - 540 = 60$(개) 더 많습니다.

11 $70 \times 10 = 700$, $70 \times 20 = 1400$,
$70 \times 30 = 2100$, $70 \times 40 = 2800$,
$70 \times 50 = 3500$
따라서 □ 안에 들어갈 수 있는 가장 큰 수는 4입니다.

12

채점 기준			
❶ 70상자에 담은 참외의 수를 구한 경우	3점	5점
❷ 처음에 있던 참외의 수를 구한 경우	2점	

13

채점 기준			
❶ 40상자에 담은 옥수수의 수를 구한 경우	3점	5점
❷ 처음에 있던 옥수수의 수를 구한 경우	2점	

4회 개념 학습　18~19쪽

확인 (1) (위에서부터) 9 / 1, 8, 0 / 1, 8, 9
　　 (2) (위에서부터) 4, 8 / 7, 2, 0 / 7, 6, 8

1 80, 16, 96

2
$$\begin{array}{r} 1\,2 \\ \times\ 6\,4 \\ \hline 4\,8 \quad \cdots\ 12 \times 4 \\ 7\,2\,0 \quad \cdots\ 12 \times 60 \\ \hline 7\,6\,8 \end{array}$$

3
$$\begin{array}{r} 4 \\ \times\ 1\,4 \\ \hline 1\,6 \\ 4\,0 \\ \hline 5\,6 \end{array}$$
$$\begin{array}{r} \overset{1}{4} \\ \times\ 1\,4 \\ \hline 5\,6 \end{array}$$

4
$$\begin{array}{r} \overset{4}{9} \\ \times\ 7\,5 \\ \hline 6\,7\,5 \end{array}$$

5 (1) 117　(2) 420　(3) 378　(4) 966

6 (　) (○)

---

1 파란색 모눈의 수: $8 \times 10 = 80$(칸)
빨간색 모눈의 수: $8 \times 2 = 16$(칸)
➡ $8 \times 12 = 80 + 16 = 96$(칸)

2 12에 4와 60을 각각 곱한 다음 더합니다.

3 **방법 1** 4×4와 4×10을 각각 계산한 후 두 곱을 더합니다.

방법 2 일의 자리 계산 4×4=16에서 1을 십의 자리로 올림하여 계산합니다.

4 일의 자리 계산 9×5=45에서 4를 십의 자리로 올림하여 계산합니다.

5 (3)
$$\begin{array}{r} {\color{red}2} \\ 7 \\ \times\ 5\ 4 \\ \hline 3\ 7\ 8 \end{array}$$
(4)
$$\begin{array}{r} 4\ 2 \\ \times\ 2\ 3 \\ \hline 1\ 2\ 6 \\ 8\ 4 \\ \hline 9\ 6\ 6 \end{array}$$

6
$$\begin{array}{r} 1\ 4 \\ \times\ 6\ 2 \\ \hline 2\ 8 \\ 8\ 4\ 0 \\ \hline 8\ 6\ 8 \end{array} \qquad \begin{array}{r} 1\ 9 \\ \times\ 1\ 7 \\ \hline 1\ 3\ 3 \\ 1\ 9\ 0 \\ \hline 3\ 2\ 3 \end{array}$$

4회 문제 학습 20~21쪽

01 128, 224

02

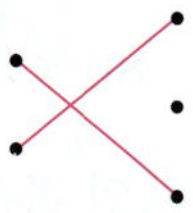

03
$$\begin{array}{r} 4 \\ \times\ 2\ 9 \\ \hline {\color{red}3\ 6} \\ {\color{red}8\ 0} \\ \hline {\color{red}1\ 1\ 6} \end{array}$$

04 >

05 127

06 ㉠, ㉢, ㉡

07 271

08 예 빨간색, 180

09 2, 5

10 432개

11 ❶ 51, 12 ❷ 51, 12, 612 답 612

12 ❶ ㉠ 10이 2개, 1이 8개인 수는 28이고, ㉡ 10이 2개, 1이 1개인 수는 21입니다.
❷ 따라서 ㉠과 ㉡이 나타내는 두 수의 곱은 28×21=588입니다. 답 588

01
$$\begin{array}{r} 4 \\ \times\ 3\ 2 \\ \hline 1\ 2\ 8 \end{array} \qquad \begin{array}{r} {\color{red}1} \\ 7 \\ \times\ 3\ 2 \\ \hline 2\ 2\ 4 \end{array}$$

02
$$\begin{array}{r} 3\ 7 \\ \times\ 2\ 1 \\ \hline 3\ 7 \\ 7\ 4 \\ \hline 7\ 7\ 7 \end{array} \qquad \begin{array}{r} 3\ 1 \\ \times\ 2\ 4 \\ \hline 1\ 2\ 4 \\ 6\ 2 \\ \hline 7\ 4\ 4 \end{array}$$

03 곱하는 수 29에서 2는 십의 자리 숫자이므로 4×20으로 생각하여 자리를 맞추어 써야 합니다.

04 6×38=228, 5×44=220 ➔ 228>220

05 15×31=465, 26×13=338
➔ 465−338=127

06 ㉠ 5×56=280
㉡ 6×31=186
㉢ 8×29=232
➔ 280>232>186이므로 계산 결과가 큰 것부터 차례로 기호를 쓰면 ㉠, ㉢, ㉡입니다.

07 18×15=270
➔ 270<□이므로 □ 안에 들어갈 수 있는 가장 작은 세 자리 수는 271입니다.

08
- 빨간색 색종이 12묶음: 15×12=180(장)
- 파란색 색종이 12묶음: 18×12=216(장)
- 초록색 색종이 12묶음: 25×12=300(장)

09
- ㉠×7에서 일의 자리 수가 4이므로 2×7=14에서 ㉠에 알맞은 수는 2입니다.
- 2×㉡과 일의 자리 계산에서 올림한 수 1을 더한 값이 11이 되어야 하므로 2×㉡=10에서 ㉡에 알맞은 수는 5입니다.

10 좌석이 3개씩 12줄 있으므로 한 량의 객실에 있는 좌석은 모두 3×12=36(개)입니다.
➔ 객실이 12량이므로 좌석은 모두 36×12=432(개)입니다.

11

채점 기준			
	❶ ㉠과 ㉡이 나타내는 두 수를 각각 구한 경우	2점	5점
	❷ ㉠과 ㉡이 나타내는 두 수의 곱을 구한 경우	3점	

1 단원 개념북

12

채점 기준		
❶ ㉠과 ㉡이 나타내는 두 수를 각각 구한 경우	2점	5점
❷ ㉠과 ㉡이 나타내는 두 수의 곱을 구한 경우	3점	

5회 개념 학습
22~23쪽

확인 (위에서부터) 2, 1, 5 / 2, 1, 5 / 2, 5, 8, 0
/ 2, 1, 5 / 2, 5, 8, 0 / 2, 7, 9, 5

1 700, 105, 805

2
```
      7 6
    × 8 3
    ─────
    2 2 8   … 76×3
  6 0 8 0   … 76×80
  ─────────
  6 3 0 8
```

3 (1) 1908 (2) 1755 (3) 2028 (4) 2448

4

```
        695
 ├──┼──┼──┼──┼──┼──┼──⊕──┼──┼──┤
 0 100 200 300 400 500 600 700 800 900
```

5 700, 4900   **6** 800

7 1032

---

1 파란색 모눈의 수: $35 \times 20 = 700$(칸)
빨간색 모눈의 수: $35 \times 3 = 105$(칸)
→ $35 \times 23 = 700 + 105 = 805$(칸)

3
(3)
```
      3 9
    × 5 2
    ─────
      7 8
  1 9 5
  ───────
  2 0 2 8
```
(4)
```
      7 2
    × 3 4
    ─────
    2 8 8
  2 1 6
  ───────
  2 4 4 8
```

5 695×7을 어림셈으로 구하면 $700 \times 7 = 4900$이므로 약 4900입니다.

6 38을 어림하면 약 40, 21을 어림하면 약 20입니다.
38×21을 어림셈으로 구하면 $40 \times 20 = 800$이므로 약 800입니다.

7
```
      2 4
    × 4 3
    ─────
      7 2
    9 6
  ───────
  1 0 3 2
```

5회 문제 학습
24~25쪽

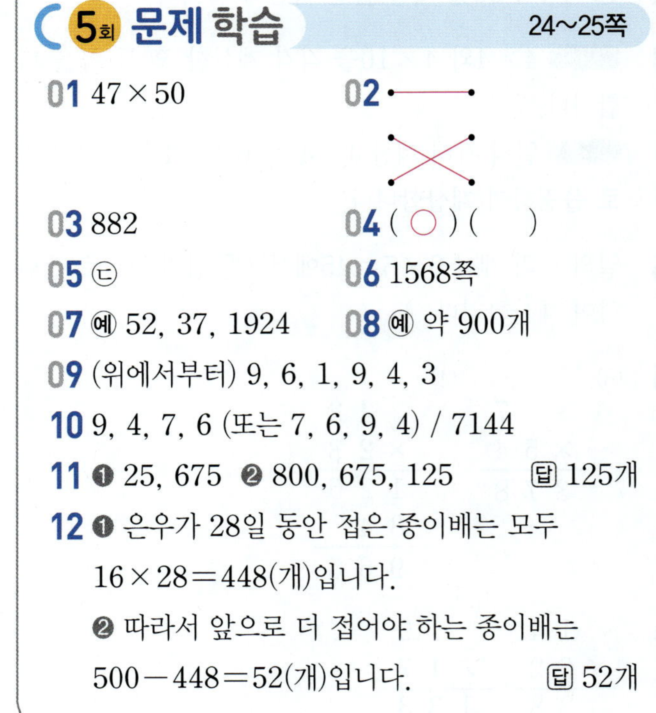

01 47×50

02 (선 잇기)

03 882

04 (○) (   )

05 ㉡

06 1568쪽

07 예 52, 37, 1924

08 예 약 900개

09 (위에서부터) 9, 6, 1, 9, 4, 3

10 9, 4, 7, 6 (또는 7, 6, 9, 4) / 7144

11 ❶ 25, 675 ❷ 800, 675, 125   답 125개

12 ❶ 은우가 28일 동안 접은 종이배는 모두
$16 \times 28 = 448$(개)입니다.
❷ 따라서 앞으로 더 접어야 하는 종이배는
$500 - 448 = 52$(개)입니다.   답 52개

---

01 53에서 5가 나타내는 값은 50이므로
2350은 47×50의 곱입니다.

02 ・58×81의 값은 $60 \times 80 = 4800$에 가깝습니다.
・92×39의 값은 $90 \times 40 = 3600$에 가깝습니다.
・51×58의 값은 $50 \times 60 = 3000$에 가깝습니다.

04 $63 \times 26 = 1638$, $29 \times 43 = 1247$

05 ㉡ 82×30은 80×30보다 큽니다.

06 (2월에 읽은 책의 쪽수) $= 56 \times 28 = 1568$(쪽)

07 $52 \times 37 = 1924$, $52 \times 68 = 3536$, $37 \times 68 = 2516$

08 28×31을 어림셈으로 구하면 $30 \times 30 = 900$이므로
약 900입니다. 따라서 고구마는 약 900개입니다.

09
```
        2 ㉠
      × ㉡ 7
      ─────
      2 0 3
    1 7 4 0
    ─────────
    □□□□
```
・$㉠ \times 7$의 일의 자리 수가 3이고 $9 \times 7 = 63$이므로
$㉠ = 9$입니다.
・$29 \times ㉡ = 1740$에서 $9 \times ㉡$의 일의 자리 수가 4이고
$9 \times 6 = 54$이므로 $㉡ = 6$입니다.
따라서 $29 \times 67 = 1943$입니다.

10 곱이 가장 큰 (두 자리 수)×(두 자리 수)를 만들려면 두 수의 십의 자리에 가장 큰 수와 두 번째로 큰 수를 써야 합니다.
$94 \times 76 = 7144$, $96 \times 74 = 7104$
➡ 곱이 가장 큰 곱셈식은 $94 \times 76 = 7144$입니다.

11
채점 기준	❶ 하연이가 25일 동안 접은 종이학의 수를 구한 경우	3점	5점
	❷ 앞으로 더 접어야 하는 종이학의 수를 구한 경우	2점	

12
채점 기준	❶ 은우가 28일 동안 접은 종이배의 수를 구한 경우	3점	5점
	❷ 앞으로 더 접어야 하는 종이배의 수를 구한 경우	2점	

🌙 6회 응용 학습 26~29쪽

1 [1단계] 36	[2단계] 1080
1-1 3735	**1-2** 405
2 [1단계] 6배	[2단계] 750 cm
2-1 204 cm	**2-2** 154 cm
3 [1단계] 186개	[2단계] 182개
[3단계] 368개	
3-1 1600개	**3-2** 3
4 [1단계] 948 cm	[2단계] 55 cm
[3단계] 893 cm	
4-1 1433 cm	**4-2** 3 cm

1 [1단계] 어떤 수를 □라고 하면 □+30=66입니다.
□=66−30=36이므로 어떤 수는 36입니다.
[2단계] $36 \times 30 = 1080$

1-1 어떤 수를 □라고 하면 □−45=38입니다.
□=38+45=83이므로 어떤 수는 83입니다.
따라서 바르게 계산하면 $83 \times 45 = 3735$입니다.

1-2 □+59=67이므로 □=67−59=8입니다.
(바르게 계산한 값)=$8 \times 59 = 472$
따라서 바르게 계산한 값과 잘못 계산한 값의 차는
$472 - 67 = 405$입니다.

2 [1단계] 빨간색 선의 길이는 삼각형의 한 변의 길이의 6배입니다.
[2단계] (빨간색 선의 길이)=$125 \times 6 = 750$ (cm)

2-1 파란색 선의 길이는 정사각형의 한 변의 길이의 12배입니다.
➡ (파란색 선의 길이)=$17 \times 12 = 204$ (cm)

2-2 빨간색 선의 길이는 정사각형의 한 변의 길이의 8배입니다.
(빨간색 선의 길이)=$191 \times 8 = 1528$ (cm)
파란색 선의 길이는 정사각형의 한 변의 길이의 6배입니다.
(파란색 선의 길이)=$229 \times 6 = 1374$ (cm)
➡ (빨간색 선의 길이와 파란색 선의 길이의 차)
$= 1528 - 1374 = 154$ (cm)

3 [1단계] (지아가 먹은 아몬드의 수)
$= 6 \times 31 = 186$ (개)
[2단계] (태현이가 먹은 아몬드의 수)
$= 7 \times 26 = 182$ (개)
[3단계] (두 사람이 먹은 아몬드의 수)
$= 186 + 182 = 368$ (개)

3-1 (상자에 담은 지우개의 수)=$28 \times 40 = 1120$ (개)
(상자에 담은 가위의 수)=$160 \times 3 = 480$ (개)
➡ (상자에 담은 지우개와 가위의 수)
$= 1120 + 480 = 1600$ (개)

3-2 (은수가 걸은 거리)=$820 \times 5 = 4100$ (m)
(수현이가 걸은 거리)=$6320 - 4100 = 2220$ (m)
➡ $740 \times ㉠ = 2220$에서 $740 \times 3 = 2220$이므로
㉠에 알맞은 수는 3입니다.

4 [1단계] (색 테이프 12장의 길이의 합)
$= 79 \times 12 = 948$ (cm)
[2단계] (겹친 부분의 수)=$12 - 1 = 11$ (군데)
(겹친 부분의 길이의 합)=$5 \times 11 = 55$ (cm)
[3단계] (이어 붙인 색 테이프의 전체 길이)
$= 948 - 55 = 893$ (cm)

4-1 (색 테이프 25장의 길이의 합)
$= 65 \times 25 = 1625$ (cm)
(겹친 부분의 수)=$25 - 1 = 24$ (군데)
(겹친 부분의 길이의 합)=$8 \times 24 = 192$ (cm)
➡ (이어 붙인 색 테이프의 전체 길이)
$= 1625 - 192 = 1433$ (cm)

4-2 (색 테이프 21장의 길이의 합)
$=30 \times 21 = 630 \text{(cm)}$
(겹친 부분의 길이의 합)
$=$(색 테이프 21장의 길이의 합)
$-$(이어 붙인 색 테이프의 전체 길이)
$=630 - 570 = 60 \text{(cm)}$
겹친 부분은 $21 - 1 = 20$(군데)이고 $3 \times 20 = 60$
이므로 3cm씩 겹치게 이어 붙인 것입니다.

7회 마무리 평가 30~33쪽

01 600, 60, 3, 663

02
$$\begin{array}{r} 2\ 2\ 7 \\ \times\ \ \ \ 3 \\ \hline 2\ 1 \\ 6\ 0 \\ 6\ 0\ 0 \\ \hline 6\ 8\ 1 \end{array}$$

03 (위에서부터) 10, 980, 10

04 162

05 624, 3552

06 4000

07

08 ㉠

09 ( ) (○)

10
$$\begin{array}{r} 8\ 6 \\ \times\ 3\ 4 \\ \hline 3\ 4\ 4 \\ 2\ 5\ 8 \\ \hline 2\ 9\ 2\ 4 \end{array}$$

11 1278

12 ❶ ㉠ $12 \times 60 = 720$　㉡ $24 \times 30 = 720$
㉢ $18 \times 40 = 720$　㉣ $80 \times 90 = 7200$
❷ 따라서 계산 결과가 다른 하나는 ㉣입니다.
답 ㉣

13 2920일

14 460

15 234

16 ㉢

17 5050원

18 5

19 예 약 3500원

20 2

21 ❶ (전체 학급 수)
$=6+6+5+4+5+4 = 30$(반)
❷ (준비해야 할 수첩의 수)$=23 \times 30 = 690$(권)
답 690권

22 224

23 7, 3, 6, 4 (또는 6, 4, 7, 3) / 4672

24 180회

25 ❶ 4월은 30일까지 있습니다.
❷ 따라서 4월 한 달 동안 축구 연습을 한 시간
은 모두 $30 \times 30 = 900$(분)입니다.　답 900분

02 각 자리를 계산한 값을 모두 쓰고, 더합니다.
$7 \times 3 = 21$, $20 \times 3 = 60$, $200 \times 3 = 600$
➜ $21 + 60 + 600 = 681$

03 곱하는 수가 10배가 되면 곱도 10배가 됩니다.

05
$$\begin{array}{r} 1\ 3 \\ \times\ 4\ 8 \\ \hline 1\ 0\ 4 \\ 5\ 2 \\ \hline 6\ 2\ 4 \end{array} \qquad \begin{array}{r} 7\ 4 \\ \times\ 4\ 8 \\ \hline 5\ 9\ 2 \\ 2\ 9\ 6 \\ \hline 3\ 5\ 5\ 2 \end{array}$$

06 51을 어림하면 약 50, 78을 어림하면 약 80입니다.
51×78을 어림셈으로 구하면 $50 \times 80 = 4000$이므
로 약 4000입니다.

07
$$\begin{array}{r} 2 \\ 3 \\ \times\ 4\ 8 \\ \hline 1\ 4\ 4 \end{array} \qquad \begin{array}{r} 3 \\ 5 \\ \times\ 2\ 7 \\ \hline 1\ 3\ 5 \end{array} \qquad \begin{array}{r} 4 \\ 8 \\ \times\ 1\ 6 \\ \hline 1\ 2\ 8 \end{array}$$

08 $7 \times 9 = 63$ ➜ $70 \times 90 = 6300$
따라서 숫자 6을 써야 할 곳은 ㉠입니다.

09 $171 \times 3 = 513$, $142 \times 4 = 568$ ➜ $513 < 568$

10 곱하는 수 34에서 3은 십의 자리 숫자이므로
86×30으로 생각하여 자리를 맞추어 써야 합니다.

11 $213 > 194 > 6 > 3$이므로 가장 큰 수는 213, 두 번
째로 작은 수는 6입니다. ➜ $213 \times 6 = 1278$

12

채점 기준		
❶ 주어진 곱셈의 곱을 각각 구한 경우	3점	4점
❷ 계산 결과가 다른 하나를 찾아 기호를 쓴 경우	1점	

13 (8년의 날수)$=$(1년의 날수)$\times 8$
$=365 \times 8 = 2920$(일)

14 $192 \times 4 = 768$, $154 \times 2 = 308$
➜ $768 - 308 = 460$

15 • 1이 6개인 수는 6입니다.

 • 10이 3개, 1이 9개인 수는 39입니다.

 ➜ $6 \times 39 = 234$

16 ㉠ $36 \times 47 = 1692$ ㉡ $41 \times 40 = 1640$

 ㉢ $65 \times 22 = 1430$ ㉣ $37 \times 43 = 1591$

 ➜ 계산 결과가 1500보다 작은 것은 ㉢입니다.

17 (머리끈 9개의 값)$= 550 \times 9 = 4950$(원)

 ➜ (받아야 할 거스름돈)$= 10000 - 4950 = 5050$(원)

18 $90 \times 10 = 900$, $90 \times 20 = 1800$,

 $90 \times 30 = 2700$, $90 \times 40 = 3600$,

 $90 \times 50 = 4500$, $90 \times 60 = 5400$

 따라서 □ 안에 들어갈 수 있는 가장 큰 수는 5입니다.

19 680×5를 어림셈으로 구하면 $700 \times 5 = 3500$이므로 약 3500입니다. ➜ 샤프심의 값: 약 3500원

20 • 일의 자리 계산: $6 \times 4 = 24$에서 2를 십의 자리로 올림했습니다.

 • 백의 자리 계산: $3 \times 4 = 12$이고 곱의 백의 자리 수가 3이므로 십의 자리 계산에서 1을 올림했습니다.

 • 십의 자리 계산: □$\times 4$에 2를 더해서 10이 되었으므로 □$\times 4 = 8$, □$= 2$입니다.

21

채점 기준		
❶ 전체 학급 수를 구한 경우	1점	4점
❷ 준비해야 할 수첩의 수를 구한 경우	3점	

22 어떤 수를 □라고 하면 □$+16 = 30$입니다.

 □$= 30 - 16 = 14$이므로 어떤 수는 14입니다.

 ➜ 바르게 계산하면 $14 \times 16 = 224$입니다.

23 곱이 가장 큰 (두 자리 수)$\times$(두 자리 수)를 만들려면 두 수의 십의 자리에 가장 큰 수와 두 번째로 큰 수를 써야 합니다.

 $73 \times 64 = 4672$, $74 \times 63 = 4662$

 ➜ 곱이 가장 큰 곱셈식은 $73 \times 64 = 4672$입니다.

24 (15일 동안 한 팔 굽혀 펴기 횟수)

 $= 12 \times 15 = 180$(회)

25

채점 기준		
❶ 4월의 날수를 구한 경우	1점	4점
❷ 수호가 4월 한 달 동안 축구 연습을 한 시간을 구한 경우	3점	

2. 나눗셈

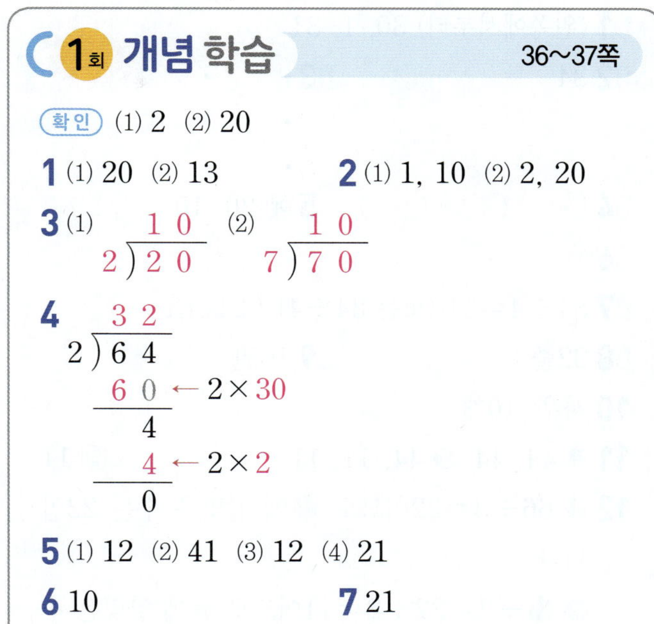

1 (1) 20 (2) 13   **2** (1) 1, 10 (2) 2, 20

3 (1)

$$2 \overline{\smash{)}20} \quad 10$$

(2)

$$7 \overline{\smash{)}70} \quad 10$$

4

$$2 \overline{\smash{)}64} \quad 32$$
$$\underline{6\ 0} \leftarrow 2 \times 30$$
$$4$$
$$\underline{4} \leftarrow 2 \times 2$$
$$0$$

5 (1) 12 (2) 41 (3) 12 (4) 21

6 10   **7** 21

1 (1) 십 모형 4개를 똑같이 2묶음으로 나누면 한 묶음에 십 모형이 2개씩 있습니다. ➜ $40 \div 2 = 20$

 (2) 십 모형 3개와 일 모형 9개를 똑같이 3묶음으로 나누면 한 묶음에 십 모형이 1개, 일 모형이 3개씩 있습니다. ➜ $39 \div 3 = 13$

2 나누는 수가 같을 때 나누어지는 수가 10배가 되면 몫도 10배가 됩니다.

3 나누어지는 수는 ⟌의 안쪽, 나누는 수는 ⟌의 왼쪽, 몫은 ⟌의 위쪽에 적습니다.

5 (1)

$$4 \overline{\smash{)}48} \quad 12$$
$$\underline{4}$$
$$8$$
$$\underline{8}$$
$$0$$

(2)

$$2 \overline{\smash{)}82} \quad 41$$
$$\underline{8}$$
$$2$$
$$\underline{2}$$
$$0$$

(3)

$$2 \overline{\smash{)}24} \quad 12$$
$$\underline{2}$$
$$4$$
$$\underline{4}$$
$$0$$

(4)

$$3 \overline{\smash{)}63} \quad 21$$
$$\underline{6}$$
$$3$$
$$\underline{3}$$
$$0$$

6 $8 \div 8 = 1$ ➜ $80 \div 8 = 10$

7 $42 \div 2 = 21$

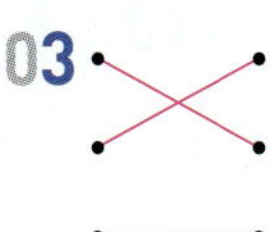 1회 문제 학습　　38~39쪽

01 (왼쪽에서부터) 30, 1, 31

02 34

03 (선 잇기)

04 ( ) (○) ( )　**05** 예 20, 10

06 ㉢

07 84÷4=21 (또는 84÷4) / 21 cm

08 32줄　　**09** 10권

10 시우, 10개

11 ❶ 44, 44　❷ 44, 11, 11　답 11

12 ❶ 66÷3=22이므로 ●에 알맞은 수는 22입니다.

　　❷ ●÷2=22÷2=11이므로 ★에 알맞은 수는 11입니다.　답 11

---

01 90÷3=30, 3÷3=1 → 93÷3=30+1=31

02
```
    3 4
2 ) 6 8
    6
    ─
      8
      8
    ─
      0
```

03 • 9÷3=3 → 90÷3=30
　　• 4÷4=1 → 40÷4=10
　　• 8÷2=4 → 80÷2=40

04 46÷2=23, 55÷5=11, 69÷3=23
　　→ 몫이 다른 하나는 55÷5입니다.

05 20÷2=10, 40÷2=20,
　　60÷2=30, 80÷2=40

06 ㉠ 88÷4=22　㉡ 33÷3=11　㉢ 62÷2=31
　　→ 31>22>11이므로 몫이 가장 큰 것은 ㉢입니다.

07 정사각형은 네 변의 길이가 모두 같습니다.
　　→ (정사각형의 한 변의 길이)=84÷4=21 (cm)

08 (전체 학생 수)=50+46=96(명)
　　→ (줄 수)=96÷3=32(줄)

09 (전체 책 수)=12×5=60(권)
　　→ (책꽂이 한 칸에 꽂게 되는 책 수)
　　　=60÷6=10(권)

10 소율: 99÷3=33(개)
　　시우: 86÷2=43(개)
　　→ 43>33이므로 시우가 바구니 한 개에
　　　43-33=10(개) 더 많이 담았습니다.

11

채점 기준	❶ ■에 알맞은 수를 구한 경우	2점	5점
	❷ ▲에 알맞은 수를 구한 경우	3점	

12

채점 기준	❶ ●에 알맞은 수를 구한 경우	2점	5점
	❷ ★에 알맞은 수를 구한 경우	3점	

2회 개념 학습　　40~41쪽

확인 (1) 1, 6 (2) 16

1 8, 1　　　　**2** (1) 9, 4 (2) 6, 1

3 (1)
```
    1 4
4 ) 5 6
    4
    ─
    1 6
    1 6
    ─
      0
```
(2)
```
    1 3
7 ) 9 1
    7
    ─
    2 1
    2 1
    ─
      0
```

4
```
      8      / 8, 1
4 ) 3 3
    3 2
    ─
      1
```

5 (1) 24　(2) 6…5　(3) 13　(4) 9…7

6 ㉠

---

1 십 모형 2개와 일 모형 5개를 똑같이 3묶음으로 나누면 한 묶음에 일 모형이 8개씩 있고, 일 모형이 1개 남습니다.
　　→ 25÷3=8…1

2 ㉠÷㉡=■…●에서 몫은 ■이고, 나머지는 ●입니다.

3 십의 자리 수를 먼저 나누고, 남은 십의 자리 수를 내려 일의 자리 수와 함께 나눕니다.

5
(1)
$$\begin{array}{r} 2\,4 \\ 3\,\overline{)\,7\,2\,} \\ 6 \\ \hline 1\,2 \\ 1\,2 \\ \hline 0 \end{array}$$

(2)
$$\begin{array}{r} 6 \\ 7\,\overline{)\,4\,7\,} \\ 4\,2 \\ \hline 5 \end{array}$$

(3)
$$\begin{array}{r} 1\,3 \\ 5\,\overline{)\,6\,5\,} \\ 5 \\ \hline 1\,5 \\ 1\,5 \\ \hline 0 \end{array}$$

(4)
$$\begin{array}{r} 9 \\ 8\,\overline{)\,7\,9\,} \\ 7\,2 \\ \hline 7 \end{array}$$

6 ㉠ $68 \div 4 = 17$ ㉡ $95 \div 5 = 19$

---

01 7, 3　　　　**02** 48, 15

03 (◯) (　)

04

05

06 9, 3

07 $32 \div 5 = 6 \cdots 2$ (또는 $32 \div 5$) / 6, 2

08 예 사탕 98개를 한 명에게 7개씩 나누어 주려고 합니다. 사탕을 모두 몇 명에게 나누어 줄 수 있을까요? / 14명

09 수연　　　　**10** 14개, 17개

11 13, 14

12 ❶ 9, 4, 9, 4 　❷ 4, 9, 10　　　답 10일

13 ❶ $54 \div 7 = 7 \cdots 5$이므로 하루에 7쪽씩 7일을 읽으면 5쪽이 남습니다.

❷ 남은 5쪽도 읽어야 하므로 이 동화책을 모두 읽으려면 적어도 $7 + 1 = 8$(일)이 걸립니다.

답 8일

---

01 $45 \div 6 = 7 \cdots 3$

02
$$\begin{array}{r} 4\,8 \\ 2\,\overline{)\,9\,6\,} \\ 8 \\ \hline 1\,6 \\ 1\,6 \\ \hline 0 \end{array}$$
$$\begin{array}{r} 1\,5 \\ 3\,\overline{)\,4\,5\,} \\ 3 \\ \hline 1\,5 \\ 1\,5 \\ \hline 0 \end{array}$$

03 $54 \div 2 = 27$, $78 \div 9 = 8 \cdots 6$

04 $78 \div 6 = 13$, $76 \div 2 = 38$,
$52 \div 4 = 13$, $84 \div 7 = 12$

05 ・$22 \div 4 = 5 \cdots 2$　・$58 \div 9 = 6 \cdots 4$
・$28 \div 3 = 9 \cdots 1$　・$49 \div 6 = 8 \cdots 1$
・$60 \div 7 = 8 \cdots 4$　・$47 \div 5 = 9 \cdots 2$

06 10이 5개, 1이 7개인 수는 57입니다.
➜ $57 \div 6 = 9 \cdots 3$

07 (전체 오렌지의 수)÷(봉지의 수)$= 32 \div 5 = 6 \cdots 2$
➜ 한 봉지에 6개씩 담을 수 있고, 2개가 남습니다.

08 나누어지는 수를 98, 나누는 수를 7로 하여 상황에 맞는 문제를 만들고, 답을 구합니다.

09 $26 \div 7 = 3 \cdots 5$
・현성: ㉠에 알맞은 수는 3입니다.
・지호: 26은 7로 나누어떨어지지 않습니다.
・수연: ㉡에 알맞은 수는 5이므로 4보다 큽니다.

10 ・(한 상자에 담을 수 있는 초콜릿의 수)
$= 42 \div 3 = 14$(개)
・(한 상자에 담을 수 있는 젤리의 수)
$= 51 \div 3 = 17$(개)

11 $90 \div 6 = 15$이므로 $15 > \square$입니다.
따라서 □ 안에 들어갈 수 있는 수는 15보다 작은 수인 13, 14입니다.

12

채점 기준	❶ 위인전을 8쪽씩 읽을 때 걸리는 날수와 남는 쪽수를 각각 구한 경우	3점	5점
	❷ 위인전을 모두 읽으려면 적어도 며칠이 걸리는지 구한 경우	2점	

13

채점 기준	❶ 동화책을 7쪽씩 읽을 때 걸리는 날수와 남는 쪽수를 각각 구한 경우	3점	5점
	❷ 동화책을 모두 읽으려면 적어도 며칠이 걸리는지 구한 경우	2점	

3회 개념 학습 44~45쪽

확인

$$8\overline{)99} \quad \frac{80}{19}$$

$$8\overline{)99} \quad \frac{80}{19} \quad \frac{16}{3}$$

1 17, 1

2 (1) 15, 60, 60, 63 (2) 12, 84, 84, 88

3 (1)
$$2\overline{)53} \quad \frac{4}{13} \quad \frac{12}{1}$$
(2)
$$3\overline{)86} \quad \frac{6}{26} \quad \frac{24}{2}$$

4
$$5\overline{)69} \quad \frac{5}{19} \quad \frac{15}{4}$$
/ 13, 4

5 (1) 26…1 (2) 11…4 (3) 14…1 (4) 11…4

6 유준

---

1 십 모형 3개와 일 모형 5개를 똑같이 2묶음으로 나누면 한 묶음에 십 모형이 1개, 일 모형이 7개씩 있고, 일 모형이 1개 남습니다. ➡ $35 \div 2 = 17 \cdots 1$

2 나누는 수와 몫의 곱에 나머지를 더하면 나누어지는 수가 되는지 확인합니다.

5 (1)
$$3\overline{)79} \quad \frac{6}{19} \quad \frac{18}{1}$$
(2)
$$8\overline{)92} \quad \frac{8}{12} \quad \frac{8}{4}$$
(3)
$$4\overline{)57} \quad \frac{4}{17} \quad \frac{16}{1}$$
(4)
$$6\overline{)70} \quad \frac{6}{10} \quad \frac{6}{4}$$

6 나머지는 항상 나누는 수보다 작아야 합니다.

3회 문제 학습 46~47쪽

01 11, 6

02 (위에서부터) 15, 2 / 12, 2

03 (◯) ( ) **04** 81

05
$$2\overline{)91} \quad \frac{8}{11} \quad \frac{10}{1}$$
06 ㉠, ㉡, ㉢, ㉣

07 47

08 18명, 3권

09 $51 \div 9 = 5 \cdots 6$ (또는 $51 \div 9$) / 5, 6

10 例 7, 8, 19, 2 **11** 18, 2

12 ❶ 88, 88, 93, 93 ❷ 93, 13, 2, 13, 2
閏 13, 2

13 ❶ 어떤 수를 □라 하면 □$\div 9 = 8 \cdots 2$입니다.
$9 \times 8 = 72$, $72 + 2 = 74$이므로 어떤 수는 74입니다.
❷ 어떤 수를 5로 나누면 $74 \div 5 = 14 \cdots 4$이므로 몫은 14, 나머지는 4입니다. 閏 14, 4

01
$$8\overline{)94} \quad \frac{8}{14} \quad \frac{8}{6}$$
← 몫
← 나머지

02 • $62 \div 4 = 15 \cdots 2$ • $62 \div 5 = 12 \cdots 2$

03 • $5 \times 16 = 80$, $80 + 4 = 84$이므로 바르게 계산했습니다.
• $6 \times 8 = 48$, $48 + 1 = 49$이므로 잘못 계산했습니다.

04 • $85 \div 7 = 12 \cdots 1$ • $81 \div 7 = 11 \cdots 4$
• $96 \div 7 = 13 \cdots 5$
➡ 7로 나누었을 때 나머지가 4인 수는 81입니다.

05 나머지는 나누는 수보다 작아야 하는데 나머지 3이 나누는 수 2보다 크므로 잘못 계산했습니다.

06 ㉠ $83 \div 7 = 11 \cdots 6$ ㉡ $76 \div 6 = 12 \cdots 4$
㉢ $59 \div 2 = 29 \cdots 1$ ㉣ $78 \div 5 = 15 \cdots 3$
➡ ㉠ 6 > ㉡ 4 > ㉣ 3 > ㉢ 1

07 $3 \times 15 = 45$, $45 + 2 = 47$

→ ㉠에 알맞은 수는 47입니다.

08 $75 \div 4 = 18 \cdots 3$

→ 공책을 18명에게 나누어 줄 수 있고, 3권이 남습니다.

09 $9 \times 5 = 45$, $45 + 6 = 51$

나누는 수 몫 나머지 나누어지는 수

→ $51 \div 9 = 5 \cdots 6$

참고 나누는 수가 5인 경우 나머지는 5보다 작아야 하므로 $51 \div 5 = 9 \cdots 6$이라고 할 수 없습니다.

10 $78 \div 4 = 19 \cdots 2$, $79 \div 4 = 19 \cdots 3$, $87 \div 4 = 21 \cdots 3$, $89 \div 4 = 22 \cdots 1$, $97 \div 4 = 24 \cdots 1$, $98 \div 4 = 24 \cdots 2$

11 • 1이 5개인 수는 5입니다.

• 10이 8개, 1이 12개인 수는 92입니다.

→ $92 \div 5 = 18 \cdots 2$이므로 몫은 18, 나머지는 2입니다.

12

채점 기준	❶ 어떤 수를 구한 경우	2점	5점
	❷ 어떤 수를 7로 나누었을 때의 몫과 나머지를 각각 구한 경우	3점	

13

채점 기준	❶ 어떤 수를 구한 경우	2점	5점
	❷ 어떤 수를 5로 나누었을 때의 몫과 나머지를 각각 구한 경우	3점	

2 (1) 128, 768 (2) 64, 320

3 (1) 44 (2) 170 (3) 300 (4) 134

4 (1) 159 (2) 63

5 ( ) (○) ( )

3 (1) $8)\overline{352}$, 44

(2) $4)\overline{680}$, 170

(3) $2)\overline{600}$, 300

(4) $7)\overline{938}$, 134

4 (1) $6)\overline{954}$, 159

(2) $9)\overline{567}$, 63

5 $748 \div 4 = 187$

확인 $2)\overline{648}$ → 3 / 32 / 324

1 (1) $3)\overline{420}$, 140

(2) $7)\overline{406}$, 58

---

01 소영

02 288, 32

03 >

04 96

05 ㉡, ㉢, ㉠

06 27마리

07 17개

08 예 2 / 70명

09 67그루

10 2, 8

11 ❶ 7 ❷ 7, 26, 26　답 26주

12 ❶ 일주일은 7일입니다.

❷ $245 \div 7 = 35$이므로 시우네 집 고양이는 태어난 지 35주가 되었습니다.　답 35주

01 $188 \div 4 = 47$, $343 \div 7 = 49$
→ 나눗셈을 바르게 한 사람은 소영입니다.

02
$$\begin{array}{r} 288 \\ 2\overline{)576} \\ 4 \\ \hline 17 \\ 16 \\ \hline 16 \\ 16 \\ \hline 0 \end{array} \qquad \begin{array}{r} 32 \\ 9\overline{)288} \\ 27 \\ \hline 18 \\ 18 \\ \hline 0 \end{array}$$

03 $426 \div 6 = 71$, $585 \div 9 = 65$ → $71 > 65$

04 $480 > 310 > 8 > 5$이므로 가장 큰 수는 480, 가장 작은 수는 5입니다. → $480 \div 5 = 96$

05 ㉠ $510 \div 6 = 85$ ㉡ $224 \div 4 = 56$
㉢ $612 \div 9 = 68$
→ ㉡ $56 <$ ㉢ $68 <$ ㉠ 85

06 (메뚜기의 수)
＝(전체 다리의 수)÷(메뚜기 한 마리의 다리 수)
＝$162 \div 6 = 27$(마리)

07 (한 상자에 담은 단추의 수)＝$680 \div 8 = 85$(개)
→ (한 통에 담은 단추의 수)＝$85 \div 5 = 17$(개)

08 ・$140 \div 2 = 70$이므로 70명에게 나누어 줄 수 있습니다.
・$140 \div 5 = 28$이므로 28명에게 나누어 줄 수 있습니다.
・$140 \div 7 = 20$이므로 20명에게 나누어 줄 수 있습니다.

09 (나무 사이의 간격 수)＝$264 \div 4 = 66$(군데)
→ (심은 나무의 수)＝$66 + 1 = 67$(그루)

10
$$\begin{array}{r} 7\,▲ \\ 6\overline{)43\square} \\ 42 \\ \hline 1\square \end{array}$$
$1\square$가 6으로 나누어떨어져야 합니다.
$6 \times 2 = 12$, $6 \times 3 = 18$이므로 $\square$ 안에 들어갈 수 있는 수는 2, 8입니다.

11

채점 기준		
❶ 일주일은 며칠인지 아는 경우	1점	5점
❷ 강아지는 태어난 지 몇 주가 되었는지 구한 경우	4점	

12

채점 기준		
❶ 일주일은 며칠인지 아는 경우	1점	5점
❷ 고양이는 태어난 지 몇 주가 되었는지 구한 경우	4점	

5회 개념 학습

(확인) 400, 80, 80

1 (1)
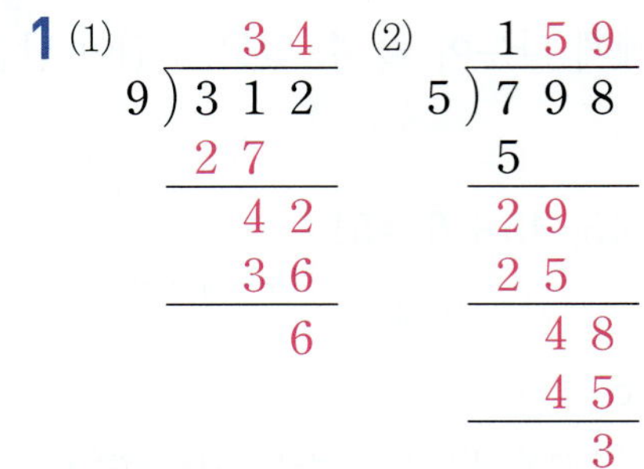
$$\begin{array}{r} 34 \\ 9\overline{)312} \\ 27 \\ \hline 42 \\ 36 \\ \hline 6 \end{array}$$
(2)
$$\begin{array}{r} 159 \\ 5\overline{)798} \\ 5 \\ \hline 29 \\ 25 \\ \hline 48 \\ 45 \\ \hline 3 \end{array}$$

2 (1) 83, 498, 498, 3, 501
(2) 215, 645, 645, 2, 647

3 (1) $29 \cdots 3$ (2) $153 \cdots 2$

4
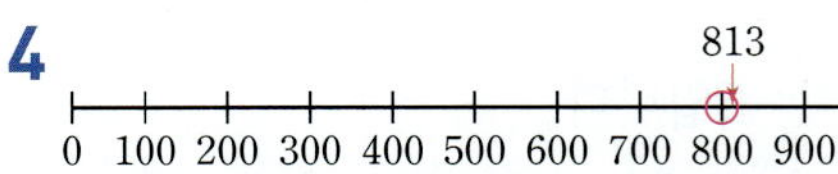

5 800, 200   **6** 100

2 나누는 수와 몫의 곱에 나머지를 더하면 나누어지는 수가 되는지 확인합니다.
(1) $501 \div 6 = 83 \cdots 3$
(확인) $6 \times 83 = 498$, $498 + 3 = 501$
(2) $647 \div 3 = 215 \cdots 2$
(확인) $3 \times 215 = 645$, $645 + 2 = 647$

3 (1)
$$\begin{array}{r} 29 \\ 8\overline{)235} \\ 16 \\ \hline 75 \\ 72 \\ \hline 3 \end{array}$$
(2)
$$\begin{array}{r} 153 \\ 4\overline{)614} \\ 4 \\ \hline 21 \\ 20 \\ \hline 14 \\ 12 \\ \hline 2 \end{array}$$

5 ・813은 800에 가까우므로 몇백으로 어림하면 약 800입니다.
・$813 \div 4$의 몫을 어림셈으로 구하면
$800 \div 4 = 200$이므로 약 200입니다.

6 497은 500에 가까우므로 어림하면 약 500입니다.
$497 \div 5$의 몫을 어림셈으로 구하면
$500 \div 5 = 100$이므로 약 100입니다.

01 101, 2

02
```
       8 0   /      7 9
   5)4 0 0      5)3 9 7
     4 0          3 5
       0          4 7
                  4 5
                    2
```

03 18, 2 / 18, 108, 108, 2, 110

04
```
     2 0 8
   4)8 3 4
     8
     3 4
     3 2
       2
```

05 440

06 ㉠

07 (예) 200, 25 / 충분합니다

08 (예) 2 / 346

09 41도막, 2 cm

10 ❶ 4, 7, 9, 347 ❷ 347, 9, 38, 5, 38, 5

                    답 38, 5

11 ❶ 8>6>5>3이므로 만들 수 있는 가장 큰 세 자리 수는 865입니다.

  ❷ 865÷3=288…1이므로 몫은 288, 나머지는 1입니다.   **답** 288, 1

---

02 397은 약 400이고, 397÷5의 몫을 어림셈으로 구하면 400÷5=80이므로 약 80입니다.

  ➜ 397은 400보다 작으므로 397÷5의 실제 몫은 어림셈으로 구한 몫 80보다 작습니다.

03 나눗셈을 한 후 나누는 수와 몫의 곱에 나머지를 더하면 나누어지는 수가 되는지 확인합니다.

04 십의 자리에서 3을 4로 나눌 수 없으므로 3을 내려 쓰고, 일의 자리에서 34를 4로 나누어야 합니다.

05 • 367÷7=52…3   • 534÷7=76…2
    • 440÷7=62…6   • 523÷7=74…5

06 294÷9=32…6

  ㉠ 몫은 32이므로 30보다 큽니다.

  ㉡ 나머지가 있으므로 나누어떨어지지 않습니다.

  ㉢ 나머지는 6이므로 5보다 큽니다.

---

07 193은 약 200이고, 193÷8의 몫을 어림셈으로 구하면 200÷8=25이므로 약 25입니다.

193÷8의 실제 몫은 어림셈으로 구한 몫 25보다 작습니다.

따라서 봉투 30개는 상품권을 모두 넣는 데 충분합니다.

08 ♥를 4로 나누었으므로 나머지가 될 수 있는 수는 1, 2, 3입니다.

4×86=344, 344+□=♥이므로

□=1일 때 ♥=345, □=2일 때 ♥=346,

□=3일 때 ♥=347이 됩니다.

09 (색 테이프의 길이)÷6=34…3이고,

6×34=204, 204+3=207이므로 색 테이프의 길이는 207 cm입니다.

  ➜ 207÷5=41…2이므로 한 도막이 5 cm가 되도록 자르면 41도막이 되고, 2 cm가 남습니다.

10

채점 기준		2점	
❶ 만들 수 있는 가장 작은 세 자리 수를 구한 경우		2점	5점
❷ 만든 세 자리 수를 남은 수 카드의 수로 나누었을 때의 몫과 나머지를 각각 구한 경우		3점	

11

채점 기준		2점	
❶ 만들 수 있는 가장 큰 세 자리 수를 구한 경우		2점	5점
❷ 만든 세 자리 수를 남은 수 카드의 수로 나누었을 때의 몫과 나머지를 각각 구한 경우		3점	

1 [1단계] 8   [2단계] 4개

1-1 3개   **1-2** ㉢

2 [1단계] 4권   [2단계] 2권

2-1 5개   **2-2** 7개

3 [1단계] 작게, 크게   [2단계] 2, 5, 9

  [3단계] 2, 7

3-1 7, 6, 3, 25, 1   **3-2** 22

4 [1단계] 1, 2, 3   [2단계] 1

  [3단계] 85

4-1 293   **4-2** 147

1 **1단계** 8로 나누었을 때 나머지가 될 수 있는 수는 8보다 작은 수입니다.
2단계 나머지가 될 수 있는 수는 2, 5, 6, 3으로 모두 4개입니다.
참고 나머지는 항상 나누는 수보다 작아야 합니다.

1-1 6으로 나누었을 때 나머지가 될 수 있는 수는 6보다 작은 수입니다.
따라서 나머지가 될 수 없는 수는 6과 같거나 6보다 큰 수인 8, 6, 12로 모두 3개입니다.

1-2 나머지가 3이 되려면 나누는 수가 3보다 커야 합니다.
따라서 나머지가 3이 될 수 없는 나눗셈은 나누는 수가 2인 ⓒ입니다.

2 **1단계** $58 \div 6 = 9 \cdots 4$이므로 한 명에게 수첩을 9권씩 나누어 주면 4권이 남습니다.
2단계 6명에게 남김없이 똑같이 나누어 주려면 수첩은 적어도 $6 - 4 = 2$(권) 더 필요합니다.

2-1 $184 \div 7 = 26 \cdots 2$이므로 한 상자에 사과를 26개씩 나누어 담으면 2개가 남습니다.
➡ 7상자에 남김없이 똑같이 나누어 담으려면 사과를 적어도 $7 - 2 = 5$(개) 더 따야 합니다.

2-2 (전체 지우개의 수) $= 15 \times 15 = 225$(개)
$225 \div 8 = 28 \cdots 1$이므로 한 명에게 지우개를 28개씩 나누어 주면 1개가 남습니다.
➡ 8명에게 남김없이 똑같이 나누어 주려면 지우개는 적어도 $8 - 1 = 7$(개) 더 필요합니다.

3 **1단계** 몫이 가장 작으려면 나누어지는 수를 가장 작게, 나누는 수를 가장 크게 만들어야 합니다.
2단계 $2 < 5 < 9$이므로 나누어지는 수는 25, 나누는 수는 9가 되어야 합니다.
3단계 $25 \div 9 = 2 \cdots 7$이므로 몫은 2, 나머지는 7입니다.

3-1 몫이 가장 크려면 나누어지는 수를 가장 크게, 나누는 수를 가장 작게 만들어야 합니다.
$7 > 6 > 3$이므로 나누어지는 수는 76, 나누는 수는 3이 되어야 합니다.
➡ $76 \div 3 = 25 \cdots 1$

3-2 몫이 가장 작으려면 나누어지는 수를 가장 작게, 나누는 수를 가장 크게 만들어야 합니다.
$1 < 3 < 4 < 8 < 9$이므로 나누어지는 수는 134, 나누는 수는 9가 되어야 합니다.
➡ $134 \div 9 = 14 \cdots 8$이므로 몫과 나머지의 합은 $14 + 8 = 22$입니다.
참고 가장 큰 수인 9를 나누는 수로 하고, 남은 4장의 수 카드 중 3장을 골라 작은 수부터 쓰면 134입니다.

4 **1단계** 나누는 수가 4이므로 ♣가 될 수 있는 수는 1, 2, 3입니다.
2단계 나머지가 작을수록 나누어지는 수도 작으므로 ♣에 알맞은 수는 1입니다.
3단계 $\square \div 4 = 21 \cdots 1$에서 $4 \times 21 = 84$, $84 + 1 = 85$이므로 $\square = 85$입니다.
➡ $\square$ 안에 들어갈 수 있는 두 자리 수 중에서 가장 작은 수는 85입니다.
참고 나머지는 항상 나누는 수보다 작아야 합니다.

4-1

$$\square \div 6 = 48 \cdots \bullet$$

나누는 수가 6이므로 ●가 될 수 있는 수는 1, 2, 3, 4, 5입니다.
나머지가 클수록 나누어지는 수도 크므로 ●에 알맞은 수는 5입니다.
$\square \div 6 = 48 \cdots 5$에서 $6 \times 48 = 288$, $288 + 5 = 293$이므로 $\square = 293$입니다.
➡ $\square$ 안에 들어갈 수 있는 세 자리 수 중에서 가장 큰 수는 293입니다.

4-2

$$\bigcirc \div 3 = 24 \cdots \bigcirc$$

나누는 수가 3이므로 ⓛ이 될 수 있는 수는 1, 2입니다.
ⓛ=1일 때 $\bigcirc \div 3 = 24 \cdots 1$에서 $3 \times 24 = 72$, $72 + 1 = 73$이므로 $\bigcirc = 73$입니다.
ⓛ=2일 때 $\bigcirc \div 3 = 24 \cdots 2$에서 $3 \times 24 = 72$, $72 + 2 = 74$이므로 $\bigcirc = 74$입니다.
따라서 ⊙이 될 수 있는 모든 두 자리 수의 합은 $73 + 74 = 147$입니다.
주의 ⓛ은 0이 아니므로 $\bigcirc \div 3 = 24$에서 $3 \times 24 = 72$, ⊙=72가 될 수 없습니다.

01 10

02 (위에서부터) 1, 5 / 5 / 2, 5 / 2, 5

03 8, 48, 48, 51　　**04** 1

05 25

06 (위에서부터) 150, 2 / 16, 5

07 ㉡　　　　　**08** ( ) (○) ( )

09 <

10 $48 \div 2 = 24$ (또는 $48 \div 2$) / 24개

11 (선 잇기)　　**12** 80

13 ❶ 어떤 수를 6으로 나누었을 때 나머지는 6보다 작아야 합니다.

❷ 따라서 나머지가 될 수 있는 수는 1, 2, 3, 4, 5로 모두 5개입니다.　　답 5개

14 7　　　　　**15** ㉢, ㉠, ㉡

16 소율

17 $32 \div 9 = 3 \cdots 5$ (또는 $32 \div 9$) / 3, 5

18 7자루　　　**19** 53

20 15개　　　**21** 233

22 ❶ ★이 될 수 있는 수는 1, 2, 3, 4이고, 나머지가 클수록 나누어지는 수도 크므로 ★에 알맞은 수는 4입니다.

❷ $\square \div 5 = 56 \cdots 4$에서 $5 \times 56 = 280$, $280 + 4 = 284$입니다. ➡ $\square = 284$　　답 284

23 2개　　　**24** 24쪽

25 ❶ $174 \div 9 = 19 \cdots 3$이므로 하루에 9쪽씩 19일을 읽으면 3쪽이 남습니다.

❷ 남은 3쪽도 읽어야 하므로 책을 모두 읽으려면 적어도 $19 + 1 = 20$(일)이 걸립니다.　　답 20일

01 십 모형 3개를 똑같이 3묶음으로 나누면 한 묶음에 십 모형이 1개씩 있습니다. ➡ $30 \div 3 = 10$

02 십의 자리 수를 먼저 나누고, 남은 십의 자리 수를 내려 일의 자리 수와 함께 나눕니다.

03 나누는 수와 몫의 곱에 나머지를 더하면 나누어지는 수가 되는지 확인합니다.

04
```
      1 2 1
   4 ) 4 8 5
       4
       ─
         8
         8
         ─
           5
           4
           ─
           1
```

05 199는 200에 가까우므로 어림하면 약 200입니다. $199 \div 8$의 몫을 어림셈으로 구하면 $200 \div 8 = 25$이므로 약 25입니다.

06 • $452 \div 3 = 150 \cdots 2$
• $101 \div 6 = 16 \cdots 5$

07 ㉡ $57 \div 5 = 11 \cdots 2$

08 $90 \div 3 = 30$, $80 \div 4 = 20$, $60 \div 2 = 30$
➡ 몫이 다른 하나는 $80 \div 4$입니다.

09 $931 \div 3 = 310 \cdots 1$, $842 \div 4 = 210 \cdots 2$
➡ $1 < 2$

10 (한 봉지에 담아야 하는 감자의 수)
$=$ (전체 감자의 수) $\div$ (봉지의 수)
$= 48 \div 2 = 24$(개)

11 • $126 \div 3 = 42$　• $312 \div 6 = 52$
• $208 \div 4 = 52$　• $210 \div 5 = 42$
• $110 \div 2 = 55$　• $385 \div 7 = 55$

12 $560 > 308 > 7 > 4$이므로 가장 큰 수는 560, 두 번째로 작은 수는 7입니다. ➡ $560 \div 7 = 80$

13

채점 기준	❶ $\square \div 6$의 나머지가 될 수 있는 수의 조건을 쓴 경우	2점	4점
	❷ 나머지가 될 수 있는 수는 모두 몇 개인지 구한 경우	2점	

14 $63 \div 6 = 10 \cdots 3$이므로 ㉠$= 10$, ㉡$= 3$입니다.
➡ ㉠$-$㉡$= 10 - 3 = 7$

15 ㉠ $456 \div 3 = 152$　㉡ $910 \div 7 = 130$
㉢ $332 \div 2 = 166$
➡ ㉢ $166 >$ ㉠ $152 >$ ㉡ 130

16 유준: 308은 300보다 크므로 308÷4를 실제로 계산한 몫은 75보다 클 것입니다.

소율: 297은 300보다 작으므로 297÷5를 실제로 계산한 몫은 60보다 작을 것입니다.

17 $9 \times 3 = 27,\ 27 + 5 = 32$

나누는 수 ↗ 몫 나머지 ↖ 나누어지는 수

➔ $32 \div 9 = 3 \cdots 5$

주의 나누는 수가 3인 경우 나머지는 3보다 작아야 하므로 $32 \div 3 = 9 \cdots 5$라고 할 수 없습니다.

18 $79 \div 9 = 8 \cdots 7$

➔ 동생에게 준 연필은 7자루입니다.

19 어떤 수를 □라 하면 □÷4=13…1입니다.

$4 \times 13 = 52,\ 52 + 1 = 53$이므로 어떤 수는 53입니다.

20 (전체 감의 수)=$5 \times 12 = 60$(개)

➔ (한 명이 가져야 하는 감의 수)=$60 \div 4 = 15$(개)

21 • $141 \div ◆ = 47$에서 $◆ \times 47 = 141$,

$3 \times 47 = 141$이므로 $◆ = 3$입니다.

• $▲ \div 9 = 25 \cdots 5$에서 $9 \times 25 = 225$,

$225 + 5 = 230$이므로 $▲ = 230$입니다.

➔ $◆ + ▲ = 3 + 230 = 233$

22

채점 기준	❶ ★에 알맞은 수를 구한 경우	2점	
	❷ □ 안에 들어갈 수 있는 세 자리 수 중에서 가장 큰 수를 구한 경우	2점	4점

23 50보다 크고 60보다 작은 수 중에서 4로 나누었을 때 나머지가 2인 수를 찾습니다.

$51 \div 4 = 12 \cdots 3,\ 52 \div 4 = 13,\ 53 \div 4 = 13 \cdots 1$,

$54 \div 4 = 13 \cdots 2,\ 55 \div 4 = 13 \cdots 3,\ 56 \div 4 = 14$,

$57 \div 4 = 14 \cdots 1,\ 58 \div 4 = 14 \cdots 2$,

$59 \div 4 = 14 \cdots 3$

➔ 나머지가 2인 수는 54, 58로 2개입니다.

24 (하루에 읽는 쪽수)

=(전체 쪽수)÷(책을 모두 읽는 데 걸리는 날수)

=$192 \div 8 = 24$(쪽)

25

채점 기준	❶ 책을 9쪽씩 읽을 때 걸리는 날수와 남는 쪽수를 각각 구한 경우	2점	
	❷ 책을 모두 읽으려면 적어도 며칠이 걸리는지 구한 경우	2점	4점

3. 원

1회 개념 학습 66~67쪽

확인 (위에서부터) 지름, 중심, 반지름

1 (1) 중심 (2) 반지름

2 (1) 반지름 (2) 원의 중심 (3) 지름

3 점 ㄷ

4 선분 ㄴㄹ 또는 선분 ㄹㄴ

5 예

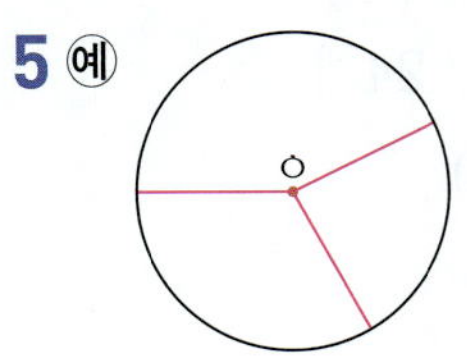

2 (1) 원의 중심과 원 위의 한 점을 이은 선분은 반지름입니다.

(2) 원 위의 모든 점에서 같은 거리에 있는 점은 원의 중심입니다.

(3) 원 위의 두 점을 이은 선분 중 원의 중심을 지나는 선분은 지름입니다.

3 원의 중심은 원의 가장 가운데에 있는 점이므로 점 ㄷ입니다.

4 원 위의 두 점을 이은 선분 중 원의 중심을 지나는 선분은 선분 ㄴㄹ 또는 선분 ㄹㄴ입니다.

5 위치나 방향에 관계없이 원의 중심과 원 위의 한 점을 잇는 선분을 3개 긋습니다.

1회 문제 학습 68~69쪽

01

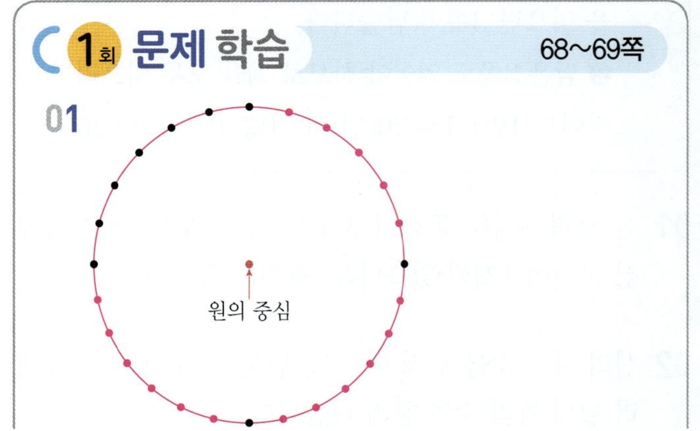

02 (예) 

03 4 cm, 8 cm

04 큰, ㉡ 또는 작은, ㉠

05 9 cm **06** ㉡

07 (위에서부터) 선분 ㅇㄴ 또는 선분 ㄴㅇ,
선분 ㅇㄷ 또는 선분 ㄷㅇ / 2, 2

08 같습니다 **09** 22 cm

10 ❶ 민재 ❷ 중심, 민재

11 ❶ 유민

❷ (예) 원의 반지름은 원의 중심과 원 위의 한 점을 이은 선분인데 유민이가 그린 선분은 원 위의 두 점을 이은 선분이므로 잘못 나타냈습니다.

---

01 자를 이용하여 원의 중심에서 2 cm 떨어진 곳에 여러 개의 점을 찍고 점들을 이어 원을 그려 봅니다.

참고 점의 수가 많을수록 원 모양에 가까워집니다.

02 한 원에서 원의 중심은 1개이고, 반지름과 지름은 셀 수 없이 많이 그을 수 있습니다.

03 • 원의 반지름은 원의 중심과 원 위의 한 점을 이은 선분이므로 4 cm입니다.

• 원의 지름은 원 위의 두 점을 이은 선분 중 원의 중심을 지나는 선분이므로 8 cm입니다.

04 그린 원보다 더 큰 원을 그리려면 구멍 ㉡에 연필을 꽂아야 합니다. 그린 원보다 더 작은 원을 그리려면 구멍 ㉠에 연필을 꽂아야 합니다.

05 선분 ㄱㄴ과 선분 ㄷㄹ은 원의 지름이고 한 원에서 지름의 길이는 모두 같습니다.
➡ (선분 ㄷㄹ)=(선분 ㄱㄴ)=9 cm

06 ㉠ 한 원에서 원의 중심은 1개입니다.

07 반지름은 원의 중심과 원 위의 한 점을 이은 선분입니다.
선분 ㅇㄱ, 선분 ㅇㄴ, 선분 ㅇㄷ은 반지름이고, 그 길이는 모두 2 cm입니다.

---

08 한 원에서 반지름은 셀 수 없이 많이 그을 수 있고, 그은 반지름의 길이는 모두 같습니다.

09 원 가의 지름은 10 cm, 원 나의 지름은 12 cm입니다.
➡ (두 원 가와 나의 지름의 합)=10+12=22 (cm)

10

채점 기준			
❶ 원의 지름을 잘못 나타낸 사람의 이름을 쓴 경우	2점	5점
❷ 잘못 나타낸 이유를 쓴 경우	3점	

11

채점 기준			
❶ 원의 반지름을 잘못 나타낸 사람의 이름을 쓴 경우	2점	5점
❷ 잘못 나타낸 이유를 쓴 경우	3점	

2회 개념 학습 70~71쪽

확인 (1) ㄱㄹ 또는 ㄹㄱ, ㄱㄹ 또는 ㄹㄱ
(2) ㄴㄹ 또는 ㄹㄴ, ㄴㄹ 또는 ㄹㄴ

1 (1) ③ (2) ③

2 (1) 4 (2) 2 (3) 2

3 (1) 3 (2) 7

4 (1) 2 / 5, 2, 10 (2) 2 / 12, 2, 6

5 (예) / 3 cm

---

1 원 안에 그을 수 있는 가장 긴 선분이 원의 지름이므로 원의 지름을 나타내는 선분은 ③입니다.

2 원의 지름은 4 cm이고, 반지름인 2 cm의 2배입니다.

3 (1) 한 원에서 반지름의 길이는 모두 같습니다.
(2) 한 원에서 지름의 길이는 모두 같습니다.

4 (1) 원의 지름은 반지름의 2배입니다.
(2) 원의 반지름은 지름의 반입니다.

5 원 안에 그을 수 있는 가장 긴 선분은 원의 지름입니다.
➡ 원의 중심을 지나도록 원 위의 두 점을 이은 선분을 긋고, 그 길이를 재면 3 cm입니다.

2회 문제 학습 72~73쪽

01 선분 ㄴㅂ 또는 선분 ㅂㄴ
02 선우
03 ⑴ 6 ⑵ 4
04 15 cm, 30 cm
05
06 6 cm, 12 cm
07 72 cm
08 예 8, 16 cm
09 ㉯ 거울
10 ❶ 12, 6 ❷ 3 / 6, 3, 18 답 18 cm
11 ❶ 원의 지름이 10 cm이므로 원의 반지름은
　　　$10 \div 2 = 5$ (cm)입니다.
　　　❷ 선분 ㄱㄴ의 길이는 원의 반지름의 4배입니다.
　　　➜ (선분 ㄱㄴ)$= 5 \times 4 = 20$ (cm) 답 20 cm

01 선분 ㄱㄷ은 원의 지름입니다.
한 원에서 지름의 길이는 모두 같으므로 원의 지름을
찾으면 선분 ㄴㅂ입니다.

02 선우: 원의 반지름은 지름의 반입니다.

03 ⑴ (원의 지름)$= 3 \times 2 = 6$ (cm)
⑵ (원의 반지름)$= 8 \div 2 = 4$ (cm)

04 모눈 한 칸의 길이는 5 cm입니다. 피자의 반지름은
모눈 3칸만큼이므로 $5 \times 3 = 15$ (cm)입니다. 피자의
지름은 모눈 6칸만큼이므로 $5 \times 6 = 30$ (cm)입니다.

05 • 지름이 14 cm인 원의 반지름: $14 \div 2 = 7$ (cm)
• 지름이 16 cm인 원의 반지름: $16 \div 2 = 8$ (cm)

06 한 원에서 지름은 반지름의 2배입니다.
➜ 원의 반지름이 6 cm이므로 지름은
　　$6 \times 2 = 12$ (cm)입니다.

07 (정사각형의 한 변의 길이)
　　$=$(원의 지름)$= 9 \times 2 = 18$ (cm)
➜ (상자 바닥의 네 변의 길이의 합)
　　$= 18 \times 4 = 72$ (cm)

08 (원의 지름)$= 8 \times 2 = 16$ (cm)
평가 기준 정한 반지름의 2배로 지름을 구했으면 모두 정답으로
인정합니다.

09 원의 크기는 반지름 또는 지름이 짧을수록 더 작습
니다.
• ㉮ 거울의 지름: 9 cm
• ㉯ 거울의 지름: $4 \times 2 = 8$ (cm)
➜ $9 > 8$이므로 크기가 더 작은 거울은 ㉯ 거울입니다.

10

채점 기준		
❶ 원의 반지름을 구한 경우	2점	5점
❷ 선분 ㄱㄴ의 길이를 구한 경우	3점	

11

채점 기준		
❶ 원의 반지름을 구한 경우	2점	5점
❷ 선분 ㄱㄴ의 길이를 구한 경우	3점	

3회 개념 학습 74~75쪽

확인 (　) (○) (　)

1 ⑴ 중심 ⑵ 3 ⑶ 침 **2** ㉡

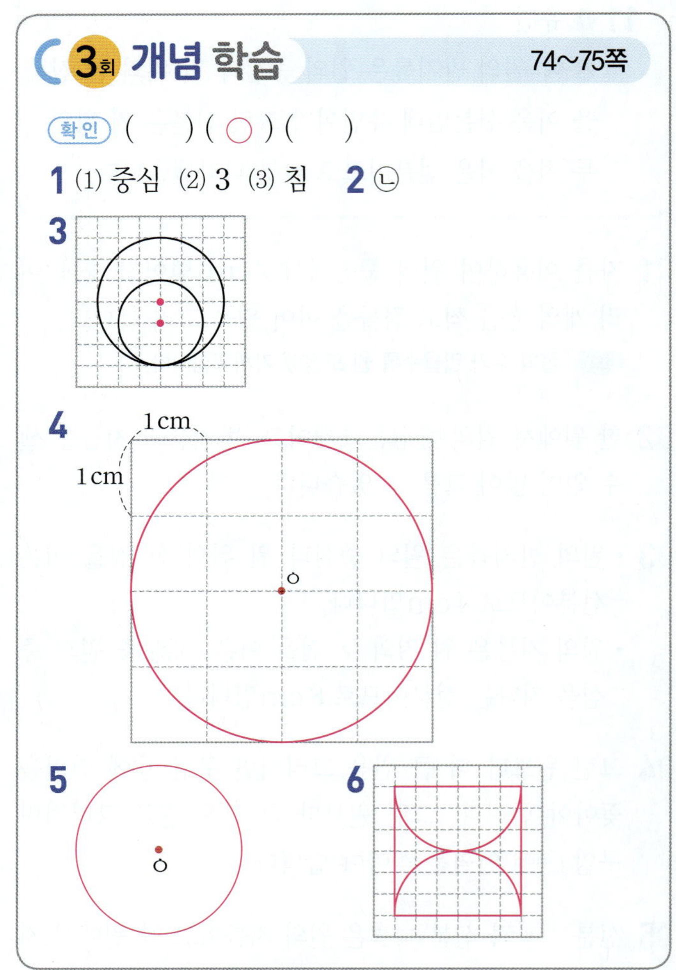

2 컴퍼스의 침이 꽂혔던 자리는 원의 중심입니다.

3 각 원의 중심을 찾아 점으로 표시합니다.

4 모눈 한 칸의 길이가 1 cm이므로 컴퍼스를 모눈 2칸
만큼 벌려 원을 그립니다.

6 한 변이 모눈 6칸인 정사각형과 반지름이 모눈 3칸
인 원의 일부분을 2개 그립니다.

3회 문제 학습

76~77쪽

01 중심, 반지름, 중심

02 5 cm

03 4 cm

04 예

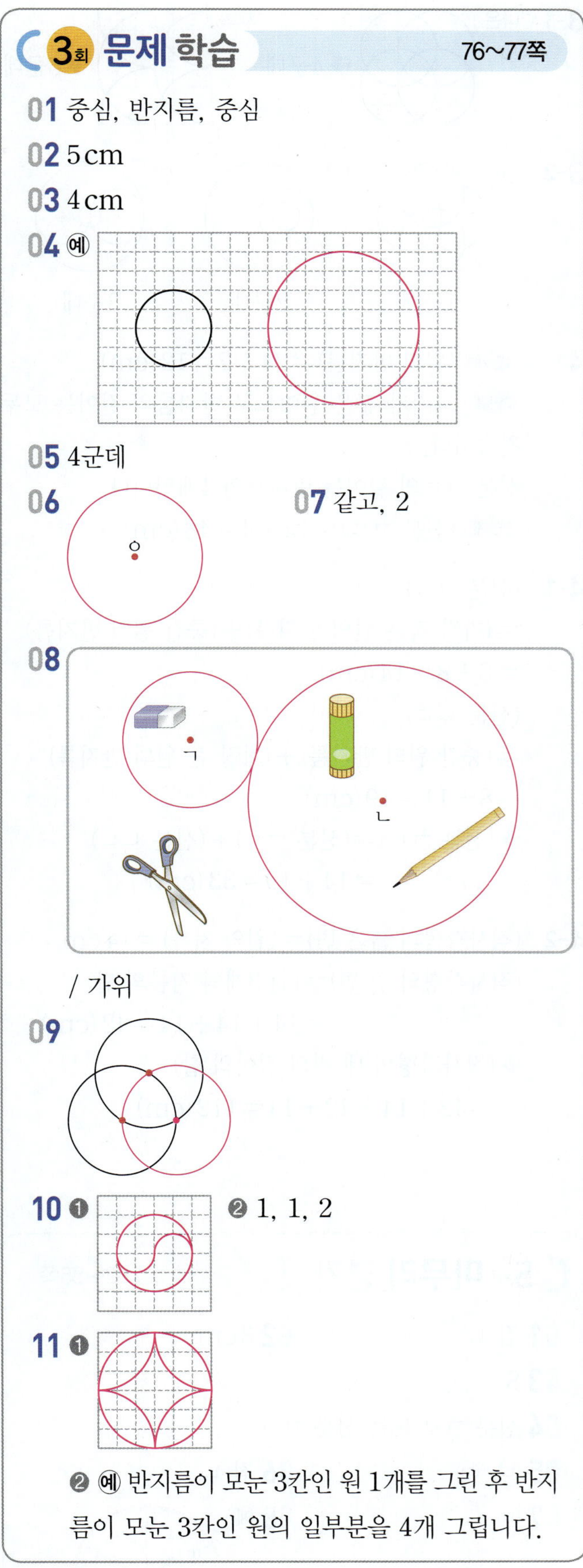

05 4군데

06

07 같고, 2

08

/ 가위

09

10 ❶ ❷ 1, 1, 2

11 ❶

❷ 예 반지름이 모눈 3칸인 원 1개를 그린 후 반지름이 모눈 3칸인 원의 일부분을 4개 그립니다.

01 컴퍼스가 벌어진 정도가 원의 반지름이고, 컴퍼스의 침을 꽂는 곳은 원의 중심입니다.

02 컴퍼스를 5 cm만큼 벌렸으므로 그린 원의 반지름은 5 cm입니다.

03 원의 반지름은 8÷2＝4 (cm)입니다.

➜ 컴퍼스를 원의 반지름인 4 cm만큼 벌려야 합니다.

04 주어진 원은 반지름이 모눈 2칸만큼이므로 컴퍼스를 모눈 2칸보다 더 길게 벌리고 원을 그립니다.

05

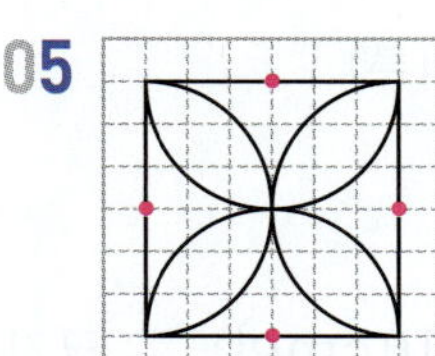

컴퍼스의 침을 꽂아야 할 곳은 원의 중심입니다.

➜ 원의 중심이 4개이므로 컴퍼스의 침을 꽂아야 할 곳은 모두 4군데입니다.

06 탬버린의 반지름을 재어 보면 1 cm입니다.

➜ 컴퍼스를 1 cm만큼 벌려 원을 그립니다.

07 반지름은 모눈 2칸만큼으로 같습니다.

09 두 원이 만나는 점 중에서 한 점을 원의 중심으로 하여 반지름이 같은 원을 그립니다.

10

채점 기준		
❶ 주어진 모양과 똑같이 그린 경우	3점	5점
❷ 그린 방법을 설명한 경우	2점	

11

채점 기준		
❶ 주어진 모양과 똑같이 그린 경우	3점	5점
❷ 그린 방법을 설명한 경우	2점	

4회 응용 학습

78~81쪽

1 1단계 7 cm, 6 cm   2단계 ㉢

1-1 성훈   **1-2** 4 cm

2 1단계 4 cm   2단계 2 cm

2-1 16 cm   **2-2** 12 cm

3 1단계 5, 3   2단계 가

3-1 나은   **3-2** ㉠, ㉢, ㉡

4 1단계 12 cm   2단계 4배

   3단계 48 cm

4-1 33 cm   **4-2** 112 cm

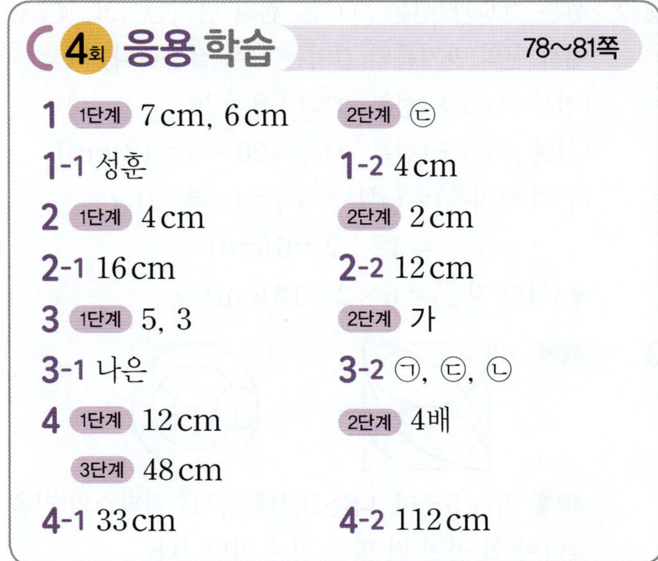

1 **1단계** ㉠ (원의 반지름)$=14\div2=7\,(\text{cm})$
㉡ (원의 반지름)$=12\div2=6\,(\text{cm})$
2단계 반지름의 길이를 비교하면
$6\,\text{cm}<7\,\text{cm}<8\,\text{cm}<9\,\text{cm}$이므로 크기가 가장
작은 원은 ㉡입니다.

1-1 연진: (반지름이 $5\,\text{cm}$인 원의 지름)
$\qquad=5\times2=10\,(\text{cm})$
성훈: (반지름이 $8\,\text{cm}$인 원의 지름)
$\qquad=8\times2=16\,(\text{cm})$
➜ 지름의 길이를 비교하면
$16\,\text{cm}>15\,\text{cm}>13\,\text{cm}>10\,\text{cm}$이므로 크기
가 가장 큰 원을 그린 사람은 성훈입니다.

1-2 (지름이 $22\,\text{cm}$인 원의 반지름)$=22\div2=11\,(\text{cm})$
(지름이 $26\,\text{cm}$인 원의 반지름)$=26\div2=13\,(\text{cm})$
➜ 반지름의 길이를 비교하면
$15\,\text{cm}>13\,\text{cm}>12\,\text{cm}>11\,\text{cm}$이므로
(가장 큰 원과 가장 작은 원의 반지름의 차)
$=15-11=4\,(\text{cm})$입니다.

2 **1단계** (큰 원의 반지름)$=8\div2=4\,(\text{cm})$
2단계 (작은 원의 지름)$=$(큰 원의 반지름)$=4\,\text{cm}$
➜ (작은 원의 반지름)$=4\div2=2\,(\text{cm})$

2-1 가장 작은 원의 반지름이 $2\,\text{cm}$이므로
(중간 원의 반지름)$=2+3=5\,(\text{cm})$입니다.
(가장 큰 원의 반지름)$=$(중간 원의 반지름)$+3$
$\qquad\qquad\qquad=5+3=8\,(\text{cm})$
➜ (가장 큰 원의 지름)$=8\times2=16\,(\text{cm})$

2-2 선분 ㄱㄴ과 선분 ㄱㄷ은 원의 반지름이고, 한 원
에서 원의 반지름의 길이는 모두 같습니다.
(선분 ㄱㄴ)$+$(선분 ㄱㄷ)$+8=20$
(선분 ㄱㄴ)$+$(선분 ㄱㄷ)$=20-8=12\,(\text{cm})$
(원의 반지름)$=$(선분 ㄱㄴ)$=$(선분 ㄱㄷ)
$\qquad\qquad\qquad=12\div2=6\,(\text{cm})$
➜ (원의 지름)$=6\times2=12\,(\text{cm})$

3 **1단계** 가 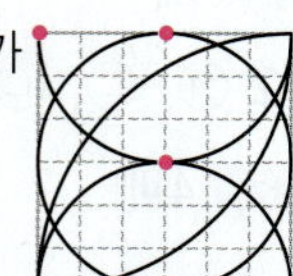 나 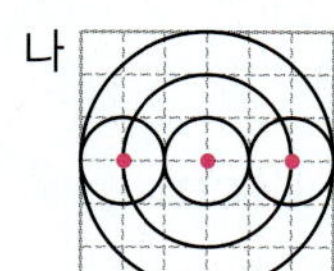
2단계 가는 5군데, 나는 3군데이므로 컴퍼스의 침을
꽂아야 할 곳이 더 많은 것은 가입니다.

3-1 나은 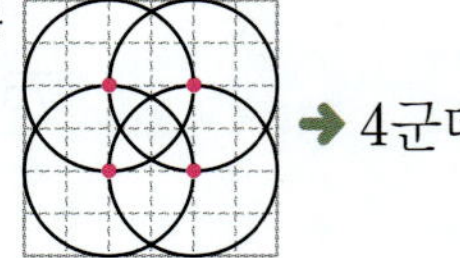 ➜ 4군데   재혁 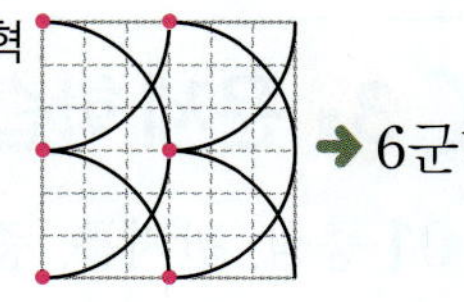 ➜ 6군데

3-2 ㉠ 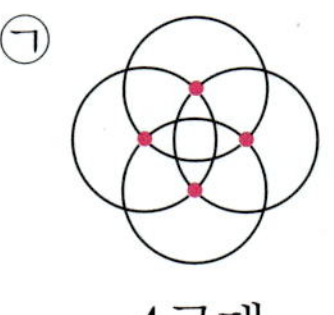   ㉡   ㉢ 
4군데   2군데   3군데

4 **1단계** (원의 반지름)$=24\div2=12\,(\text{cm})$
2단계 크기가 같은 원이므로 반지름의 길이는 모두
같습니다.
선분 ㄱㄷ의 길이는 반지름의 4배입니다.
3단계 (선분 ㄱㄷ)$=12\times4=48\,(\text{cm})$

4-1 (선분 ㄱㄴ)
$=$(가장 작은 원의 반지름)$+$(중간 원의 반지름)
$=6+8=14\,(\text{cm})$
(선분 ㄴㄷ)
$=$(중간 원의 반지름)$+$(가장 큰 원의 반지름)
$=8+11=19\,(\text{cm})$
➜ (선분 ㄱㄷ)$=$(선분 ㄱㄴ)$+$(선분 ㄴㄷ)
$\qquad\qquad=14+19=33\,(\text{cm})$

4-2 (직사각형의 짧은 변)$=$(원의 지름)$=14\,\text{cm}$
(직사각형의 긴 변)$=$(원 3개의 지름의 합)
$\qquad\qquad\qquad=14+14+14=42\,(\text{cm})$
➜ (직사각형의 네 변의 길이의 합)
$\qquad=42+14+42+14=112\,(\text{cm})$

5회 마무리 평가

01 점 ㄴ   **02** $3\,\text{cm}$
03 8
04 선분 ㄱㄹ 또는 선분 ㄹㄱ
05 ㉢, ㉠   **06** 점 ㄴ
07 ㉤   **08** 예 

09 14   **10** ㉠

11

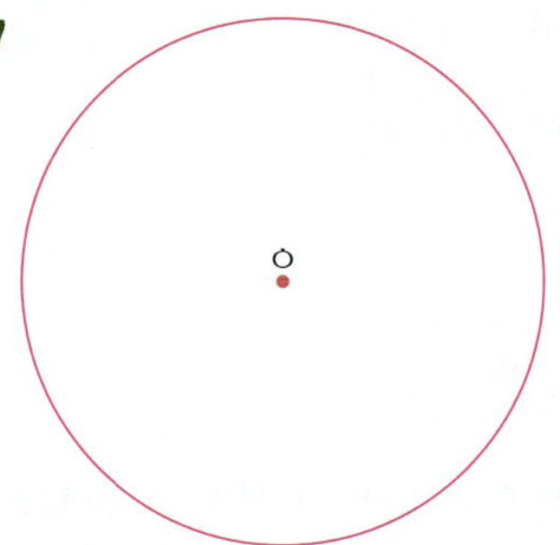

12 9 cm, 18 cm

13 ❶ 그리려는 원의 반지름은 $20 \div 2 = 10\,(\text{cm})$입니다.

❷ 컴퍼스를 원의 반지름인 10 cm만큼 벌려야 합니다.   답 10 cm

14 5군데   **15** 6 cm

16 8 cm

17

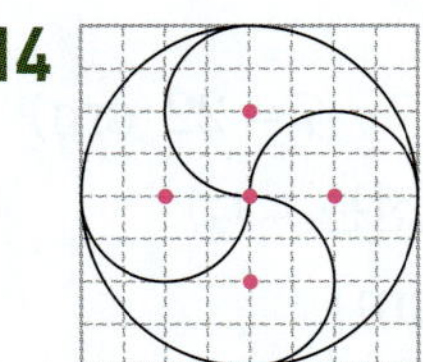

18

19 ❶ 지훈이가 그린 원의 지름은 $10 \times 2 = 20\,(\text{cm})$입니다.

❷ 지름의 길이를 비교하면 20 cm > 18 cm > 12 cm이므로 크기가 가장 큰 원을 그린 사람은 지훈입니다.   답 지훈

20 30 cm   **21** 24 cm

22 15 cm   **23** 22 cm

24 50 cm

25 ❶ 윤서의 훌라후프의 지름은 $43 \times 2 = 86\,(\text{cm})$이고, 동생의 훌라후프의 지름은 $37 \times 2 = 74\,(\text{cm})$입니다.

❷ 윤서와 동생의 훌라후프의 지름의 차는 $86 - 74 = 12\,(\text{cm})$입니다.   답 12 cm

01 원의 중심은 원의 가장 가운데에 있는 점이므로 점 ㄴ입니다.

02 원의 반지름은 원의 중심과 원 위의 한 점을 이은 선분이므로 3 cm입니다.

03 한 원에서 지름의 길이는 모두 같습니다.

04 원을 똑같이 둘로 나누는 선분은 원의 지름입니다.

05 원의 중심이 되는 점을 정한 후 컴퍼스를 반지름만큼 벌려 원을 그립니다.

06 컴퍼스의 침을 꽂아야 할 곳은 원의 중심입니다.

➔ 원의 중심이 아닌 점은 점 ㄴ입니다.

07 띠 종이의 구멍이 누름 못에서 멀어질수록 더 큰 원을 그릴 수 있습니다. 따라서 가장 큰 원을 그리려면 누름 못으로부터 가장 먼 곳인 ㉣에 연필을 꽂아야 합니다.

08 한 원에서 반지름과 지름은 셀 수 없이 많이 그을 수 있습니다.

09 (원의 지름) $= 7 \times 2 = 14\,(\text{cm})$

10 ㉠ 한 원에서 원의 중심은 1개입니다.

11 주어진 선분의 길이를 재어 보면 1 cm입니다.

➔ 컴퍼스를 1 cm만큼 벌린 다음 컴퍼스의 침을 점 ㅇ에 꽂고 원을 그립니다.

12 모눈 한 칸의 길이는 3 cm입니다. 교통 표지판의 반지름은 모눈 3칸만큼이므로 $3 \times 3 = 9\,(\text{cm})$, 지름은 모눈 6칸만큼이므로 $3 \times 6 = 18\,(\text{cm})$입니다.

13

채점 기준		2점	
❶ 그리려는 원의 반지름을 구한 경우		2점	4점
❷ 컴퍼스를 몇 cm만큼 벌려야 하는지 구한 경우		2점	

14

컴퍼스의 침을 꽂아야 할 곳은 원의 중심입니다.

➔ 원의 중심이 5개이므로 컴퍼스의 침을 꽂아야 할 곳은 모두 5군데입니다.

15 원의 지름은 정사각형의 한 변의 길이와 같으므로 12 cm입니다.

➔ (원의 반지름) $= 12 \div 2 = 6\,(\text{cm})$

16 (선분 ㄱㄴ)=(작은 원의 반지름)+(큰 원의 반지름)
　　　　=3+5=8(cm)

17 (원의 반지름)=4÷2=2(cm)
➡ 컴퍼스를 2 cm만큼 벌린 다음 컴퍼스의 침을
　점 ㅇ에 꽂고 원을 그립니다.

18 ① 한 변이 모눈 6칸인 정사각형을 그립니다.
② 정사각형의 각 변의 가운데를 원의 중심으로 하고
　반지름이 모눈 3칸인 원의 일부분을 4개 그립니다.
③ 정사각형의 한 변에 맞닿도록 반지름이 모눈 1칸
　인 원을 2개 그립니다.

19

채점 기준			
❶ 지훈이가 그린 원의 지름을 구한 경우	2점		4점
❷ 크기가 가장 큰 원을 그린 사람을 구한 경우	2점		

20 선분 ㅇㄱ과 선분 ㅇㄴ은 원의 반지름이므로 길이가
같습니다.
(선분 ㅇㄱ)=(선분 ㅇㄴ)=9 cm
➡ (삼각형 ㄱㅇㄴ의 세 변의 길이의 합)
　=9+9+12=30(cm)

21 (직사각형의 긴 변의 길이)=2×4=8(cm)
(직사각형의 짧은 변의 길이)=2×2=4(cm)
➡ (직사각형의 네 변의 길이의 합)
　=8+4+8+4=24(cm)

22 (중간 원의 반지름)=20÷2=10(cm)
(가장 작은 원의 반지름)=10÷2=5(cm)
➡ (선분 ㄱㄷ)
　=(중간 원의 반지름)+(가장 작은 원의 반지름)
　=10+5=15(cm)

23 (선분 ㄷㄹ)=(선분 ㄱㄹ)=7 cm
(선분 ㄱㄴ)+(선분 ㄴㄷ)=36−7−7=22(cm)
(큰 원의 반지름)=(선분 ㄱㄴ)=(선분 ㄴㄷ)
　　　　　　　=22÷2=11(cm)
➡ (큰 원의 지름)=11×2=22(cm)

24 1 m=100 cm입니다.
아빠가 가지고 있는 훌라후프의 반지름은
100÷2=50(cm)입니다.

25

채점 기준			
❶ 윤서와 동생의 훌라후프의 지름을 각각 구한 경우	2점		4점
❷ 윤서와 동생의 훌라후프의 지름의 차를 구한 경우	2점		

4. 분수

◖ **1**회 개념 학습　　　　88~89쪽

확인 3, 3

1 1　　　　　　　　　**2** 2, $\dfrac{2}{5}$

3 (1) 6　(2) 6, 1, $\dfrac{1}{6}$　　**4** (1) 1　(2) $\dfrac{1}{2}$

5 4, $\dfrac{3}{4}$

6 예

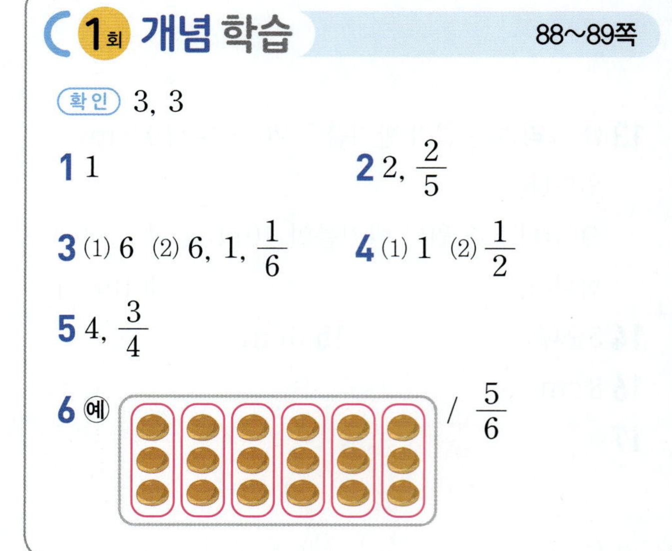 / $\dfrac{5}{6}$

1 전체를 똑같이 4부분으로 나누고 부분은 전체의 얼마
인지 알아봅니다.

2 전체 ■묶음 중의 ▲묶음
➡ $\dfrac{(부분 묶음 수)}{(전체 묶음 수)}=\dfrac{▲}{■}$

3 장미 12송이를 2송이씩 묶으면 전체는 6묶음입니다.
➡ 장미 2송이는 전체 6묶음 중의 1묶음이므로 전체의
$\dfrac{1}{6}$입니다.

4 (1) 색칠한 부분은 전체 7묶음 중의 1묶음이므로 전
체의 $\dfrac{1}{7}$입니다.
(2) 색칠한 부분은 전체 2묶음 중의 1묶음이므로 전
체의 $\dfrac{1}{2}$입니다.

5 4씩 묶었으므로 12는 전체 4묶음 중의 3묶음입니다.
따라서 12는 16의 $\dfrac{3}{4}$입니다.

6 빵 18개를 3개씩 묶으면 6묶음이 됩니다.
빵 15개는 전체 6묶음 중의 5묶음이므로 15는 18의
$\dfrac{5}{6}$입니다.

01 3, $\dfrac{3}{4}$

02 예 　　　　　　　/ $\dfrac{1}{7}$, $\dfrac{5}{7}$

03

04 예 5 /

05 ⑴ $\dfrac{4}{6}$　⑵ $\dfrac{2}{3}$　　　**06** 10, 4

07 ⑴ $\dfrac{6}{9}$　⑵ $\dfrac{1}{8}$　　　**08** 선우

09 $\dfrac{2}{5}$

10 ❶ 6　❷ 6, 2, $\dfrac{2}{6}$　　　　　답 $\dfrac{2}{6}$

11 ❶ 볼펜 16자루를 한 상자에 2자루씩 나누어 담으면 8상자가 됩니다.
❷ 예나가 언니에게 준 볼펜은 전체 8상자 중의 5상자이므로 전체의 $\dfrac{5}{8}$입니다.　　　답 $\dfrac{5}{8}$

01 검은색 바둑돌은 전체 4묶음 중의 3묶음이므로 전체의 $\dfrac{3}{4}$입니다.

02 떡 14개를 2개씩 묶으면 전체는 7묶음입니다.
• 떡 2개는 전체 7묶음 중의 1묶음이므로 2는 14의 $\dfrac{1}{7}$입니다.
• 떡 10개는 전체 7묶음 중의 5묶음이므로 10은 14의 $\dfrac{5}{7}$입니다.

03 • 색칠한 부분: 전체 8묶음 중의 5묶음 ➜ 전체의 $\dfrac{5}{8}$
• 색칠한 부분: 전체 4묶음 중의 3묶음 ➜ 전체의 $\dfrac{3}{4}$
• 색칠한 부분: 전체 2묶음 중의 1묶음 ➜ 전체의 $\dfrac{1}{2}$

04 $\dfrac{5}{9}$는 전체 9묶음 중의 5묶음이므로 5묶음을 색칠합니다.

평가 기준 □ 안에 써넣은 수와 색칠한 묶음의 수가 같으면 정답으로 인정합니다.

05 ⑴ 18을 3씩 묶으면 6묶음이 됩니다.
12는 전체 6묶음 중의 4묶음이므로 12는 18의 $\dfrac{4}{6}$입니다.
⑵ 18을 6씩 묶으면 3묶음이 됩니다.
12는 전체 3묶음 중의 2묶음이므로 12는 18의 $\dfrac{2}{3}$입니다.

06 20을 2씩 묶으면 10묶음이 되고 8은 전체 10묶음 중의 4묶음이므로 8은 20의 $\dfrac{4}{10}$입니다.
➜ ㉠=10, ㉡=4

07 ⑴ 27을 3씩 묶으면 9묶음이 됩니다.
18은 전체 9묶음 중의 6묶음이므로 18은 27의 $\dfrac{6}{9}$입니다.
⑵ 16을 2씩 묶으면 8묶음이 됩니다.
2는 전체 8묶음 중의 1묶음이므로 2는 16의 $\dfrac{1}{8}$입니다.

08 • 지아: 노란색 풍선은 전체 7묶음 중의 3묶음이므로 전체의 $\dfrac{3}{7}$입니다.
• 선우: 빨간색 풍선은 전체 7묶음 중의 4묶음이므로 전체의 $\dfrac{4}{7}$입니다.
따라서 바르게 설명한 사람은 선우입니다.

09 40을 8씩 묶으면 5묶음이 되고 16은 전체 5묶음 중의 2묶음이므로 16은 40의 $\dfrac{2}{5}$입니다.

10	채점 기준	❶ 전체 상자 수를 구한 경우	2점	5점
		❷ 친구에게 준 딱지는 전체의 얼마인지 분수로 나타낸 경우	3점	

11	채점 기준	❶ 전체 상자 수를 구한 경우	2점	5점
		❷ 언니에게 준 볼펜은 전체의 얼마인지 분수로 나타낸 경우	3점	

4 단원 · 개념북

2회 개념 학습　92~93쪽

확인 (1) 4, 4　(2) 9, 9

1 (1) 3　(2) 15

2 (1) 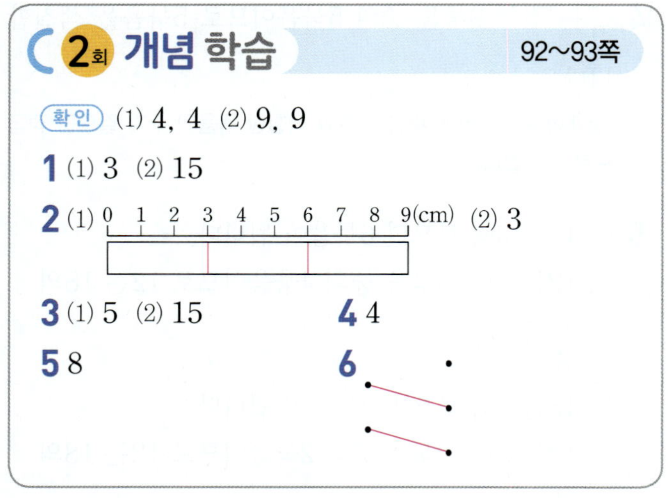　(2) 3

3 (1) 5　(2) 15　　**4** 4

5 8　　**6** 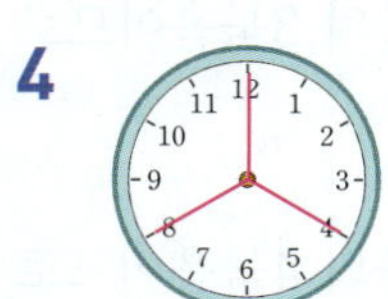

---

1 (1) 밤 18개를 똑같이 6묶음으로 나눈 것 중의 1묶음
　　은 3개입니다.
　(2) 밤 18개를 똑같이 6묶음으로 나눈 것 중의 5묶음
　　은 15개입니다.

2 (2) 9cm를 똑같이 3부분으로 나눈 것 중의 1부분은
　　3cm입니다.
　　9cm의 $\frac{1}{3}$은 3cm입니다.

3 (1) 25cm를 똑같이 5부분으로 나눈 것 중의 1부분
　　은 5cm입니다.
　(2) 25cm를 똑같이 5부분으로 나눈 것 중의 3부분
　　은 15cm입니다.

4

12시간의 $\frac{1}{3}$은 12시간을 똑같이 3부분으로 나눈 것
중의 1부분이므로 4시간입니다.

5 10cm를 똑같이 5부분으로 나눈 것 중의 1부분은
2cm입니다.

10cm의 $\frac{4}{5}$는 10cm를 똑같이 5부분으로 나눈 것
중의 4부분이므로 8cm입니다.

6 ・30의 $\frac{1}{5}$이 6이므로 30의 $\frac{3}{5}$은 18입니다.

　・28의 $\frac{1}{7}$이 4이므로 28의 $\frac{5}{7}$는 20입니다.

2회 문제 학습　94~95쪽

01 (1) 5　(2) 10　　**02** 40

03 21　　**04** (○) (　　)

05 예 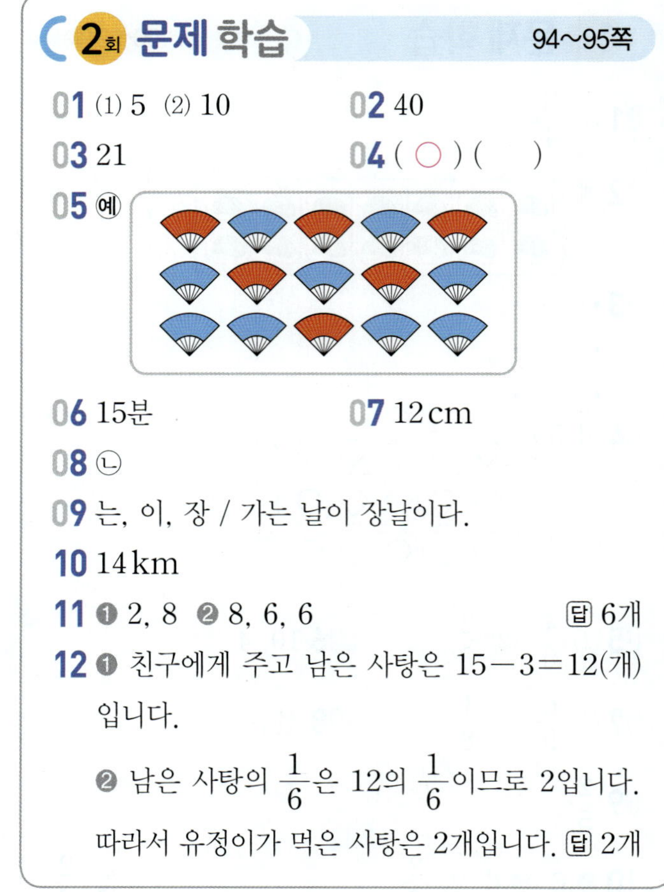

06 15분　　**07** 12cm

08 ㉡

09 는, 이, 장 / 가는 날이 장날이다.

10 14km

11 ❶ 2, 8　❷ 8, 6, 6　　답 6개

12 ❶ 친구에게 주고 남은 사탕은 15-3=12(개)
　　입니다.
　　❷ 남은 사탕의 $\frac{1}{6}$은 12의 $\frac{1}{6}$이므로 2입니다.
　　따라서 유정이가 먹은 사탕은 2개입니다. 답 2개

---

01 (1) 20을 똑같이 4묶음으로 나눈 것 중의 1묶음은
　　5입니다.
　(2) 20을 똑같이 4묶음으로 나눈 것 중의 2묶음은
　　10입니다.

02 1m는 100cm입니다.
100cm를 똑같이 10부분으로 나눈 것 중의 1부분
은 10cm이고 4부분은 40cm입니다.

03 27의 $\frac{1}{9}$은 3이므로 27의 $\frac{7}{9}$은 21입니다.

04 ・35m의 $\frac{1}{5}$은 7m ➔ 35m의 $\frac{2}{5}$는 14m

　・24m의 $\frac{1}{3}$은 8m ➔ 24m의 $\frac{2}{3}$는 16m

05 15의 $\frac{1}{5}$이 3이므로 15의 $\frac{2}{5}$는 6이고, 15의 $\frac{3}{5}$은
9입니다.
따라서 빨간색으로 6개, 파란색으로 9개 색칠합니다.

06 1시간은 60분입니다.
60분을 똑같이 4로 나눈 것 중의 1은 15분입니다.

07 태극기의 세로가 $24\,\text{cm}$일 때 태극 문양의 지름은 $24\,\text{cm}$의 $\dfrac{1}{2}$이므로 $12\,\text{cm}$입니다.

08 ㉠ 24의 $\dfrac{1}{8}$은 3이므로 24의 $\dfrac{3}{8}$은 9입니다.

㉡ 21의 $\dfrac{1}{7}$은 3이므로 21의 $\dfrac{4}{7}$는 12입니다.

㉢ 18의 $\dfrac{1}{9}$은 2이므로 18의 $\dfrac{5}{9}$는 10입니다.

→ $12>10>9$이므로 가장 큰 수는 ㉡입니다.

09 • $12\,\text{cm}$의 $\dfrac{3}{6}$은 $6\,\text{cm}$입니다. → 이

• $12\,\text{cm}$의 $\dfrac{2}{3}$는 $8\,\text{cm}$입니다. → 장

• $12\,\text{cm}$의 $\dfrac{1}{4}$은 $3\,\text{cm}$입니다. → 는

10 $49\,\text{km}$의 $\dfrac{1}{7}$은 $7\,\text{km}$이므로

$49\,\text{km}$의 $\dfrac{5}{7}$는 $35\,\text{km}$입니다.

따라서 놀이공원까지 남은 거리는

$49-35=14\,(\text{km})$입니다.

11

채점 기준	❶ 동생에게 주고 남은 초콜릿 수를 구한 경우	2점	5점
	❷ 현수가 먹은 초콜릿 수를 구한 경우	3점	

12

채점 기준	❶ 친구에게 주고 남은 사탕 수를 구한 경우	2점	5점
	❷ 유정이가 먹은 사탕 수를 구한 경우	3점	

◖ 3회 개념 학습   96~97쪽

확인 ⑴ $7,\ \dfrac{7}{5}$ ⑵ $2,\ 1\dfrac{2}{5}$

1 $1,\ 4,\ 11$

2 ⑴ $\dfrac{9}{2}$ ⑵ $4\dfrac{1}{4}$

3 $\dfrac{2}{8},\ \dfrac{5}{8},\ \dfrac{6}{8}$

4 $2\dfrac{2}{3}$

5 $\dfrac{5}{11},\ \dfrac{6}{13},\ \dfrac{2}{10}$에 ○표 / $\dfrac{10}{8},\ \dfrac{7}{7}$에 △표

6 ⑴ 2 ⑵ 8 ⑶ 1 ⑷ 3

7 ⑴ $\dfrac{8}{5}$ ⑵ $2\dfrac{1}{7}$

---

2 ⑴ $4\dfrac{1}{2}$은 $\dfrac{1}{2}$이 $8+1=9$(개)이므로 $4\dfrac{1}{2}=\dfrac{9}{2}$입니다.

⑵ $\dfrac{17}{4}$은 $\dfrac{16}{4}=4$와 $\dfrac{1}{4}$이므로 $\dfrac{17}{4}=4\dfrac{1}{4}$입니다.

4 색칠한 부분은 2와 전체를 똑같이 3으로 나눈 것 중의 2입니다. 2와 $\dfrac{2}{3}$는 $2\dfrac{2}{3}$라고 씁니다.

6 ⑴ 1은 분모와 분자가 같은 분수로 나타낼 수 있습니다.

⑵ $\dfrac{1}{4}$이 8개이면 2와 같으므로 $2=\dfrac{8}{4}$입니다.

⑶ 분모와 분자가 같으므로 $\dfrac{5}{5}=1$입니다.

⑷ $\dfrac{1}{6}$이 18개이면 3과 같으므로 $\dfrac{18}{6}=3$입니다.

7 ⑴ $1=\dfrac{5}{5}$이므로 $\dfrac{5}{5}$와 $\dfrac{3}{5}$은 $\dfrac{1}{5}$이 $5+3=8$(개)입니다. → $1\dfrac{3}{5}=\dfrac{8}{5}$

⑵ $\dfrac{15}{7}$에서 $\dfrac{14}{7}=2$이므로 2와 $\dfrac{1}{7}$입니다. → $\dfrac{15}{7}=2\dfrac{1}{7}$

◖ 3회 문제 학습   98~99쪽

01 $\dfrac{2}{5}$ / $\dfrac{13}{4},\ \dfrac{8}{3}$ / $9\dfrac{5}{7},\ 4\dfrac{2}{8}$

02

$$0\ \underset{\frac{4}{5}}{|}\ \ 1\ \underset{\frac{7}{5}}{|}\ \ 2$$

03 $4,\ 9$

04 예 $5,\ 1\dfrac{1}{4}$

05 ㉢

06 $2\dfrac{1}{4}$

07 ㉡

08 $\dfrac{26}{3}$

09 $3\dfrac{3}{5}$

10 $\dfrac{5}{2},\ \dfrac{6}{2},\ \dfrac{6}{5}$

11 ❶ 8 ❷ $4,\ 5,\ 6,\ 7,\ 7$ 답 7개

12 ❶ 가분수는 분자가 분모와 같거나 분모보다 큰 분수이므로 분모가 될 수 있는 수는 6과 같거나 6보다 작은 수입니다.

❷ 따라서 분모가 될 수 있는 수 중에서 1보다 큰 수는 2, 3, 4, 5, 6으로 모두 5개입니다.

답 5개

01 • 진분수: 분자가 분모보다 작은 분수
• 가분수: 분자가 분모와 같거나 분모보다 큰 분수
• 대분수: 자연수와 진분수로 이루어진 분수

02 수직선의 작은 눈금 한 칸의 크기는 $\dfrac{1}{5}$입니다. $\dfrac{4}{5}$는 0에서 오른쪽으로 작은 눈금 4칸, $\dfrac{7}{5}$은 0에서 오른쪽으로 작은 눈금 7칸 간 곳에 표시합니다.

03 자연수 1은 분모와 분자가 같은 분수로 나타낼 수 있습니다.

➜ $1=\dfrac{4}{4}=\dfrac{9}{9}$

04 분모가 4이고 대분수로 나타내야 하므로 분자에는 5, 6, 7, 9 중 하나를 써넣어야 합니다. 만든 가분수를 대분수로 바르게 나타냈는지 확인합니다.

05 ㉠ 진분수는 분자가 분모보다 작은 분수이므로 1보다 작습니다.
㉡ 가분수는 분자가 분모와 같거나 분모보다 큰 분수이므로 1과 같거나 1보다 큽니다.
㉢ 1은 분모와 분자가 같은 분수로 나타낼 수 있습니다.
따라서 잘못 설명한 것은 ㉢입니다.

06 가분수 $\dfrac{9}{4}$를 대분수로 나타내면 $2\dfrac{1}{4}$입니다.

07 ㉠ $2\dfrac{6}{9}$은 $\dfrac{1}{9}$이 $18+6=24$(개)입니다.

➜ $2\dfrac{6}{9}=\dfrac{24}{9}$

㉡ $4\dfrac{5}{6}$는 $\dfrac{1}{6}$이 $24+5=29$(개)입니다.

➜ $4\dfrac{5}{6}=\dfrac{29}{6}$

08 • $\dfrac{26}{3}$에서 $\dfrac{24}{3}=8$이므로 8과 $\dfrac{2}{3}$입니다. ➜ $8\dfrac{2}{3}$
• $\dfrac{15}{2}$에서 $\dfrac{14}{2}=7$이므로 7과 $\dfrac{1}{2}$입니다. ➜ $7\dfrac{1}{2}$
• $\dfrac{30}{7}$에서 $\dfrac{28}{7}=4$이므로 4와 $\dfrac{2}{7}$입니다. ➜ $4\dfrac{2}{7}$
• $\dfrac{32}{9}$에서 $\dfrac{27}{9}=3$이므로 3과 $\dfrac{5}{9}$입니다. ➜ $3\dfrac{5}{9}$

따라서 자연수 부분이 가장 큰 가분수는 $\dfrac{26}{3}$입니다.

09 합이 8인 두 자연수는 (1, 7), (2, 6), (3, 5), (4, 4)입니다.
이 중에서 차가 2인 두 수는 (3, 5)입니다.
따라서 진분수는 $\dfrac{3}{5}$이고 자연수가 3이므로 조건을 모두 만족하는 대분수는 $3\dfrac{3}{5}$입니다.

10 가분수는 분자가 분모와 같거나 분모보다 큰 분수입니다.
$6>5>2$이므로 분모가 2일 때 분자가 될 수 있는 수는 5, 6이고, 분모가 5일 때 분자가 될 수 있는 수는 6입니다.
따라서 만들 수 있는 가분수는 $\dfrac{5}{2}$, $\dfrac{6}{2}$, $\dfrac{6}{5}$입니다.

11

채점기준			
❶ 분자가 될 수 있는 수의 범위를 구한 경우	2점		5점
❷ 분자가 될 수 있는 수는 모두 몇 개인지 구한 경우	3점		

12

채점기준			
❶ 분모가 될 수 있는 수의 범위를 구한 경우	2점		5점
❷ 분모가 될 수 있는 수 중에서 1보다 큰 수는 모두 몇 개인지 구한 경우	3점		

C 4회 개념 학습　　100~101쪽

확인 11, 8, 큽니다

1 (1) < 　(2) >

2 $\dfrac{1}{3}$ / <

3 <, 작습니다　　**4** (1) $\dfrac{9}{4}$, >　(2) $1\dfrac{3}{4}$, >

5 (1) >　(2) <　(3) <　(4) >

6 (○) ( )

2 수직선의 작은 눈금 한 칸의 크기는 $\dfrac{1}{3}$입니다.

$1\dfrac{2}{3}$는 0에서 오른쪽으로 작은 눈금 5칸만큼, $\dfrac{7}{3}$은 0에서 오른쪽으로 작은 눈금 7칸만큼 간 곳입니다.

➜ $1\dfrac{2}{3}<\dfrac{7}{3}$

4 ⑴ $2\frac{1}{4}=\frac{9}{4}$이므로 $2\frac{1}{4}\left(=\frac{9}{4}\right)>\frac{7}{4}$입니다.

⑵ $\frac{7}{4}=1\frac{3}{4}$이므로 $2\frac{1}{4}>\frac{7}{4}\left(=1\frac{3}{4}\right)$입니다.

5 ⑴ 분자의 크기를 비교하면 $8>5$이므로
$\frac{8}{3}>\frac{5}{3}$입니다.

⑵ 자연수의 크기를 비교하면 $5<7$이므로
$5\frac{7}{8}<7\frac{1}{8}$입니다.

⑶ 자연수가 같으므로 분자의 크기를 비교하면
$2<4$이므로 $4\frac{2}{9}<4\frac{4}{9}$입니다.

⑷ $1\frac{7}{10}=\frac{17}{10}$이므로 $\frac{21}{10}>1\frac{7}{10}\left(=\frac{17}{10}\right)$입니다.

6 $2\frac{3}{5}=\frac{13}{5}$이므로 $2\frac{3}{5}>\frac{12}{5}$입니다.

4회 문제 학습 102~103쪽

01 $3\frac{5}{6}$　　**02** ㉡

03 (예) $\frac{7}{5}$, $>$, $\frac{6}{5}$　　**04** 우체국

05 소율

06 (위에서부터) $\frac{15}{7}$ / $\frac{15}{7}$, $1\frac{6}{7}$

07 솜사탕　　**08** 민우

09 1, 2　　**10** 4, 5, 6

11 ❶ $\frac{11}{6}$, $\frac{15}{6}$, $\frac{16}{6}$　❷ $1\frac{5}{6}$, $\frac{13}{6}$　　답 $1\frac{5}{6}$, $\frac{13}{6}$

12 ❶ 대분수를 모두 가분수로 나타내면
$2\frac{4}{9}=\frac{22}{9}$, $2\frac{6}{9}=\frac{24}{9}$, $3\frac{1}{9}=\frac{28}{9}$입니다.

❷ $2\frac{5}{9}=\frac{23}{9}$이므로 $\frac{23}{9}$보다 크고 $\frac{26}{9}$보다 작은

분수는 $\frac{25}{9}$, $2\frac{6}{9}$입니다.　　답 $\frac{25}{9}$, $2\frac{6}{9}$

01 자연수의 크기를 비교하면 $4\frac{2}{6}<5\frac{1}{6}$, $4\frac{2}{6}>3\frac{5}{6}$입니다.

---

02 ㉠ $\frac{1}{3}$이 5개이면 $\frac{5}{3}$입니다. ➡ $\frac{5}{3}<\frac{8}{3}$

03 가분수는 분자가 큰 분수가 더 큽니다.
$\frac{7}{5}>\frac{6}{5}$, $\frac{7}{5}<\frac{8}{5}$, $\frac{6}{5}<\frac{8}{5}$

04 $3\frac{5}{11}<3\frac{9}{11}$이므로 하린이네 집에서 더 가까운 곳은
우체국입니다.

05 분자의 크기를 비교하면 $13>9$이므로 $\frac{13}{5}>\frac{9}{5}$입니다.
따라서 소율이가 독서를 더 오래 했습니다.

06 • $\frac{12}{7}<\boxed{\frac{15}{7}}$　　• $1\frac{4}{7}<1\frac{6}{7}$
$\frac{15}{7}$와 $1\frac{6}{7}$의 크기를 비교하면 $1\frac{6}{7}=\frac{13}{7}$이므로
$\boxed{\frac{15}{7}}>1\frac{6}{7}\left(=\frac{13}{7}\right)$입니다.

07 $\frac{15}{2}$를 대분수로 나타내면 $7\frac{1}{2}$입니다.
$6\frac{1}{2}<\frac{15}{2}\left(=7\frac{1}{2}\right)<9\frac{1}{2}$이므로 작은 분수가 나타
내는 글자부터 차례로 쓰면 '솜사탕'이 만들어집니다.

08 $\frac{31}{7}$을 대분수로 나타내면 $4\frac{3}{7}$입니다.
$6\frac{2}{7}>\frac{31}{7}\left(=4\frac{3}{7}\right)>4\frac{2}{7}$이므로 리본을 가장 적게
사용한 사람은 민우입니다.

09 $\frac{20}{8}=2\frac{4}{8}$이고 $\square\frac{1}{8}<2\frac{4}{8}$이므로 $\square$ 안에 들어갈 수
있는 자연수는 1, 2입니다.

10 $3\frac{2}{5}<\blacklozenge\frac{1}{5}$에서 $\blacklozenge$는 3보다 커야 합니다.
$\blacklozenge\frac{1}{5}<6\frac{4}{5}$에서 $\blacklozenge$는 6과 같거나 6보다 작아야 합니다.
따라서 $\blacklozenge$에 들어갈 수 있는 자연수는 4, 5, 6입니다.

11

채점 기준	❶ 대분수를 모두 가분수로 나타낸 경우	3점	
	❷ $1\frac{4}{6}$보다 크고 $\frac{14}{6}$보다 작은 분수를 모두 찾아 쓴 경우	2점	5점

12

채점 기준	❶ 대분수를 모두 가분수로 나타낸 경우	3점	
	❷ $2\frac{5}{9}$보다 크고 $\frac{26}{9}$보다 작은 분수를 모두 찾아 쓴 경우	2점	5점

5회 응용 학습

104~107쪽

1 1단계 8개 2단계 15개
  3단계 13개

1-1 7장 **1-2** 아윤

2 1단계 $1\frac{5}{9}$, $3\frac{4}{9}$ 2단계 2, 3
  3단계 2개

2-1 3 **2-2** 6개

3 1단계 $7\frac{2}{3}$ 2단계 $\dfrac{23}{3}$

3-1 $4\frac{7}{8}$, $\dfrac{39}{8}$ **3-2** $9\frac{6}{7}$, $\dfrac{69}{7}$

4 1단계 30 m 2단계 18 m

4-1 9 m **4-2** 32 m

---

1 1단계 36의 $\dfrac{2}{9}$ 는 8이므로 언니에게 준 구슬은 8개입니다.

2단계 36의 $\dfrac{5}{12}$ 는 15이므로 동생에게 준 구슬은 15개입니다.

3단계 (남은 구슬의 개수)$=36-8-15=13$(개)

1-1 • 24의 $\dfrac{3}{8}$ 은 9이므로 강빈이가 가진 색종이는 9장입니다.

• 24의 $\dfrac{2}{6}$ 는 8이므로 다영이가 가진 색종이는 8장입니다.

➡ (준성이가 가진 색종이의 수)
 $=24-9-8=7$(장)

1-2 • 35의 $\dfrac{3}{7}$ 은 15이므로 아윤이가 사용한 붙임딱지는 15장입니다.

• 35의 $\dfrac{1}{5}$ 은 7이므로 이현이가 사용한 붙임딱지는 7장입니다.

• 승아가 사용한 붙임딱지는 $35-15-7=13$(장)입니다.

➡ $15>13>7$이므로 붙임딱지를 가장 많이 사용한 사람은 아윤입니다.

---

2 1단계 $\dfrac{14}{9}=1\frac{5}{9}$, $\dfrac{31}{9}=3\frac{4}{9}$

2단계 $1\frac{5}{9}<▲<3\frac{4}{9}$ 에서 $1\frac{5}{9}$ 는 1보다 크고 $3\frac{4}{9}$ 는 3보다 큽니다.

따라서 ▲에 들어갈 수 있는 자연수는 2, 3입니다.

3단계 ▲에 들어갈 수 있는 자연수는 2, 3으로 모두 2개입니다.

2-1 $\dfrac{46}{7}$ 을 대분수로 나타내면 $6\frac{4}{7}$ 입니다.

$6\frac{4}{7}>6\frac{\square}{7}$ 에서 자연수의 크기가 같으므로 분자의 크기를 비교하면 $4>\square$입니다.

따라서 $\square$ 안에 들어갈 수 있는 자연수는 1, 2, 3이고, 이 중에서 가장 큰 수는 3입니다.

주의 대분수는 자연수와 진분수로 이루어진 분수이므로 $\square$ 안에는 분모 7보다 작은 자연수만 들어갈 수 있습니다.

2-2 대분수를 가분수로 나타내면 $2\frac{1}{3}=\dfrac{7}{3}$, $4\frac{2}{3}=\dfrac{14}{3}$ 입니다.

$\dfrac{7}{3}<\dfrac{\square}{3}<\dfrac{14}{3}$ 이므로 $7<\square<14$입니다.

따라서 $\square$ 안에 들어갈 수 있는 자연수는 8, 9, 10, 11, 12, 13으로 모두 6개입니다.

---

3 1단계 가장 큰 대분수를 만들려면 가장 큰 수인 7을 자연수 부분에 쓰고, 남은 수 2, 3으로 진분수를 만듭니다. ➡ $7\frac{2}{3}$

2단계 $7\frac{2}{3}$ 는 $7\left(=\dfrac{21}{3}\right)$ 과 $\dfrac{2}{3}$ 이므로 가분수로 나타내면 $\dfrac{23}{3}$ 입니다.

참고 대분수에서 자연수의 크기가 클수록 더 큰 분수입니다.

3-1 가장 작은 대분수를 만들려면 가장 작은 수인 4를 자연수 부분에 쓰고, 남은 수 7, 8로 진분수를 만듭니다. ➡ $4\frac{7}{8}$

$4\frac{7}{8}$ 은 $4\left(=\dfrac{32}{8}\right)$ 와 $\dfrac{7}{8}$ 이므로 가분수로 나타내면 $\dfrac{39}{8}$ 입니다.

3-2 분모가 7인 가장 큰 대분수를 만들려면 자연수 부분에 가장 큰 수인 9를 쓰고, 분자에는 분모인 7보다 작은 수 중에서 가장 큰 수인 6을 씁니다.

따라서 만들 수 있는 가장 큰 대분수는 $9\frac{6}{7}$입니다.

$9\frac{6}{7}$은 $9\left(=\frac{63}{7}\right)$와 $\frac{6}{7}$이므로 가분수로 나타내면 $\frac{69}{7}$입니다.

> **주의** 대분수는 자연수와 진분수로 이루어진 분수이므로 분자에 7보다 큰 수를 쓰지 않도록 주의합니다.

4 **1단계** 첫 번째로 튀어 오른 공의 높이는 떨어진 높이인 50 m의 $\frac{3}{5}$입니다.

→ 50 m의 $\frac{1}{5}$은 10 m이므로 50 m의 $\frac{3}{5}$은 30 m입니다.

2단계 두 번째로 튀어 오른 공의 높이는 첫 번째로 튀어 오른 공의 높이인 30 m의 $\frac{3}{5}$입니다.

→ 30 m의 $\frac{1}{5}$은 6 m이므로 30 m의 $\frac{3}{5}$은 18 m입니다.

4-1 • 첫 번째로 튀어 오른 공의 높이는 떨어진 높이인 49 m의 $\frac{3}{7}$입니다.

→ 49 m의 $\frac{1}{7}$은 7 m이므로 49 m의 $\frac{3}{7}$은 21 m입니다.

• 두 번째로 튀어 오른 공의 높이는 첫 번째로 튀어 오른 공의 높이인 21 m의 $\frac{3}{7}$입니다.

→ 21 m의 $\frac{1}{7}$은 3 m이므로 21 m의 $\frac{3}{7}$은 9 m입니다.

4-2

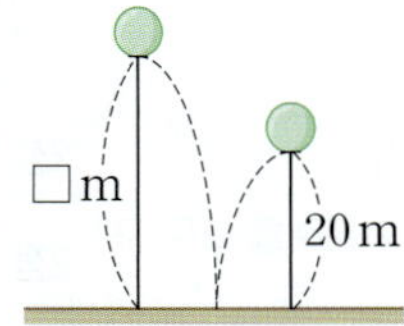

공을 떨어뜨린 높이를 □ m라고 하면 □의 $\frac{5}{8}$는 20입니다. □의 $\frac{1}{8}$은 4이므로 □는 32입니다.

따라서 공을 떨어뜨린 높이는 32 m입니다.

---

01 $\frac{3}{7}$ **02** 4

03 0 1 2 3 4 5 6 7 8 9 10(cm) / 8

04 (진) (가) (가) **05** $\frac{19}{8}$

06 < **07** 30분

08 $\frac{3}{5}$ **09** $\frac{7}{5}$

10 $\frac{11}{12}$ **11** 시우

12 9 **13** ㉡, ㉢, ㉠

14 ❶ $\frac{31}{7}$을 대분수로 나타내면 $4\frac{3}{7}$입니다.

❷ $6\frac{2}{7}$와 $4\frac{3}{7}$의 자연수의 크기를 비교하면 $6>4$이므로 $6\frac{2}{7}>4\frac{3}{7}$입니다.

따라서 과자를 더 많이 먹은 사람은 은솔입니다.

답 은솔

15 8 km **16** $\frac{14}{6}$, $1\frac{3}{6}$

17 ❶ 가분수는 분자가 분모와 같거나 분모보다 큰 분수이므로 분모는 1보다 크고 5와 같거나 5보다 작아야 합니다.

❷ 따라서 분모가 1보다 크고 분자가 5인 가분수는 $\frac{5}{2}$, $\frac{5}{3}$, $\frac{5}{4}$, $\frac{5}{5}$입니다. 답 $\frac{5}{2}$, $\frac{5}{3}$, $\frac{5}{4}$, $\frac{5}{5}$

18 30명 **19** $2\frac{3}{4}$, $3\frac{2}{4}$, $4\frac{2}{3}$

20 28 **21** 18장

22 $3\frac{2}{5}$ **23** 3개

24 $1\frac{3}{10}$ m

25 ❶ $\frac{15}{8}$를 대분수로 나타내면 $1\frac{7}{8}$입니다.

❷ $1\frac{1}{8}<1\frac{4}{8}<\frac{15}{8}$이므로 가장 멀리 뛴 사람은 상혁입니다. 답 상혁

01 14를 2씩 묶으면 7묶음이 됩니다.

6은 전체 7묶음 중의 3묶음이므로 6은 14의 $\dfrac{3}{7}$입니다.

02 18의 $\dfrac{1}{9}$은 18을 똑같이 9묶음으로 나눈 것 중의 1묶음이므로 2입니다.

18의 $\dfrac{1}{9}$은 2이므로 18의 $\dfrac{2}{9}$는 4입니다.

03 10 cm를 똑같이 5부분으로 나눈 것 중의 1부분은 2 cm입니다.

10 cm를 똑같이 5부분으로 나눈 것 중의 4부분은 8 cm입니다.

05 2는 $\dfrac{1}{8}$이 16개, $\dfrac{3}{8}$은 $\dfrac{1}{8}$이 3개입니다.

➡ $2\dfrac{3}{8}$은 $\dfrac{1}{8}$이 $16+3=19$(개)이므로 $\dfrac{19}{8}$입니다.

06 분자의 크기를 비교하면 $19<21$이므로 $\dfrac{19}{8}<\dfrac{21}{8}$입니다.

07 1시간은 60분이고 60분을 똑같이 2부분으로 나눈 것 중의 1부분은 30분입니다.

08 30을 6씩 묶으면 5묶음이고 18은 전체 5묶음 중의 3묶음이므로 18은 30의 $\dfrac{3}{5}$입니다. 따라서 필통 18개는 전체의 $\dfrac{3}{5}$입니다.

09 수직선의 작은 눈금 한 칸의 크기는 $\dfrac{1}{5}$입니다.

↓가 가리키는 곳은 0에서 오른쪽으로 작은 눈금 7칸만큼 간 곳이므로 가분수로 나타내면 $\dfrac{7}{5}$입니다.

10 분모가 12인 진분수의 분자는 12보다 작아야 합니다. 따라서 분모가 12인 진분수 중에서 분자가 가장 큰 수는 $\dfrac{11}{12}$입니다.

11 • 채아: 27의 $\dfrac{1}{9}$은 3이므로 27의 $\dfrac{4}{9}$는 12입니다.

• 시우: 21의 $\dfrac{1}{7}$은 3이므로 21의 $\dfrac{5}{7}$는 15입니다.

따라서 바르게 말한 사람은 시우입니다.

12 • 25를 5씩 묶으면 10은 전체 5묶음 중의 2묶음이므로 10은 25의 $\dfrac{2}{5}$입니다. ➡ ㉠$=2$

• 28을 4씩 묶으면 12는 전체 7묶음 중의 3묶음이므로 12는 28의 $\dfrac{3}{7}$입니다. ➡ ㉡$=7$

➡ ㉠$+$㉡$=2+7=9$

13 ㉠ 20의 $\dfrac{2}{5}$는 8입니다.

㉡ 18의 $\dfrac{2}{3}$는 12입니다.

㉢ 21의 $\dfrac{3}{7}$은 9입니다.

➡ $12>9>8$이므로 나타내는 수가 큰 것부터 차례로 기호를 쓰면 ㉡, ㉢, ㉠입니다.

14

채점 기준			
❶ 분수를 가분수 또는 대분수로 통일하여 나타낸 경우	2점		4점
❷ 분수의 크기를 비교하여 과자를 더 많이 먹은 사람을 구한 경우	2점		

15 12 km의 $\dfrac{1}{6}$은 2 km이므로 12 km의 $\dfrac{2}{6}$는 4 km입니다.

따라서 야구장까지 남은 거리는 $12-4=8$ (km)입니다.

16 $1\dfrac{3}{6}=\dfrac{9}{6}$입니다.

$\dfrac{11}{6}$, $\dfrac{9}{6}$, $\dfrac{14}{6}$의 분자의 크기를 비교하면

$14>11>9$이므로 $\dfrac{14}{6}>\dfrac{11}{6}>1\dfrac{3}{6}\left(=\dfrac{9}{6}\right)$입니다.

따라서 가장 큰 분수는 $\dfrac{14}{6}$이고 가장 작은 분수는 $1\dfrac{3}{6}$입니다.

17

채점 기준			
❶ 분모가 될 수 있는 조건을 쓴 경우	2점		4점
❷ 분모가 1보다 크고 분자가 5인 가분수를 모두 구한 경우	2점		

18 1반과 2반의 전체 학생 수는 $23+25=48$(명)입니다.

48의 $\dfrac{1}{8}$은 6이므로 48의 $\dfrac{5}{8}$는 30입니다.

따라서 1반과 2반의 남학생은 모두 30명입니다.

19 대분수는 자연수와 진분수로 이루어진 분수입니다.

- 자연수가 2일 때: $3 < 4 \Rightarrow 2\dfrac{3}{4}$

- 자연수가 3일 때: $2 < 4 \Rightarrow 3\dfrac{2}{4}$

- 자연수가 4일 때: $2 < 3 \Rightarrow 4\dfrac{2}{3}$

주의 대분수를 $2\dfrac{4}{3}$, $3\dfrac{4}{2}$, $4\dfrac{3}{2}$으로 만들지 않도록 주의합니다.

20 어떤 수의 $\dfrac{3}{4}$이 21이므로 어떤 수의 $\dfrac{1}{4}$은 7입니다.
전체 4묶음 중의 1묶음이 7이므로 전체는 28입니다.
따라서 어떤 수는 28입니다.

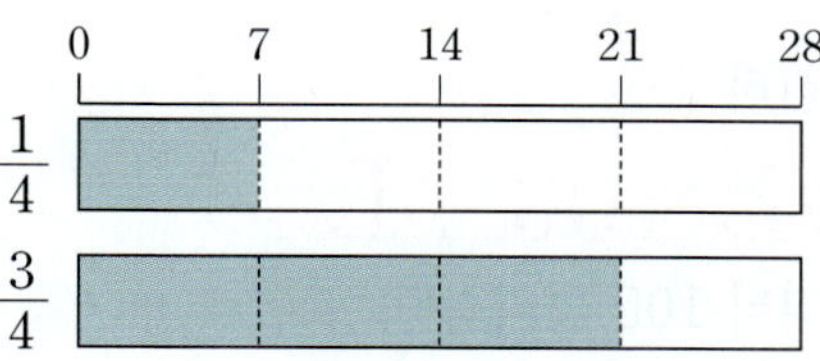

21 소현이가 정후에게 준 딱지는 56의 $\dfrac{1}{7}$이므로 8장입니다.
정후에게 주고 남은 딱지는 $56-8=48$(장)입니다.
소현이가 영우에게 준 딱지는 48의 $\dfrac{3}{8}$이므로 18장입니다.

22 $22-5=17$이므로 분모가 5이고 분모와 분자의 합이 22인 가분수는 $\dfrac{17}{5}$입니다.
$\dfrac{15}{5}=3$이므로 $\dfrac{17}{5}$을 대분수로 나타내면 $3\dfrac{2}{5}$입니다.

23 $\dfrac{13}{9}=1\dfrac{4}{9}$입니다.
$1\dfrac{\square}{9}<1\dfrac{4}{9}$에서 자연수의 크기가 같으므로 분자의 크기를 비교하면 $\square<4$입니다. 따라서 □ 안에 들어갈 수 있는 자연수는 1, 2, 3으로 모두 3개입니다.

24 $\dfrac{10}{10}=1$이므로 $\dfrac{13}{10}$을 대분수로 나타내면 $1\dfrac{3}{10}$입니다.
따라서 다현이가 뛴 거리는 $1\dfrac{3}{10}$ m입니다.

25

채점 기준	❶ 분수를 가분수 또는 대분수로 통일하여 나타낸 경우	2점	4점
	❷ 가장 멀리 뛴 사람을 구한 경우	2점	

5. 들이와 무게

확인 생수병

1 꽃병   **2** 많습니다
3 ㉯   **4** 유리병
5 주전자, 항아리, 3   **6** 2, 1, 3

1 물병의 물을 꽃병에 모두 옮겨 담았는데 꽃병이 가득 차지 않았으므로 들이가 더 많은 것은 꽃병입니다.

2 모양과 크기가 같은 그릇에 모두 옮겨 담았을 때 물의 높이가 더 높은 것은 우유병입니다.

3 모양과 크기가 같은 컵에 모두 옮겨 담았을 때 ㉮는 컵 7개, ㉯는 컵 8개입니다. $\Rightarrow$ ㉮<㉯

4 유리병의 물을 양치 컵에 모두 옮겨 담았는데 양치 컵에 물이 넘쳤으므로 들이가 더 많은 것은 유리병입니다.

5 항아리의 들이는 컵 5개, 주전자의 들이는 컵 8개와 같습니다. 따라서 주전자가 항아리보다 컵 $8-5=3$(개)만큼 물이 더 많이 들어갑니다.

6 그릇의 모양과 크기를 보고 들이를 비교하면 양동이>우유갑>요구르트병입니다.

01 수조   **02** ㉯
03 ㉯, ㉮, ㉯   **04** 예 ㉮, ㉯, 1, 많이
05 2배   **06** 채아
07 은율   **08** 물병
09 ㉡
10 ❶ 적을수록 ❷ 4, 6, 8, ㉯   답 ㉯ 컵
11 ❶ 물을 부은 횟수가 많을수록 컵의 들이가 적습니다.
❷ 물을 부은 횟수를 비교하면 $13>11>9$이므로 들이가 가장 적은 컵은 ㉮ 컵입니다. 답 ㉮ 컵

01 물병에 가득 채운 물을 수조에 모두 옮겨 담았는데 수조가 가득 차지 않았으므로 수조가 물병보다 들이가 더 많습니다.

02 모양과 크기가 같은 그릇에 모두 옮겨 담았을 때 물의 높이가 낮은 것의 들이가 더 적습니다. 따라서 들이가 더 적은 것은 ㉯입니다.

03 모양과 크기가 같은 그릇에 모두 옮겨 담았을 때 물의 높이가 높을수록 들이가 많습니다.
따라서 들이가 많은 것부터 차례로 쓰면 ㉰, ㉮, ㉯입니다.

04 두 그릇을 골라 들이를 바르게 비교했는지 확인합니다.

05 대야의 들이는 컵 8개, 그릇의 들이는 컵 4개와 같습니다.
8÷4＝2이므로 대야의 들이는 그릇의 들이의 2배입니다.

06 각자의 컵으로 덜어 낸 횟수가 적을수록 컵의 들이가 많습니다.
도현이가 7번, 채아가 5번 덜어 냈으므로 들이가 더 많은 컵을 가진 사람은 채아입니다.

07 들이를 비교할 때는 같은 단위를 사용해야 합니다.
㉮ 병과 ㉯ 병의 물을 옮겨 담은 컵의 모양과 크기가 다르므로 어느 병의 들이가 더 많은지 비교할 수 없습니다.

08 • 요구르트병의 물이 우유병에 가득 차지 않았으므로 우유병의 들이가 더 많습니다.
• 물병의 물이 우유병에 넘쳤으므로 물병의 들이가 더 많습니다.
→ 물병, 우유병, 요구르트병 순서로 들이가 많습니다.

09 ㉠ 냄비에 물을 부은 횟수가 ㉮ 3번＜㉯ 5번이므로 들이가 더 적은 컵은 ㉯ 컵입니다.
㉡ 양동이의 들이는 ㉮ 컵으로 6번, 냄비의 들이는 ㉮ 컵으로 3번 부은 것과 같으므로 양동이의 들이는 냄비 들이의 6÷3＝2(배)입니다.

10

채점 기준	❶ 물을 부은 횟수와 컵의 들이의 관계를 설명한 경우	2점	5점
	❷ 들이가 가장 많은 컵을 구한 경우	3점	

11

채점 기준	❶ 물을 부은 횟수와 컵의 들이의 관계를 설명한 경우	2점	5점
	❷ 들이가 가장 적은 컵을 구한 경우	3점	

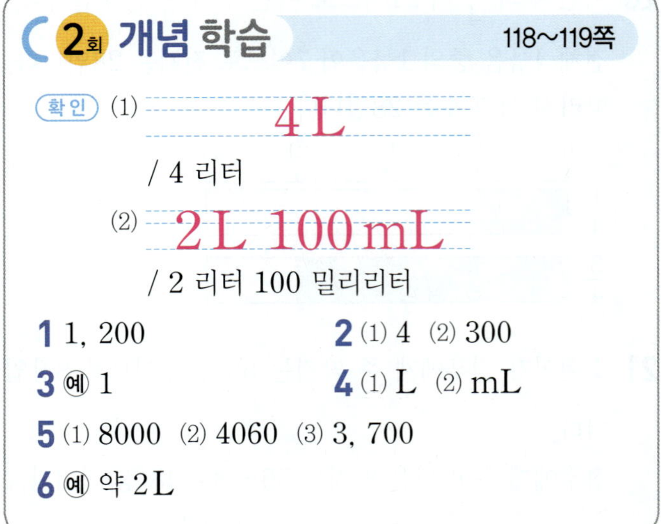

1 1 L보다 200 mL 더 많은 들이
→ 1 L 200 mL

2 (1) 수조의 눈금을 읽으면 4 L입니다.
(2) 비커의 눈금을 읽으면 300 mL입니다.

3 물통의 들이는 1 L 우유갑의 들이와 비슷해 보이므로 약 1 L로 어림할 수 있습니다.

4 (1) 5 mL는 아주 적은 양이므로 페인트통의 들이로 적절하지 않습니다.
(2) 350 L는 1 L 우유갑 350개만큼의 들이이므로 350 L는 보온병의 들이로 적절하지 않습니다.

5 (1) 1 L＝1000 mL이므로 8 L＝8000 mL입니다.
(2) 4 L＝4000 mL이므로 4 L 60 mL＝4060 mL입니다.
(3) 3000 mL＝3 L이므로 3700 mL＝3 L 700 mL입니다.

6 물이 수조의 눈금 2 L보다 조금 적으므로 꽃병의 들이는 약 2 L입니다.

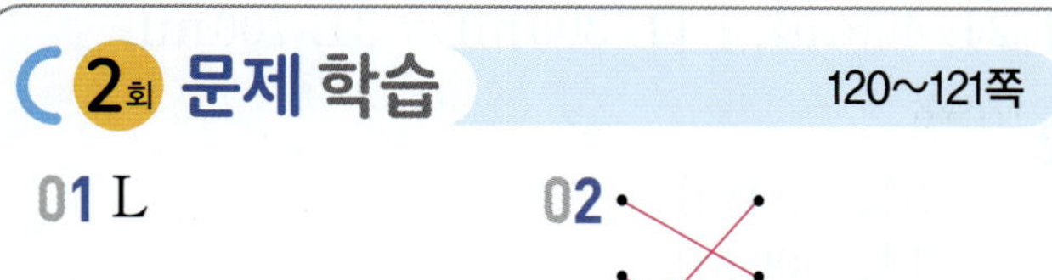

2회 문제 학습
120~121쪽

01 L

02 (선 잇기)

03 1250 mL

04 냄비

05 ⓓ 음료수 캔, 250 mL

06 ⓓ 약 3500 mL

07 ㉡

08 시우

09 지수

10 ❶ 4500 ❷ 4500, <, 양동이　　답 양동이

11 ❶ 물뿌리개에 물이 3 L 590 mL=3590 mL
들어 있습니다.
❷ 3900 mL>3590 mL이므로 어항에 물이
더 많이 들어 있습니다.　　답 어항

01 주전자의 들이가 생수병의 들이의 3배쯤 되어 보이
므로 주전자의 들이는 약 3 L입니다.

02 1 L=1000 mL이므로 5 L=5000 mL입니다.
6 L=6000 mL이므로 6 L 200 mL=6200 mL
입니다.
5000 mL=5 L이므로 5600 mL=5 L 600 mL
입니다.

03 1 L보다 250 mL 더 많은 들이는 1 L 250 mL입니다.
1 L=1000 mL이므로 1 L 250 mL=1250 mL
입니다.

04 • 250 L는 1 L 우유갑 250개만큼의 들이로 아주 많
은 양이므로 컵의 들이로 적절하지 않습니다.
• 10 mL는 아주 적은 양이므로 양동이의 들이로 적
절하지 않습니다.

05 음료수 캔의 들이는 200 mL인 종이컵의 들이보다
조금 더 많으므로 약 250 mL로 어림할 수 있습니다.

06 들이가 1000 mL인 컵의 절반은 500 mL이므로 항
아리의 들이는 약 3 L 500 mL=3500 mL입니다.

07 ㉠ 냄비의 들이는 약 2 L입니다.
㉡ 주사기의 들이는 약 5 mL입니다.
㉢ 욕조의 들이는 약 300 L입니다.
➜ 알맞은 단위가 다른 하나는 ㉡입니다.

08 500 mL 우유갑으로 1번, 200 mL 우유갑으로 2번
들어갈 것 같은 들이는 약 900 mL입니다.
따라서 잘못 어림한 사람은 단위를 잘못 말한 시우입
니다.

09 물병에 들어 있는 물의 양의 3배 정도가 물병의 들이
입니다.
따라서 물의 양을 가장 가깝게 어림한 사람은 지수입
니다.

10

채점 기준			
❶ 들이의 단위를 통일하여 나타낸 경우	2점		5점
❷ 대야와 양동이 중에서 물이 더 많이 들어 있는 것을 구한 경우	3점		

11

채점 기준			
❶ 들이의 단위를 통일하여 나타낸 경우	2점		5점
❷ 어항과 물뿌리개 중에서 물이 더 많이 들어 있는 것을 구한 경우	3점		

3회 개념 학습
122~123쪽

확인 ⑴ 7, 800　⑵ 1, 400

1 2, 700　　**2** 1, 200

3 ⑴ 6, 900　⑵ 3, 100

4 ⑴ 1 / 9, 100　⑵ 8, 1000 / 3, 800

5 ⑴ 7 L 600 mL　⑵ 1 L 700 mL
⑶ 7 L 800 mL　⑷ 5 L 200 mL

6 2 L 500 mL

1
```
    1 L  500 mL
 +  1 L  200 mL
 ――――――――――
    2 L  700 mL
```

2
```
    2 L  600 mL
 -  1 L  400 mL
 ――――――――――
    1 L  200 mL
```

3 ⑴ mL 단위 계산: 500+400=900
L 단위 계산: 2+4=6
⑵ mL 단위 계산: 700-600=100
L 단위 계산: 6-3=3

4 ⑴ mL 단위 계산: $600+500=1100,$
$1100-1000=100$

L 단위 계산: $1+4+4=9$

⑵ mL 단위 계산: $1000+200-400=800$

L 단위 계산: $9-1-5=3$

5 ⑶
$$\begin{array}{r} 3\,\text{L}\ \ 700\,\text{mL} \\ +\ 4\,\text{L}\ \ 100\,\text{mL} \\ \hline 7\,\text{L}\ \ 800\,\text{mL} \end{array}$$
⑷
$$\begin{array}{r} 8\,\text{L}\ \ 800\,\text{mL} \\ -\ 3\,\text{L}\ \ 600\,\text{mL} \\ \hline 5\,\text{L}\ \ 200\,\text{mL} \end{array}$$

6 L 단위의 수끼리, mL 단위의 수끼리 뺍니다.
$$\begin{array}{r} 7\,\text{L}\ \ 900\,\text{mL} \\ -\ 5\,\text{L}\ \ 400\,\text{mL} \\ \hline 2\,\text{L}\ \ 500\,\text{mL} \end{array}$$

3회 문제 학습

124~125쪽

01 3 L 700 mL **02** 5 L 100 mL

03 (○) ( )

04 예 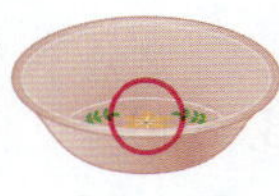 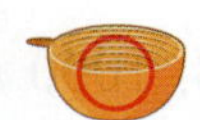 
3 L 900 mL 　1 L 600 mL 　2 L 700 mL
/ 2 L 300 mL

05 1 L 300 mL **06** 3 L 600 mL

07 8 L 700 mL / 2 L 500 mL

08 ㉡ **09** 3 L 100 mL

10 민지, 400 mL

11 ❶ 4, 800 ❷ 4, 800, 2, 500

답 2 L 500 mL

12 ❶ 처음 수조에 들어 있던 물의 양은

3 L 700 mL입니다.

❷ (덜어 내고 남아 있는 물의 양)

$=3\,\text{L}\ 700\,\text{mL}-1\,\text{L}\ 600\,\text{mL}$

$=2\,\text{L}\ 100\,\text{mL}$
답 2 L 100 mL

01 $2\,\text{L}\ 400\,\text{mL}+1\,\text{L}\ 300\,\text{mL}=3\,\text{L}\ 700\,\text{mL}$

02
$$\begin{array}{r} \overset{1}{} \\ 3\,\text{L}\ \ 600\,\text{mL} \\ +\ 1\,\text{L}\ \ 500\,\text{mL} \\ \hline 5\,\text{L}\ \ 100\,\text{mL} \end{array}$$

03
$$\begin{array}{r} 2\,\text{L}\ \ 600\,\text{mL} \\ +\ 3\,\text{L}\ \ 100\,\text{mL} \\ \hline 5\,\text{L}\ \ 700\,\text{mL} \end{array}\qquad\begin{array}{r} 9800\,\text{mL} \\ -\ 4200\,\text{mL} \\ \hline 5600\,\text{mL} \end{array}$$

➡ $5\,\text{L}\ 700\,\text{mL}=5700\,\text{mL}$이고

$5700\,\text{mL}>5600\,\text{mL}$입니다.

04 • $3\,\text{L}\ 900\,\text{mL}-1\,\text{L}\ 600\,\text{mL}=2\,\text{L}\ 300\,\text{mL}$

• $3\,\text{L}\ 900\,\text{mL}-2\,\text{L}\ 700\,\text{mL}=1\,\text{L}\ 200\,\text{mL}$

• $2\,\text{L}\ 700\,\text{mL}-1\,\text{L}\ 600\,\text{mL}=1\,\text{L}\ 100\,\text{mL}$

05 (유진이가 마시고 남은 물의 양)

$=1\,\text{L}\ 500\,\text{mL}-200\,\text{mL}=1\,\text{L}\ 300\,\text{mL}$

06
$$\begin{array}{r} \overset{1}{} \\ 1\,\text{L}\ \ 800\,\text{mL} \\ +\ 1\,\text{L}\ \ 800\,\text{mL} \\ \hline 3\,\text{L}\ \ 600\,\text{mL} \end{array}$$

07 들이가 가장 많은 것은 $5\,\text{L}\ 600\,\text{mL}$이고, 들이가 가장 적은 것은 $3\,\text{L}\ 100\,\text{mL}$입니다.

• 합: $5\,\text{L}\ 600\,\text{mL}+3\,\text{L}\ 100\,\text{mL}$

$=8\,\text{L}\ 700\,\text{mL}$

• 차: $5\,\text{L}\ 600\,\text{mL}-3\,\text{L}\ 100\,\text{mL}$

$=2\,\text{L}\ 500\,\text{mL}$

08 ㉠
$$\begin{array}{r} 3\,\text{L} \\ +\ 2\,\text{L}\ \ 400\,\text{mL} \\ \hline 5\,\text{L}\ \ 400\,\text{mL} \end{array}$$
㉡
$$\begin{array}{r} \overset{5}{}\ \ \overset{1000}{} \\ 6\,\text{L}\ \ 500\,\text{mL} \\ -\ 2\,\text{L}\ \ 800\,\text{mL} \\ \hline 3\,\text{L}\ \ 700\,\text{mL} \end{array}$$

㉢
$$\begin{array}{r} \overset{1}{} \\ 1\,\text{L}\ \ 300\,\text{mL} \\ +\ 2\,\text{L}\ \ 900\,\text{mL} \\ \hline 4\,\text{L}\ \ 200\,\text{mL} \end{array}$$

따라서 들이가 4 L보다 적은 것은 ㉡입니다.

09 (컵 4개에 따른 식혜의 양)

$=300\,\text{mL}+300\,\text{mL}+300\,\text{mL}+300\,\text{mL}$

$=1200\,\text{mL}=1\,\text{L}\ 200\,\text{mL}$

➡ (처음에 병에 들어 있던 식혜의 양)

$=1\,\text{L}\ 900\,\text{mL}+1\,\text{L}\ 200\,\text{mL}=3\,\text{L}\ 100\,\text{mL}$

10 (민지가 일주일 동안 마신 주스의 양)

$=3\,L\,500\,mL-1\,L\,400\,mL=2\,L\,100\,mL$

(연아가 일주일 동안 마신 주스의 양)

$=2\,L\,800\,mL-1\,L\,100\,mL=1\,L\,700\,mL$

➡ $2\,L\,100\,mL>1\,L\,700\,mL$이므로 민지가

$2\,L\,100\,mL-1\,L\,700\,mL=400\,mL$ 더 많이

마셨습니다.

11

채점 기준	❶ 처음 수조에 들어 있던 물의 양을 구한 경우	2점	5점
	❷ 덜어 내고 남아 있는 물의 양을 구한 경우	3점	

12

채점 기준	❶ 처음 수조에 들어 있던 물의 양을 구한 경우	2점	5점
	❷ 덜어 내고 남아 있는 물의 양을 구한 경우	3점	

(4회 개념 학습　126~127쪽

확인　(1) 지우개　(2) 가위

1 (1) 2, 1, 3　(2) 1, 3, 2

2 당근　　　　**3** 숟가락

4 달걀, 밤, 8　**5** 치약

6 사인펜

1 물건을 손으로 들었을 때 힘이 더 많이 들어가는 쪽이 더 무겁습니다.

2 접시가 내려간 쪽이 더 무거우므로 당근과 감자 중 더 무거운 것은 당근입니다.

3 숟가락의 무게는 바둑돌 7개의 무게와 같고, 포크의 무게는 바둑돌 5개의 무게와 같습니다.

따라서 7개>5개이므로 숟가락이 포크보다 더 무겁습니다.

4 달걀의 무게는 바둑돌 13개의 무게와 같고, 밤의 무게는 바둑돌 5개의 무게와 같습니다.

따라서 달걀이 밤보다 바둑돌 13−5=8(개)만큼 더 무겁습니다.

---

5 • 치약과 컵을 비교한 저울에서 치약이 있는 쪽의 접시가 아래로 내려갔으므로 치약이 컵보다 더 무겁습니다.

• 컵과 안경을 비교한 저울에서 컵이 있는 쪽의 접시가 아래로 내려갔으므로 컵이 안경보다 더 무겁습니다.

따라서 가장 무거운 것은 치약입니다.

6 공깃돌의 개수를 비교하면 6개>5개>4개이므로 가장 무거운 물건은 사인펜입니다.

(4회 문제 학습　128~129쪽

01 🎈　　　　　**02** 자몽, 10개

03 휴지, 수첩, 장난감

04 ⑩ 저울의 양쪽 접시에 야구공과 테니스공을 각각 올려놓아 무게를 비교합니다. 저울의 접시가 내려간 쪽의 공이 더 무겁습니다.

05 ×　　　　　**06** 필통

07 배　　　　　**08** 크레파스, 풀, 가위

09 쌓기나무

10 ❶ 3, 6　❷ 6, 3, 2　　　　답 2배

11 ❶ 칫솔의 무게는 클립 15개의 무게와 같고, 머리핀의 무게는 클립 5개의 무게와 같습니다.

❷ 따라서 칫솔의 무게는 머리핀의 무게의

$15\div5=3$(배)입니다.　　　　답 3배

01 저울의 접시가 내려간 쪽이 더 무거우므로 토마토와 배 중 더 무거운 과일은 배입니다.

02 자몽의 무게는 500원짜리 동전 30개의 무게와 같고, 고구마의 무게는 500원짜리 동전 20개의 무게와 같습니다.

따라서 자몽이 500원짜리 동전 30−20=10(개)만큼 더 무겁습니다.

03 • 수첩과 휴지 중 휴지가 더 가볍습니다.
• 수첩과 장난감 중 수첩이 더 가볍습니다.
따라서 무게가 가벼운 것부터 차례로 쓰면 휴지, 수첩, 장난감입니다.

05 동전의 개수는 같지만 500원짜리 동전과 100원짜리 동전의 무게가 다르므로 필통과 계산기의 무게는 다릅니다.

06 필통의 무게는 500원짜리 동전 20개의 무게와 같고, 계산기의 무게는 100원짜리 동전 20개의 무게와 같습니다.
➜ 동전의 개수는 같고, 500원짜리 동전 1개가 100원짜리 동전 1개보다 더 무거우므로 필통이 계산기보다 더 무겁습니다.

07 • 배 1개와 사과 2개의 무게가 같으므로 배와 사과 중 한 개의 무게가 더 무거운 것은 배입니다.
• 사과 1개와 감 2개의 무게가 같으므로 사과와 감 중 한 개의 무게가 더 무거운 것은 사과입니다.
따라서 한 개의 무게가 가장 무거운 것은 배입니다.

08 • 크레파스 4개와 풀 2개의 무게가 같으므로 크레파스 한 개의 무게는 풀 한 개의 무게보다 가볍습니다.
• 풀 3개와 가위 1개의 무게가 같으므로 풀 한 개의 무게는 가위 한 개의 무게보다 가볍습니다.
따라서 한 개의 무게가 가벼운 것부터 차례로 쓰면 크레파스, 풀, 가위입니다.

09 지우개 한 개의 무게는 공깃돌 8개 또는 쌓기나무 3개의 무게와 같습니다. 지우개의 무게를 재는 데 사용한 개수가 적은 물건이 더 무겁습니다.
따라서 공깃돌과 쌓기나무 중 한 개의 무게가 더 무거운 것은 쌓기나무입니다.

10

채점 기준	❶ 지우개와 물감의 무게는 각각 바둑돌 몇 개의 무게와 같은지 구한 경우	3점	5점
	❷ 물감의 무게는 지우개의 무게의 몇 배인지 구한 경우	2점	

11

채점 기준	❶ 칫솔과 머리핀의 무게는 각각 클립 몇 개의 무게와 같은지 구한 경우	3점	5점
	❷ 칫솔의 무게는 머리핀의 무게의 몇 배인지 구한 경우	2점	

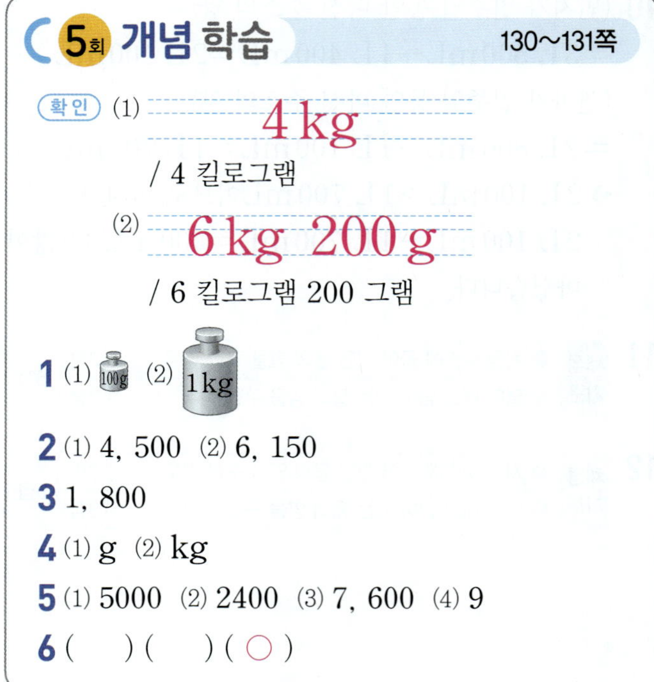

1 (1) 귤의 무게는 100 g인 추로 재는 것이 편리합니다.
(2) 수박의 무게는 1 kg인 추로 재는 것이 편리합니다.

2 (1) 4 kg보다 500 g 더 무거운 무게를 4 kg 500 g이라고 씁니다.
(2) 6 kg보다 150 g 더 무거운 무게를 6 kg 150 g이라고 씁니다.

3 저울의 눈금이 1800 g을 가리키고 있으므로 쌀의 무게는 1800 g=1000 g+800 g=1 kg 800 g입니다.

4 (1) 오카리나의 무게는 1 kg보다 가벼우므로 150 kg이나 150 t은 적절하지 않습니다.
(2) 자전거의 무게로 5 g이나 5 t은 적절하지 않습니다.

5 (1) 1 kg=1000 g이므로 5 kg=5000 g입니다.
(2) 2 kg=2000 g이므로 2 kg 400 g=2400 g입니다.
(3) 7000 g=7 kg이므로 7600 g=7 kg 600 g입니다.
(4) 9000 kg=9 t입니다.
참고 1 kg=1000 g, 1 t=1000 kg

6 1 t=1000 kg이므로 t은 자동차, 비행기 등과 같은 무거운 무게를 나타내기에 적절합니다.
따라서 t으로 나타내기에 적당한 것은 소방차입니다.

5회 문제 학습

01 1t

02 비누

03 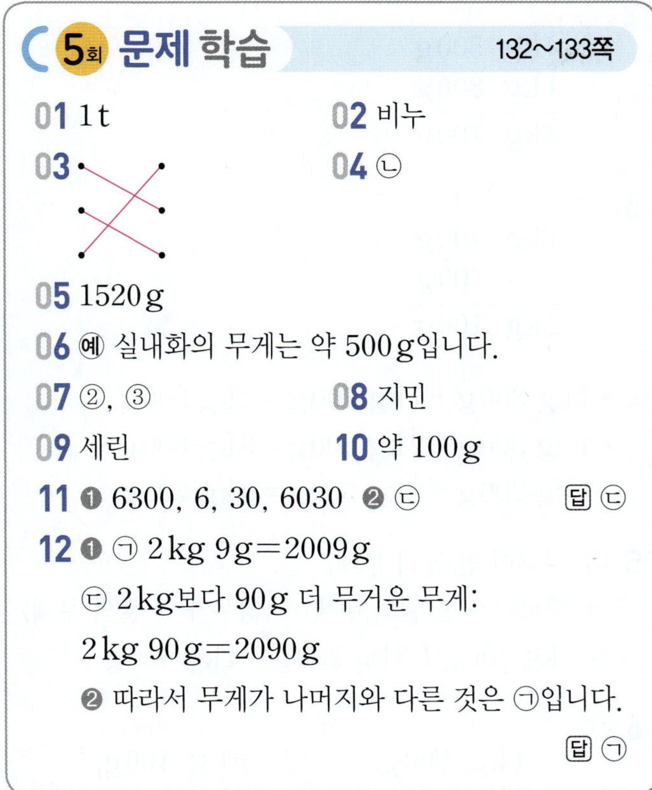

05 1520g

06 ⑩ 실내화의 무게는 약 500g입니다.

07 ②, ③

08 지민

09 세린

10 약 100g

11 ❶ 6300, 6, 30, 6030 ❷ ㉢　　답 ㉢

12 ❶ ㉠ 2kg 9g=2009g

㉢ 2kg보다 90g 더 무거운 무게:

2kg 90g=2090g

❷ 따라서 무게가 나머지와 다른 것은 ㉠입니다.

답 ㉠

01 900kg보다 100kg 더 무거운 무게는 1000kg이고 1t이라고 씁니다.

02 무게가 약 200g인 물건으로 알맞은 것은 비누입니다. 수박의 무게는 약 5~10kg이고, 구급차의 무게는 약 3t입니다.

03 3kg=3000g임을 이용합니다.

· 3kg 100g=3100g　· 3kg 1g=3001g

· 3kg 10g=3010g

04 1000kg=1t이므로 무게가 1t보다 무거운 것을 찾습니다.

㉠ 에어컨 1대의 무게는 약 20kg입니다.

㉡ 농구공 10개의 무게는 약 6kg입니다.

㉢ 귤 1상자의 무게는 약 5kg입니다.

05 맷돌에 간 콩은 1kg 520g=1520g입니다.

06 실내화의 무게는 1kg의 반 정도이므로 약 500g으로 어림할 수 있습니다.

07 된장 한 통의 무게는 1kg이므로 무게가 1kg보다 가벼운 것을 모두 찾으면 ② 배구공 1개, ③ 솜사탕 1개입니다.

08 파 한 단의 무게는 800kg보다 가벼우므로 약 800g이 적절합니다.

따라서 무게의 단위를 잘못 사용한 사람은 지민입니다.

09 벽돌의 실제 무게는 1600g=1kg 600g입니다.

세린이는 약 1kg 500g, 연호는 약 2kg으로 어림했으므로 벽돌의 실제 무게에 더 가깝게 어림한 사람은 세린입니다.

10 돋보기 한 개의 무게가 약 600g이므로 자석 한 개의 무게는 약 300g으로 어림할 수 있습니다.

자석 한 개의 무게가 약 300g이므로 양초 한 개의 무게는 약 100g으로 어림할 수 있습니다.

11

채점 기준			
❶ 무게의 단위를 통일하여 나타낸 경우	3점	5점
❷ 무게가 나머지와 다른 것의 기호를 쓴 경우	2점	

12

채점 기준			
❶ 무게의 단위를 통일하여 나타낸 경우	3점	5점
❷ 무게가 나머지와 다른 것의 기호를 쓴 경우	2점	

6회 개념 학습

확인 ⑴ 4, 900 ⑵ 6, 300

1 2, 900　　　　**2** 1, 500

3 ⑴ 3, 500 ⑵ 1, 200

4 ⑴ 1 / 5, 100 ⑵ 8, 1000 / 6, 500

5 ⑴ 8kg 900g ⑵ 4kg 300g

⑶ 8kg 500g ⑷ 3kg 300g

6 (　　) (◯)

1
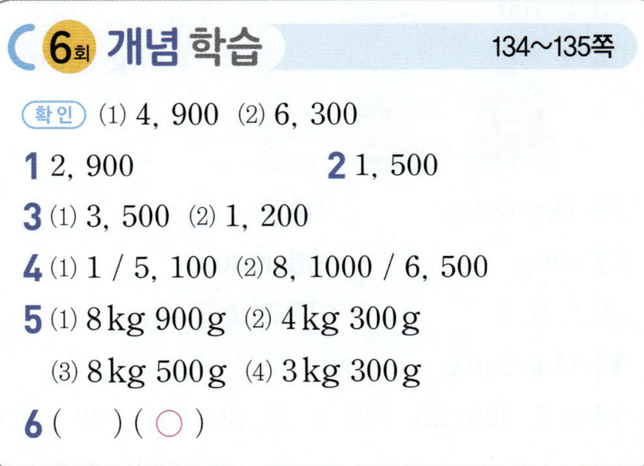

```
    1kg  400g
+  1kg  500g
―――――――――
    2kg  900g
```

2
```
    2kg  700g
-  1kg  200g
―――――――――
    1kg  500g
```

3 ⑴ g 단위 계산: 200+300=500

kg 단위 계산: 1+2=3

⑵ g 단위 계산: 700-500=200

kg 단위 계산: 4-3=1

4 ⑴ g 단위 계산:
$900+200=1100,\ 1100-1000=100$
kg 단위 계산: $1+1+3=5$
⑵ g 단위 계산: $1000+200-700=500$
kg 단위 계산: $9-1-2=6$

5 ⑶
```
    6 kg  100 g
 +  2 kg  400 g
  ─────────────
    8 kg  500 g
```
⑷
```
    7 kg  800 g
 -  4 kg  500 g
  ─────────────
    3 kg  300 g
```

6
```
         1
    2 kg  800 g
 +  1 kg  400 g
  ─────────────
    4 kg  200 g
```

🌙 6회 문제 학습

01 7 kg 900 g　　　**02** 2 kg 700 g

03 2, 100

04 예    / 3 kg 700 g

05 4 kg 600 g　　　**06** ㉡

07 400 g　　　**08** 4130 g

09 1, 3, 2　　　**10** 3 kg 700 g

11 1 kg 200 g

12 ❶ 5, 300, 25, 300　❷ 25, 300, 55, 900
　　　　　　　　　　　　답 55 kg 900 g

13 ❶ (예린이의 몸무게)
　　$=26\,kg\ 700\,g-3\,kg\ 600\,g$
　　$=23\,kg\ 100\,g$
❷ (연수와 예린이의 몸무게의 합)
　　$=26\,kg\ 700\,g+23\,kg\ 100\,g$
　　$=49\,kg\ 800\,g$　　답 49 kg 800 g

01 (밀가루의 무게)+(설탕의 무게)
　$=4\,kg\ 800\,g+3\,kg\ 100\,g$
　$=7\,kg\ 900\,g$

02
```
      3    1000
    4 kg  500 g
 -  1 kg  800 g
  ─────────────
    2 kg  700 g
```

03
```
         1
    1 kg  400 g
 +        700 g
  ─────────────
    2 kg  100 g
```

04 • 1 kg 300 g+1 kg 200 g=2 kg 500 g
• 1 kg 300 g+2 kg 500 g=3 kg 800 g
• 1 kg 200 g+2 kg 500 g=3 kg 700 g

05 (두 사람이 딴 귤의 무게)
　=(혜림이가 딴 귤의 무게)+(영우가 딴 귤의 무게)
　=1 kg 400 g+3 kg 200 g=4 kg 600 g

06 ㉠
```
         1
    1 kg  900 g
 +  2 kg  700 g
  ─────────────
    4 kg  600 g
```
㉡
```
      8    1000
    9 kg  100 g
 -  5 kg  500 g
  ─────────────
    3 kg  600 g
```
따라서 계산 결과가 3 kg 600 g인 것은 ㉡입니다.

07 (빈 바구니의 무게)
　=(파인애플을 담은 바구니의 무게)
　　－(파인애플의 무게)
　=2 kg 700 g－2 kg 300 g=400 g

08 2 kg 80 g=2080 g, 4 kg 100 g=4100 g입니다.
6210 g＞4100 g＞2500 g＞2080 g이므로 가장
무거운 무게는 6210 g이고 가장 가벼운 무게는
2080 g입니다.
➜ 6210 g－2080 g=4130 g

09
```
    10 kg  800 g        3 kg  700 g
 -   3 kg  100 g     +  1 kg  700 g
   ─────────────      ─────────────
     7 kg  700 g        5 kg  400 g
```
```
      6    1000
    7 kg  100 g
 -  1 kg  600 g
  ─────────────
    5 kg  500 g
```
➜ 7 kg 700 g＞5 kg 500 g＞5 kg 400 g이므로
위에서부터 차례로 1, 3, 2를 써넣습니다.

10 (상자에 담은 물건의 무게)

$=800\,g+500\,g=1300\,g=1\,kg\,300\,g$

➜ (상자에 더 담을 수 있는 무게)

$=5\,kg-1\,kg\,300\,g=3\,kg\,700\,g$

11 (서진이의 가방 무게)

$=$(시우의 가방 무게)$+400\,g$

$=1\,kg\,900\,g+400\,g=2\,kg\,300\,g$

(다은이의 가방 무게)

$=$(다은이와 서진이의 가방 무게의 합)

$\quad-$(서진이의 가방 무게)

$=3\,kg\,500\,g-2\,kg\,300\,g=1\,kg\,200\,g$

12

채점 기준	❶ 수민이의 몸무게를 구한 경우	2점	5점
	❷ 진호와 수민이의 몸무게의 합을 구한 경우	3점	

13

채점 기준	❶ 예린이의 몸무게를 구한 경우	2점	5점
	❷ 연수와 예린이의 몸무게의 합을 구한 경우	3점	

☾7회 응용 학습 138~141쪽

1 1단계 ㉮　　2단계 ㉱

　 3단계 ㉮

1-1 ㉮　　　　**1-2** ㉯

2 1단계 $4\,L$ 또는 $4000\,mL$

　 2단계 $2\,L\,600\,mL$

2-1 $5\,L\,550\,mL$　　**2-2** $4\,L\,500\,mL$

3 1단계 $60\,g$　　2단계 $180\,g$

　 3단계 $180\,g$

3-1 $280\,g$　　　**3-2** $150\,g$

4 1단계 $200\,g$　　2단계 $100\,g$

4-1 $500\,g$　　　**4-2** $700\,g$

1 1단계 ㉮에 가득 채운 물을 ㉱에 모두 옮겨 담았을 때 물이 넘치므로 ㉮의 들이가 더 많습니다.

　 2단계 ㉯에 가득 채운 물을 ㉱에 모두 옮겨 담았을 때 가득 차지 않으므로 ㉱의 들이가 더 많습니다.

　 3단계 ㉮와 ㉱ 중 ㉮의 들이가 더 많고, ㉯와 ㉱ 중 ㉱의 들이가 더 많으므로 들이가 가장 많은 것은 ㉮입니다.

1-1 • ㉮에 가득 채운 물을 ㉯에 모두 옮겨 담았을 때 물이 가득 차지 않으므로 ㉮와 ㉯ 중 ㉮의 들이가 더 적습니다.

• ㉯에 가득 채운 물을 ㉱에 모두 옮겨 담았을 때 물이 가득 차지 않으므로 ㉯와 ㉱ 중 ㉯의 들이가 더 적습니다.

따라서 그릇 ㉮, ㉯, ㉱ 중 들이가 가장 적은 것은 ㉮입니다.

1-2 ㉮의 들이는 ㉱의 들이의 반보다는 더 많고, ㉯의 들이는 ㉱의 들이의 반보다는 더 적습니다.

따라서 ㉮와 ㉯ 중 들이가 더 적은 것은 ㉯입니다.

2 1단계 물이 1분에 $800\,mL$씩 나오므로 5분 동안 수도에서 나온 물의 양은 $800\times5=4000\,(mL)$입니다. ➜ $4000\,mL=4\,L$

　 2단계 (주전자의 들이)

$=$(5분 동안 수도에서 나온 물의 양)

$\quad-$(넘친 물의 양)

$=4\,L-1\,L\,400\,mL=2\,L\,600\,mL$

2-1 (3분 동안 수도에서 나온 물의 양)

$=2\,L\,350\,mL+2\,L\,350\,mL+2\,L\,350\,mL$

$=4\,L\,700\,mL+2\,L\,350\,mL=7\,L\,50\,mL$

➜ (양동이의 들이)

$=$(3분 동안 수도에서 나온 물의 양)

$\quad-$(넘친 물의 양)

$=7\,L\,50\,mL-1\,L\,500\,mL=5\,L\,550\,mL$

2-2 (1분 동안 세숫대야에 받아지는 물의 양)

$=$(1분 동안 수도에서 나온 물의 양)

$\quad-$(1분 동안 새는 물의 양)

$=950\,mL-50\,mL=900\,mL$

(세숫대야의 들이)

$=$(5분 동안 세숫대야에 받아지는 물의 양)

$=900\times5=4500\,(mL)$

➜ $4500\,mL=4\,L\,500\,mL$

3 1단계 (빗 한 개의 무게)

$=$(비누 한 개의 무게)$\div2=120\div2=60\,(g)$

　 2단계 (빗 3개의 무게)

$=$(빗 한 개의 무게)$\times3=60\times3=180\,(g)$

　 3단계 (치약 한 개의 무게)$=$(빗 3개의 무게)$=180\,g$

3-1 (손거울 한 개의 무게)
　＝(보온병 한 개의 무게)÷3＝210÷3＝70 (g)
　➜ (유리컵 한 개의 무게)
　　＝(손거울 4개의 무게)＝70×4＝280 (g)

3-2 (지우개 9개의 무게)
　＝(필통 한 개의 무게)＝450 g
　(건전지 3개의 무게)
　＝(지우개 9개의 무게)＝450 g
　➜ (건전지 한 개의 무게)
　　＝(건전지 3개의 무게)÷3＝450÷3＝150 (g)

4 **1단계** (주스 반만큼의 무게)
　　＝(주스가 가득 담긴 병의 무게)
　　　－(주스가 반만큼 담긴 병의 무게)
　　＝500 g－300 g＝200 g
　2단계 (빈 병의 무게)
　　＝(주스가 반만큼 담긴 병의 무게)
　　　－(주스 반만큼의 무게)
　　＝300 g－200 g＝100 g

4-1 (음료수 2병의 무게)
　＝(음료수 4병이 담긴 상자의 무게)
　　－(음료수 2병을 꺼낸 후 상자의 무게)
　＝1 kg 900 g－1 kg 200 g＝700 g
　(빈 상자의 무게)
　＝(음료수 2병이 담긴 상자의 무게)
　　－(음료수 2병의 무게)
　＝1 kg 200 g－700 g＝500 g

4-2 (배 3개의 무게)
　＝(배 9개가 담긴 상자의 무게)
　　－(배 6개가 담긴 상자의 무게)
　＝6 kg 550 g－4 kg 600 g＝1 kg 950 g
　(배 6개의 무게)
　＝(배 3개의 무게)＋(배 3개의 무게)
　＝1 kg 950 g＋1 kg 950 g＝3 kg 900 g
　➜ (빈 상자의 무게)
　　＝(배 6개가 담긴 상자의 무게)
　　　－(배 6개의 무게)
　　＝4 kg 600 g－3 kg 900 g＝700 g

8회 마무리 평가

01 ㉯　　　　　　　　**02** 5170
03 3, 500　　　　　　**04** 1, 200
05 1　　　　　　　　**06** g
07 물통　　　　　　　**08** ㉯
09 ㉣, ㉠, ㉡, ㉢　　**10** 예 약 1 L
11 3, 500　　　　　　**12** 배
13 8 kg 950 g / 2 kg 750 g
14 ❶ 처음 수조에 들어 있던 물의 양은
　1250 mL＝1 L 250 mL입니다.
　❷ 물을 2 L 450 mL 더 넣은 후 수조에 들어
　있는 물은 모두
　1 L 250 mL＋2 L 450 mL＝3 L 700 mL입
　니다. 　　　　　　　　답 3 L 700 mL
15 ③, ④　　　　　　**16** ㉣
17 수연　　　　　　　**18** ㉢
19 3 kg 300 g
20 ❶ 어림한 들이와 실제 들이의 차는 은영이가
　250 mL, 지석이가 150 mL입니다.
　❷ 따라서 식용유병의 실제 들이에 더 가깝게 어
　림한 사람은 어림한 들이와 실제 들이의 차가
　더 적은 지석입니다. 　　　　　답 지석
21 3 L　　　　　　　**22** 6, 800
23 700 g　　　　　　**24** 3700 g
25 ❶ 4600 g＝4 kg 600 g
　2 kg 900 g＜4 kg 600 g이므로 감자를 더 많
　이 캔 사람은 수현입니다.
　❷ 따라서 수현이는 민준이보다 감자를
　4 kg 600 g－2 kg 900 g＝1 kg 700 g 더 많
　이 캤습니다. 　　　　답 수현, 1 kg 700 g

01 옮겨 담은 물의 높이가 높을수록 들이가 많습니다.
　따라서 들이가 더 많은 것은 ㉯입니다.

02 1 L＝1000 mL이므로 5 L＝5000 mL입니다.
　5 L 170 mL＝5000 mL＋170 mL＝5170 mL
　입니다.

03 L 단위의 수끼리, mL 단위의 수끼리 뺍니다.

04 저울의 바늘이 1200 g을 가리키고 있으므로 노트북의 무게는 1200 g=1000 g+200 g=1 kg 200 g입니다.

05 800 kg보다 200 kg 더 무거운 무게는 1000 kg이고, 1000 kg=1 t입니다.

06 농구공 1개의 무게는 1 kg보다 가벼우므로 농구공의 무게로 600 kg과 600 t은 적절하지 않습니다.

07 물이 넘쳤으므로 물통의 들이가 그릇의 들이보다 더 많습니다.

08 그릇에 물을 가득 채우기 위해 물을 부은 횟수가 많을수록 그릇의 들이가 많습니다.
따라서 8>6>5이므로 들이가 가장 많은 그릇은 ㉯입니다.

09 단위를 통일하여 들이를 비교합니다.
㉠ 7 L=7000 mL ㉡ 7 L 20 mL=7020 mL
➡ 700 mL<7000 mL<7020 mL<7200 mL
이므로 들이가 적은 것부터 차례로 기호를 쓰면 ㉣, ㉠, ㉡, ㉢입니다.

10 들이가 2 L인 물병에 물이 절반 정도 들어 있으므로 물병에 들어 있는 물은 약 1 L입니다.

11
$$
\begin{array}{r}
{}^{1}\ \ \\
1\,\text{L}\ \ 600\,\text{mL} \\
+\ 1\,\text{L}\ \ 900\,\text{mL} \\
\hline
3\,\text{L}\ \ 500\,\text{mL}
\end{array}
$$

12 배는 사과보다 더 무겁고, 사과는 참외보다 더 무겁습니다.
따라서 배, 사과, 참외 중 가장 무거운 것은 배입니다.

13 합:
$$
\begin{array}{r}
3\,\text{kg}\ \ 100\,\text{g} \\
+\ 5\,\text{kg}\ \ 850\,\text{g} \\
\hline
8\,\text{kg}\ \ 950\,\text{g}
\end{array}
$$
차:
$$
\begin{array}{r}
5\,\text{kg}\ \ 850\,\text{g} \\
-\ 3\,\text{kg}\ \ 100\,\text{g} \\
\hline
2\,\text{kg}\ \ 750\,\text{g}
\end{array}
$$

14

채점 기준		
❶ 처음 수조에 들어 있던 물의 양을 몇 L 몇 mL로 나타낸 경우	2점	4점
❷ 물을 더 넣은 후 수조에 들어 있는 물의 양을 구한 경우	2점	

15 ③ 5 kg 55 g=5055 g
④ 5900 g=5 kg 900 g

16 화분의 무게가 1 kg이므로 무게가 1 kg보다 더 무거운 것을 찾으면 ㉣ 세탁기 1대입니다.

17 컵 1개의 무게는 약 300 g이므로 무게의 단위를 잘못 사용한 사람은 수연입니다.

18 ㉠ 1 L 800 mL+1 L 700 mL=3 L 500 mL
㉡ 5300 mL-1600 mL=3700 mL=3 L 700 mL
㉢ 7 L 200 mL-3900 mL=3 L 300 mL
➡ 3 L 300 mL<3 L 500 mL<3 L 700 mL이므로 들이가 가장 적은 것은 ㉢입니다.

19 (시현이가 받은 선물 상자의 무게)
=1 kg 500 g+300 g=1 kg 800 g
➡ (두 사람이 받은 선물 상자의 무게)
=1 kg 500 g+1 kg 800 g=3 kg 300 g

20

채점 기준		
❶ 어림한 들이와 실제 들이의 차를 구한 경우	2점	4점
❷ 실제 들이에 더 가깝게 어림한 사람을 구한 경우	2점	

21 (물통에 더 부은 물의 양)=300×4=1200 (mL)
➡ 1200 mL=1 L 200 mL
(물통에 들어 있는 물의 양)
=(처음 물통에 들어 있던 물의 양)
  +(물통에 더 부은 물의 양)
=1 L 800 mL+1 L 200 mL
=3 L

22 g 단위 계산: 1000+200-□=400,
1200-□=400, □=800
kg 단위 계산: □-1-2=3,
□=3+1+2=6
주의 g 단위 수끼리 뺄 수 없으면 1 kg을 1000 g으로 받아내림하여 계산합니다.

23 • 가지 4개의 무게가 1600 g이므로 가지 1개의 무게는 400 g입니다.
• 한라봉 3개의 무게가 900 g이므로 한라봉 1개의 무게는 300 g입니다.
➡ 400 g+300 g=700 g

24 1 kg=1000 g이므로 3 kg=3000 g입니다.
3 kg 700 g=3000 g+700 g=3700 g입니다.

25

채점 기준		
❶ 감자를 더 많이 캔 사람을 구한 경우	2점	4점
❷ 누가 감자를 몇 kg 몇 g 더 많이 캤는지 구한 경우	2점	

6. 그림그래프

1회 개념 학습
148~149쪽

확인 그림그래프

1 (1) 그림그래프 (2) 10, 1 (3) 25, 41, 40

2 (1) 100, 10 (2) 2, 2, 220

3 (○)
( )

4 3, 3 / 1, 2 / 2, 1 / 1, 4

5 예

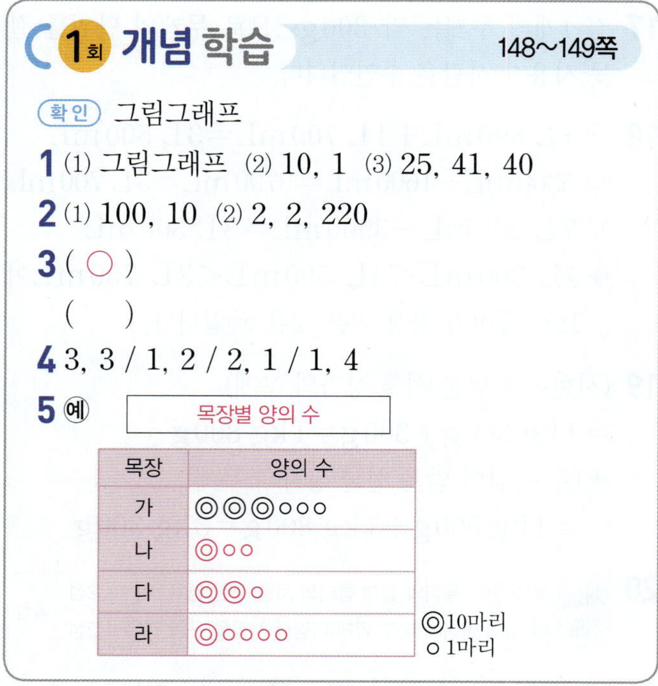

목장별 양의 수

목장	양의 수
가	◎◎◎○○○
나	◎○○
다	◎◎○
라	◎○○○○

◎10마리
○1마리

1 (1) 그림그래프: 조사한 수를 그림으로 나타낸 그래프
(2) 그림그래프의 그림 단위가 각각 몇 판을 나타내는지 알아봅니다.
(3) • 불고기피자: 🍕 2개, 🍕 5개 ➡ 25판
• 고구마피자: 🍕 4개, 🍕 1개 ➡ 41판
• 새우피자: 🍕 4개 ➡ 40판

2 (1) 🍊은 100 kg, 🍊은 10 kg을 나타냅니다.
(2) 푸른 농장: 🍊 2개, 🍊 2개 ➡ 220 kg
참고 초록 농장: 🍊 1개, 🍊 3개 ➡ 130 kg
구름 농장: 🍊 2개, 🍊 1개 ➡ 210 kg

3 표를 보고 알맞은 제목을 찾으면 목장별 양의 수입니다.

4 • 가 목장: 33마리 ➡ ◎ 3개, ○ 3개
• 나 목장: 12마리 ➡ ◎ 1개, ○ 2개
• 다 목장: 21마리 ➡ ◎ 2개, ○ 1개
• 라 목장: 14마리 ➡ ◎ 1개, ○ 4개

5 ◎는 10마리, ○는 1마리로 하여 자료의 수에 맞게 그림그래프로 나타냅니다.

1회 문제 학습
150~151쪽

01 예 농장별 닭의 수 **02** 10마리, 1마리
03 나 농장 **04** 138마리
05 예 10명, 1명 **06** 예 2개, 4개
07 예

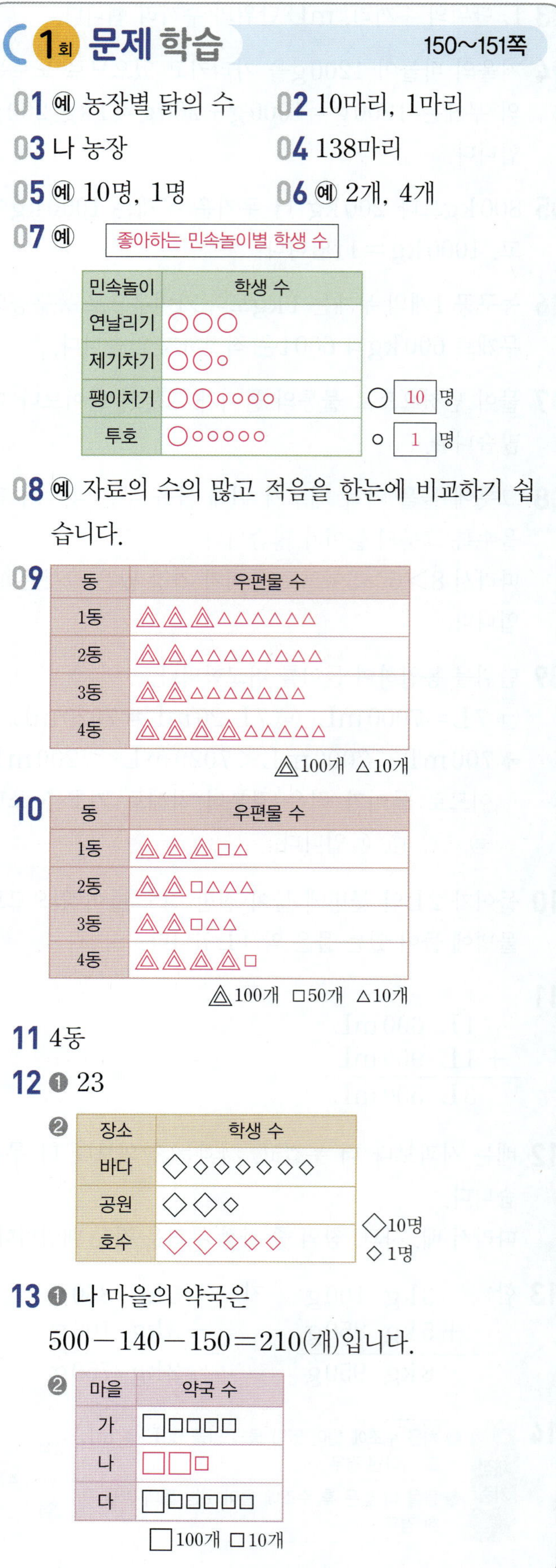

좋아하는 민속놀이별 학생 수

민속놀이	학생 수
연날리기	○○○
제기차기	○○○
팽이치기	○○○○○○
투호	○○○○○○

○ 10명
○ 1명

08 예 자료의 수의 많고 적음을 한눈에 비교하기 쉽습니다.

09

동	우편물 수
1동	△△△△△△△△△
2동	△△△△△△△△
3동	△△△△△△△
4동	△△△△△△△△

△100개 △10개

10

동	우편물 수
1동	△△△□△
2동	△△□△△△
3동	△△□△
4동	△△△△□

△100개 □50개 △10개

11 4동

12 ❶ 23
❷

장소	학생 수
바다	◇◇◇◇◇◇
공원	◇◇◇
호수	◇◇◇◇◇

◇ 10명
◇ 1명

13 ❶ 나 마을의 약국은
$500-140-150=210$(개)입니다.
❷

마을	약국 수
가	□□□□□
나	□□□
다	□□□□□□

□100개 □10개

03 🐔이 4개, 🐥이 2개인 농장을 찾으면 나 농장입니다.

04 • 가 농장: 🐔 3개, 🐥 4개 ➡ 34마리

  • 나 농장: 🐔 4개, 🐥 2개 ➡ 42마리

  • 다 농장: 🐔 3개, 🐥 5개 ➡ 35마리

  • 라 농장: 🐔 2개, 🐥 7개 ➡ 27마리

  따라서 네 농장의 닭은 모두

  $34+42+35+27=138$(마리)입니다.

05 좋아하는 민속놀이별 학생 수가 두 자리 수이므로
  ◯는 10명, ○는 1명으로 나타내면 좋을 것 같습니다.

06 팽이치기를 좋아하는 학생: 24명
  10명을 나타내는 ◯ 2개, 1명을 나타내는 ○ 4개를
  그려야 합니다.

07 ◯는 10명, ○는 1명으로 나타냅니다.

08 표: 자료의 수의 합계를 쉽게 알 수 있습니다.
  그림그래프: 자료의 수의 크기 비교를 한눈에 하기
  쉽습니다.

10 50개를 나타내는 그림을 사용하여 다시 나타내 봅니다.

11 100개를 나타내는 그림의 수가 가장 많은 4동에 배
  달된 우편물 수가 가장 많습니다.

12

채점 기준	❶ 호수에 가고 싶은 학생 수를 구한 경우	2점	5점
	❷ 그림그래프를 완성한 경우	3점	

13

채점 기준	❶ 나 마을의 약국 수를 구한 경우	2점	5점
	❷ 그림그래프를 완성한 경우	3점	

2회 개념 학습   152~153쪽

(확인) (1) 36 (2) 3 (3) 4

1 (1) × (2) ◯ (3) × (4) ◯ (5) ◯ (6) ◯ (7) ×

2 (1) 10, 1 (2) 25 (3) 14 (4) 위인전 (5) 과학책
  (6) 동화책, 위인전 (7) 30, 25, 5

1 (1) 🍦은 100개, 🍦은 10개를 나타냅니다.

  (2) 망고 맛 아이스크림: 🍦 4개, 🍦 1개 ➡ 410개

  (3) 딸기 맛 아이스크림: 🍦 2개, 🍦 3개 ➡ 230개

(4) 멜론 맛 아이스크림: 🍦 1개, 🍦 8개 ➡ 180개

(5) 🍦 3개, 🍦 4개로 나타낸 것은 포도 맛 아이스크
  림입니다.

(6) 100개를 나타내는 그림의 수가 가장 많은 것은
  망고 맛 아이스크림입니다.

(7) 100개를 나타내는 그림의 수가 가장 적은 것은
  멜론 맛 아이스크림입니다.

2 (1) 📗은 10권, 📗은 1권을 나타냅니다.

  (2) 동화책: 📗 2개, 📗 5개 ➡ 25권

  (3) 백과사전: 📗 1개, 📗 4개 ➡ 14권

  (4) 10권을 나타내는 그림의 수가 가장 많은 책은 위
    인전입니다.

  (5) 10권을 나타내는 그림의 수가 가장 적은 책은 10
    권을 나타내는 그림이 없는 과학책입니다.

  (6) 백과사전보다 10권을 나타내는 그림의 수가 더
    많은 것은 동화책과 위인전입니다.

  (7) 위인전은 30권, 동화책은 25권이므로 위인전을
    동화책보다 $30-25=5$(권) 더 많이 빌려 갔습니다.

2회 문제 학습   154~155쪽

01 32명   **02** 수첩, 25명

03 ㉡   **04** 야구공, 축구공

05 라 마을, 다 마을, 가 마을, 나 마을

06 고기만두   **07** 105개

08 (예) • 가장 많이 팔린 만두는 고기만두입니다.

  • 가장 적게 팔린 만두는 새우만두입니다.

09 ❶ 24, 32 ❷ 24, 32, 56   (답) 56장

10 ❶ 민재의 칭찬 붙임딱지는 22장,
    서희의 칭찬 붙임딱지는 17장입니다.

  ❷ 따라서 민재가 받은 칭찬 붙임딱지는 서희가
    받은 칭찬 붙임딱지보다 $22-17=5$(장) 더 많
    습니다.   (답) 5장

01 👤이 3개, 👤이 2개이므로 32명입니다.

02 수첩: 25명, 물병: 15명, 우산: 32명, 볼펜: 21명
→ 학생 수를 비교하면 32>25>21>15이므로 두 번째로 많은 학생들이 받고 싶어 하는 기념품은 수첩입니다.
주의 그림에 따라 나타내는 단위가 다르므로 그림의 개수가 많을수록 학생 수가 많다고 생각하지 않도록 주의합니다.

03 ㉠ 물병: 👤 1개, 👤 5개 → 15명
㉡ 가장 적은 학생들이 받고 싶어 하는 기념품은 큰 그림의 수가 가장 적은 물병입니다.
㉢ 볼펜: 21명, 물병: 15명
→ 21−15=6(명)

04 • 배구공보다 더 많이 있는 공은 10개를 나타내는 그림의 수가 3개보다 더 많은 야구공입니다.
• 농구공은 12개이므로 공의 수가 12×2=24(개)인 것을 찾으면 축구공입니다.

05 100개를 나타내는 그림의 수를 먼저 비교하고, 100개를 나타내는 그림의 수가 같으면 10개를 나타내는 그림의 수를 비교합니다.

06 먼저 큰 그림의 수를 비교하고, 큰 그림의 수가 같으면 작은 그림의 수를 비교합니다.
→ 김치만두보다 더 많이 팔린 만두는 고기만두입니다.

07 고기만두: 34개, 김치만두: 32개,
새우만두: 14개, 갈비만두: 25개
→ (하루 동안 팔린 만두의 수)
=34+32+14+25=105(개)

08 • 김치만두는 32개 팔렸습니다.
• 갈비만두는 새우만두보다 11개 더 많이 팔렸습니다.

09

채점 기준	❶ 이서와 준호가 받은 칭찬 붙임딱지 수를 각각 구한 경우	3점	5점
	❷ 이서와 준호가 받은 칭찬 붙임딱지는 모두 몇 장인지 구한 경우	2점	

10

채점 기준	❶ 민재와 서희가 받은 칭찬 붙임딱지 수를 각각 구한 경우	3점	5점
	❷ 민재가 받은 칭찬 붙임딱지는 서희가 받은 칭찬 붙임딱지보다 몇 장 더 많은지 구한 경우	2점	

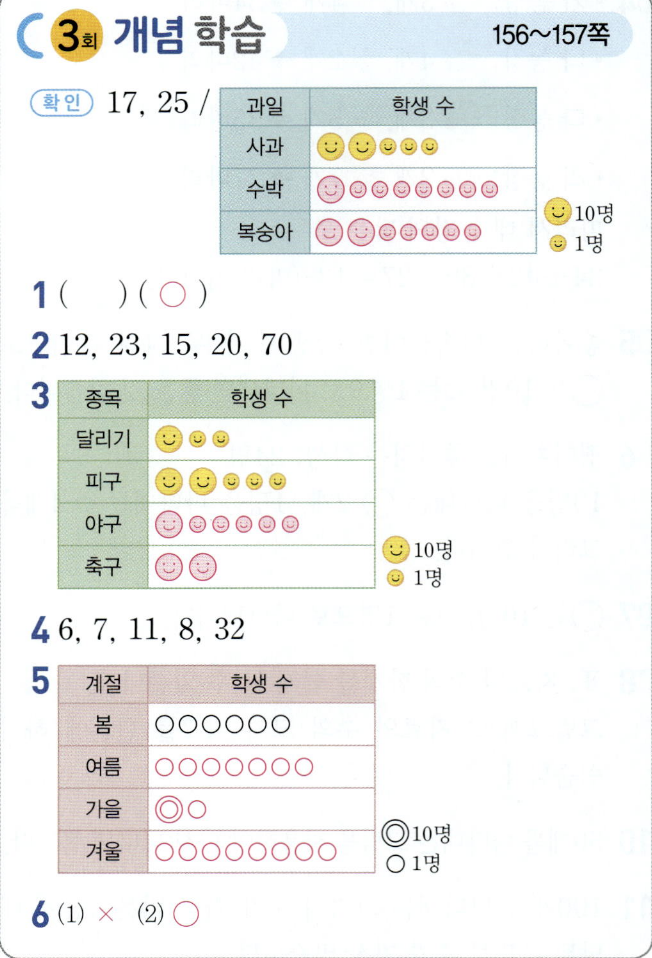

3회 개념 학습 156~157쪽

(확인) 17, 25 /

1 (   ) (○)
2 12, 23, 15, 20, 70
4 6, 7, 11, 8, 32
6 (1) × (2) ○

1 조사 주제는 운동회 때 참가하고 싶은 종목입니다.

2 종목별 학생 수를 각각 세어 보면 달리기는 12명, 피구는 23명, 야구는 15명, 축구는 20명입니다.
→ (합계)=12+23+15+20=70(명)

3 • 야구: 15명이므로 😊 1개, 😊 5개로 나타냅니다.
• 축구: 20명이므로 😊 2개로 나타냅니다.

4 좋아하는 계절별 학생 수를 각각 세어 보면 봄은 6명, 여름은 7명, 가을은 11명, 겨울은 8명입니다.
→ (합계)=6+7+11+8=32(명)

5 ◎는 10명, ○는 1명을 나타내므로 좋아하는 계절별 학생 수에 맞게 그림그래프로 나타냅니다.

6 (1) 가장 많은 학생들이 좋아하는 계절은 ◎가 있는 가을입니다.
(2) 가장 적은 학생들이 좋아하는 계절은 ◎가 없는 봄, 여름, 겨울 중에서 ○의 수가 가장 적은 봄입니다.

⊂3회 문제 학습

01 8, 5, 12, 10, 35

02 예

혈액형별 학생 수	
혈액형	학생 수
A형	○○○○○○○○
B형	○○○○○
O형	◎○○
AB형	◎

◎10명
○1명

03 O형

04 A형, B형

05 13, 8, 16, 22, 59 /

구역	자동차 수
A	▢□□□
B	□□□□□□□□
C	▢□□□□□□
D	▢▢□□

▢10대
□1대

06 ㉡

07

간식	과자	빵	과일	떡	합계
여학생 수(명)	13	9	16	7	45
남학생 수(명)	11	12	16	8	47

간식	학생 수
과자	◎◎○○○
빵	◎◎○
과일	◎◎◎○○
떡	◎○○○○○

◎10명
○1명

08 예 과일

/ 예 가장 많은 학생들이 좋아하는 간식은 과일
이므로 간식으로 과일을 준비하는 것이 좋을 것
같습니다.

09 ❶ 맞습니다

❷ 많으므로, 많습니다

10 ❶ 틀립니다.

❷ 예 빵을 좋아하는 학생의 ◎의 수가 떡보다
더 많으므로 빵을 좋아하는 학생 수는 떡을 좋
아하는 학생 수보다 더 많습니다.

---

01 혈액형별 학생 수를 각각 세어 보면 A형은 8명, B형
은 5명, O형은 12명, AB형은 10명입니다.
➔ (합계)=8+5+12+10=35(명)

02 ◎는 10명, ○는 1명으로 나타냅니다.
· A형: ○8개
· B형: ○5개
· O형: ◎ 1개, ○ 2개
· AB형: ◎ 1개

03 가장 많은 학생들의 혈액형은 ◎의 수가 1개로 같은
O형, AB형 중에서 ○의 수가 더 많은 O형입니다.

04 AB형은 ◎ 1개이므로 AB형보다 학생 수가 더 적
은 혈액형은 ◎가 없는 A형, B형입니다.

05 ▢는 10대, □는 1대로 나타냅니다.
· A 구역: ▢ 1개, □ 3개
· B 구역: □ 8개
· C 구역: ▢ 1개, □ 6개
· D 구역: ▢ 2개, □ 2개

06 ㉠ 자동차가 가장 많이 주차된 구역은 ▢의 수가 가
장 많은 D 구역입니다.
㉡ B 구역에는 ▢가 없으므로 C 구역에 주차된 자
동차 수가 B 구역에 주차된 자동차 수보다 더 많
습니다.
㉢ 자동차가 가장 적게 주차된 구역은 ▢가 없는 B
구역입니다.

07 · 과자: 13+11=24(명)
· 빵: 9+12=21(명)
· 과일: 16+16=32(명)
· 떡: 7+8=15(명)

08 평가 기준 재은이네 학교에서 간식을 준비하는 사람의 입장에서
생각해 보고 타당한 이유를 썼으면 정답으로 인정합니다.

09

채점 기준			
❶ 다은이의 말이 맞는지 틀린지 답한 경우	2점	5점
❷ 이유를 쓴 경우	3점	

10

채점 기준			
❶ 도현이의 말이 맞는지 틀린지 답한 경우	2점	5점
❷ 이유를 쓴 경우	3점	

④회 응용 학습 160~163쪽

1 **1단계** 240명, 350명

2단계 240, 350 /

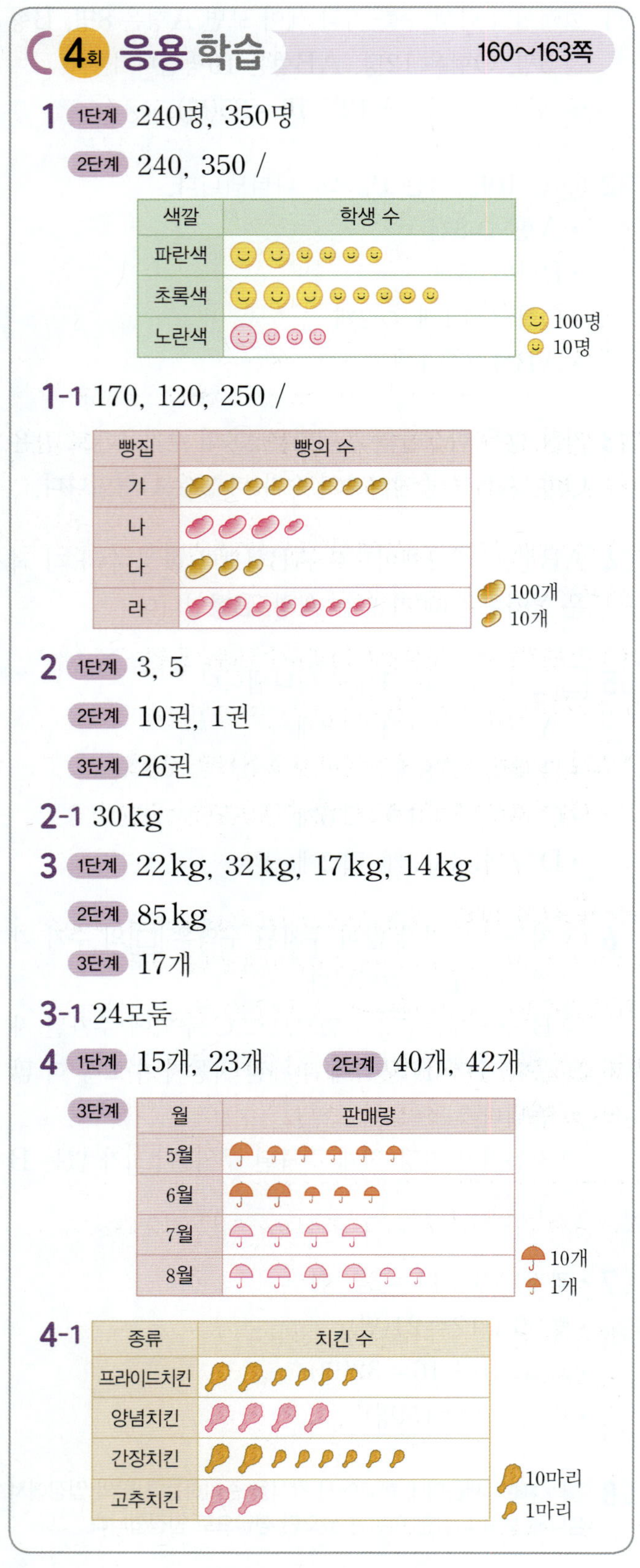

색깔	학생 수
파란색	☺ ☺ ☺ ☺
초록색	☺ ☺ ☺ ☺ ☺ ☺
노란색	☺ ☺ ☺ ☺

☺ 100명
☺ 10명

1-1 170, 120, 250 /

빵집	빵의 수
가	🥔🥔🥔🥔🥔🥔🥔
나	🥔🥔🥔
다	🥔🥔
라	🥔🥔🥔🥔🥔🥔🥔

🥔 100개
🥔 10개

2 **1단계** 3, 5

2단계 10권, 1권

3단계 26권

2-1 30 kg

3 **1단계** 22 kg, 32 kg, 17 kg, 14 kg

2단계 85 kg

3단계 17개

3-1 24모둠

4 **1단계** 15개, 23개   **2단계** 40개, 42개

3단계

월	판매량
5월	☂☂☂☂☂☂
6월	☂☂☂☂☂
7월	☂☂☂☂
8월	☂☂☂☂☂☂

☂ 10개
☂ 1개

4-1

종류	치킨 수
프라이드치킨	🍗🍗🍗🍗🍗
양념치킨	🍗🍗🍗🍗
간장치킨	🍗🍗🍗🍗🍗🍗
고추치킨	🍗🍗

🍗 10마리
🍗 1마리

1 **1단계** • 파란색: ☺ 2개, ☺ 4개 ➜ 240명

• 초록색: ☺ 3개, ☺ 5개 ➜ 350명

2단계 표에서 노란색을 좋아하는 학생은 130명이 므로 그림그래프에 ☺ 1개, ☺ 3개로 나타냅니다.

1-1 팔린 빵의 수는 가 빵집이 170개이고, 다 빵집이 120개입니다.

➜ (라 빵집의 팔린 빵의 수)
$= 850 - 170 - 310 - 120 = 250$(개)

따라서 그림그래프에 나 빵집은 🥔 3개와 🥔 1개, 라 빵집은 🥔 2개와 🥔 5개로 나타냅니다.

2 **1단계** 📙과 📗의 수를 각각 세어 봅니다.

2단계 만화책 35권을 📙 3개, 📗 5개로 나타냈으 므로 📙은 10권, 📗은 1권을 나타냅니다.

3단계 동화책: 📙 2개, 📗 6개 ➜ 26권

2-1 • 가 동의 쓰레기 배출량 320 kg을 🗑 3개, 🗑 2개 로 나타냈으므로 🗑은 100 kg, 🗑은 10 kg을 나타냅니다.

• 다 동은 🗑 3개이므로 300 kg, 라 동은 🗑 2개, 🗑 7개이므로 270 kg입니다.

➜ $300 - 270 = 30$ (kg)

3 **1단계** 🥔과 🥔의 수를 각각 세어 봅니다.

2단계 (전체 감자 생산량)
$= 22 + 32 + 17 + 14 = 85$ (kg)

3단계 (필요한 자루의 수) $= 85 \div 5 = 17$ (개)

3-1 3학년은 18명, 4학년은 23명, 5학년은 34명, 6학 년은 $18 + 3 = 21$(명)입니다.

(사물놀이를 배우는 전체 학생 수)
$= 18 + 23 + 34 + 21 = 96$(명)

➜ 4명씩 한 모둠이 되면 모두 $96 \div 4 = 24$(모둠) 이 됩니다.

4 **1단계** • 5월: ☂ 1개, ☂ 5개 ➜ 15개

• 6월: ☂ 2개, ☂ 3개 ➜ 23개

2단계 (7월과 8월에 팔린 우산 수의 합)
$= 120 - 15 - 23 = 82$(개)

7월에 팔린 우산 수를 □개라고 하면 8월에 팔린 우산 수는 (□+2)개입니다.

□+□+2=82, □+□=80, □=40

➜ 7월: 40개, 8월: $40 + 2 = 42$(개)

3단계 그림그래프에 7월은 ☂ 4개, 8월은 ☂ 4개, ☂ 2개로 나타냅니다.

4-1 • 프라이드치킨:   2개, 🍗 4개 ➡ 24마리

• 간장치킨: 🍗 2개, 🍗 6개 ➡ 26마리

(팔린 양념치킨과 고추치킨 수의 합)

$=110-24-26=60$(마리)

팔린 고추치킨 수를 □마리라고 하면 팔린 양념치킨 수는 (□+□)마리입니다.

□+□+□=60, □=20이므로 팔린 고추치킨은 20마리, 양념치킨은 40마리입니다.

➡ 그림그래프에 양념치킨은 🍗 4개, 고추치킨은 🍗 2개로 나타냅니다.

⟨5회⟩ 마무리 평가

164~167쪽

01 10 kg, 1 kg **02** 41 kg

03 라 목장

04 나 목장, 다 목장, 라 목장, 가 목장

05 노트북 **06** 세탁기

07 노트북 **08** ㉡

09 1개, 10개

10

마을	그늘막 수
금강	◎◎◎◎◎○○○
산들	◎◎◎○○○○○○
달빛	◎○○○○○○
해님	◎◎◎○○○○

◎ 10개
○ 1개

11 59개

12 11개

13 20, 15, 33, 12, 80

14

수업	학생 수
마술	△△
바둑	△△△△△△△
춤	△△△△△△
컴퓨터	△△△

△ 10명
△ 1명

15 ❶ 例 가장 많은 학생들이 참여하고 싶은 방과 후 수업은 춤 수업입니다. /

❷ 例 춤 수업을 참여하고 싶은 학생은 마술 수업을 참여하고 싶은 학생보다 13명 더 많습니다.

16

동물	학생 수
호랑이	☺☺
토끼	☺☺☺☺☺☺☺
기린	☺☺☺☺☺☺☺
곰	☺☺☺☺☺☺☺☺☺

☺ 10명
☺ 1명

17 97명

18 ❶ 호랑이와 기린을 좋아하는 학생은 모두 $11+25=36$(명)입니다.

❷ 한 명당 연필을 3자루씩 나누어 주려면 연필은 모두 $36×3=108$(자루) 필요합니다.

답 108자루

19 23, 16, 60 /

진료 과목	병원 수
내과	✚✚✚
치과	✚✚✚✚✚
안과	✚✚✚✚✚✚✚

✚ 10개
✚ 1개

20

과수원	생산량
싱싱	□□□
미소	□□□□
초원	□□□□□

□ 100상자
□ 10상자

21 1010그릇 **22** 190그릇

23

종류	음식 수
돈가스	◎◎◎△○○
라면	◎◎○
김밥	◎△○○○
떡볶이	◎◎△

◎ 100그릇 △ 50그릇 ○ 10그릇

24

종류	자석 수
막대자석	◇△△△△
고리자석	◇◇△△
말굽자석	◇△△△△△△

◇ 10개
△ 1개

25 ❶ 막대자석은 14개, 고리자석은 22개, 말굽자석은 16개입니다.

❷ 22>16>14이므로 두 번째로 많은 자석은 말굽자석입니다. 답 말굽자석

01 🥛은 10 kg, 🥛은 1 kg을 나타냅니다.

02 나 목장: 🥛 4개, 🥛 1개 ➡ 41 kg

03 🥛이 3개, 🥛이 5개인 목장을 찾으면 라 목장입니다.

04 • 가 목장: 25 kg   • 나 목장: 41 kg,
　　 • 다 목장: 40 kg   • 라 목장: 35 kg
　 ➡ 우유 생산량을 비교하면
　　 41 kg > 40 kg > 35 kg > 25 kg이므로 우유 생산량이 많은 목장부터 차례로 쓰면 나 목장, 다 목장, 라 목장, 가 목장입니다.

05 가장 많이 팔린 전자 제품은 10대를 나타내는 그림의 수가 가장 많은 노트북입니다.

06 가장 적게 팔린 전자 제품은 10대를 나타내는 그림의 수가 2개인 냉장고, 세탁기 중에서 1대를 나타내는 그림의 수가 더 적은 세탁기입니다.

07 세탁기는 20대이므로 판매량이 $20 \times 2 = 40$(대)인 전자 제품을 찾으면 노트북입니다.

08 ㉠ 에어컨: 36대, 세탁기: 20대
　　 ➡ $36 - 20 = 16$(대)
　 ㉡ 냉장고: 25대, 노트북: 40대
　　 ➡ $25 + 40 = 65$(대)
　 따라서 잘못 설명한 것은 ㉡입니다.

09 그늘막 수가 모두 두 자리 수이므로 10개를 나타내는 그림과 1개를 나타내는 그림 2가지로 나타내는 것이 좋습니다.

10 ◎는 10개, ○는 1개로 나타냅니다.

11 금강 마을: 43개, 달빛 마을: 16개
　 ➡ $43 + 16 = 59$(개)

12 산들 마을: 36개, 해님 마을: 25개
　 ➡ $36 - 25 = 11$(개)

13 방과 후 수업별 학생 수를 각각 세어 봅니다.
　 마술은 20명, 바둑은 15명, 춤은 33명, 컴퓨터는 12명입니다.

14 • 마술: 20명 ➡ △ 2개
　 • 바둑: 15명 ➡ △ 1개, △ 5개
　 • 춤: 33명 ➡ △ 3개, △ 3개
　 • 컴퓨터: 12명 ➡ △ 1개, △ 2개

15

채점 기준	❶ 알 수 있는 내용을 1가지 쓴 경우	2점	4점
	❷ 알 수 있는 또 다른 내용을 1가지 쓴 경우	2점	

16 토끼를 좋아하는 학생은 34명이므로 곰을 좋아하는 학생은 $34 - 7 = 27$(명)입니다.
　 ➡ 😀 2개, 😊 7개로 나타냅니다.

17 호랑이: 11명, 토끼: 34명, 기린: 25명, 곰: 27명
　 ➡ (지호네 학교 3학년 학생 수)
　　 $= 11 + 34 + 25 + 27 = 97$(명)

18

채점 기준	❶ 호랑이와 기린을 좋아하는 학생은 모두 몇 명인지 구한 경우	2점	4점
	❷ 연필은 모두 몇 자루 필요한지 구한 경우	2점	

19 • 내과: $9 + 12 = 21$(개) ➡ ➕ 2개, ⊞ 1개
　 • 치과: $8 + 15 = 23$(개) ➡ ➕ 2개, ⊞ 3개
　 • 안과: $10 + 6 = 16$(개) ➡ ➕ 1개, ⊞ 6개

20 (미소 과수원의 사과 생산량)
　 $= 670 - 120 - 240 = 310$(상자)

21 돈가스: 370그릇, 라면: 210그릇,
　 김밥: 180그릇, 떡볶이: 250그릇
　 팔린 음식은 모두
　 $370 + 210 + 180 + 250 = 1010$(그릇)입니다.

22 • 가장 많이 팔린 음식: 돈가스(370그릇)
　 • 가장 적게 팔린 음식: 김밥(180그릇)
　 ➡ $370 - 180 = 190$(그릇)

23 50그릇을 나타내는 그림을 사용하여 다시 나타내 봅니다.

24 막대자석의 수를 ◇ 1개, △ 4개로 나타냈으므로 ◇은 10개, △은 1개를 나타냅니다.

25

채점 기준	❶ 자석 수를 각각 알아본 경우	2점	4점
	❷ 두 번째로 많은 자석을 구한 경우	2점	

1. 곱셈

단원 평가 Ⓐ 단계　　　2~4쪽

01 284　　**02** 300

03 ㉠

04
$$\begin{array}{r} 6 \\ \times\ 3\ 8 \\ \hline 4\ 8 \leftarrow 6\times8 \\ 1\ 8\ 0 \leftarrow 6\times30 \\ \hline 2\ 2\ 8 \end{array}$$

05 360
06 2400
07 351
08 <

09 51, 1326

10 (선으로 연결)

11
$$\begin{array}{r} 2 \\ 3 \\ \times\ 5\ 8 \\ \hline 1\ 7\ 4 \end{array}$$

12 588

13 ❶ ㉠ $34\times22=748$　　㉡ $9\times86=774$
　　㉢ $20\times40=800$　　㉣ $15\times50=750$
❷ 따라서 $800>774>750>748$이므로 곱이
가장 큰 것은 ㉢입니다.　　답 ㉢

14 예 약 900 cm　　**15** 1400장

16 ❶ 어떤 수를 □라고 하면 □$+34=42$입니다.
□$=42-34=8$이므로 어떤 수는 8입니다.
❷ 따라서 바르게 계산하면 $8\times34=272$입니다.
　　답 272

17 713　　**18** 6

19
$$\begin{array}{r} 8 \\ \times\ 5\ 4 \end{array}$$ / 432
20 192 cm

02 $\fbox{3}$은 십의 자리 계산 $4\times8=32$에서 올림한 수입니다. 따라서 $\fbox{3}$이 실제로 나타내는 수는 300입니다.

03 $7\times9=63$ ➡ $70\times90=6300$
따라서 숫자 6을 써야 할 곳은 ㉠입니다.

05 □ 안의 두 수의 곱은 실제로 $9\times40=360$을 나타냅니다.

06 42를 어림하면 약 40, 61을 어림하면 약 60입니다.
➡ 42×61을 어림셈으로 구하면 $40\times60=2400$이므로 약 2400입니다.

08 $94\times30=2820$, $68\times42=2856$
➡ $2820<2856$

09 $3\times17=51$, $51\times26=1326$

10 ・$37\times60=2220$　　・$52\times40=2080$
・$60\times40=2400$　　・$74\times30=2220$
・$26\times80=2080$　　・$30\times80=2400$

11 일의 자리 계산에서 올림한 수를 십의 자리 계산에서 더하지 않았습니다.

12 $42>34>28>14$이므로 가장 큰 수는 42, 가장 작은 수는 14입니다. ➡ $42\times14=588$

13
채점 기준			
❶ 주어진 곱셈의 곱을 각각 구한 경우		3점	5점
❷ 곱이 가장 큰 것을 찾아 기호를 쓴 경우		2점	

14 291×3을 어림셈으로 구하면 $300\times3=900$이므로 약 900입니다. 따라서 삼각형의 세 변의 길이의 합은 약 900 cm입니다.

15 (문구점에서 판 색종이 수)$=20\times70=1400$(장)

16
채점 기준			
❶ 어떤 수를 구한 경우		2점	5점
❷ 바르게 계산한 값을 구한 경우		3점	

17 $42\times17=714$
➡ □<714이므로 □ 안에 들어갈 수 있는 가장 큰 세 자리 수는 713입니다.

18 □$\times4$의 일의 자리 수가 4이므로 $1\times4=4$,
$6\times4=24$에서 □$=1$ 또는 □$=6$입니다.
□$=1$일 때 $831\times4=3324(\times)$
□$=6$일 때 $836\times4=3344(○)$

19 $8>5>4$이므로 가장 큰 수인 8을 한 자리 수에 놓고, 두 번째로 큰 수인 5를 두 자리 수의 십의 자리에 놓아야 합니다.
➡ $8\times54=432$

20 빨간색 선의 길이는 정사각형의 한 변의 길이의 16배입니다.
→ (빨간색 선의 길이)=$12 \times 16 = 192$ (cm)

단원 **평가** Ⓑ 단계　　　5~7쪽

01
$$
\begin{array}{r}
1\,3\,2 \\
\times\quad 3 \\
\hline
6 \\
9\,0 \\
3\,0\,0 \\
\hline
3\,9\,6
\end{array}
$$

02 3개

03 840, 1400, 2240

04 455

05 (선 긋기)

06 114, 4, 456

07 채아

08 $8 \times 73 = 584$ (또는 8×73) / 584병

09 293

10 ⑤

11 348 km

12 622

13 ❶ 10이 2개, 1이 14개인 수는 34입니다.
❷ 따라서 서진이가 말하는 수와 12의 곱은 $34 \times 12 = 408$입니다.　　답 408

14 (위에서부터) 4, 4, 3

15 예 약 2800개

16 315쪽

17 1782개

18 4248

19 2000

20 ❶ (리본 20개의 길이의 합)
　　$= 70 \times 20 = 1400$ (cm)
❷ 겹친 부분은 $20 - 1 = 19$ (군데)입니다.
(겹친 부분의 길이의 합)$= 11 \times 19 = 209$ (cm)
❸ 따라서 이어 붙인 리본의 전체 길이는 $1400 - 209 = 1191$ (cm)입니다.
　　答 1191 cm

---

02 $50 \times 60 = 3000$
→ ☐ 안에 들어갈 0은 모두 3개입니다.

06 114씩 4번이므로 $114 \times 4 = 456$입니다.

---

07 • 채아: $12 \times 53 = 636$　• 도현: $25 \times 14 = 350$
→ 바르게 계산한 사람은 채아입니다.

08 (전체 음료수 수)$= 8 \times 73 = 584$(병)

09 $231 \times 5 = 1155$, $362 \times 4 = 1448$
→ $1448 - 1155 = 293$

10 ① $27 \times 40 = 1080$　② $56 \times 50 = 2800$
③ $18 \times 80 = 1440$　④ $34 \times 60 = 2040$
⑤ $42 \times 80 = 3360$

11 (준영이가 이동한 거리)
$=$(준영이네 집에서 할머니 댁까지의 거리)$\times 2$
$= 174 \times 2 = 348$ (km)

12 • $126 \times 3 = 378$ → ㉠$= 378$
• $50 \times 20 = 1000$ → ㉡$= 1000$
따라서 ㉡$-$㉠$= 1000 - 378 = 622$입니다.

13
채점기준			
❶ 서진이가 말하는 수를 구한 경우	2점		5점
❷ 서진이가 말하는 수와 12의 곱을 구한 경우	3점		

14
$$
\begin{array}{r}
5\,6 \\
\times\;2\,㉠ \\
\hline
2\,2\,㉡ \\
1\,1\,2 \\
\hline
1\,㉢\,4\,4
\end{array}
$$
• 계산 결과의 일의 자리 수가 4이므로 ㉡$+0=4$, ㉡$=4$입니다.
• $6 \times ㉠$의 일의 자리 수가 4이므로 $6 \times 4 = 24$, $6 \times 9 = 54$에서 ㉠$=4$ 또는 ㉠$=9$입니다.
$56 \times 4 = 224$(○), $56 \times 9 = 504$(×)이므로 ㉠$=4$입니다.
• ㉢$=2+1$이므로 ㉢$=3$입니다.

15 37을 어림하면 약 40입니다.
37×70을 어림셈으로 구하면 $40 \times 70 = 2800$이므로 약 2800입니다. → 약 2800개

16 일주일은 7일이므로 5주일은 $7 \times 5 = 35$(일)입니다.
→ (5주일 동안 읽을 수 있는 동화책 쪽수)
　　$= 9 \times 35 = 315$(쪽)

17 (포장한 사과의 수)$= 34 \times 27 = 918$(개)
(포장한 배의 수)$= 16 \times 54 = 864$(개)
→ $918 + 864 = 1782$(개)

18 곱이 가장 큰 (세 자리 수)$\times$(한 자리 수)를 만들려면 가장 큰 수를 한 자리 수에 놓고, 나머지 수 카드로 가장 큰 세 자리 수를 만들어야 합니다.
→ $531 \times 8 = 4248$

19 19◆25＝(19보다 5만큼 더 큰 수)×25
　　　　＝24×25＝600
　　30◆40＝(30보다 5만큼 더 큰 수)×40
　　　　＝35×40＝1400
　➜ 600＋1400＝2000

20

채점 기준	❶ 리본 20개의 길이의 합을 구한 경우	1점	
	❷ 겹친 부분의 길이의 합을 구한 경우	2점	5점
	❸ 이어 붙인 리본의 길이는 몇 cm인지 구한 경우	2점	

2. 나눗셈

단원 평가 A 단계　　　　8~10쪽

01 4, 40
02 (위에서부터) 1, 7 / 5 / 3, 5 / 3, 5 / 0
03 7, 3 / 7, 42, 42, 3, 45
04 예

```
      5 0   /     5 4
  4)2 0 0     4)2 1 9
    2 0           2 0
    ─────          ───
        0         1 9
                  1 6
                  ───
                    3
```

05 25, 13　　　　**06** 84÷7
07 ( ) (○)　　**08** ㉢
09

```
      1 3 8
  4)5 5 4
    4
    ───
    1 5
    1 2
    ───
      3 4
      3 2
      ───
        2
```

10 ❶ 218÷3＝72…2이므로 ㉠＝72, ㉡＝2입
니다.
　　❷ 따라서 ㉠＋㉡＝72＋2＝74입니다.
　　　　　　　　　　　　　　　　　 답 74
11 42 cm　　　　**12** ㉣, ㉠, ㉡, ㉢
13 9명, 4자루　　**14** 48, 12

15 247
16 (위에서부터) 1, 3 / 8 / 6 / 1, 8 / 1
17 ❶ 충분합니다
　　❷ 293을 몇백으로 어림하면 약 300입니다.
293÷6의 몫을 어림셈으로 구하면
300÷6＝50이므로 약 50입니다. 293은 300
보다 작으므로 293÷6의 실제 몫은 50보다 작
습니다. 따라서 50상자는 충분합니다.
18 4, 3　　　　　　**19** 92 cm
20 2, 5, 8

01 나누는 수가 같을 때 나누어지는 수가 10배가 되면
몫도 10배가 됩니다.

02 50÷5＝10, 35÷5＝7
　➜ 85÷5＝10＋7＝17

03 나눗셈을 한 후 나누는 수와 몫의 곱에 나머지를 더
하면 나누어지는 수가 되는지 확인합니다.

04 219는 약 200이고 219÷4의 몫을 어림셈으로 구하
면 200÷4＝50이므로 약 50입니다.
　➜ 219는 200보다 크므로 219÷4의 실제 몫은 어
　　림셈으로 구한 몫 50보다 큽니다.

05

```
      2 5       1 3
  2)5 0     7)9 1
    4           7
    ───         ───
    1 0         2 1
    1 0         2 1
    ───         ───
      0           0
```

06 52÷3＝17…1
　　84÷7＝12
　　54÷4＝13…2

07 88÷4＝22
　　93÷3＝31
　➜ 22<31이므로 몫이 더 큰 것은 93÷3입니다.

08 나머지가 6이 되려면 나누는 수가 6보다 커야 합니다.
　➜ 나머지가 6이 될 수 없는 나눗셈은 나누는 수가 6
　　인 ㉢입니다.

09 나머지는 나누는 수인 4보다 작아야 하는데 나머지가 6으로 4보다 크기 때문에 잘못 계산했습니다.

참고

몫을 1 크게

$$
\begin{array}{r}
1\,3\,7 \\
4\,)\,5\,5\,4 \\
\hline
4 \\
\hline
1\,5 \\
1\,2 \\
\hline
3\,4 \\
2\,8 \\
\hline
6
\end{array}
\qquad
\begin{array}{r}
1\,3\,8 \\
4\,)\,5\,5\,4 \\
\hline
4 \\
\hline
1\,5 \\
1\,2 \\
\hline
3\,4 \\
3\,2 \\
\hline
2
\end{array}
$$

10

채점 기준		
❶ ㉠과 ㉡에 알맞은 수를 각각 구한 경우	3점	5점
❷ ㉠과 ㉡에 알맞은 수의 합을 구한 경우	2점	

11 (삼각형의 한 변의 길이)$=126\div3=42\,(\text{cm})$

12 ㉠ $84\div4=21$　　㉡ $90\div3=30$
㉢ $62\div2=31$　　㉣ $80\div5=16$
➡ ㉣ $16<$ ㉠ $21<$ ㉡ $30<$ ㉢ 31

13 $58\div6=9\cdots4$
➡ 연필을 9명에게 나누어 줄 수 있고, 4자루가 남습니다.

14 ・$96\div2=48$이므로 ♥에 알맞은 수는 48입니다.
・$48\div4=12$이므로 ★에 알맞은 수는 12입니다.

15 $738\div3=246$
➡ 246보다 큰 세 자리 수 중에서 가장 작은 수는 247입니다.

16

$$
\begin{array}{r}
㉠\,㉡ \\
6\,)\,7\,㉢ \\
\hline
㉣ \\
\hline
㉤\,㉥ \\
㊃\,8 \\
\hline
0
\end{array}
$$

・㉠$=1$, ㉣$=6\times1=6$,
㉤$=7-6=1$
・$1㉥-㊃8=0$ ➡ ㉥$=8$, ㊃$=1$
・$6\times㉡=18$ ➡ ㉡$=3$
・㉢$=㉥=8$

17

채점 기준		
❶ 상자가 충분한지 답한 경우	2점	5점
❷ 어림셈으로 설명한 경우	3점	

18 어떤 수를 □라고 하면
$□\times4=76$, $□=76\div4=19$입니다.
➡ $19\div4=4\cdots3$이므로 몫은 4, 나머지는 3입니다.

19 $4\,\text{m}=400\,\text{cm}$
정사각형을 만드는 데 사용한 철사의 길이는
$400-32=368\,(\text{cm})$입니다.
➡ (정사각형의 한 변의 길이)$=368\div4=92\,(\text{cm})$

20

$$
\begin{array}{r}
1\,▲ \\
3\,)\,4\,□ \\
\hline
3 \\
\hline
1\,□ \\
1\,□ \;\leftarrow 3\times▲ \\
\hline
0
\end{array}
$$

$3\times▲=1\square$이어야 하므로 3단 곱셈구구에서 곱의 십의 자리 수가 1인 경우를 찾으면 $3\times4=12$, $3\times5=15$, $3\times6=18$입니다.
따라서 □ 안에 들어갈 수 있는 수는 2, 5, 8입니다.

단원 평가 Ⓑ 단계　　11~13쪽

01
$$
\begin{array}{r}
2\,1 \\
3\,)\,6\,3 \\
\hline
6 \\
\hline
3 \\
3 \\
\hline
0
\end{array}
$$

02 $90\div3$

03 77, 308, 308, 3, 311

04 50

05 (위에서부터) 22, 4 / 14, 2

06 

07 >

08 4개

09 ④

10 15마리

11 221

12 ⑩ 약 75개

13 93 cm

14 6장

15 19개

16 ❶ $87\div4=21\cdots3$이므로 ㉠에 알맞은 수는 3입니다.
❷ $426\div3=142$이므로 ㉡에 알맞은 수는 142입니다.
❸ 따라서 ㉠과 ㉡에 알맞은 수의 합은 $3+142=145$입니다.　답 145

17 21상자

18 ❶ (나무 사이의 간격 수)$=252\div6=42$(군데)
❷ (도로 한쪽에 심어야 할 가로수 수)
$=42+1=43$(그루)　답 43그루

19 49, 2

20 233, 226

02 $60 \div 3 = 20$, $90 \div 3 = 30$, $80 \div 4 = 20$

03 나누는 수와 몫의 곱에 나머지를 더하면 나누어지는
수가 되는지 확인합니다.

04 392는 400에 가까우므로 약 400입니다.
→ $392 \div 8$의 몫을 어림셈으로 구하면
$400 \div 8 = 50$이므로 약 50입니다.

05 $114 \div 5 = 22 \cdots 4$, $114 \div 8 = 14 \cdots 2$

06 • $57 \div 2 = 28 \cdots 1$ • $74 \div 6 = 12 \cdots 2$
• $71 \div 4 = 17 \cdots 3$ • $85 \div 3 = 28 \cdots 1$
• $86 \div 7 = 12 \cdots 2$ • $88 \div 5 = 17 \cdots 3$

07 $34 \div 5 = 6 \cdots 4$
$51 \div 9 = 5 \cdots 6$
→ 몫의 크기를 비교하면 $6 > 5$이므로
$34 \div 5 > 51 \div 9$입니다.
주의 나머지의 크기를 비교하여 $34 \div 5 < 51 \div 9$라고 답하지
않도록 주의합니다.

08 7로 나누었을 때 나머지가 될 수 있는 수는 7보다 작
은 수입니다.
→ 나머지가 될 수 있는 수는 2, 4, 5, 6으로 모두 4
개입니다.

09 ① $39 \div 8 = 4 \cdots 7$ ② $82 \div 7 = 11 \cdots 5$
③ $87 \div 6 = 14 \cdots 3$ ④ $43 \div 3 = 14 \cdots 1$
⑤ $84 \div 5 = 16 \cdots 4$
→ $1 < 3 < 4 < 5 < 7$이므로 나머지가 가장 작은 것은
④입니다.

10 호랑이 한 마리의 다리는 4개입니다.
(호랑이 수) = (호랑이 다리 수) $\div 4$
$= 60 \div 4 = 15$(마리)

11 $8 \times 27 = 216$, $216 + 5 = 221$이므로 ●에 알맞은
수는 221입니다.

12 616은 600에 가까우므로 어림하면 약 600입니다.
$616 \div 8$의 몫을 어림셈으로 구하면 $600 \div 8 = 75$이
므로 약 75입니다.
→ 리본을 약 75개 만들 수 있습니다.

13 자르기 전의 가래떡의 길이를 □cm라 하면
$□ \div 7 = 13 \cdots 2$입니다.
→ $7 \times 13 = 91$, $91 + 2 = 93$이므로 자르기 전의 가
래떡의 길이는 93 cm입니다.

14 $48 \div 9 = 5 \cdots 3$이므로 한 명에게 붙임딱지를 5장씩
주면 3장이 남습니다.
→ 9명에게 남김없이 똑같이 나누어 주려면 붙임딱지
는 적어도 $9 - 3 = 6$(장) 더 필요합니다.

15 사탕은 모두 $33 + 17 + 26 = 76$(개)입니다.
→ 4명이 똑같이 나누어 가진다면 한 명이 갖게 되는
사탕은 $76 \div 4 = 19$(개)입니다.

16

채점 기준	❶ ㉠에 알맞은 수를 구한 경우	2점	
	❷ ㉡에 알맞은 수를 구한 경우	2점	5점
	❸ ㉠과 ㉡에 알맞은 수의 합을 구한 경우	1점	

17 (전체 배의 수) $= 36 \times 4 = 144$(개)
$144 \div 7 = 20 \cdots 4$이므로 7개씩 20상자에 담으면 4개
가 남습니다.
남은 배 4개도 상자에 담아야 하므로 필요한 상자는
적어도 $20 + 1 = 21$(상자)입니다.

18

채점 기준	❶ 나무 사이의 간격 수를 구한 경우	3점	
	❷ 심어야 할 가로수 수를 구한 경우	2점	5점

참고 도로 한쪽에 심어야 할 가로수 수는 나무 사이의 간격 수
보다 1만큼 더 큽니다.

19 몫이 가장 작으려면 나누어지는 수를 가장 작게, 나
누는 수를 가장 크게 만들어야 합니다.
$3 < 4 < 5 < 7$이므로 나누어지는 수는 345, 나누는
수는 7이 되어야 합니다.
→ $345 \div 7 = 49 \cdots 2$

20 나누는 수가 9이므로 ▲가 될 수 있는 수는 1, 2, 3,
4, 5, 6, 7, 8입니다.
• $□ \div 9 = 25 \cdots 1$에서 $9 \times 25 = 225$,
$225 + 1 = 226$이므로 $□ = 226$입니다.
• $□ \div 9 = 25 \cdots 8$에서 $9 \times 25 = 225$,
$225 + 8 = 233$이므로 $□ = 233$입니다.
→ □ 안에 들어갈 수 있는 세 자리 수 중에서 가장
큰 수는 233, 가장 작은 수는 226입니다.

3. 원

단원 **평가** Ⓐ 단계   14~16쪽

01 점 ㄷ   **02** ③

03 선분 ㄱㄷ 또는 선분 ㄷㄱ,
선분 ㄴㅁ 또는 선분 ㅁㄴ

04 ①   **05** 4

06 2 cm

07 ⑩ 원의 지름은 원의 중심을 지나는 선분인데
승현이가 나타낸 선분은 원의 중심을 지나지 않
으므로 잘못 나타냈습니다.

08 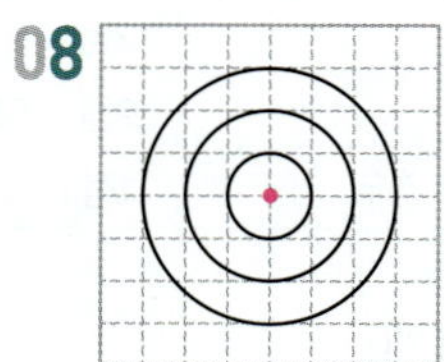

09 ⑩ 원의 지름은 원을 똑같이 둘로 나누는 선분
입니다.

10 ㉢   **11** 26 cm

12 4군데

13 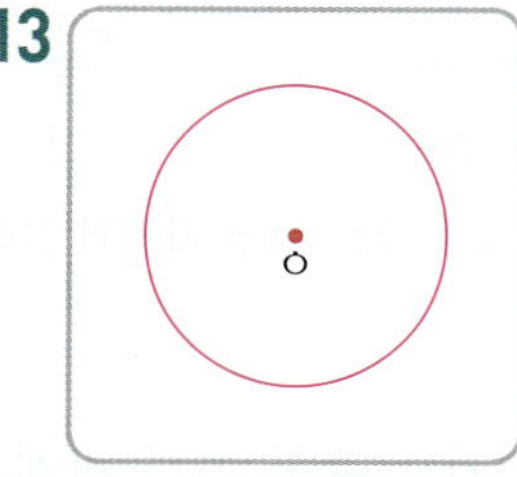   **14**

15 승아   **16** 24 cm

17 27 cm   **18** 8 cm

19 가   **20** 100 cm

02 원의 중심과 원 위의 한 점을 이은 선분을 찾습니다.

05 (원의 반지름)=8÷2=4 (cm)

07 | 채점 기준 | 원의 지름을 잘못 나타낸 이유를 쓴 경우 | 5점 |
|---|---|---|

08 컴퍼스의 침을 꽂아야 할 곳은 원의 중심입니다.
주어진 모양은 원의 중심은 모두 같고, 반지름이 모
눈 1칸씩 늘어나는 규칙입니다.

09 | 채점 기준 | 원의 지름의 성질을 한 가지 쓴 경우 | 5점 |
|---|---|---|

10 띠 종이의 구멍이 누름 못에서 멀어질수록 더 큰 원
을 그릴 수 있습니다.

11 (선분 ㄱㄴ)=(선분 ㄱㄷ)=7 cm
➜ (삼각형 ㄱㄴㄷ의 세 변의 길이의 합)
　　=7+7+12=26 (cm)

12 그려야 할 모양에서 원의 중심이 4개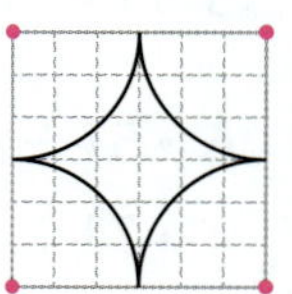
이므로 컴퍼스의 침을 꽂아야 할 곳은
모두 4군데입니다.

13 주어진 선분의 길이를 재어 보면 1 cm입니다.
➜ 컴퍼스를 1 cm만큼 벌려서 원을 그립니다.

14 한 변이 모눈 6칸인 정사각형을 먼저 그린 후 정사각형
의 한 변을 지름으로 하는 원의 일부분을 2개 그립니다.

15 (정훈이가 그린 원의 반지름)=26÷2=13 (cm)
➜ 반지름의 길이를 비교하면
　　12 cm < 13 cm < 14 cm이므로 크기가 가장 작
은 원을 그린 사람은 승아입니다.

16 작은 원의 지름은 6×2=12 (cm)입니다.
➜ (큰 원의 지름)=(작은 원의 지름)×2
　　　　　　　=12×2=24 (cm)

17 삼각형 ㄱㄴㄷ의 세 변은 모두 원의 반지름입니다.
(선분 ㄱㄴ)=(선분 ㄴㄷ)=(선분 ㄱㄷ)=9 cm
➜ (삼각형 ㄱㄴㄷ의 세 변의 길이의 합)
　　=9×3=27 (cm)

18 선분 ㄱㄴ의 길이는 원의 반지름의 길이의 4배입니다.
➜ 한 원의 반지름은 32÷4=8 (cm)입니다.

19 가  ➜ 5군데   나 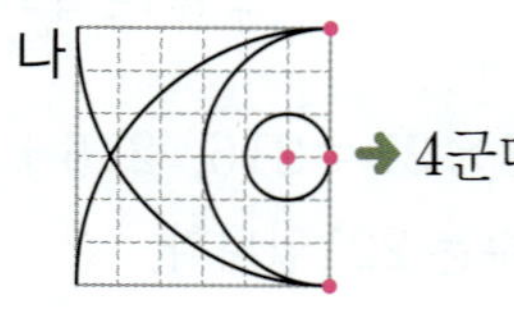 ➜ 4군데

20 (직사각형의 긴 변)=5×8=40 (cm)
(직사각형의 짧은 변)=5×2=10 (cm)
➜ (직사각형의 네 변의 길이의 합)
　　=40+10+40+10=100 (cm)

단원 평가 **B** 단계

01 원의 중심

02 ③

03 ㉠, ㉢

04

05 5 cm

06 12

07 2개

08 ㉢

09 7 cm

10 ( ) (○)

11 8 cm

12 ❶ 기찬이가 그린 원의 반지름은 6 cm, 혜진이가 그린 원의 반지름은 $14 \div 2 = 7$ (cm)입니다.
❷ 따라서 반지름의 길이를 비교하면 6 cm < 7 cm이므로 크기가 더 큰 원을 그린 사람은 혜진입니다. 답 혜진

13 2 cm

14 3 cm

15

16 24 cm

17 22 cm

18 나

19 ❶ (삼각형의 한 변의 길이)$= 36 \div 3 = 12$ (cm)
❷ 원의 반지름의 길이는 삼각형의 한 변의 길이의 반이므로 원의 반지름은 $12 \div 2 = 6$ (cm)입니다. 답 6 cm

20 12 cm

---

01 원을 그릴 때 누름 못이 꽂혔던 점을 원의 중심이라고 합니다.

02 원 위의 두 점을 이은 선분 중 원의 중심을 지나는 선분은 선분 ㄴㄹ입니다.

05 원의 반지름은 원의 중심과 원 위의 한 점을 이은 선분이므로 5 cm입니다.

06 (원의 지름)$= 6 \times 2 = 12$ (cm)

07 원의 반지름은 원의 중심과 원 위의 한 점을 이은 선분입니다. ➔ 선분 ㅇㄴ, 선분 ㅇㄹ

08 ㉠ 한 원에서 지름의 길이는 모두 같습니다.
㉢ 한 원에서 지름은 무수히 많이 그을 수 있습니다.

09 그리려는 원의 반지름은 $14 \div 2 = 7$ (cm)입니다. 컴퍼스를 원의 반지름 7 cm만큼 벌려야 합니다.

10 (반지름이 12 cm인 원의 지름)$= 12 \times 2 = 24$ (cm)
➔ 지름의 길이를 비교하면 24 cm > 22 cm입니다.

11 원의 지름은 정사각형의 한 변의 길이와 같으므로 16 cm입니다. ➔ (원의 반지름)$= 16 \div 2 = 8$ (cm)

12

채점 기준			
❶ 두 원의 반지름 또는 지름의 길이를 각각 구한 경우	3점	5점
❷ 크기가 더 큰 원을 그린 사람을 구한 경우	2점	

13 (원 가의 지름)$= 4 \times 2 = 8$ (cm)
(원 나의 지름)$= 10$ cm
➔ (두 원 가와 나의 지름의 차)$= 10 - 8 = 2$ (cm)

14 (작은 원의 지름)=(큰 원의 반지름)$= 12 \div 2 = 6$ (cm)
➔ (작은 원의 반지름)$= 6 \div 2 = 3$ (cm)

15 반지름이 모눈 3칸인 원을 그린 후 원 위의 한 점을 원의 중심으로 하는 반지름이 모눈 3칸인 원의 일부분을 4개 그립니다.

16 선분 ㄱㅁ의 길이는 반지름의 길이의 6배입니다.
➔ (선분 ㄱㅁ)$= 4 \times 6 = 24$ (cm)

17 (작은 원의 지름)$= 4 \times 2 = 8$ (cm)
(큰 원의 지름)$= 7 \times 2 = 14$ (cm)
➔ (선분 ㄱㄹ)=(작은 원의 지름)+(큰 원의 지름)
$= 8 + 14 = 22$ (cm)

18

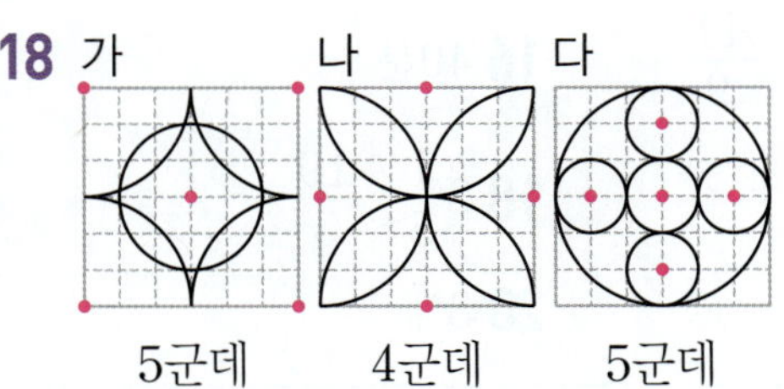

19

채점 기준			
❶ 삼각형의 한 변의 길이를 구한 경우	2점	5점
❷ 원의 반지름의 길이를 구한 경우	3점	

20 선분 ㄱㄴ의 길이는 원의 반지름의 길이의 7배입니다.
(원의 반지름)$= 42 \div 7 = 6$ (cm)
➔ (원의 지름)$= 6 \times 2 = 12$ (cm)

3 단원 평가북

4. 분수

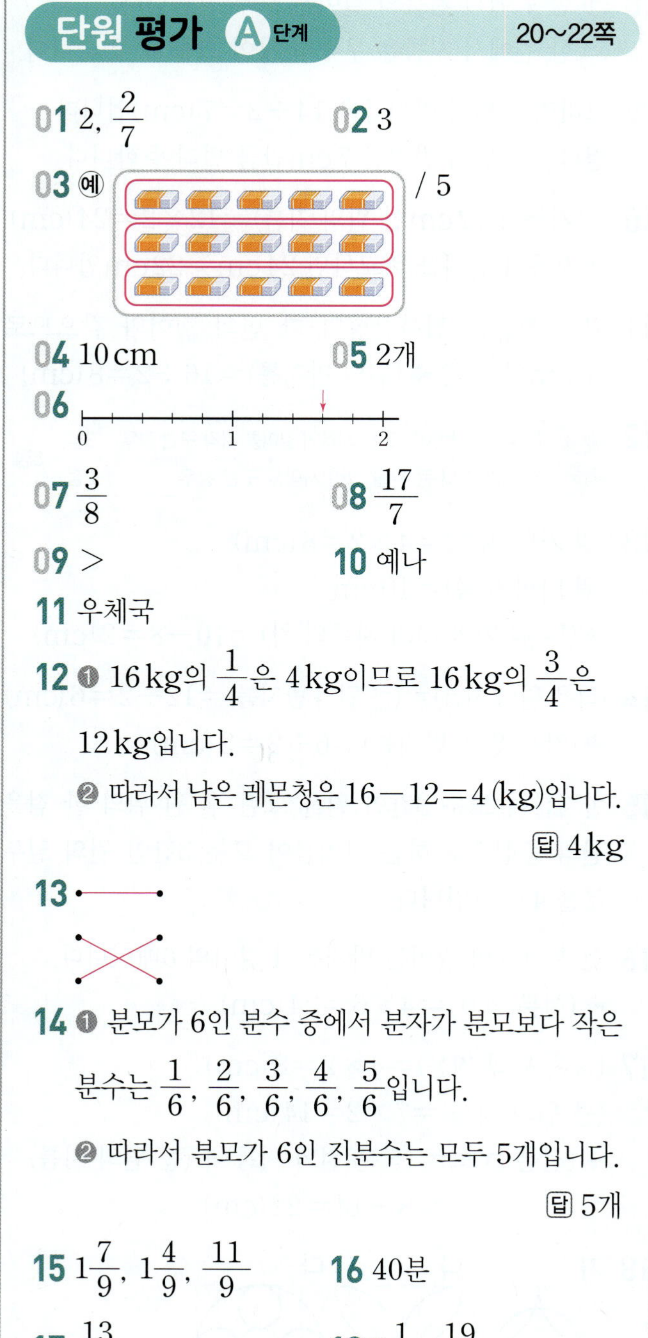

단원 평가 A 단계　20~22쪽

01 2, $\dfrac{2}{7}$　　　　**02** 3

03 예　/ 5

04 $10\,\text{cm}$　　　　**05** 2개

06

07 $\dfrac{3}{8}$　　　　**08** $\dfrac{17}{7}$

09 $>$　　　　**10** 예나

11 우체국

12 ❶ $16\,\text{kg}$의 $\dfrac{1}{4}$은 $4\,\text{kg}$이므로 $16\,\text{kg}$의 $\dfrac{3}{4}$은

$12\,\text{kg}$입니다.

❷ 따라서 남은 레몬청은 $16-12=4$ (kg)입니다.

답 $4\,\text{kg}$

13

14 ❶ 분모가 6인 분수 중에서 분자가 분모보다 작은

분수는 $\dfrac{1}{6}$, $\dfrac{2}{6}$, $\dfrac{3}{6}$, $\dfrac{4}{6}$, $\dfrac{5}{6}$입니다.

❷ 따라서 분모가 6인 진분수는 모두 5개입니다.

답 5개

15 $1\dfrac{7}{9}$, $1\dfrac{4}{9}$, $\dfrac{11}{9}$　　　**16** 40분

17 $\dfrac{13}{8}$　　　**18** $3\dfrac{1}{5}$, $\dfrac{19}{5}$

19 6, 7, 8　　　**20** 3개

01 딸기 14개를 똑같이 7묶음으로 나누면 4개는 전체

7묶음 중의 2묶음이므로 4는 14의 $\dfrac{2}{7}$입니다.

02 색칠한 부분: 전체 5묶음 중의 3묶음 ➡ 전체의 $\dfrac{3}{5}$

03 지우개 15개를 똑같이 3묶음으로 나누면 1묶음에 지

우개가 5개 있습니다.

따라서 15의 $\dfrac{1}{3}$은 5입니다.

04 $12\,\text{cm}$를 똑같이 6부분으로 나눈 것 중의 1부분은

$2\,\text{cm}$입니다.

$12\,\text{cm}$의 $\dfrac{1}{6}$은 $2\,\text{cm}$이고, $12\,\text{cm}$의 $\dfrac{5}{6}$는 $10\,\text{cm}$입

니다.

05 가분수는 분자가 분모와 같거나 분모보다 큰 분수입

니다.

가분수: $\dfrac{15}{14}$, $\dfrac{9}{9}$ ➡ 2개

참고 $\dfrac{5}{7}$, $\dfrac{5}{6}$는 진분수이고, $1\dfrac{3}{5}$은 대분수입니다.

06 수직선의 작은 눈금 한 칸은 $\dfrac{1}{5}$을 나타내므로 0에서

오른쪽으로 작은 눈금 8칸만큼 간 곳에 ↓로 나타냅

니다.

07 40개를 5개씩 묶으면 8묶음이 됩니다. 15개는 전체

8묶음 중의 3묶음이므로 15개는 40개의 $\dfrac{3}{8}$입니다.

따라서 먹은 옥수수는 전체의 $\dfrac{3}{8}$입니다.

08 $2\dfrac{3}{7}$은 2와 $\dfrac{3}{7}$이고, $2=\dfrac{14}{7}$입니다. ➡ $2\dfrac{3}{7}=\dfrac{17}{7}$

09 분자의 크기를 비교하면 $13>11$입니다.

➡ $\dfrac{13}{4}>\dfrac{11}{4}$

10 • 예나: $21\,\text{m}$의 $\dfrac{1}{7}$은 $3\,\text{m}$이므로 $21\,\text{m}$의 $\dfrac{3}{7}$은 $9\,\text{m}$

입니다.

• 도현: $18\,\text{m}$의 $\dfrac{1}{9}$은 $2\,\text{m}$이므로 $18\,\text{m}$의 $\dfrac{4}{9}$는 $8\,\text{m}$

입니다.

따라서 사용한 리본의 길이가 더 긴 사람은 예나입니다.

11 $2=\dfrac{16}{8}$이므로 $2\dfrac{1}{8}=\dfrac{17}{8}$입니다.

따라서 $\dfrac{19}{8}>2\dfrac{1}{8}\left(=\dfrac{17}{8}\right)$이므로 병원과 우체국 중

집에서 더 가까운 곳은 우체국입니다.

12

채점 기준	❶ 16 kg의 $\dfrac{3}{4}$은 몇 kg인지 구한 경우	3점	5점
	❷ 남은 레몬청은 몇 kg인지 구한 경우	2점	

13
- $\dfrac{1}{2}$이 8개이면 4와 같으므로 $\dfrac{8}{2}$=4입니다.

- 1을 분수로 나타내면 분모와 분자가 같으므로 $\dfrac{8}{8}$=1입니다.

- 2는 $\dfrac{1}{3}$이 6개인 수와 같으므로 $\dfrac{6}{3}$=2입니다.

14

채점 기준	❶ 분모가 6인 진분수를 모두 쓴 경우	3점	5점
	❷ 분모가 6인 진분수는 모두 몇 개인지 구한 경우	2점	

15 $\dfrac{11}{9}$은 $\dfrac{9}{9}$와 $\dfrac{2}{9}$이고, $\dfrac{9}{9}$=1이므로 $\dfrac{11}{9}=1\dfrac{2}{9}$입니다.

→ $1\dfrac{7}{9}>1\dfrac{4}{9}>\dfrac{11}{9}\left(=1\dfrac{2}{9}\right)$

16 1시간은 60분입니다.

60분을 똑같이 3부분으로 나눈 것 중의 1부분은 20분입니다.

60분의 $\dfrac{1}{3}$은 20분, 60분의 $\dfrac{2}{3}$는 40분입니다.

17 남은 케이크의 양은 1개와 5조각이므로 $1\dfrac{5}{8}$개입니다.

$1=\dfrac{8}{8}$이므로 $1\dfrac{5}{8}$를 가분수로 나타내면 $\dfrac{13}{8}$입니다.

18 대분수를 가분수로 고치면 $4\dfrac{2}{5}=\dfrac{22}{5}$, $1\dfrac{4}{5}=\dfrac{9}{5}$, $3\dfrac{1}{5}=\dfrac{16}{5}$, $2\dfrac{3}{5}=\dfrac{13}{5}$입니다.

→ $\dfrac{14}{5}$보다 크고 $4\dfrac{2}{5}\left(=\dfrac{22}{5}\right)$보다 작은 분수는 $3\dfrac{1}{5}\left(=\dfrac{16}{5}\right)$, $\dfrac{19}{5}$입니다.

19 $\dfrac{32}{9}$는 $\dfrac{27}{9}$과 $\dfrac{5}{9}$이고, $\dfrac{27}{9}$=3이므로 $\dfrac{32}{9}=3\dfrac{5}{9}$입니다.

$3\dfrac{5}{9}<3\dfrac{\square}{9}$에서 자연수의 크기가 같으므로 분자의 크기를 비교하면 5<$\square$입니다.

따라서 $\square$ 안에 들어갈 수 있는 자연수는 6, 7, 8입니다.

20 분모가 8인 가분수 중 $3\dfrac{1}{8}\left(=\dfrac{25}{8}\right)$보다 크고 $\dfrac{29}{8}$보다 작은 분수는 분자가 25보다 크고 29보다 작은 분수입니다. 따라서 조건을 만족하는 분수는 $\dfrac{26}{8}$, $\dfrac{27}{8}$, $\dfrac{28}{8}$로 모두 3개입니다.

01 $\dfrac{5}{6}$ **02** $\dfrac{2}{5}$

03 3   **04** $2\dfrac{3}{5}$

05 (선 잇기)

06 30

07 20송이

08 $\dfrac{4}{7}$, $\dfrac{6}{7}$, $\dfrac{9}{7}$, $\dfrac{12}{7}$ **09** 8, 9, 10

10 ㉠   **11** 120 g

12 유준   **13** $\dfrac{14}{6}$, $1\dfrac{5}{6}$

14 ❶ 만들 수 있는 대분수는

자연수가 3일 때 $3\dfrac{5}{8}$, 자연수가 5일 때 $5\dfrac{3}{8}$, 자연수가 8일 때 $8\dfrac{3}{5}$입니다.

❷ 따라서 만들 수 있는 대분수는 모두 3개입니다.

답 3개

15 ㉡   **16** 9

17 15시간   **18** 17, 18

19 ㉢

20 ❶ 합이 20이고 차가 2인 두 수는 9와 11입니다.

❷ 진분수는 분자가 분모보다 작으므로 조건을 모두 만족하는 분수는 $\dfrac{9}{11}$입니다.

답 $\dfrac{9}{11}$

01 구슬 18개를 3개씩 묶으면 6묶음이 됩니다. 구슬 15개는 전체 6묶음 중의 5묶음이므로 15는 18의 $\frac{5}{6}$입니다.

02 30을 6씩 묶으면 5묶음이 됩니다. 12는 전체 5묶음 중의 2묶음이므로 12는 30의 $\frac{2}{5}$입니다.

03 24의 $\frac{1}{8}$은 24를 똑같이 8묶음으로 나눈 것 중의 1묶음이므로 3입니다.

04 색칠한 부분은 2와 전체를 똑같이 5로 나눈 것 중의 3이므로 대분수로 나타내면 $2\frac{3}{5}$입니다.

05 • 28의 $\frac{1}{4}$은 7이므로 28의 $\frac{3}{4}$은 21입니다.

• 28의 $\frac{1}{2}$은 14입니다.

• 28의 $\frac{1}{7}$은 4이므로 28의 $\frac{5}{7}$는 20입니다.

06 1 m＝100 cm이므로 100 cm의 $\frac{1}{10}$은 10 cm이고, 100 cm의 $\frac{3}{10}$은 30 cm입니다.

07 36을 똑같이 9묶음으로 나누면 한 묶음은 4입니다. 36의 $\frac{1}{9}$은 4이므로 36의 $\frac{5}{9}$는 20입니다. 따라서 빨간색 장미는 20송이입니다.

08 수직선의 작은 눈금 한 칸은 $\frac{1}{7}$을 나타냅니다.

09 가분수는 분자가 분모와 같거나 분모보다 큰 분수입니다. 따라서 □ 안에는 8과 같거나 8보다 큰 수인 8, 9, 10이 들어갈 수 있습니다.

10 ㉠ $\frac{24}{4}$＝6이므로 $\frac{27}{4}$＝$6\frac{3}{4}$입니다.

11 200 g을 똑같이 5부분으로 나눈 것 중의 1부분은 40 g입니다. 200 g의 $\frac{1}{5}$은 40 g이고, 200 g의 $\frac{2}{5}$는 80 g입니다. 따라서 사용하고 남은 밀가루는 200－80＝120 (g)입니다.

12 $\frac{21}{7}$＝3이므로 $\frac{22}{7}$＝$3\frac{1}{7}$입니다. $3\frac{1}{7}>2\frac{6}{7}$이므로 더 긴 털실을 가진 사람은 유준입니다.

13 $\frac{14}{6}$＝$2\frac{2}{6}$입니다. $\frac{14}{6}\left(=2\frac{2}{6}\right)>2\frac{1}{6}>1\frac{5}{6}$이므로 가장 큰 분수는 $\frac{14}{6}$, 가장 작은 분수는 $1\frac{5}{6}$입니다.

14

채점기준			
❶ 만들 수 있는 대분수를 모두 구한 경우	3점		5점
❷ 만들 수 있는 대분수는 모두 몇 개인지 구한 경우	2점		

15 ㉠ 16의 $\frac{1}{4}$은 4이므로 16의 $\frac{3}{4}$은 12입니다.

㉡ 36의 $\frac{1}{4}$은 9입니다.

㉢ 18의 $\frac{1}{3}$은 6이므로 18의 $\frac{2}{3}$는 12입니다.

㉣ 20의 $\frac{1}{5}$은 4이므로 20의 $\frac{3}{5}$은 12입니다.

16 • 28을 4씩 묶으면 16은 28의 $\frac{4}{7}$이므로 ㉠＝4입니다.

• 27을 3씩 묶으면 15는 27의 $\frac{5}{9}$이므로 ㉡＝5입니다.

➡ ㉠＋㉡＝4＋5＝9

17 하루는 24시간입니다. 24시간의 $\frac{1}{8}$은 3시간이므로 24시간의 $\frac{5}{8}$는 15시간입니다.

18 $1\frac{5}{11}$＝$\frac{16}{11}$, $1\frac{8}{11}$＝$\frac{19}{11}$

$\frac{16}{11}<\frac{□}{11}<\frac{19}{11}$에서 □ 안에 들어갈 수 있는 자연수는 17, 18입니다.

19 ㉠ 분모가 5인 가장 작은 가분수는 $\frac{5}{5}$입니다.

㉡ 대분수는 자연수와 진분수로 이루어진 분수이므로 자연수가 5, 분모가 4인 대분수 중 가장 큰 대분수는 $5\frac{3}{4}$입니다.

㉢ 분모가 7인 가장 큰 진분수는 $\frac{6}{7}$입니다.

20

채점기준			
❶ 합이 20이고 차가 2인 두 수를 구한 경우	2점		5점
❷ 조건을 모두 만족하는 분수를 구한 경우	3점		

5. 들이와 무게

01 어항   **02** ㉮, 2

03 6 L 20 mL
/ 6 리터 20 밀리리터

04 1200, 1, 200   **05** 4 kg 700 g

06 3 L

07 ❶ ㉢
❷ 예 사자의 무게는 약 150 kg입니다.

08 >   **09** 4 kg 350 g

10 3 L 230 mL   **11** ㉡

12 (   ) (◯)   **13** 감자, 당근, 오이

14 ㉡, ㉢   **15** ㉮, ㉰, ㉯

16 1 kg 650 g   **17** 3 L 350 mL

18 9 kg 200 g

19 ❶ 900 mL+900 mL+900 mL=2 L 700 mL
이므로 포도주스는 2 L 700 mL 있습니다.
1 L 150 mL+1 L 150 mL=2 L 300 mL
이므로 오렌지주스는 2 L 300 mL 있습니다.
❷ 2 L 700 mL−2 L 300 mL=400 mL이
므로 포도주스가 400 mL 더 많습니다.
       답 포도주스, 400 mL

20 450 g

---

01 꽃병에 가득 채운 물을 어항에 모두 옮겨 담았을 때 가득 차지 않았으므로 들이가 더 많은 것은 어항입니다.

02 ㉮에 담긴 물을 컵에 모두 옮겨 담으면 7개, ㉯에 담긴 물을 컵에 모두 옮겨 담으면 5개이므로 ㉮에 물이 컵 2개만큼 더 많이 들어갑니다.

04 1000 g=1 kg ➡ 1200 g=1 kg 200 g

05 kg 단위의 수끼리, g 단위의 수끼리 계산합니다.

06 3 mL, 30 mL는 아주 적은 양이고, 30 L는 1 L 우유갑 30개 정도의 들이이므로 세제 통의 들이로 적절하지 않습니다.

07

채점 기준		
❶ 단위를 잘못 쓴 것을 찾아 기호를 쓴 경우	2점	5점
❷ 바르게 고친 경우	3점	

08 9200 mL=9 L 200 mL
➡ 9 L 200 mL > 9 L 20 mL

10
$$\begin{array}{r} {}^{1}\;\; \\ 1\,\text{L}\ \ 700\,\text{mL} \\ +\ 1\,\text{L}\ \ 530\,\text{mL} \\ \hline 3\,\text{L}\ \ 230\,\text{mL} \end{array}$$

11 ㉠ 3 L 70 mL=3070 mL
㉣ 3 L 50 mL=3050 mL
3200 mL > 3180 mL > 3070 mL > 3050 mL이
므로 들이가 가장 많은 것은 ㉡입니다.

12 4 L 750 mL는 5 L보다 250 mL 더 적고,
5 L 200 mL는 5 L보다 200 mL 더 많습니다.
따라서 어항의 실제 들이에 더 가깝게 어림한 것은
약 5 L 200 mL입니다.

13 당근과 오이 중에서 당근이 더 무겁습니다.
당근과 감자 중에서 감자가 더 무겁습니다.
따라서 가장 무거운 것은 감자, 가장 가벼운 것은 오이입니다.

14 ㉠ 2 kg보다 700 g 더 무거운 무게: 2 kg 700 g
㉣ 2 t=2000 kg

15 물을 부은 횟수가 적을수록 컵의 들이가 많습니다.

16 (가방의 무게)
=36 kg 200 g−34 kg 550 g=1 kg 650 g

17 (사용한 초록색 페인트의 양)
=7 L 100 mL−3 L 750 mL
=3 L 350 mL

18 가장 가벼운 무게: 3 kg 450 g
가장 무거운 무게: 5 kg 750 g
➡ 3 kg 450 g+5 kg 750 g=9 kg 200 g

19

채점 기준		
❶ 포도주스와 오렌지주스의 양을 각각 구한 경우	3점	5점
❷ 어느 것이 몇 mL 더 많은지 구한 경우	2점	

20 • (멜론 2개의 무게)
=1 kg 800 g+1 kg 800 g=3 kg 600 g
• (빈 상자의 무게)
=4 kg 50 g−3 kg 600 g=450 g

단원 평가 Ⓑ 단계 29~31쪽

01 주스병

02 3, 500

03 9 L 540 mL

04 필통, 수첩, 9

05 ⑩ 약 1 L 500 mL

06 (선 잇기)

07 ❶ 4 L 90 mL＝4090 mL입니다.
❷ 5300 mL＞4150 mL＞4090 mL이므로
들이가 많은 것부터 차례로 쓰면 양동이, 어항,
대야입니다.　　　　　답 양동이, 어항, 대야

08 약 100배

09 ㉡, ㉢

10 3 kg 590 g

11 34 kg 100 g

12 연필

13 ( )
(○)
( )

14 영주네 가족, 310 mL

15 ㉠

16 4, 800

17 ㉢

18 4 L 800 mL

19 현진

20 ❶ (잡곡 반만큼의 무게)
＝3 kg 150 g－1 kg 900 g＝1 kg 250 g
❷ (빈 병의 무게)
＝(잡곡이 반만큼 들어 있는 병의 무게)
　－(잡곡 반만큼의 무게)
＝1 kg 900 g－1 kg 250 g＝650 g
답 650 g

01 옮겨 담은 물의 높이가 높을수록 들이가 많으므로
주스병의 들이가 더 많습니다.

02 큰 눈금 한 칸은 1 L, 작은 눈금 한 칸은 100 mL를
나타내므로 수조의 눈금을 읽으면 3 L 500 mL입니다.

04 필통이 수첩보다 바둑돌 34－25＝9(개)만큼 더 무
겁습니다.

05 음료수병의 들이는 우유갑의 들이의 3배쯤입니다.
500 mL의 3배쯤 ➡ 약 1 L 500 mL

07
채점 기준		
❶ 들이를 같은 단위로 나타낸 경우	3점	5점
❷ 들이가 많은 것부터 차례로 쓴 경우	2점	

08 자동차의 무게는 약 1 t＝1000 kg입니다.
10의 100배는 1000이므로 자동차의 무게는 식탁의
무게의 약 100배입니다.

09 ㉠ 요구르트병의 들이는 약 150 mL입니다.

10
$$\begin{array}{r} \overset{5}{\cancel{6}}\text{kg}\ \overset{1000}{\ }340\text{g} \\ -\ 2\text{kg}\ \ 750\text{g} \\ \hline 3\text{kg}\ \ 590\text{g} \end{array}$$

11 (소현이의 몸무게)
＝19 kg 500 g＋14 kg 600 g＝34 kg 100 g

12 사인펜 3자루, 연필 4자루, 지우개 1개의 무게가 같
으므로 한 개의 무게가 가장 가벼운 것은 연필입니다.

14 영주네: 740 mL＋1400 mL＝2140 mL
현서네: 980 mL＋850 mL＝1830 mL
➡ 영주네 가족이 2140 mL－1830 mL＝310 mL
더 많이 마셨습니다.

15 ㉠ 2 kg 350 g＋2 kg 840 g＝5 kg 190 g
㉡ 5200 g－1600 g＝3600 g＝3 kg 600 g
㉢ 7 kg 500 g－2 kg 900 g＝4 kg 600 g

16 • mL 단위 계산: 1000＋400－600＝800
• L 단위 계산: 8－1－□＝3, 7－□＝3, □＝4

17 물을 부은 횟수가 적을수록 컵의 들이가 많습니다.
따라서 ㉯의 들이는 ㉮의 들이의 2배입니다.

18 (부은 물의 양)
＝1 L 600 mL＋1 L 600 mL＝3 L 200 mL
➡ (더 부어야 하는 물의 양)
＝8 L－3 L 200 mL＝4 L 800 mL

19 단호박의 실제 무게는 1 kg 600 g입니다. 실제 무게
와 어림한 무게의 차는 영수가 500 g, 현진이가 200 g
이므로 단호박의 실제 무게에 더 가깝게 어림한 사람
은 현진입니다.

20
채점 기준		
❶ 잡곡 반만큼의 무게를 구한 경우	2점	5점
❷ 빈 병의 무게를 구한 경우	3점	

6. 그림그래프

01 그림그래프　　**02** 10명, 1명

03 21명　　**04** 2반

05 ⓪ 2가지　　**06** ⓪ 1개, 10개

07

모둠	빈 병의 수
가	△△△△
나	△△△△△
다	△△△△△
라	△△

△ 10개
△ 1개

08 다 농장　　**09** 라 농장, 240 kg

10 ❶ 가 농장은 🍠 3개, 🍠 1개이므로 310 kg, 나 농장은 🍠 2개, 🍠 6개이므로 260 kg입니다.
❷ 따라서 가 농장의 고구마 수확량은 나 농장보다 $310 - 260 = 50$ (kg) 더 많습니다.　🖎 50 kg

11 6, 7, 9, 5, 27

12

과일	학생 수
사과	◎○
바나나	◎○○
포도	◎○○○○
귤	◎

◎ 5명
○ 1명

13 포도, 바나나, 사과, 귤

14 바나나, 포도　　**15** 360 kg

16

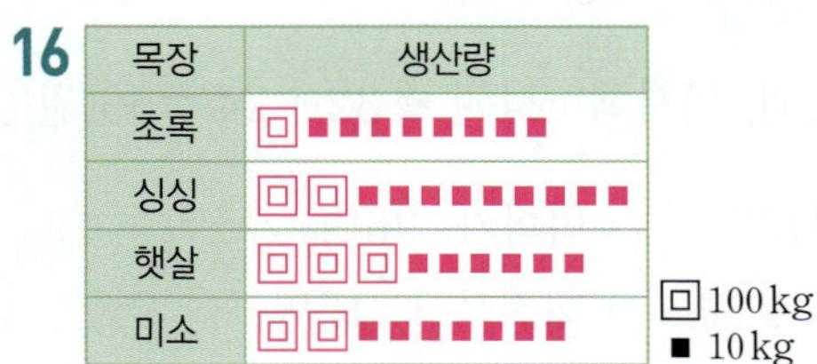

목장	생산량
초록	□■■■■■■■■
싱싱	□□■■■■■■■■■
햇살	□□□■■■■■■
미소	□□■■■■■■■

□ 100 kg
■ 10 kg

17

목장	생산량
초록	□□■■■
싱싱	□□□■■■■
햇살	□□□□■
미소	□□□■■

□ 100 kg
□ 50 kg
■ 10 kg

18 49명　　**19** 피망

20 ❶ ⓪ 호박
❷ ⓪ 가장 많은 학생들이 좋아하는 채소는 호박이므로 호박을 심으면 좋을 것 같습니다.

03 3반에서 휴대 전화를 가지고 있는 학생은 😊이 2개, 😊이 1개이므로 21명입니다.

04 😊의 수가 가장 많은 반은 2반과 3반입니다. 2반과 3반 중에서 😊의 수가 더 많은 2반이 휴대 전화를 가지고 있는 학생 수가 가장 많습니다.

05 빈 병의 수가 모두 두 자리 수이므로 10개를 나타내는 그림과 1개를 나타내는 그림 2가지로 나타내는 것이 좋을 것 같습니다.

07 • 가 모둠: 23개 ➜ △ 2개, △ 3개
　• 나 모둠: 15개 ➜ △ 1개, △ 5개
　• 다 모둠: 32개 ➜ △ 3개, △ 2개
　• 라 모둠: 20개 ➜ △ 2개

08 🍠이 3개, 🍠이 2개인 곳은 다 농장입니다.

09 🍠의 수가 가장 적은 나 농장과 라 농장 중에서 🍠의 수가 더 적은 라 농장의 고구마 수확량이 가장 적습니다. ➜ 라 농장의 수확량: 240 kg

10

채점 기준			
❶ 가 농장과 나 농장의 고구마 수확량을 각각 구한 경우	3점		5점
❷ 가 농장의 고구마 수확량은 나 농장보다 몇 kg 더 많은지 구한 경우	2점		

11 (합계)$= 6 + 7 + 9 + 5 = 27$(명)

13 ◎의 수가 모두 같으므로 ○의 수가 많은 과일부터 차례로 쓰면 포도, 바나나, 사과, 귤입니다.

14 사과보다 ○의 수가 더 많은 과일은 바나나, 포도입니다.

15 $1100 - 180 - 290 - 270 = 360$ (kg)

17 • 초록 목장: 180 kg ➜ □ 1개, □ 1개, ■ 3개
　• 싱싱 목장: 290 kg ➜ □ 2개, □ 1개, ■ 4개
　• 햇살 목장: 360 kg ➜ □ 3개, □ 1개, ■ 1개
　• 미소 목장: 270 kg ➜ □ 2개, □ 1개, ■ 2개

18 당근을 좋아하는 학생은 42명입니다.
➜ (호박을 좋아하는 학생 수)$= 42 + 7 = 49$(명)

20

채점 기준			
❶ 어떤 채소를 심는 것이 좋을지 쓴 경우	3점		5점
❷ 이유를 쓴 경우	2점		

단원 평가 Ⓑ 단계 · 35~37쪽

01 예 농장별 돼지의 수 **02** 10마리, 1마리

03 다 농장 **04** 23, 17, 31, 24, 95

05 30번

06

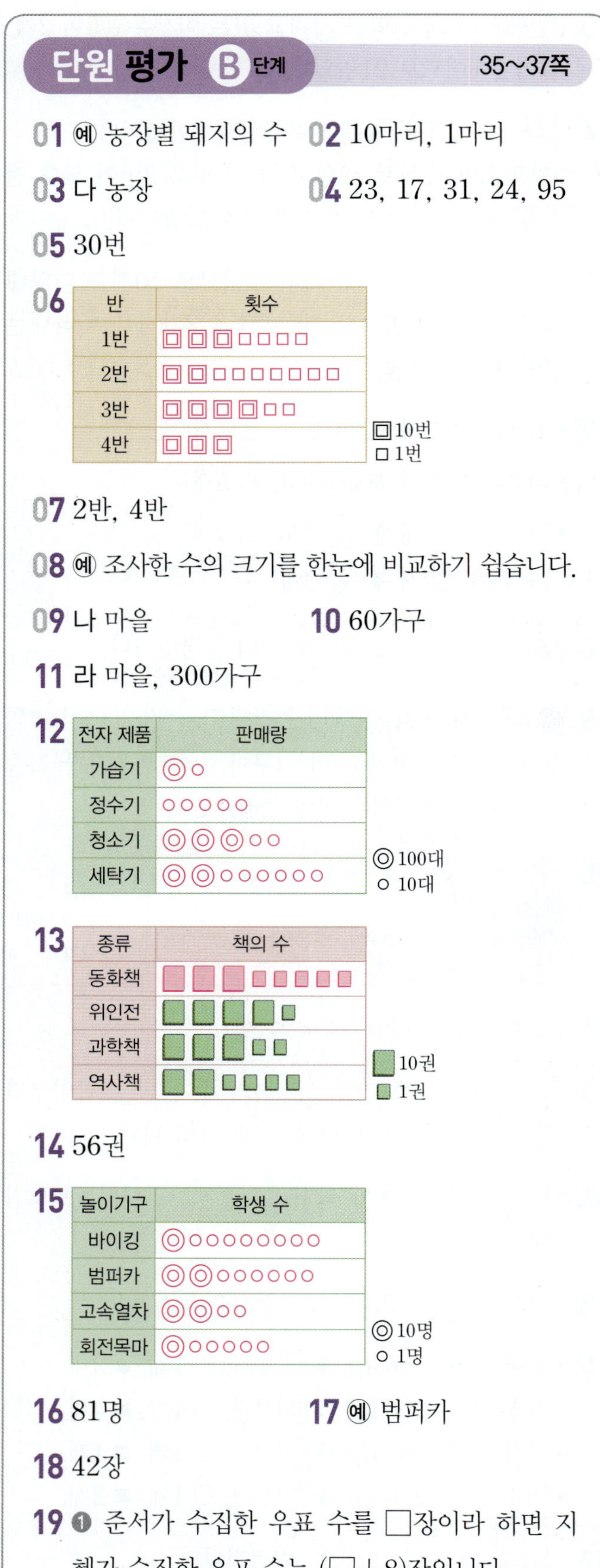

반	횟수
1반	□□□□□□
2반	□□□□□□□□
3반	□□□□□
4반	□□□

□ 10번
□ 1번

07 2반, 4반

08 예 조사한 수의 크기를 한눈에 비교하기 쉽습니다.

09 나 마을 **10** 60가구

11 라 마을, 300가구

12

전자 제품	판매량
가습기	◎ ○
정수기	○○○○○
청소기	◎◎◎○○
세탁기	◎○○○○○

◎ 100대
○ 10대

13

종류	책의 수
동화책	▢▢▢▢▢
위인전	▢▢▢▢▪
과학책	▢▢▢▪▪
역사책	▢▢▪▪▪▪

▢ 10권
▪ 1권

14 56권

15

놀이기구	학생 수
바이킹	◎○○○○○○○
범퍼카	◎◎○○○○○○
고속열차	◎◎○○
회전목마	◎○○○○○

◎ 10명
○ 1명

16 81명 **17** 예 범퍼카

18 42장

19 ❶ 준서가 수집한 우표 수를 □장이라 하면 지혜가 수집한 우표 수는 (□＋8)장입니다.
❷ □＋8＋□＝42, □＋□＝34, □＝17이므로 지혜가 수집한 우표는 17＋8＝25(장)입니다.
답 25장

20

이름	우표 수
소은	□□▪□
지혜	□□▪
수민	□□□□□
준서	▪□□

□ 10장
▪ 5장
□ 1장

05 (4반의 단체 줄넘기 횟수)
$=133-34-27-42=30$(번)

07 단체 줄넘기 횟수를 비교하면 $42>34>30>27$이므로 단체 줄넘기 횟수가 1반보다 적은 반은 2반, 4반입니다.

08

채점 기준	그림그래프로 나타냈을 때 좋은 점을 쓴 경우	5점

09 🏠이 1개, 🏠이 6개인 마을은 나 마을입니다.

10 가 마을: 320가구, 다 마을: 260가구
→ $320-260=60$(가구)

11 가 마을: 320가구, 나 마을: 160가구,
다 마을: 260가구, 라 마을: 300가구
→ $320>300>260>160$이므로 강아지를 기르는 가구 수가 두 번째로 많은 마을은 라 마을이고, 300가구입니다.

12 (세탁기 판매량)$=740-110-50-320=260$(대)

13 위인전은 41권이므로 동화책은 $41-6=35$(권)입니다.

14 과학책: 32권, 역사책: 24권 → $32+24=56$(권)

16 • 바이킹: 18명 • 범퍼카: 26명
• 고속열차: 22명 • 회전목마: 15명
→ $18+26+22+15=81$(명)

17 가장 많은 학생들이 좋아하는 놀이기구가 범퍼카이므로 범퍼카를 타는 것이 좋을 것 같습니다.

18 소은: 26장, 수민: 32장
→ (지혜와 준서가 수집한 우표 수)
$=100-26-32=42$(장)

19

채점 기준	❶ 지혜와 준서가 수집한 우표 수를 □를 사용하여 나타낸 경우	2점	5점
	❷ 지혜가 수집한 우표는 몇 장인지 구한 경우	3점	

해설북

백점 수학 3·2

초등학교　　학년　　반　　번　　이름

믿고 보는 동아출판
초등 교재
기초학습서부터 교과서 개념 다지기, 과목별 전문서까지!
초등학교 입학 전부터, 예비 중등까지!
초등학생에게 꼭 필요한 영역을 빠짐없이! 동아출판 초등 교재 라인업
BEST
2022 개정 교육과정
초등 1~2학년 공부 단짝
초능력
맞춤법 + 받아쓰기
쉽고 빠른 맞춤법 학습
받아쓰기 단계별 연습
국어 교과서 어휘 학습
초등 국어 1·2
초능력 비주얼씽킹 과학
초능력 비주얼씽킹 초등한국사
초능력 수학 연산
초능력 국어 독해
초능력 급수 한자
초등 영역별 기초학습서
초능력 국어 / 수학 / 과학 / 한국사 / 한자
초고필 비문학 독해1
5~6학년 예비 중등
초고필 우리수의 사칙연산을 해야 할 때
초고필 지금, 국어 문법을 해야 할 때
초고필 지금 국어 어휘를 해야 할 때
초고필 지금 한국사를 해야 할 때
적중 반편성 배치고사 + 진단평가
예비 중등
초고필 국어 / 수학 / 한국사
적중 반편성 배치고사 + 진단평가